铝合金门窗
设计与制作安装

主　　编　孙文迁　王　波
副 主 编　薛建伟　胡晓亮　石百军
参编单位　山东富达装饰工程有限公司
参编人员　（排名不分先后）
　　　　　黄　楠　李承伟　冯功斌
　　　　　许芹祖　齐雅欣　刘　敏

中国电力出版社
CHINA ELECTRIC POWER PRESS

内 容 提 要

本书共分为 13 章，对铝合金门窗用型材型号及其选择、玻璃及其选配、五金配件及其选用，铝合金门窗的加工组装及施工安装等进行了较为详细的说明；对铝合金门窗的各项物理性能设计、结构设计、热工设计、防雷及其他安全设计等进行了较为系统的论述；对相关物理性能对门窗节能的影响进行了探讨；对铝合金门窗的生产组织及产品检验等给出了较为详细的介绍。

本书理论与实例相结合，实用性较强，可作为门窗技术人员、管理人员的实用参考资料，也可作为相关建筑专业的学生学习用书。

图书在版编目（CIP）数据

铝合金门窗设计与制作安装/孙文迁，王波主编 . —北京：中国电力出版社，2013.4（2021.5 重印）
ISBN 978-7-5123-3217-1

Ⅰ. ①铝… Ⅱ. ①孙… ②王… Ⅲ. ①铝合金-门-基本知识 ②铝合金-窗-基本知识 Ⅳ. ①TU228

中国版本图书馆 CIP 数据核字（2012）第 137427 号

中国电力出版社出版、发行

（北京市东城区北京站西街 19 号　100005　http：//www.cepp.sgcc.com.cn）
责任编辑：关　童　　责任印制：杨晓东　　责任校对：闫秀英
北京天宇星印刷厂印刷·各地新华书店经售
2013 年 4 月第 1 版·2021 年 5 月第 12 次印刷
787mm×1092mm　1/16·23.5 印张·578 千字
定价：49.80 元

前　言

铝合金门窗作为目前建筑门窗的主导产品之一，在我国建筑门窗市场有着 50％以上的占有率。

目前，我国铝合金门窗生产企业众多，大多数企业普遍存在技术力量短缺、人员素质较低的情况。随着铝合金门窗生产技术的不断发展，铝合金门窗生产工艺水平的不断提高，很多铝合金门窗生产企业的技术力量和人员素质亟待提高。作者在与广大铝合金门窗生产企业及从业人员的接触交流过程中，深刻体会到铝合金门窗生产企业及技术人员迫切需要有关铝合金门窗设计计算、材料选用、加工制作、施工安装等方面进行系统介绍的指导性参考资料。针对此种情况，本书作者与有关人员认真探讨并积极搜集相关资料，编写了此书。

本书编写组成员由多年从事建筑门窗研究的专家、教授以及多年在建筑门窗生产一线从事设计、生产、管理的高级技术人员组成。

本书共分 13 章，分别对铝合金门窗的各项物理性能设计、结构设计、热工设计、防雷及其他安全设计等进行了较为系统的论述；对铝合金门窗用型材型号及选择、玻璃及其选配、五金配件及其选用、铝合金门窗的构件加工、组装、制作及施工安装等进行了较为详细的说明；对铝合金门窗的生产组织及产品检验等给出了较为详细的介绍。

本书既包括了铝合金门窗行业生产一线所需要的最实用、最基本的知识，又对于铝合金门窗发展的最新技术进行了介绍并予以探讨。在铝合金门窗的设计与生产制作过程中，既有门窗生产的前沿技术，又要遵循相关的产品标准和规范。因此，本书在编写过程中力求兼顾，所引用的标准均为现行有效标准及规范，对于广大铝合金门窗生产企业具有较高实际参考价值。

本书采用理论与实例相结合，既可作为建筑相关专业学生的学习用书，又可作为广大铝合金门窗行业技术人员、管理人员的实用参考用书。

本书由山东省建筑科学研究院孙文迁、济南大学土建学院王波主编；由山东山伟铝业有限公司薛建伟、淄博市建设监理协会胡晓亮、青岛市建筑工程质量监督站石百军任副主编。参加编写的人员还有山东省建筑科学研究院黄楠、李承伟、冯功斌、许芹祖、齐雅欣、刘敏。

本书在编写过程中得到山东富达装饰工程有限公司于明杰董事长的大力支持，在此表示衷心感谢。

由于编者水平所限，书中难免存在缺点和不足，欢迎广大读者批评指正。

编　者

目 录

第1章

铝合金门窗概述

1.1 铝合金门窗术语

为了统一、规范铝合金门窗设计与制作安装过程中相关用语，便于读者阅读、理解，本书对部分门窗术语进行了摘编。

(1) 门窗：建筑用窗及人行门的总称。

(2) 门：围蔽墙体门洞口，可开启关闭，并可供人出入的建筑部件。

(3) 窗：围蔽墙体洞口，可起采光、通风或观察等作用的建筑部件的总称。通常包括窗框和一个或多个窗扇以及五金件，有时还带有亮窗和换气装置。

(4) 门窗洞口：墙体上安装门窗的预留开口。

(5) 框：用于安装门窗活动扇和固定部分（固定扇、玻璃或镶板），并与门窗洞口或附框连接固定的门窗杆件系统。

(6) 附框：预埋或预先安装在门窗洞口中，用于固定门窗杆件的系统。

(7) 活动扇：安装在门窗框上的可开启和关闭的组件。

(8) 固定扇：安装在门窗框上不可开启的组件。

(9) 铝合金门窗：采用铝合金建筑型材制作框、扇杆件结构的门、窗的总称。

(10) 主型材：组成铝合金门窗框、扇杆件系统的基本架构，在其上开启扇或玻璃、辅型材、附件的门窗框和扇梃型材，以及组合门窗拼樘框型材。

(11) 辅型材：铝合金门窗框、扇杆件系统中，镶嵌或固定于主型材杆件上，起到传力或某种功能作用的附加型材（如玻璃压条、披水条等）。

(12) 主要受力杆件：铝合金门窗立面内承受并传递门窗自身重力及水平风荷载等作用的中横框、中竖框、扇梃等主型材，以及组合门窗拼樘框型材。

(13) 型材截面主要受力部位：铝合金门窗型材横截面中承受垂直和水平方向荷载作用力的腹板、翼缘及固定其他杆件、零配件的连接受力部位。

(14) 门窗附件：铝合金门窗组装用的配件和零件。

(15) 双金属腐蚀：由不同金属构成电极而形成的电偶腐蚀。

(16) 干法安装：墙体门窗洞口预先安置附加金属外框并对墙体缝隙进行填充、防水密封处理，在墙体洞口表面装饰湿作业完成后，将铝合金门窗固定在金属副框上的安装方法。

（17）湿法安装：将铝合金门窗直接安装在未经表面装饰的墙体洞口上，在墙体表面湿作业装饰时，对门窗洞口间隙进行填充和防水密封处理。

（18）普通铝合金门窗：门窗的主要结构材料是 6063-T5 牌号的铝合金，框体和扇体铝合金材料一般是一整根单体的结构，外加玻璃压线构成安装玻璃的槽口。其强度和装饰性要高于塑钢门窗，但是其热传导较快，能量损失很大。铝合金门窗组装时，一般采用 90°平口机械连接和 45°斜口挤角连接的方式，也有少数进口工艺门采用焊接的方式。

（19）断桥铝合金门窗：门窗的主要结构材料仍旧是铝合金，但是构成框体和扇体的铝合金不是单体的一根，而是通过隔热性的冷桥复合而成的复合体。这样的断桥铝合金由于有传热系数很低的冷桥存在，故门窗整体的导热性、隔声性等指标都优于普通铝合金门窗，也称为隔热铝合金。隔热铝合金型材热传导系数大大低于普通铝合金型材，而且其采用中空玻璃结构，有效降低了通过门窗传导的热量，提高了保温性能和隔声效果。采用独立的密封结构，推拉窗采用双胶条双毛条四密封结构；平开窗利用等压原理，采用一道硬密封和两道软密封三密封结构，具有优良的气密性和水密性。带有隔热条的型材内表面的温度与室内温度接近，降低室内水分因过饱和而冷凝在型材表面的可能性。在冬季，带有隔热条的窗框能够减少 1/3 的通过窗框的散失的热量；在夏季，如果是在有空调的情况下，带有隔热条的窗框能够更多地减少能量的损失。通过隔热系统的应用，能够减少能量的消耗，同时减少由于空调和暖气产生的环境辐射。

（20）铝木复合门窗：门窗的室外侧使用铝合金型材，门窗的主要结构由普通铝合金或者断桥铝合金构成，门窗的室内侧使用木质材料，铝合金型材和木材之间通过卡接件或螺钉或穿压等连接方式，组合成框、扇结构的门窗。这样的门窗铝多木少，也称为木包铝门窗。

（21）门窗框扇杆件及相关附件：门窗框示意如图 1-1 所示。

1）上框：门窗框构架的上部横向杆件。

2）边框：门窗框构架的两侧边部竖向杆件。

3）中横框：门窗框构架的中间横向杆件。

4）中竖框：门窗框构架的中间竖向杆件。

5）下框：门窗框构架的底部横向杆件。

6）拼樘框：两樘及两樘以上门之间或窗之间或门与窗之间组合时的框构架的横向和竖向连接杆件。

7）上梃：门窗扇构架的上部横向杆件。

8）中横梃：门窗扇构架的中部横向构件。

9）边梃：门窗扇构架的两侧边部竖向杆件。

10）带勾边梃：不在一个平面内的两推拉窗扇（在相邻两平行导轨上）关闭时，重叠相邻的带有相互配合密封构造的边梃杆件。

11）下梃：门窗扇构架的底部横向杆件。

12）封口边梃：附加边梃，指在同一平面内两相邻的边梃之间接合密封所用的型材

图 1-1　门窗框示意

1—门下框；2—门扇下梃；3—门边框；4—门扇边梃；5—镶板；6—门扇中横梃；7—竖芯；

8—横芯；9—门扇上梃；10—门中横框；11、17—亮窗；12—亮窗中竖框；13—玻璃压条；

14—门上框；15—固定亮窗；16—窗上框；18—窗中竖框；19—窗中横框；

20—窗扇上梃；21—固定窗；22—窗边框；23—窗中竖梃；24—窗扇边梃；

25—窗下框；26—窗扇下梃；27—拼樘框

杆件。

13）横芯：门窗扇构架的横向玻璃分格条。

14）竖芯：门窗扇架构的竖向玻璃分格条。

15）玻璃压条：镶嵌固定门窗玻璃的可拆卸的杆状件。

16）披水条：门窗扇之间、框与扇之间以及框与门窗洞口之间横向缝隙处的挡风及排泄雨水的型材杆件。

1.2　铝合金门窗分类及命名

1.2.1　分类和代号

1. 按用途分类

铝合金门、窗按用途分为外围护用和内围护用两类，代号如下：

（1）外墙用，代号为 W。

（2）内墙用，代号为 N。

2. 按使用功能分类

铝合金门、窗按使用功能划分的类型和代号及其相应性能项目分别见表 1-1 和表1-2。

表 1-1　　　　　　　　　　　　　门的功能类型和代号

性能项目	种类	普通型		隔声型		保温型		遮阳型
	代号	PT		GS		BW		ZY
		外门	内门	外门	内门	外门	内门	外门
抗风压性能（P_3）		◎		◎		◎		◎
水密性能（ΔP）		◎		◎		◎		◎
气密性能（q_1；q_2）		◎	○	◎	○	◎	○	◎
空气声隔声性能（R_w+C_{tr}；R_w+C）				◎	◎			
保温性能（K）						◎	◎	
遮阳性能（SC）								◎
启闭力		◎	◎	◎	◎	◎	◎	◎
反复启闭性能		◎	◎	◎	◎	◎	◎	◎
耐撞击性能*		◎	◎	◎	◎	◎	◎	◎
抗垂直荷载性能*		◎	◎	◎	◎	◎	◎	◎
抗静扭曲性能*		◎	◎	◎	◎	◎	◎	◎

◎必需性能；○选择性能；＊耐撞击、抗垂直荷载和抗静扭曲性能为平开旋转类门必需性能。

注：地弹簧门不要求气密、水密、抗风压、隔声、保温性能。

表 1-2　　　　　　　　　　　　　窗的功能类型和代号

性能项目	种类	普通型		隔声型		保温型		遮阳型
	代号	PT		GS		BW		ZY
		外窗	内窗	外窗	内窗	外窗	内窗	外窗
抗风压性能（P_3）		◎		◎		◎		◎
水密性能（ΔP）		◎		◎		◎		◎
气密性能（q_1；q_2）		◎		◎		◎		◎
空气声隔声性能（R_w+C_{tr}；R_w+C）				◎	◎			
保温性能（K）						◎	◎	
遮阳性能（SC）								◎
采光性能（T_r）		○		○		○		
启闭力		◎	◎	◎	◎	◎	◎	◎
反复启闭性能		◎	◎	◎	◎	◎	◎	◎

◎必需性能；○选择性能。

（1）抗风压性能：外门窗正常关闭状态时在风压作用下不发生损坏（如开裂、面板破损、局部屈服、粘结失效等）和五金件松动、开启困难等功能障碍的能力，以 kPa 为单位。

（2）水密性能：外门窗在正常关闭状态时，在风雨同时作用下阻止雨水渗漏的能力，以 Pa 为单位。

（3）气密性能：外门窗在正常关闭状态时，阻止空气渗透的能力，以 m³/(m·h) 或 m³/(m²·h) 为单位，分别表示单位缝长空气渗透量和单位面积空气渗透量。

（4）保温性能：门窗在正常关闭状态时，在门窗两侧存在空气温差条件下，门窗阻抗从高温一侧向低温一侧传热的能力。传热能力越强，门窗的保温性能就越差。门窗的保温性能用传热系数 K 值〔$W/(m^2 \cdot K)$〕表示。门窗的传热系数是在稳定传热条件下，门窗两侧空气温差为 1K，单位时间内通过单位面积的传热量。

（5）空气声隔声性能：门窗在正常关闭状态时，阻隔室外声音传入室内的能力，以 dB 为单位。

（6）采光性能：建筑外窗在漫射光照射下透过光的能力，以窗的透光折减系数 T_r 作为分级指标。

（7）遮阳性能：门窗在夏季阻隔太阳辐射热的能力。遮阳性能以遮阳系数 SC 表示。遮阳系数指在给定条件下，太阳辐射透过外门、窗所形成的室内得热量与相同条件下透过相同面积的 3mm 厚透明玻璃所形成的太阳辐射得热量之比。

（8）启闭力：在门窗在正常关闭状态下，测定门窗锁闭装置的锁紧力和松开力，以及门窗扇在开启和关闭过程中所需力的最大值。以 N 为单位。

（9）反复启闭性能：铝合金门、窗用五金配件在规定试验次数下往复运动，不发生影响使用的故障。

3. 按开启形式分类

铝合金门窗按开启形式划分门、窗的分类及其代号，分别见表 1-3 和表 1-4。

表 1-3　　　　　　　　　门的开启形式分类与代号

开启类别	平开旋转类			推拉平移类			折叠类	
开启形式	（合页）平开	地弹簧平开	平开下悬	（水平）推拉	提升推拉	推拉下悬	折叠平开	折叠推拉
代号	P	DHP	PX	T	ST	TX	ZP	ZT

表 1-4　　　　　　　　　窗的开启形式分类与代号

开启类别	平开旋转类							
开启形式	（合页）平开	滑轴平开	上悬	下悬	中悬	滑轴上悬	平开下悬	立转
代号	P	HZP	SX	XX	ZX	HSX	PX	LZ
开启类别	推拉平移类					折叠类		
开启形式	（水平）推拉	提升推拉	平开推拉	推拉下悬	提拉	折叠推拉		
代号	T	ST	PT	TX	TL	ZT		

4. 按产品系列分类

铝合金门、窗的产品系列以门、窗框在洞口深度方向的尺寸，即门、窗框厚度构造尺寸（代号为 C2，单位为 mm）划分。

门、窗框厚度构造尺寸符合 1/10M（10mm）的建筑分模数数列值的为基本系列，基本系列中按 5mm 进级插入的数值为辅助系列。

门、窗框厚度构造尺寸小于某一基本系列或辅助系列时，按小于该系列值的前一级标示产品系列。

如门、窗框厚度构造尺寸为 82mm 时，其产品系列为 80 系列；门、窗框厚度构造尺寸为 68mm 时，其产品系列为 65 系列。

5. 按规格分类

铝合金门、窗的规格以门窗宽、高的尺寸就是门、窗的宽度构造尺寸（B_2）和高度构造尺寸（A_2）的千、百、十位数字，前后顺序排列的六位数字表示。

如门窗的 B_2、A_2 分别为 1200mm 和 1470mm 时，则该门窗的尺寸规格型号为 120147。

1.2.2 命名及标记

1. 命名方法

铝合金门窗产品的命名按门窗用途（可省略）、功能、系列、品种、产品简称（铝合金门，代号 LM；铝合金窗，代号：LC）的顺序命名。

2. 标记方法

铝合金门窗产品的标记按产品简称、命名代号——尺寸规格型号、物理性能符号与等级或指标值（抗风压性能 P_3-水密性能 ΔP-气密性能 q_1/q_2-空气声隔声性能 R_wC_{tr}/R_wC-保温性能 K-遮阳性能 SC-采光性能 T_r）、标准代号的顺序进行标记。

3. 命名与标记示例

【示例1】 命名——（外墙用）普通型 50 系列平开铝合金窗，产品规格型号为 115145，抗风压性能为 2.7kPa，水密性能为 300Pa，气密性能为 0.45m³/(m·h)。

其标记为：铝合金窗 WPT50PLC115145（$P_3$2.7-ΔP300-$q_1$0.45）GB/T 8478—2008。

【示例2】 命名——（外墙用）保温型 65 系列平开铝合金窗，产品规格型号为 147178，抗风压性能为 6 级，水密性能为 5 级，气密性能为 8 级，保温性能为 6 级。

其标记为：铝合金窗 WBW65PLC145178（$P_3$6-ΔP5-$q_1$8-K6）GB/T 8478—2008。

【示例3】 命名——（内墙用）隔声型 80 系列提升推拉铝合金门，产品规格型号为 175205，隔声性能为 4 级的产品。

其标记为：铝合金门 NGS80TLM175205（R_w+C4）GB/T 8478—2008。

【示例4】 命名——（外墙用）遮阳型 50 系列滑轴平开铝合金窗，产品规格型号为 118148，抗风压性能为 6 级，水密性能为 4 级，气密性能为 7 级，遮阳性能（SC）值为 0.5。

其标记为：铝合金窗 WZY50HZPLC118148（$P_3$6-ΔP4-$q_1$7-SC0.5）GB/T 8478—2008。

1.3 铝合金门窗的特性

1. 稳定性

铝合金门窗的设计结构符合静力学中原理。挤压成的长条状的铝型材，应符合铝合金门窗所要求的功能和尺寸，并且要用最轻的重量来满足一切结构上的要求，获得静力学上最合理的截面。这些特点明显地表现在大尺寸的框架和大面积采光的结构中。实践已证明，使用常见的机械铆接和胶粘的组角工艺（包括焊接连角工艺），可以获得一个密闭良好和牢固的结构。与其他生产外窗材料相比，铝合金型材还具有较高的抗腐蚀和较稳定的特点，不怕潮湿，更不会因受潮而变形，阳光的照射也不会使型材萎缩和软化，冰冻和紫外线也不会使型材变脆。

2. 耐候性

应用于建筑上的铝合金型材在一切常温条件下，都能保持高度的稳定性。采用符合铝合金型材特性的加工方法，并通过专门的表面处理，这样生产出来的铝合金门窗的实际寿命是无限的。

3. 装饰性

铝合金型材表面的特殊处理技术，可使铝合金门窗具有独特的外观及目前流行的装饰性金属颜色，如银白色、茶色、青铜色、黄铜色、黑色等各种颜色。目前，对铝合金型材表面处理技术有阳极氧化、电泳涂漆、静电粉末喷涂及氟碳漆处理法及在静电粉末喷涂基础上的木纹转印技术，可使铝合金型材具有各种颜色和花纹。

4. 隔热性

采用隔热型材生产的铝合金门窗，具有较好的隔热性能。如果配以中空玻璃，则隔热效果达到较佳状态。在通常情况下，隔热铝合金型材能避免出现冷凝水。

5. 重量轻

铝材的密度为 $2.7g/cm^3$，约为钢材的 1/3，其重量轻的特点给运输带来了方便，也给铝合金门窗的生产过程搬运带来了方便，降低了运输成本。因为重量轻，生产同样面积的窗，耗用的型材就少，可以降低生产成本。

6. 密封性

铝型材框架非常坚固，而且采用了特制的连接件及分布在四周的密封材料，使得铝合金平开窗具有较高的抗风压、水密性、气密性和隔声性能。

7. 易维护性

经表面处理后的铝合金型材表面坚硬，不受各种气候条件的影响，因而无需其他昂贵的维护。铝型材表面的清理，只需使用玻璃清洁剂即可，清理的时间间隔可以视情况自己决定。

8. 经济性

由于铝合金门窗的以上特性，使得铝合金门窗的使用者获得了很好的经济效益和实惠：

(1) 易于维护和保养。

(2) 省去了任何的重新刷漆维修，只需一般清洗，就能恢复本来的装饰效果。

(3) 密封性好，通过选用合适的密封材料，可以获得良好的密封性能，使得空气和热的对流都保持在较低的水平，达到了节能降耗的效果。

(4) 使用隔热型材可达到节能保温的效果。

(5) 使用寿命长。

由于铝合金的上述特点，使得铝合金门窗在新建建筑物和旧建筑物得改造方面，都占有稳固的位置，深受建筑商和建筑设计师的青睐。

9. 易加工性

由于制造铝门窗的铝合金型材，主要成分为 AlMgSiO.5F22，生产加工时切削力较小，切削速度快。因此，使用专用的加工铝型材的工具、设备，可以缩短加工时间，提高加工效率。

易加工性还表现在可塑性、可弯曲性和良好的冲压加工性。

10. 易于工业化生产

由于铝合金型材的易加工性，铝合金门窗的生产从型材加工、配套零件及密封件的制作到成品的组装都可以在工厂内大批量生产，有利于实现铝合金门窗产品的设计标准化、系列化和零配件的通用化。

第2章
铝合金建筑型材

铝合金型材作为构成铝合金门窗的主要构件，其质量的优劣及性能的高低，直接决定了组成的铝合金门窗产品质量的优劣及性能的高低。

铝合金型材质量主要由铝合金型材的合金牌号、供应状态、化学成分、力学性能及尺寸偏差等决定。铝合金型材的表面处理方式决定决定了铝合金门窗的耐候性能，铝合金型材的断面规格尺寸决定了铝合金门窗的抗风压性能及安全性能，铝合金型材的断面结构形式决定了铝合金门窗的气密性能和水密性能，而铝合金型材的隔热性能直接影响了铝合金门窗的保温、隔热性能。

2.1 铝合金建筑型材的分类

2.1.1 合金牌号

铝合金牌号是以铝为基的合金总称。主要合金元素有铜、硅、镁、锌、锰，次要合金元素有镍、铁、钛、铬、锂等。铝合金密度低，但强度比较高，接近或超过优质钢，塑性好，可加工成各种型材，具有优良的导电性、导热性和抗蚀性，工业上广泛使用，使用量仅次于钢。

铝合金按加工方法，可以分为变形铝合金和铸造铝合金。变形铝合金分为不可热处理强化型铝合金和可热处理强化型铝合金。铝合金采用热处理，获得良好的机械性能、物理性能和抗腐蚀性能。不可热处理强化型不能通过热处理来提高机械性能，只能通过冷加工变形来实现强化，它主要包括高纯铝、工业高纯铝、工业纯铝以及防锈铝等；可热处理强化型铝合金可以通过淬火和时效等热处理手段来提高机械性能，它可分为硬铝、锻铝、超硬铝和特殊铝合金等。铸造铝合金按化学成分，可分为铝硅合金、铝铜合金、铝镁合金和铝锌合金。

《变形铝及铝合金牌号表示方法》（GB/T 16474—1996）规定了变形铝及铝合金的牌号表示方法。这个标准是根据变形铝及铝合金国际牌号注册组织推荐的国际四位数字体系牌号，命名方法制定的，这是国际上比较通用的牌号命名方法。

这个标准包括国际四位数字体系牌号和四位字符体系牌号的命名方法。按化学成分已在国际牌号注册组织命名的铝及铝合金，直接采用国际四位数字体系牌号；国际牌号注册组织未命名的铝及铝合金，则按四位字符体系牌号命名。

牌号的第一位数字表示铝及铝合金的组别，见表 2-1。

表 2-1　　　　　　　　　　　铝及铝合金牌号表示法

组　别	牌号系列
纯铝（铝含量不小于 99.00%）	1×××
以铜为主要元素的铝合金	2×××
以锰为主要元素的铝合金	3×××
以硅为主要元素的铝合金	4×××
以镁为主要元素的铝合金	5×××
以镁和硅为主要元素的铝合金并以 Mg_2Si 相为强化相的铝合金	6×××
以锌为主要元素的铝合金	7×××
以其他元素为主要合金元素的铝合金	8×××
备用合金组	9×××

2.1.2　状态

《变形铝及铝合金状态代号》（GB/T 16475—2008）规定了变形铝及铝合金的状态代号。状态代号分为基础状态代号和细分状态代号。

基础代号用一个英文大写字母表示，基础状态分为五种，见表 2-2。

表 2-2　　　　　　　　　　基础状态代号、名称及说明与应用

代号	名　称	说　明　与　应　用
F	自由加工状态	适用于在成型过程中，对于加工硬化和热处理条件无特殊要求的产品，该状态产品的力学性能不作规定
O	退火状态	适用于经完全退火获得最低强度的加工产品
H	加工硬化状态	适用于经过加工硬化提高强度的产品
W	固熔热处理状态	一种不稳定状态，仅适用于经固熔热处理后，室温下自然时效的合金，该状态代号仅表示产品处于自然时效阶段
T	热处理状态（不同于 F、O、H 状态）	适用于热处理后，经过（或不经过）加工硬化达到稳定状态的产品

注：时效是淬火后铝合金的强度、硬度随时间增长而显著提高的现象。自然时效是在常温下发生的时效。人工时效是在高于室温的某一温度范围（如 100～200℃）内发生的时效。

　　细分状态代号采用基础状态代号后跟一位或多位阿拉伯数字或英文大写字母表示，这些阿拉伯数字或英文大写字母表示影响产品特性的基本处理或特殊处理。

　　1. H 状态的细分状态

　　在字母 H 后面添加 2～3 位阿拉伯数字，表示 H 的细分状态。

　　(1) H 后面的第一位数字表示获得该状态的基本工艺，用数字 1～4 表示。

　　H1×——单纯加工硬化状态。适用于未经附加热处理，只经加工硬化即获得所需强度的状态。

　　H2×——加工硬化后不完全退火的状态。适用于加工硬化程度超过成品规定要求后，经不完全退火，使强度降低到规定指标的产品。对于室温下自然时效软化的合金，H2 与对应的 H3 具有相同的最小极限抗拉强度值；对于其他合金，H2 与对应的 H1 具有相同的最小极限抗拉强度值，但延伸率比 H1 稍高。

　　H3×——加工硬化后稳定化处理的状态。适用于加工硬化后经热处理或由于加工过程中受热作用，致使其力学性能达到稳定的产品。H3 状态仅适用于在室温下逐渐时效软化（除非经稳定化处理）的合金。

　　H4×——加工硬化后涂漆处理的状态。适用于加工硬化后，经涂漆处理导致不完全退火的产品。

　　(2) H 后面的第二位数字表示产品的最后加工硬化程度。用数字 1～9 表示。数字 8 硬状态。各种 H×× 细分状态代号及对应的加工硬化程度，见表 2-3。

表 2-3　　　　　　　　　　　　　　　H×× 细分状态代号与加工硬化程度

细分状态代号	加　工　硬　化　程　度
H×1	最终抗拉强度极限值，为 O 状态与 H×2 状态的中间值
H×2	最终抗拉强度极限值，为 O 与 H×4 状态的中间值
H×3	最终抗拉强度极限值，为 H×2 与 H×4 状态的中间值
H×4	最终抗拉强度极限值，为 O 与 H×8 状态的中间值
H×5	最终抗拉强度极限值，为 H×4 与 H×6 状态的中间值
H×6	最终抗拉强度极限值，为 H×4 与 H×8 状态的中间值
H×7	最终抗拉强度极限值，为 H×6 与 H×8 状态的中间值
H×8	硬状态
H×9	超硬状态，最小抗拉强度极限值超过 H×8 状态至少 10MPa

　　(3) H 后面的第 3 位数字或字母，表示影响产品特性，但产品特性仍接近其两位数字状态（H112、H116、H321 除外）的特殊处理。

　　2. T 的细分状态

　　在字母 T 后面添加一位或多位阿拉伯数字，表示 T× 的细分状态。

　　(1) 在 T 后面添加 1～10 的阿拉伯数字，表示的细分状态（称作 T 状态）见表 2-4。

表 2-4   T×细分状态代号说明与应用

状态代号	说 明 与 应 用
T1	高温成型＋自然时效。适用于由高温成型后冷却＋自然时效，不再进行冷加工（或影响力学性能极限的矫直、矫平）的产品
T2	高温成型过程＋冷加工＋自然时效。适用于高温成型后冷却，进行冷加工（或影响力学性能极限的矫直、矫平）以提高强度，然后自然时效的产品
T3	固熔热处理＋冷加工＋自然时效。适用于固熔热处理后，进行冷加工（或影响力学性能极限的矫直、矫平）以提高强度，然后自然时效的产品
T4	固熔热处理＋自然时效。适用于固熔热处理后，不再进行冷加工（或影响力学性能极限的矫直、矫平），然后自然时效的产品
T5	高温成型＋人工时效。适用于高温成型后冷却，不经过冷加工（或影响力学性能极限的矫直、矫平），然后进行人工时效的产品
T6	固溶热处理＋人工时效。适用于固溶热处理后，不再进行冷加工（或影响力学性能极限的矫直、矫平），然后进行人工时效的产品
T7	固溶热处理＋过时效。适用于固溶热处理后，进行过时效至稳定化状态。为获取除力学性能外的其他某些重要特性，在人工时效时，强度在时效曲线上越过了最高峰点的产品
T8	固溶热处理＋冷加工＋人工时效。适用于固溶热处理后，经冷加工（或影响力学性能极限的矫直、矫平）以提高强度，然后进行人工时效的产品
T9	固溶热处理＋人工时效＋冷加工。适用于固溶热处理后，人工时效，然后进行冷加工（或影响力学性能极限的矫直、矫平）以提高强度的产品
T10	高温成型＋冷加工＋人工时效。适用高温成型后冷却，经冷加工（或影响力学性能极限的矫直、矫平）以提高强度，然后进行人工时效的产品

注：某些 6××× 或 7××× 的合金，无论是炉内固溶热处理，还是从高温成型后急冷，以保留可溶性组分在固溶体中，均能达到相同的固溶热处理效果，这些合金的 T3、T4、T6、T7、T8 和 T9 状态可采用上述两种处理方法的任一种。

（2）在 T× 状态代号后面再添加一位阿拉伯数字（称作 T×× 状态），或添加两位阿拉伯数字（称作 T××× 状态），表示经过了明显改变产品特性（如力学性能、抗腐蚀性能等）的特定工艺处理的状态，见表 2-5。

表 2-5   T×× 及 T××× 细分状态代号说明与应用

状态代号	说 明 与 应 用
T42	适用于自 O 或 F 状态固溶热处理后，自然时效达到充分稳定状态的产品，也适用于需方对任何状态的加工产品热处理后，力学性能达到了 T42 状态的产品
T62	适用于自 O 或 F 状态固溶热处理后，进入人工时效的产品，也适用于需方对任何状态的加工产品热处理后，力学性能达到了 T62 状态的产品
T73	适用于固溶热处理后，经过时效以达到规定的力学性能和抗应力腐蚀性能指标的产品
T74	与 T73 状态定义相同。该状态的抗拉强度大于 T73 状态，但小于 T76 状态

续表

状态代号	说　明　与　应　用
T76	与 T73 状态定义相同。该状态的抗拉强度分别高于 T73、T74 状态，抗应力腐蚀断裂性能分别低于 T73、T74 状态，但其抗剥落腐蚀性能仍较好
T7×2	适用于自 O 或 F 状态固溶热处理后，进行人工时效处理，力学性能及抗腐蚀性能达到了 T7× 状态的产品
T81	适用于固溶热处理后，经 1% 左右的冷加工变形提高强度，然后进行人工时效的产品
T87	适用于固溶热处理后，经 7% 左右的冷加工变形提高强度，然后进行人工时效的产品

2.1.3　表面处理方式

铝合金型材表面处理技术因原理不同，其工艺也有较大区别。根据保护层的性质和工艺特点，铝型材表面处理技术可分为阳极氧化处理、阳极氧化-电泳处理和有机涂层处理三大类。其中，有机涂层处理包括粉末喷涂、氟碳漆喷涂和木纹处理（图 2-1）。

图 2-1　铝合金建筑型材表面处理技术

1. 阳极氧化、着色型材

经阳极氧化、电解着色的铝合金热挤压型材，简称阳极氧化、着色型材。

（1）阳极氧化处理。

阳极氧化处理工艺，又称为"氧化处理工艺"，是生产装饰性、稳定性和持久颜色的铝表面处理的传统工艺。建筑用铝合金型材（如铝门窗、铝幕墙等）的多数产品都是采用阳极氧化处理工艺。

阳极氧化处理还包括事先对铝型材表面作的彻底清洁和去油脂及除去自然氧化层，否则会在电解槽中干扰电流的通过。阳极氧化后，由许多微小细孔构成的氧化层要进行封孔处理。

阳极氧化设备由不导电的槽子构成，槽内装有电解液，使用直流电工艺（GS-工艺），是目前最常用的标准工艺。水加上添加剂，每千克水加硫酸 150～270g，设备用直流电工作，由此而得命"直流电工艺"，即直流电—硫酸工艺。被加工的铝件由悬挂装置吊进槽内，通过货物架接通电流（＋）阳极，槽中的两侧为阴极板，直流电通过阳极导向阴极板夹具，电流将水分解为氧分子和氢分子。氢分子向上漂浮，氧分子被吸附在带阳极的铝件上，与铝构成细微的氧化物 Al_2O_3，在阳极出现人工氧化现象。这一氧化层的厚度是自然氧化层的数千倍。采用直流电氧化法的氧化层为透明色，因此，阳极氧化后铝件颜色为底层的铝发出的银白自然纯色（本色）。氧化层脆硬，抗磨、抗光、抗风和抗紫外线，具有优良的抗腐蚀性能，有较高的抗有机制剂和无机制剂的侵蚀能力，铝的自然纯色在风雨中可几十年不变。

除直流阳极氧化法（GS 法）外，还有下列阳极氧化法：

1）GXS 法（直流电-硫酸/草酸法）。

2）WX 法（交流电-草酸法）。

3）GX 法（直流电-草酸法）。

通过上述方法，可获得部分厚度的保护层和颜色。

（2）着色。铝合金型材的着色分为电解着色和化学着色。

1）化学着色又分有机染料着色和无机染料着色。

①化学着色是将经过阳极氧化的铝合金浸渍在含有染料的溶液中，由于氧化膜多孔层的吸附作用，染料分子因此进入孔隙而显色，所以化学着色也称化学染色。有机染料着色膜的耐晒性、耐候性不如电解着色，一般只用于室内装饰用铝型材的着色处理。

②无机染料着色，颜色的稳定性高，不易退色，能经受阳光的长期暴晒。用高锰酸钾溶液可以染出棕色，用铁盐溶液可以染出金黄色。但无机染色的颜色种类较少，均匀性较差。

2）铝合金门窗用建筑型材的着色主要采用电解着色。电解着色有两种工艺方法："自变发色法"和"电介质着色法"。

①"自变发色法"的工艺是使用特制电解液，按照不同的合金组成各种色谱的氧化层（不加颜色），有黄色、青铜色、棕色、灰色和黑色，色彩与氧化层的厚度有关。这种氧化层比硫酸阳极氧化法的氧化层更坚硬。著名的氧化法有 Duranodlc 法、Kalcolor 法、Permandic 法和 Veroxal 法等。

②"电介质着色法"是制造着色氧化层较经济的一种方法（又称"二级氧化法"）。这种方法是指在一级氧化处理时，采用直流电—硫酸氧化法（GS）或直流电-硫酸/草酸氧化法（GXS）获得微孔氧化层；在第二级处理时，采用金属盐溶液着色，金属盐主要成分是镍盐、钴盐、铜盐和锡盐。在第二级电解液中，这类金属盐通过电流分解，金属成分渗入氧化层的微孔中，并附在微孔的底部，使第一级氧化处理的无色氧化层镀上了一定的颜色。著名的方法有 Anoolor 法、Anolok 法、Coloranodic 法、Korundalor 法、Metoxal 法等。

为统一氧化色彩，制定了欧洲统一的色谱——"欧洲标准色谱"。以下为各种颜色标志：

C-O：无色；C-31：浅青铜色；C-32：亮青铜色；C-33：中青铜色；C-34：深青铜色；C-35：黑色；C-36：浅灰色；C-37：中灰色；C-38：深灰色。

经过阳极氧化处理后的铝材氧化表面有自然微孔，通过封孔处理技术，可以达到理想的硬度和防腐蚀性能。

封孔处理是在纯沸水或蒸汽温度为 98～100℃时完成的，这时氧化面出现变化、体积变大、微孔缩小，使上一工序（电介质着色法）的彩色被固定住。氧化层的封孔度提高，使铝氧化面吸附变质的现象被排除。

2. 电泳涂漆型材

铝合金电泳涂漆的原理是，基材表面经阳极氧化处理后，生成多孔性蜂巢式的氧化膜保护层。在直流电压作用下，铝合金作为阳极，电流通过氧化膜微孔电解水，电泳涂料液在电场作用下，向阳极被涂物件移动，并沉积于被涂物上。在电场的作用下，膜中的水分子渗透析出，最终膜中水分含量低至 2％～5％。经过烘烤产生交联反应硬化，电泳涂漆起到封闭多孔质氧化膜的作用。

电泳涂漆型材保护膜为阳极氧化膜和电泳涂层的复合膜，因此其耐候性优于阳极氧化型材。电泳型材外观华丽，但漆膜易划伤。

表面经阳极氧化和电泳涂漆（水溶性清漆）复合处理的铝合金热挤压型材，简称电泳型材。电泳涂漆型材表面光泽柔和，能抵抗水泥、砂浆酸雨的浸蚀，而且对于异形型材，也有很好的涂装效果。

3. 粉末喷涂型材

粉末喷涂又称静电喷涂，是根据电泳的物理现象，使雾化了的油漆微粒在直流高压电场中带上负电荷，并在静电场的作用下，定向地被流向带正电荷的工件表面，被中和沉积成一层均匀附着牢固的薄膜的涂装方法。

静电喷涂分为空气雾化式喷涂和旋杯雾化式喷涂两种。

（1）空气雾化式喷涂。此喷枪和普通所用压缩空气喷枪喷涂相似，但其结构形式截然不同，整个喷枪除手柄、喷漆嘴和极针为金属外，其他全部为尼龙制品，负高压就接通在喷漆嘴和极针上，油漆在压缩空气的作用下呈雾化状态，由喷漆嘴射出，射至喷漆嘴口及极针处。电场的油漆雾化粒子，又受到不均匀强电场的分裂作用，而进一步地雾化并带电，成为"离子漆粒群"。"离子漆粒群"在电场力压缩空气喷射力（同一方向）的同时作用下，向导极性工件表面吸附中和，这就构成了空气雾化式静电喷涂。

（2）旋杯雾化式喷涂。旋杯式静电喷涂是利用一个具有锐利边缘高速旋转的金属杯，并在旋杯轴上接通负高压静电，则旋杯的内壁由于旋转，油漆受离心力的作用向四周扩散，而形成均匀的薄膜状态，并向旋杯口流甩，流甩至旋杯口的油漆，又受到强电场力的分裂作用，进一步雾化为油漆微粒子。与此同时，油漆微粒亦获得了电荷，成为负电荷漆粒，在电场力的作用下漆粒子群迅速向导极性工件吸附中和，于是油漆便均匀地牢固吸附在工件表面上，这样就形成了静电喷涂。

以热固性饱和聚酯粉末做涂层的铝合金热挤压型材，简称喷粉型材。粉末静电喷涂型材的特点是抗腐蚀性能优良，耐酸碱盐雾大大优于阳极氧化、着色型材。

铝型材粉末涂料主要为热固性饱和聚酯，其颜色种类较多，可以根据用户需要更换粉末。粉末涂层其局部厚度应不小于 40μm。粉末涂层坚固耐用，耐化学介质性能好，生产简单，在铝型材表面处理中占有较大比重（约 35％），近年来在我国发展较快。

4. 氟碳漆喷涂型材

氟碳喷涂采用静电液相喷涂法，为了得到性能优良的涂层，一般采用二层、三层、四层工艺，其中以二层、三层工艺为主。具体工艺流程为：化学前处理→底漆静电喷涂→流平→面漆静电喷涂→流平→罩光漆静电喷涂→流平→烘烤固化。

氟碳涂料以聚偏二氟乙烯树脂（PVDF）为基料，加以金属粉合成，具有金属光泽。氟碳涂层耐紫外线辐射，其耐蚀性能优于粉末涂层，一般用于高档铝型材的表面处理。

以聚偏二氟乙烯漆作涂层的建筑用铝合金热挤压型材，简称喷漆型材。

5. 木纹处理

木纹处理20世纪90年代末开始引入我国，主要用于室内装饰型材的表面处理。木纹处理目前主要采用转印法，它是在经过粉末静电喷涂合格的铝型材表面贴上一层印有一定图案（木纹、大理石纹）的渗透膜，然后抽真空，使渗透膜完全覆盖在铝型材表面，再经过加热，使渗透膜上的油墨转移，渗入粉末涂层，从而使铝型材表面形成与渗透膜上图案完全一样的外观。木纹处理在粉末涂层上进行，因此，粉末涂层的准备与粉末喷涂型材的生产工序完全相同，只是所用粉末必须与热渗透膜匹配，否则可能不易上纹，其膜厚宜控制在$60\sim90\mu m$。

2.1.4　铝合金型材的规格

建筑用铝合金型材应符合国家标准《铝合金建筑型材》GB 5237 的有关规定。该标准适用于建筑行业用 6005、6060、6061、6063、6063A、6463、6463A 高温挤压成型、快速冷却并人工时效（T5）或经固熔热处理（T4、T6）状态的型材。

铝合金型材是制作铝合金门窗的基本材料，是铝合金门窗的主体。铝合金型材的规格尺寸、精度等级、化学成分、力学性能和表面质量，对铝合金门窗的制作质量、使用性能和使用寿命有重要影响。

铝合金型材的规格尺寸，主要以型材截面的高度尺寸（用在铝合金门窗称其框厚度尺寸）为标志，并构成尺寸系列。

铝合金门窗用型材主要有 40mm、45mm、50mm、55mm、60mm、63mm、65mm、70mm、80mm、90mm 等尺寸系列。

铝合金门窗用型材标注的尺寸系列相同，型材的截面形状和尺寸不一定都相同。相同尺寸系列的铝合金门窗用型材，其截面形状和尺寸必须依据图样具体分析和对待。铝合金门窗用型材根据截面形状区分为实心型材和空心型材，空心型材的应用量较大。铝合金门窗用型材的壁厚尺寸按照《铝合金门窗》（GB/T 8478—2008）的规定为：用于铝合金外门、窗的主型材截面，主要受力部位基材最小实测值分别不低于 2.0mm 和 1.4mm。铝合金门窗用型材的长度尺寸分定尺、倍尺和不定尺三种。定尺长度一般不超过 6m，不定尺长度不少于 1m。

2.1.5　隔热铝合金型材

隔热铝合金型材内、外层由铝合金型材组成，中间由低导热性能的非金属隔热材料连接成"隔热桥"的复合材料，简称隔热型材。随着我国建筑节能要求的需要，铝合金节能门窗的使用量快速增加，隔热铝合金型材产量大幅增加。

隔热型材的生产方式主要有三种：一种是把隔热材料浇注入铝合金型材的隔热腔体内，经过固化，去除断桥金属等工序形成"隔热桥"，称为"浇注式"隔热型材；另一种是采用条形隔热材料与铝型材，通过机械开齿、穿条、滚压等工序形成"隔热桥"，称为"穿条式"隔热型材；还有一种是浇注辊压一体式，即将铝型材和高密度隔热条，经穿条辊压加工后，使铝塑成一体，再在隔热腔内浇注隔热树脂，达到双效隔热的效果。

1. 浇注式隔热铝合金型材

浇注式隔热铝合金型材把铝合金强度高与 PU 树脂导热系数低的特性进行了巧妙的结合，优势互补，形成了新型的隔热铝合金型材产品。其产品的加工过程见图 2-2。

挤压型材　　　　浇注后型材　　　　断桥后型材

图 2-2　浇注式铝合金隔热型材

2. 穿条式隔热铝合金型材

穿条式隔热铝合金型材是采用机械加工的方法，把两部分型材通过隔热条进行连接，连接的隔热条起到隔热断桥的作用，其加工过程的方法见图 2-3。

图 2-3　穿条式隔热铝合金型材

穿条式隔热铝合金型材主要生产的工艺技术是采用辊压嵌入式，无论是引进国外或国产的加工设备，均采用三步法的生产工序：即开齿、穿条、辊压。有的企业开始研究二步法的生产工序，即开齿和穿条同步进行为一步，辊压为第二步。二步法可以缩短工艺流程，提高生产效率。虽然穿条式隔热铝合金型材加工工艺简单，但对铝合金型材的加工尺寸精度要求高，复合处的型材断面尺寸（包括隔热条）精度要求高。

3. 浇注辊压一体隔热铝合金型材

浇注辊压一体隔热铝合金型材是采用机械加工的方法，把两部分型材通过隔热条进行连接，在连接的隔热条腔内浇注 PU 树脂起到双效隔热断桥的作用，其加工过程的方法见图2-4。

| 铝合金型材 | 穿隔热条 | 滚压成型 | 浇注后型材 |

图 2-4　浇注辊压一体隔热铝合金型材

浇注辊压一体隔热铝合金型材的生产工艺是综合浇注式隔热铝合金型材与穿条式隔热铝合金型材两种工艺而成，工艺要求严格复杂。

它通过隔热条（尼龙 66 条）来阻断热量在铝型材上的传导，对 K 值起到了有效地降低作用。浇注 PU 树脂阻止了热量的对流传导，双效节能，节能效果更加显著。

通过对镶嵌隔热条（尼龙 66）的隔热铝型材与在隔热条内再浇注 PU 树脂的隔热铝型材做的力学性能试验，结果表明镶嵌隔热条（尼龙 66）的隔热铝型材的抗压强度为22.9MPa，镶嵌隔热条（尼龙 66）再浇注 PU 树脂的隔热铝型材抗压强度为 78.4MPa。由此可以得出，镶嵌隔热条（尼龙 66）再浇注 PU 树脂的浇注辊压一体隔热铝型材强度比单镶嵌隔热条（尼龙 66）的隔热铝型材强度高 3.4 倍。

隔热型材的内外两面可以是不同断面的型材，也可以是不同表面处理方式的不同颜色型材。但受地域、气候的影响，避免因隔热材料和铝型材的线膨胀系数的差距很大，在热胀冷缩时两者之间产生较大应力和间隙；同时，隔热材料和铝型材组合成一体，在门窗和幕墙结构中，同样和铝材一样受力。因此，要求隔热材料还必须有与铝合金型材相接近的抗拉强度、抗弯强度、膨胀系数和弹性模量，否则就会使隔热桥遭到断开和破坏。因此，隔热材料的选用非常重要。

隔热型材被应用于新一代铝合金环保节能门窗，主要是针对传统铝合金导热性高、隔热性差、产品单一这一技术关键问题，采用隔热型材及中空玻璃制作而成的新型门窗，主要有以下几个优点：

（1）节能、防止结露。其导热系数 K 值可达到 3.0 以下，有效地阻止了门窗室内外的热量传导，可节约能源 45% 以上，而且门窗室内表面温度与室温接近，降低了室内因水分过饱和而产生的门窗结露现象。

（2）环保、舒适。采用厚度不同的中空玻璃和隔热铝型材的多型腔结构，能够有效地降低声波的共振效应，阻止声音的传递，营造一个安详、舒适的居室环境。同时节约能源，可减少空调和采暖设备的使用，加之铝合金完全可以回收再利用、无污染，有利于环境的保护。

（3）水密性、气密性好。新型铝门窗采用防风雨设计，使其抗风压及气密性能够达 5 级以上，水密性能为 5 级以上。

（4）可装饰性能。隔热型材内表面采用不同的表面处理方法，配以不同的色彩，装饰出室内外不同风格的装饰效果。

综合上述，隔热型材是新一代环保节能门窗的理想材料。

2.1.6　铝木复合型材

铝木复合型材指室外侧使用铝合金型材，室内侧使用木材，两者之间通过连接卡件、穿压或螺钉等连接方式复合在一起，具有隔热功能与装饰效果的型材。

铝木复合型材集铝合金型材与木材的优点于一身，室外部分采用铝合金，成型容易，寿命长，色彩丰富，表面处理方式可为粉末喷涂、氟碳喷涂、阳极氧化、电泳涂漆，防水、防尘、防紫外线；室内采用经过特殊工艺加工的高档优质木材，颜色多样，提供无数种花纹结构，能与各种室内装饰风格相协调，起到特殊的装饰作用。

从断面结构上区分，铝木复合型材可分为铝包木和木包铝两种（图 2-5）。

图 2-5　铝木复合型材
1—铝合金型材；2—木材

铝包木系列铝木复合型材于 1998 年开始从欧洲引进。实木门窗为内外全部实木，铝包木以木材为主材，外扣铝合金型材，铝型材为辅，主要起到增强型材的耐候性作用，如图 2-5（b）所示，两者用卡扣连接。由于必须采用专用设备和专有技术，投资较大。目前，国内生产厂家约 40～50 家。各家断面结构也根据引进系统不同而不同。由这种型材生产的门窗由于生产工序复杂，木材用量较大，再加上异地安装、售后服务等，因此成本较高。铝包木系列铝木复合型材以木材为主，因此其型材的性能及以其生产的门窗性能同木门窗相近。

木包铝系列铝木复合型材是 2004 年开始从意大利引进的产品。以铝合金型材为主材，内侧复合木型材，木材主要起到内装饰作用和增强保温性能，如图 2-5（a）所示，两者用卡扣连接。由于采用简单木材加工设备和铝合金窗加工设备就可以生产，投资较小。目前，国内生产厂家约二三百家。以这种型材生产的门窗由于生产工序并不复杂，木材用量较小，成本较低。

由于木包铝系列铝木复合型材以铝合金型材为主，因此其型材的性能及以其生产的门窗性能同铝合金门窗相近。因此，本书讨论的铝木复合型材及铝木复合门窗均以木包铝系列铝木复合型材为主展开，此后不再单独说明。

由于铝木复合型材以铝合金型材为主，因此，其型材的尺寸、表面处理方式及性能等均应符合 GB 5237.2～GB 5237.6 的相应规定。

铝木复合型材除具有铝合金型材的优点外，还具有较强的内装饰性能及更好的保温性能。由于其具有较高的性能及较高的产品价格，属于高档门窗用型材。

2.2　铝合金建筑型材的性能要求

铝合金门窗是长期暴露在外的建筑配套产品，我国地域辽阔、气候复杂，有些地区常年气候恶劣，门窗长期处在自然环境不利的条件下，如：太阳暴晒、酸雨侵蚀、风沙等，因此，要求铝合金门窗使用的铝型材、玻璃、密封材料、五金配件等要有良好的耐候性和使用耐久性。

由于我国多年来，铝型材销售按重量计量，铝合金门窗工程量按面积计算，导致部分铝型材越做越薄。铝合金门窗属于轻质、薄壁杆件结构，部分构件经常启闭，是建筑外围护结构的薄弱部分，直接影响使用者和社会公众的人身安全。我国南方沿海地区曾发生的在台风袭击下铝合金门窗严重破坏的原因之一就是由于铝合金型材壁厚过小，造成门窗框和扇梃主型材构件抗弯变形能力差，或外框与墙体锚固点变形或破坏。铝合金门窗立面的中横框、中竖框及扇梃等主型材构件直接承受风荷载，需要有足够的抗变形刚度，框扇杆件的连接牢固、开启扇与框的铰接和锁点等五金配件的装配紧固等也需要型材壁厚作为构件的可靠保证，铝合金门窗框扇杆件型材壁厚要求也是门窗杆件结构必要的构造要求。

铝合金门窗所用的铝型材除应符合现行《铝合金建筑型材》标准外，还应满足《铝合金门窗》产品标准。

铝合金建筑型材产品标准为 GB 5237.1～5—2008 及 GB 5237.6—2004，适用于建筑用铝合金热挤压，表面处理方式为阳极氧化、着色型材、电泳涂漆型材、粉末喷涂型材、氟碳漆喷涂型材及隔热型材。

铝合金建筑型材标准 GB 5237 共分为六部分，分别为：

GB 5237.1—2008 基材

GB 5237.2—2008 阳极氧化型材

GB 5237.3—2008 电泳涂漆型材

GB 5237.4—2008 粉末喷涂型材

GB 5237.5—2008 氟碳漆喷涂型材

GB 5237.6—2012 隔热型材

2.2.1　基材

基材是指表面未经处理的铝合金建筑型材。

装饰面是指型材经加工、制作并安装在建筑物上后，处于开启和关闭状态时，仍可看得见的表面。

外接圆指能够将型材横截面完全包围的最小圆。

1. 合金牌号、状态

铝合金建筑型材的合金牌号及状态应符合表 2-6 的规定。

表 2-6　　　　　　　　合金牌号及供应状态

合　金　牌　号	供　应　状　态
6061	T4、T6
6005、6060、6063、6063A、6463、6463A	T5、T6

2. 化学成分

化学成分是决定材料各项性能的关键。为了获得良好的挤压性能、优质的表面处理性能、适宜的力学性能、满意的表面质量和外观装饰效果，必须严格控制合金的化学成分。

铝合金建筑用型材的化学成分规定见表 2-7。

表 2-7　　　　6005、6060、6061、6063、6063A、6463、6463A

合金牌号的化学成分（质量分数）

牌号	Si	Fe	Cu	Mn	Mg	Cr	Zn	Ti	其他 单个	其他 合计	Al
6005	0.6～0.9	0.35	0.10	0.10	0.4～0.6	0.10	0.10	0.10	0.05	0.15	余量
6060	0.3～0.6	0.1～0.3	0.10	0.10	0.35～0.6	0.05	0.15	0.10	0.05	0.15	余量
6061	0.4～0.8	0.7	0.15～0.40	0.15	0.8～1.2	0.04～0.35	0.25	0.15	0.05	0.15	余量
6063	0.2～0.6	0.35	0.10	0.10	0.45～0.9	0.10	0.10	0.10	0.05	0.15	余量
6063A	0.3～0.6	0.15～0.35	0.10	0.15	0.6～0.9	0.05	0.15	0.10	0.05	0.15	余量
6463	0.2～0.6	≤0.15	≤0.20	≤0.05	0.45～0.9	—	≤0.05	—	≤0.05	≤0.15	余量
6463A	0.2～0.6	≤0.15	≤0.25	≤0.05	0.3～0.9	—	≤0.05	—	≤0.05	≤0.15	余量

3. 物理性能

铝合金建筑型材物理性能见表 2-8。

表 2-8　　　　　　　铝合金建筑型材物理性能

弹性模量（MPa）	线胀系数 α（以℃$^{-1}$计）	密度（kg/m^3）	泊松比 υ
7×10^4	2.35×10^{-5}	2710	0.33

4. 材质要求

《铝合金建筑型材 第1部分：基材》（GB 5237.1—2008）对铝合金建筑型材——基材的质量作了规定。

（1）型材的合金牌号、供应状态应符合表2-6的规定。

（2）型材的化学成分应符合表2-7的规定。

（3）横截面尺寸偏差。铝合金建筑型材的横截面尺寸分为壁厚尺寸、非壁厚尺寸、角度、倒角半径及圆角半径、曲面间隙和平面间隙。

1）壁厚尺寸。铝合金建筑型材的壁厚尺寸分为 A、B、C 三组，如图2-6所示。

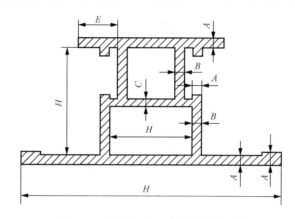

图 2-6 铝合金建筑型材的壁厚尺寸

A—翅壁壁厚；B—封闭空腔周壁壁厚；C—两个封闭空腔间的隔断壁厚；

H—非壁厚尺寸；E—对开口部位的 H 尺寸偏差有重要影响的基准尺寸

型材的壁厚偏差应符合表2-9的规定。有装配关系的 6060-T5、6063-T5、6063A-T5、6463-T5、6463A-T5 的型材壁厚偏差，应选择表2-9的高精级或超高精级。

表 2-9　　　　　　　　　　　　　　壁 厚 允 许 偏 差

级别	公称壁厚（mm）	对应于下列外接圆直径的型材壁厚尺寸允许偏差（mm）					
		≤100		>100～250		>250～350	
		A	B、C	A	B、C	A	B、C
普通级	≤1.50	0.15	0.23	0.20	0.30	0.38	0.45
	>1.50～3.00	0.15	0.25	0.23	0.38	0.54	0.57
	>3.00～6.00	0.18	0.30	0.27	0.45	0.57	0.60
	>6.00～10.00	0.20	0.60	0.30	0.90	0.62	1.20
	>10.00～15.00	0.20	—	0.30	—	0.62	—
	>15.00～20.00	0.23	—	0.35	—	0.65	—
	>20.00～30.00	0.25	—	0.38	—	0.69	—
	>30.00～40.00	0.30	—	0.45	—	0.72	—

级别	公称壁厚（mm）	对应于下列外接圆直径的型材壁厚尺寸允许偏差（mm）					
		≤100		>100～250		>250～350	
		A	B、C	A	B、C	A	B、C
高精级	≤1.50	0.13	0.21	0.15	0.23	0.30	0.35
	>1.50～3.00	0.13	0.21	0.15	0.25	0.36	0.38
	>3.00～6.00	0.15	0.26	0.18	0.30	0.38	0.45
	>6.00～10.00	0.17	0.51	0.20	0.60	0.41	0.90
	>10.00～15.00	0.17	—	0.20	—	0.41	—
	>15.00～20.00	0.20	—	0.23	—	0.43	—
	>20.00～30.00	0.21	—	0.25	—	0.46	—
	>30.00～40.00	0.26	—	0.30	—	0.48	—
超高精级	≤1.50	0.09	0.10	0.10	0.12	0.15	0.25
	>1.50～3.00	0.09	0.13	0.10	0.15	0.15	0.25
	>3.00～6.00	0.10	0.21	0.12	0.25	0.18	0.35
	>6.00～10.00	0.11	0.34	0.13	0.40	0.20	0.70
	>10.00～15.00	0.12	—	0.14	—	0.22	—
	>15.00～20.00	0.13	—	0.15	—	0.23	—
	>20.00～30.00	0.15	—	0.17	—	0.25	—
	>30.00～40.00	0.17	—	0.20	—	0.30	—

2）非壁厚尺寸。铝合金型材的非壁厚尺寸如图 2-7 所示的 H、H_1、H_2 等 H 尺寸。

非壁厚尺寸偏差分为普通级、高精级和超高精级，分别见表 2-10～表 2-12。有装配关系的 6060-T5、6063-T5、6063A-T5、6463-T5、6463A-T5 的型材尺寸偏差，应选择高精级或超高精级。

表 2-10 **非壁厚尺寸（H）允许偏差（普通级）** （单位：mm）

外接圆直径	H 尺寸	实体金属不小于 75% 的 H 尺寸允许偏差，±	实体金属小于 75% 的 H 尺寸对应于下列 E 尺寸的允许偏差，±					
			>6～15	>15～30	>30～60	>60～100	>100～150	>150～200
	1栏	2栏	3栏	4栏	5栏	6栏	7栏	8栏
≤100	≤3.00	0.15	0.25	0.30	—	—	—	—
	>3.00～10.00	0.18	0.30	0.36	0.41	—	—	—
	>10.00～15.00	0.20	0.36	0.41	0.46	0.51	—	—
	>15.00～30.00	0.23	0.41	0.46	0.51	0.56	—	—
	>30.00～45.00	0.30	0.53	0.58	0.66	0.76	—	—
	>45.00～60.00	0.36	0.61	0.66	0.79	0.91	—	—
	>60.00～100.00	0.61	0.86	0.97	1.22	1.45	—	—

23

外接圆直径	H 尺寸	实体金属不小于 75% 的 H 尺寸允许偏差，±	实体金属小于 75% 的 H 尺寸对应于下列 E 尺寸的允许偏差，±					
			>6~15	>15~30	>30~60	>60~100	>100~150	>150~200
	1 栏	2 栏	3 栏	4 栏	5 栏	6 栏	7 栏	8 栏
>100~250	≤3.00	0.23	0.33	0.38	—	—	—	—
	>3.00~10.00	0.27	0.39	0.45	0.51	—	—	—
	>10.00~15.00	0.30	0.47	0.51	0.58	0.61	—	—
	>15.00~30.00	0.35	0.53	0.58	0.64	0.67	—	—
	>30.00~45.00	0.45	0.69	0.73	0.83	0.91	1.00	—
	>45.00~60.00	0.54	0.79	0.83	0.99	1.10	1.20	1.40
	>60.00~90.00	0.92	1.10	1.20	1.50	1.70	2.00	2.30
	>90.00~120.00	0.92	1.10	1.20	1.50	1.70	2.00	2.30
	>120.00~150.00	1.30	1.50	1.60	2.00	2.40	2.80	3.20
	>150.00~200.00	1.70	1.80	2.00	2.60	3.00	3.60	4.10
	>200.00~250.00	2.10	2.10	2.40	3.20	3.70	4.30	4.90
>250~350	≤3.00	0.54	0.64	0.69	—	—	—	—
	>3.00~10.00	0.57	0.67	0.76	0.89	—	—	—
	>10.00~15.00	0.62	0.71	0.82	0.95	1.50	—	—
	>15.00~30.00	0.65	0.78	0.93	1.30	1.70	—	—
	>30.00~45.00	0.72	0.85	1.20	1.90	2.30	3.00	—
	>45.00~60.00	0.92	1.20	1.50	2.20	2.60	3.3.0	4.60
	>60.00~90.00	1.30	1.60	1.80	2.50	2.90	3.60	4.90
	>90.00~120.00	1.30	1.60	1.80	2.50	2.90	3.60	4.90
	>120.00~150.00	1.70	1.90	2.20	2.90	3.20	3.80	5.20
	>150.00~200.00	2.10	2.30	2.50	3.20	3.50	4.10	5.40
	>200.00~250.00	2.40	2.60	2.90	3.50	3.80	4.40	5.70
	>250.00~300.00	2.80	3.00	3.20	3.80	4.10	4.70	6.00
	>300.00~350.00	3.20	3.30	3.60	4.10	4.40	5.00	6.20

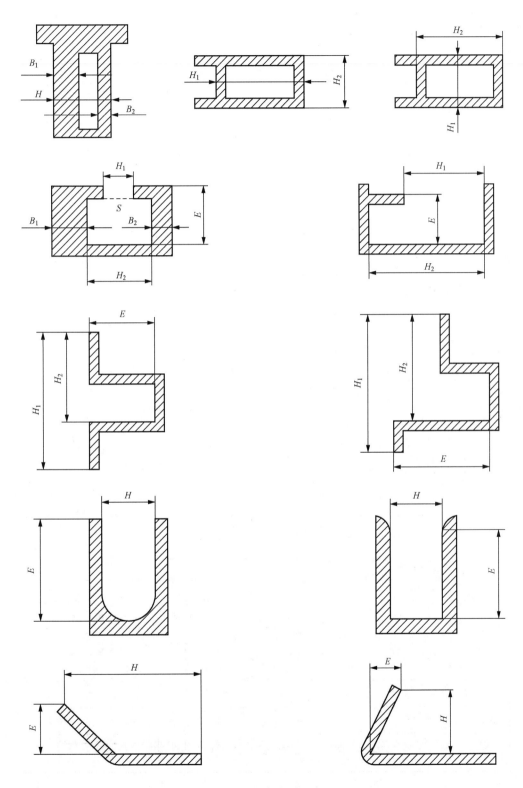

图 2-7　非壁厚尺寸

表 2-11　　　　　　非壁厚尺寸（H）允许偏差（高精级）　　　（单位：mm）

外接圆直径	H尺寸	实体金属不小于75%的H尺寸允许偏差，±	实体金属小于75%的H尺寸对应下列E尺寸的允许偏差，±					
			>6~15	>15~30	>30~60	>60~100	>100~150	>150~200
	1栏	2栏	3栏	4栏	5栏	6栏	7栏	8栏
≤100	≤3.00	0.13	0.21	0.25	—	—	—	—
	>3.00~10.00	0.15	0.26	0.31	0.35	—	—	—
	>10.00~15.00	0.17	0.31	0.35	0.39	0.43	—	—
	>15.00~30.00	0.21	0.35	0.39	0.43	0.48	—	—
	>30.00~45.00	0.26	0.45	0.49	0.56	0.65	—	—
	>45.00~60.00	0.31	0.52	0.56	0.67	0.77	—	—
	>60.00~100.00	0.53	0.73	0.82	1.04	1.23	—	—
>100~250	≤3.00	0.15	0.25	0.30	—	—	—	—
	>3.00~10.00	0.18	0.30	0.36	0.41	—	—	—
	>10.00~15.00	0.20	0.36	0.41	0.46	0.51	—	—
	>15.00~30.00	0.23	0.41	0.46	0.51	0.56	—	—
	>30.00~45.00	0.30	0.53	0.58	0.66	0.76	0.89	—
	>45.00~60.00	0.36	0.61	0.66	0.79	0.91	1.07	1.27
	>60.00~90.00	0.61	0.86	0.97	1.22	1.45	1.73	2.03
	>90.00~120.00	0.61	0.86	0.97	1.22	1.45	1.73	2.03
	>120.00~150.00	0.86	1.12	1.27	1.63	1.98	2.39	2.79
	>150.00~200.00	1.12	1.37	1.57	2.08	2.51	3.05	3.56
	>200.00~250.00	1.37	1.63	1.88	2.54	3.05	3.68	4.32
>250~350	≤3.00	0.36	0.46	0.51	—	—	—	—
	>3.00~10.00	0.38	0.48	0.56	0.71	—	—	—
	>10.00~15.00	0.41	0.51	0.61	0.76	1.27	—	—
	>15.00~30.00	0.43	0.56	0.69	1.02	1.52	—	—
	>30.00~45.00	0.48	0.61	0.86	1.52	2.03	2.54	—
	>45.00~60.00	0.61	0.86	1.12	1.78	2.29	2.79	4.32
	>60.00~90.00	0.86	1.12	1.37	2.03	2.54	3.05	4.57
	>90.00~120.00	0.86	1.12	1.37	2.03	2.54	3.05	4.57
	>120.00~150.00	1.12	1.37	1.63	2.29	2.79	3.30	4.83
	>150.00~200.00	1.37	1.63	1.88	2.54	3.05	3.56	5.08
	>200.00~250.00	1.63	1.88	2.13	2.79	3.30	3.81	5.33
	>250.00~300.00	1.88	2.13	2.39	3.05	3.56	4.06	5.59
	>300.00~350.00	2.13	2.39	2.64	3.30	3.81	4.32	5.84

表 2 - 12 非壁厚尺寸 (H) 允许偏差 (超高精级) (单位：mm)

外接圆直径	H 尺寸	实体金属不小于 75% 的 H 尺寸允许偏差，±	实体金属小于 75% 的 H 尺寸对应于下列 E 尺寸的允许偏差，±		
			>6～15	>15～60	>60～120
	1 栏	2 栏	3 栏	4 栏	5 栏
≤100	≤3.00	0.11	0.14	0.14	—
	>3.00～10.00	0.11	0.14	0.14	—
	>10.00～15.00	0.14	0.18	0.18	—
	>15.00～30.00	0.15	0.22	0.22	—
	>30.00～45.00	0.18	0.27	0.27	0.41
	>45.00～60.00	0.27	0.36	0.36	0.50
	>60.00～100.00	0.37	0.41	0.41	0.59
>100～350	≤3.00	0.12	0.15	0.15	—
	>3.00～10.00	0.12	0.15	0.15	—
	>10.00～15.00	0.15	0.20	0.20	—
	>15.00～30.00	0.17	0.25	0.25	—
	>30.00～45.00	0.20	0.30	0.30	0.45
	>45.00～60.00	0.30	0.40	0.40	0.55
	>60.00～90.00	0.41	0.45	0.45	0.65
	>90.00～120.00	0.45	0.60	0.60	0.80
	>120.00～150.00	0.57	0.80	0.80	1.00
	>150.00～200.00	0.75	1.00	1.00	1.30
	>200.00～250.00	0.91	1.20	1.20	1.50
	>250.00～300.00	1.30	1.50	1.50	1.80
	>300.00～350.00	1.56	1.73	1.73	2.16

3）角度。型材角度允许偏差应符合表 2 - 13 的规定，精度等级在图样或合同中注明，未注明时 6060-T5、6063-T5、6063A-T5、6463-T5、6463A-T 型材角度偏差按高精级执行，其他型材按普通级执行。

表 2 - 13 横截面的角度允许偏差

级　　别	允许偏差（°）
普通级	±1.5
高精级	±1.0
超高精级	±0.5

4）倒角半径及圆角半径。型材横截面上的倒角（或过渡圆角）半径（r）及圆角半径（R）如图 2 - 8 所示。

当型材图样上标注有倒角半径"r"字样时，表示倒角半径为不大于 0.5mm；否则，倒角半径将以数字的方式标在图样上。

当型材图样上标注有圆角半径"R"字样时，表示圆角半径符合表 2-14 的规定；否则，圆角半径将以数字的方式标在图样上。

图 2-8　倒角和圆角半径

表 2-14　　　圆角半径允许偏差　　（单位：mm）

圆角半径	允许偏差
$R \leqslant 5.0$	±0.5
$R > 5.0$	±0.1R

5）曲面间隙。将标准弧样板紧贴在型材的曲面上，型材曲面与标准弧样板之间的最大间隙，即为型材的曲面间隙，如图 2-9 所示。

型材曲面与标准样板之间的间隙为每 25mm 的弦长上允许的最大值不超过 0.13mm，不足 25mm 的部分按 25mm 计算。

6）平面间隙。将长度大于型材平面宽度的直尺靠在型材的凹面上，则直尺与型材之间的最大间隙，即为型材在整个宽度上的平面间隙（图 2-10）。

图 2-9　曲面间隙

图 2-10　平面间隙

型材的平面间隙应符合表 2-15 的规定。未注明精度级别时，6060-T5、6063-T5、6063A-T5、6463-T5、6463A-T 型材平面间隙按高精级执行，其他型材按普通级执行。

表 2-15　　　　　　　　　型材允许的平面间隙　　　　　　　　（单位：mm）

型材公称宽度（W）	平面间隙，≤		
	普通级	高精级	超高精级
≤25	0.20	0.15	0.10
>25～100	0.80％×W	0.60％×W	0.40％×W
>100～350	0.80％×W	0.60％×W	0.33％×W
任意 25mm 宽度上	0.20	0.15	0.10

5. 弯曲度

将型材放在平台上，靠自重达到稳定时，则沿型材长度方向上的型材底部与平台间的最大间隙即为型材全长（L）上的弯曲度；将 300mm 长的直尺沿型材长度方向靠在型材上，则型材与直尺间的最大间隙，即为型材任意 300mm 长度上的弯曲度（图 2 - 11）。

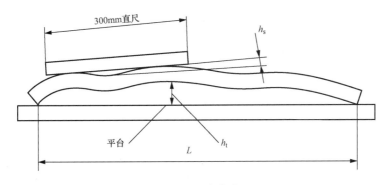

图 2 - 11 弯曲度

型材的弯曲度应符合表 2 - 16 的规定。未注明弯曲度的精度等级时，6060-T5、6063-T5、6063A-T5、6463-T5、6463A-T 型材弯曲度按高精级执行，其他型材按普通级执行。

表 2 - 16 允 许 的 弯 曲 度 （单位：mm）

外接圆直径	最小壁厚	弯曲度，$\leqslant$					
		普通级		高精级		超高精级	
		任意 300mm 长度上 h_s	全长 L（m）长度上 h_t	任意 300mm 长度上 h_s	全长 L（m）长度上 h_t	任意 300mm 长度上 h_s	全长 L（m）长度上 h_t
$\leqslant 38$	$\leqslant 2.4$	1.5	$4 \times L$	1.3	$3 \times L$	0.3	$0.6 \times L$
	> 2.4	0.5	$2 \times L$	0.3	$1 \times L$	0.3	$0.6 \times L$
> 38	—	0.5	$1.5 \times L$	0.3	$0.8 \times L$	0.3	$0.5 \times L$

6. 扭拧度

将型材放在平台上，并使其一端紧贴平台，型材借自重达到稳定时，型材翘起端的两侧端点与平台之间的间隙 T_1 和 T_2 的差值，即为型材的扭拧度（图 2 - 12）。

公称长度小于或等于 7m 的型材，扭拧度应符合表 2 - 17 的规定。未注明扭拧度精度等级时，6060-T5、6063-T5、6063A-T5、6463-T5、6463A-T 型材弯曲度按高精级执行，其他型材按普通级执行。

7. 长度

型材公称长度小于 6m 时，允许偏差为 +15mm；长度大于 6m 时，允许偏差双方协商。

8. 端头切斜度

型材端头切斜度不应超过 2°。

图 2 - 12 扭拧度

表 2-17   允 许 的 扭 拧 度

精度等级	公称宽度（mm）	下列长度（L）上的扭拧度（mm）					
		≤1m	>1~2m	>2~3m	>3~4m	>4~5m	>5~7m
		不 大 于					
普通级	≤25.00	1.30	2.00	2.30	3.10	3.30	3.90
	>25.00~50.00	1.80	2.60	3.90	4.20	4.70	5.50
	>50.00~75.00	2.10	3.40	5.20	5.80	6.30	6.80
	>75.00~100.00	2.30	3.50	6.20	6.60	7.00	7.40
	>100.00~125.00	3.00	4.50	7.80	8.20	8.40	8.60
	>125.00~150.00	3.60	5.50	9.80	9.90	10.10	10.30
	>150.00~200.00	4.40	6.60	11.70	11.90	12.10	12.30
	>200.00~300.00	5.50	8.20	15.60	15.80	16.00	16.20
高精级	≤25.00	1.20	1.80	2.10	2.60	2.60	3.00
	>25.00~50.00	1.30	2.00	2.60	3.20	3.70	3.90
	>50.00~75.00	1.60	2.30	3.90	4.10	4.30	4.70
	>75.00~100.00	1.70	2.60	4.00	4.40	4.70	5.20
	>100.00~125.00	2.00	2.90	5.10	5.50	5.70	6.00
	>125.00~150.00	2.40	3.60	6.40	6.70	7.00	7.20
	>150.00~200.00	2.90	4.30	7.60	7.90	8.10	8.30
	>200.00~300.00	3.60	5.40	10.20	10.40	10.70	10.90
超高精级	≤25.00	1.00	1.50	1.50	2.00	2.00	2.00
	>25.00~50.00	1.00	1.20	1.50	1.80	2.00	2.00
	>50.00~75.00	1.00	1.20	1.20	1.50	2.00	2.00
	>75.00~100.00	1.00	1.20	1.50	2.00	2.20	2.50
	>100.00~125.00	1.00	1.50	1.80	2.20	2.50	3.00
	>125.00~150.00	1.20	1.50	1.80	2.20	2.50	3.00
	>150.00~200.00	1.50	1.80	2.20	2.60	3.00	3.50
	>200.00~300.00	1.80	2.50	3.00	3.50	4.00	4.50

9. 力学性能

铝合金建筑型材的室温力学性能应符合表 2-18 的规定。

表 2-18　　　　　　　　　　　室 温 力 学 性 能

合金牌号	供应状态		壁厚(mm)	拉 伸 性 能				硬 度		
				拉伸强度 (R_m)(N/mm²)	规定非比例伸长应力 $R_{p0.2}$(N/mm²)	断后伸长率（%）		试样厚度(mm)	维氏硬度HV	韦氏硬度HW
						A	A_{50}			
				≥						
6005	T5		≤6.3	260	240	—	8	—	—	—
	T6	实心型材	≤5	270	225	—	6			
			>3~10	260	215	—	6			
			>10~25	250	200	8	6			
		空心型材	≤5	255	215	—	6			
			>5~15	250	200	8	6			
6060	T5		≤5	160	120	—	6			
			>5~25	140	100	8	6			
	T6		≤3	190	150	—	6			
			>3~25	170	140	8	6			
6061	T4		所有	180	110	16	16			
	T6		所有	265	245	8	8			
6063	T5		所有	160	110	8	8	0.8	58	8
	T6		所有	205	180	8	8			
6063A	T5		≤10	200	160	—	5	0.8	65	10
			>10	190	150	5	5	0.8	65	10
	T6		≤10	230	190	—	5			
			>10	220	180	4	4			
6463	T5		≤50	150	110	8	6	—	—	—
	T6		≤50	195	160	10	6			
6463A	T5		≤12	150	110	—	6			
	T6		≤3	205	170	—	6			
			>3~12	205	170	—	8			

10. 外观质量

（1）型材表面应整洁，不允许有裂纹、起皮、腐蚀和气泡等缺陷存在。

（2）型材表面上允许有轻微的压痕、碰伤、擦伤存在，其允许深度见表 2-19；模具挤压痕的深度见表 2-20。

（3）型材端头允许有因锯切产生的局部变形，其纵向长度不应超过 10mm。

表 2 - 19 型材表面缺陷允许深度 （单位：mm）

状 态	缺陷允许深度，≤	
	装饰面	非装饰面
T5	0.03	0.07
T4、T6	0.06	0.10

表 2 - 20 模具挤压痕的允许深度 （单位：mm）

合 金 牌 号	模具挤压痕深度，≤
6005、6061	0.06
6060、6063、6063A、6463、6463A	0.03

2.2.2 阳极氧化型材

局部膜厚：在型材装饰面上某个不大于 $1cm^2$ 的考察面内作若干次（不少于 3 次）膜厚测量所得的测量值。

平均膜厚：在型材装饰面上测出若干个（不少于 5 处）局部膜厚的平均值。

《铝合金建筑型材 第 2 部分：阳极氧化型材》（GB 5237.2—2008）对阳极氧化型材的质量规定如下：

（1）基材质量、合金牌号及状态、化学成分、力学性能应符合《铝合金建筑型材 第 1 部分：基材》（GB 5237.1—2008）的规定。

（2）尺寸偏差（包括氧化膜在内）应符合《铝合金建筑型材 第 1 部分：基材》（GB 5237.1—2008）的规定。

（3）阳极氧化膜的厚度级别应符合表 2 - 21 的规定。

表 2 - 21 阳极氧化膜的厚度级别

级别	单件平均膜厚（μm）≥	单件局部膜厚（μm）≥
AA10	10	8
AA15	15	12
AA20	20	16
AA25	25	20

（4）阳极氧化膜的厚度级别、典型用途、表面处理方式见表 2 - 22。

表 2 - 22 阳极氧化膜的厚度级别所对应的使用环境

厚度等级	典型用途	表面处理方式
AA10	室内、外建筑或车辆部件	阳极氧化
AA15	室外建筑或车辆部件	
AA20	室外苛刻环境下使用的建筑部件	阳极氧化加电解着色
AA25		阳极氧化加有机着色

（5）氧化膜的封孔质量采用磷铬酸浸蚀质量损失法试验，失重不大于 30mg/dm^2。

（6）阳极氧化膜的颜色，应符合供需双方商定颜色基本一致。

（7）阳极氧化膜的耐蚀性采用铜加速醋酸盐雾试验（CASS），耐磨性采用落砂试验检测，结果应符合表 2-23 规定。

（8）阳极氧化膜的耐候性采用 313B 荧光紫外灯人工加速老化试验后，电解着色膜变色程度至少达到 1 级，有机着色膜变色程度至少达到 2 级。

表 2-23　　　　　　　　　　　　阳 极 氧 化 膜 分 级 表

膜厚级别	耐　蚀　性		耐　磨　性
	CASS 试验		落砂试验磨耗系数 $f(\text{g}/\mu\text{m})$
	时间（h）	级别	
AA10	16	≥9	≥300
AA15	24	≥9	≥300
AA20	48	≥9	≥300
AA25	48	≥9	≥300

（9）外观质量。产品表面不允许有电灼伤、氧化膜脱落等影响使用的缺陷。距型材端头 80mm 以内允许局部无膜或电灼伤。

2.2.3　电泳涂漆型材

《铝合金建筑型材　第 3 部分：电泳涂漆型材》（GB 5237.3—2008）对电泳涂漆型材的质量要求如下：

（1）基材质量应符合《铝合金建筑型材　第 1 部分：基材》（GB 5237.1—2008）的规定。

（2）合金牌号及状态、化学成分、力学性能应符合《铝合金建筑型材　第 1 部分：基材》（GB 5237.1—2008）的规定。

（3）尺寸偏差（包括复合膜在内）应符合《铝合金建筑型材　第 1 部分：基材》（GB 5237.1—2008）的规定。

（4）阳极氧化复合膜膜厚级别、漆膜类型、典型用途见表 2-24 所示。

表 2-24　　　　　阳极氧化复合膜膜厚级别、漆膜类型、典型用途

膜厚级别	表面漆膜类型	典 型 用 途
A	有光或亚光透明漆	室外苛刻环境下使用的建筑部件
B		室外建筑或车辆部件
S	有光或亚光有色漆	室外建筑或车辆部件

（5）复合膜性能。

1）颜色、色差。颜色应与要求的一致。

2）膜厚。膜厚度应符合表 2-25 的规定。

表 2-25 复 合 膜 膜 厚

厚度级别	膜厚（μm）		
	阳极氧化局部膜厚	漆膜局部膜厚	复合膜局部膜厚
A	≥9	≥12	≥21
B	≥9	≥7	≥16
S	≥6	≥15	≥21

3）漆膜硬度。采用铅笔划痕试验，A、B级漆膜硬度应≥3H，S级漆膜硬度≥1H。

4）漆膜附着性。漆膜的干附着性和湿附着性均应达到0级。

5）耐沸水性。漆膜经沸水试验后应无皱纹、裂纹、气泡，并无脱落或变色现象。

6）耐磨性。漆膜经落砂试验后结果应符合表 2-26 的规定。

表 2-26 复合膜漆膜落砂试验标准

膜后级别	A	B	S
落砂量（g）	≥3300	≥3000	≥2400

7）耐盐酸性。经耐盐酸性试验后，目视复合膜表面应无气泡及其他明显变化。

8）耐碱性。经耐碱性试验后，保护等级应≥9.5级。

9）耐砂浆性。经耐砂浆性试验后，目视复合膜表面应无脱落及其他明显变化。

10）耐溶剂性。经耐溶剂性试验，铅笔硬度差值≤1H。

11）耐洗涤剂性。经耐洗涤剂性试验后，复合膜表面应无气泡、脱落及其他明显变化。

12）耐盐雾腐蚀性。漆膜经铜加速乙酸盐雾（CASS）试验结果应符合表 2-27 的规定。

表 2-27 复合膜漆膜经铜加速乙酸盐雾（CASS）试验标准

膜后级别	试验时间（h）	保护等级（R）
A、S	48	≥9.5级
B	24	≥9.5级

13）耐湿热性。复合膜经4000h湿热试验后，其变化应≤1级。

14）耐候性。漆膜的耐候性应符合规定要求。

（6）外观质量。涂漆前型材的外观质量应符合《铝合金建筑型材 第2部分：阳极阳化型材》（GB 5237.2—2008）的有关规定。涂漆后的漆膜应均匀、整洁、不允许有皱纹、裂纹、气泡、流痕、夹杂物、发黏和漆膜脱落等影响使用的缺陷，但在电泳型材端头80mm范围内允许局部无漆膜。

2.2.4 粉末喷涂型材

涂层是喷涂在金属基体表面上经固化的热固性有机聚合物粉末覆盖层。

《铝合金建筑型材 第4部分：粉末喷涂型材》（GB 5237.4—2008）对粉末喷涂型材的

质量要求如下：

（1）喷粉型材的牌号、状态和规格，应符合《铝合金建筑型材　第 1 部分：基材》（GB 5237.1—2008）的规定。

（2）基材质量。喷粉型材所用的基材应符合《铝合金建筑型材　第 1 部分：基材》（GB 5237.1—2008）的规定。

（3）化学成分、力学性能。化学成分、室温力学性能应符合《铝合金建筑型材　第 1 部分：基材》（GB 5237.1—2008）的规定。

（4）尺寸允许偏差。型材去掉涂层后，尺寸允许偏差应符合《铝合金建筑型材　第 1 部分：基材》（GB 5237.1—2008）的规定。型材因涂层引起的尺寸变化应不影响装配和使用。

（5）预处理。基材喷涂前，其表面应进行预处理，以提高基体与涂层的附着力。化学转化膜应有一定的厚度。当采用铬化处理时，铬化转化膜的厚度应控制在 $200 \sim 1300 \mathrm{mg/m^2}$ 范围内（用重量法测定）。

（6）涂层性能。

1）光泽。涂层的 60°光泽值应符合表 2 - 28 的规定。

表 2 - 28　　　　　　　　　　涂层的 60°光泽值　　　　　　　　　　（单位：光泽单位）

光　泽　值　范　围	允　许　偏　差
3～30	±5
31～70	±7
71～100	±10

2）颜色和色差。涂层颜色应与合同规定的标准色板基本一致。使用仪器测定时，单色粉末的涂层与标准色板间的色差 $\Delta E_{ab}^* \leqslant 1.5$，同一批产品之间的色差 $\Delta E_{ab}^* \leqslant 1.5$。

3）厚度。装饰面上涂层最小局部厚度 $\geqslant 40 \mu m$。由于挤压型材横截面形状的复杂性，致使型材某些表面（如内角、横沟等）的涂层厚度低于规定值是允许的。

4）压痕硬度。涂层经压痕试验，其抗压痕性 $\geqslant 80$。

5）附着性。涂层的干附着性、湿附着性和沸水附着性均应达到 0 级。

6）耐冲击性。涂层正面经冲击试验后应无开裂和脱落现象，但在四面的周边处允许有细小皱纹。

7）抗杯突性。经杯突试验后，涂层应无开裂和脱落现象。

8）抗弯曲性。经曲率试验后，涂层应无开裂和脱落现象。

9）耐磨性。经落砂试验，磨耗系数 $\geqslant 0.8/\mu m$。

10）耐盐酸性。涂层经盐酸试验后，目视检查表面不应有气泡和其他明显变化。

11）耐溶剂性。涂层的耐溶剂试验结果应为 3 级或 4 级。

12）耐砂浆性。涂层经砂浆试验后，其表面不应有脱落和其他明显变化。

13）耐盐雾腐蚀性。经 1000h 乙盐雾试验后，目视检查涂层表面不应有气泡、脱落或其他明显变化，画线两侧膜下单边渗透腐蚀宽度不应超过 4mm。

14）耐沸水性。经沸水试验后涂层表面应无皱纹、脱落现象，但允许色泽稍有变化。

15）耐洗涤剂性。经耐洗涤剂性试验后，涂层表面应无气泡、脱落及其他明显变化。

16）涂层耐湿热性：涂层经 1000h 试验后，涂层表面不应有气泡、脱落或其他明显变化。

17）耐候性。涂层的耐候性应符合规定要求。

18）外观质量。型材装饰面上的涂层应平滑、均匀，不允许有皱纹、流痕、鼓泡、裂纹等影响使用的缺陷，但允许有轻微的粘皮现象。

2.2.5 氟碳漆喷涂型材

漆膜指涂覆在金属基体表面上，经固化的氟碳漆的膜，也可称为涂层。

《铝合金建筑型材 第 5 部分：氟碳漆喷涂型材》（GB 5237.5—2008）对氟碳漆喷涂型材的质量规定如下：

（1）喷漆型材的合金牌号、状态和规格，应符合《铝合金建筑型材 第 1 部分：基材》（GB 5237.1—2008）的规定。涂层种类应符合表 2-29 的规定。

表 2-29 涂 层 种 类

二涂层	三涂层	四涂层
底漆加面漆	底漆、面漆加清漆	底漆、阻挡漆、面漆加清漆

（2）基材质量。型材所用的基材应符合《铝合金建筑型材 第 1 部分：基材》（GB 5237.1—2008）的规定。

（3）型材的化学成分、室温力学性能应符合《铝合金建筑型材 第 1 部分：基材》（GB 5237.1—2008）的规定。

（4）尺寸偏差。型材去掉漆膜后，其尺寸允许偏差应符合《铝合金建筑型材 第 1 部分：基材》（GB 5237.1—2008）的规定。型材因涂层引起的尺寸变化应不影响装配和使用。

（5）预处理。基材喷涂前，其表面应进行预处理，以提高基体与涂层的附着力。化学转化膜应有一定的厚度，当采用铬化处理时，铬化转化膜的厚度应控制在 $200 \sim 1300 mg/m^2$ 范围内（用重量法测定）。

（6）涂层性能。

1）光泽。涂层的 60°光泽值允许偏差为±5 个光泽单位。

2）颜色和色差。颜色应与合同规定的标准色板基本一致。使用仪器测定时，单色涂层与标准色板间的色差 $\Delta E_{ab}^* \leqslant 1.5$，同一批产品之间的色差 $\Delta E_{ab}^* \leqslant 1.5$。

3）涂层厚度。装饰面上的漆膜厚度应符合表 2-30 的规定。

表 2-30 装饰面上的漆膜厚度

涂层种类	平均膜厚（μm）	最小局部膜厚（μm）
二涂	≥30	≥25
三涂	≥40	≥34
四涂	≥65	≥55

注：由于挤压型材横截面形状的复杂性，致使型材某些表面（如内角、横沟等）的漆膜厚度低于规定值是允许的，但不允许出现露底现象。

4）硬度。涂层经铅笔划痕试验，硬度≥1H。

5）附着性。涂层的干、湿和沸水附着性均应达到 0 级。

6）耐冲击性。经冲击试验后受冲击的涂层允许有微小裂纹，但粘胶带上不允许有粘落的涂层。

7）耐磨性。经落砂试验后，磨耗系数应≥1.6L/μm。

8）耐盐酸性。经耐盐酸试验后，目视检查涂层表面不应有气泡和其他明显变化。

9）耐硝酸性。单色涂层经硝酸试验后，颜色变化 $\Delta E^*_{ab} \leqslant 5$。

10）耐溶剂性。经耐溶剂试验后，涂层应无软化及其他明显变化。

11）耐洗涤剂性。经洗涤剂试验后，涂层表面不应有气泡、脱落和其他明显变化。

12）耐砂浆性。经耐砂浆试验后，涂层表面不应有脱落和其他明显变化。

13）耐盐雾蚀性。经 4000h 中性盐雾试验后，画线两侧膜下单边渗透腐蚀宽度不应超过 2mm，画线两侧 2.0mm 以外部分的涂层不应有腐蚀现象。

14）耐湿热性。涂层经 4000h 耐湿热试验后，其变化≤1 级。

15）耐候性。涂层的加速耐候性和自然耐候性应符合要求。

16）外观质量。型材装饰面上的涂层应平滑、均匀，不允许有皱纹、流痕、气泡、脱落及等其他影响使用的缺陷。

2.2.6　隔热型材

1. 术语

（1）隔热材料：用以连接铝合金型材的低导热率的非金属材料。

（2）隔热型材：以隔热材料连接铝合金型材而制成的具有隔热功能的复合型材。

（3）隔热条：在隔热铝合金型材中起减少热传导作用和结构连接的硬质塑料挤压条材。

（4）穿条式隔热型材：由铝合金型材和建筑用硬质塑料隔热条通过开齿、穿条、滚压等工序，进行结构连接，形成的有隔热功能的复合铝合金型材。

（5）浇注式隔热型材：将双组分的液态胶混合注入铝合金型材预留的隔热槽中，待胶体固化后，形成的有隔热功能的复合铝合金型材。

（6）特征值：根据 75% 置信度对数正态分布，按 95% 的保证概率计算的性能值。

（7）横向抗拉强度：在隔热型材横截面方向施加在铝合金型材上的单位长度横向拉力。

（8）抗剪强度：在垂直隔热型材横截面方向施加的单位长度的纵向剪切力。

2. 《铝合金建筑型材　第 6 部分：隔热型材》（GB 5237.6—2004）对隔热型材的质量规定

（1）型材分类。

1）产品按力学性能分为 A、B 两类，见表 2-31。

表 2-31　隔热型材按力学性能分类

类　别	力学性能特性	复　合　方　式
A	剪切失效后不影响横向抗拉性能	穿条式、浇注式
B	剪切失效后将引起横向抗拉失效	浇注式

2）产品按用途分为：门窗用隔热型材和幕墙用隔热型材。

3）产品按复合形式分为：穿条式隔热型材和浇注式隔热型材，见图 2-13。

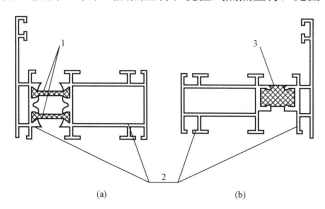

图 2-13　隔热型材示意

（a）穿条式隔热型材；（b）浇注式隔热型材

1—隔热条；2—铝合金型材；3—隔热胶

（2）隔热型材用铝合金型材应符合《铝合金建筑型材》GB 5237.2～5 的相应规定。

（3）隔热材料。隔热型材用的隔热材料的室温横向拉伸试验、水中浸泡试验、湿热试验、脆性试验和应力开裂试验的结果，均应符合表 2-32 的规定。

表 2-32　　　　　　　　　　隔 热 材 料 试 验 标 准

试验项目	试 验 结 果
室温横向拉伸试验	横向抗拉特性值≥24N/mm
水中浸泡试验、湿热试验	横向抗拉特性值≥24N/mm。与此前的室温横向拉伸试验结果相比，横向抗拉特性值降低量不超过 30%
脆性试验	与此前的室温横向拉伸试验结果相比，横向抗拉特性值降低量不超过 30%
应力开裂试验	用肉眼观察孔口不得出现裂纹

（4）尺寸偏差。尺寸偏差应符合《铝合金建筑型材》（GB 5237.1—2008）的规定，产品中部隔热材料按金属实体对待。

（5）产品性能。产品纵向剪切试验和横向拉伸试验及高温持久负荷试验和热循环试验结果，应符合表 2-33 的规定。

表 2-33　　　　　　　　　　产 品 性 能 试 验 结 果

试验项目	复合方式	试 验 结 果*						隔热材料变形量平均值（mm）
		纵向抗剪特征值（N/mm）			横向抗拉特征值（N/mm）			
		室温	低温	高温	室温	低温	高温	
纵向剪切试验	穿条式	≥24	≥24	≥24	≥24	—	—	—
横向拉伸试验	浇注式	≥24	≥24	≥24	≥24	≥24	≥24	—

续表

试验项目	复合方式	试 验 结 果*						隔热材料变形量平均值（mm）
		纵向抗剪特征值（N/mm）			横向抗拉特征值（N/mm）			
		室温	低温	高温	室温	低温	高温	
高温持久负荷试验	穿条式	—	—	—	—	≥24	≥24	≤0.6
热循环试验	浇注式	≥24	—	—	—	—	—	≤0.6

* 经供需双方商定，可不进行产品的性能试验，准许产品性能通过相似产品进行推断，而相似产品的性能试验结果应符合表中规定。

（6）产品外观质量。

1）穿条式隔热型材复合部位允许涂层有轻微裂纹，但不允许铝基材有裂纹。

2）浇注式隔热型材去除金属临时连接桥时，切口应规则、平整。

3. 隔热型材性能的推断

对于铝合金隔热型材的性能，允许对相似的产品进行推断，但型材应满足下列要求：

（1）隔热材料的材质及力学性能相同。

（2）铝合金型材的牌号、状态及力学性能相同。

（3）复合工艺相同。

（4）产品连接界面处的几何特征相同。

（5）连接处铝合金型材的壁厚 t_m 及隔热材料厚度 t_b（图2-13）相同。

（6）隔热材料的中部高度 h（图2-14）相同。

图2-14　隔热材料尺寸

4. 隔热材料材质要求

对于穿条工艺的复合铝型材其隔热材料应使用聚酰氨66加25%玻璃纤维（PA66GF25），不得使用PVC材料。如有特殊需要，玻璃纤维的用量可以在25%以上，可根据不同用途的使用情况而定。用PVC材料制成的隔热条，因其材料的膨胀系数比PA66GF25大，抗拉强度低，特别是在高温、低温环境下隔热铝型材的抗拉性能不能满足要求。铝合金门窗工程长期暴露在大气环境下，隔热条的产品质量直接影响隔热铝型材的产品质量，因此，不得使用PVC材料。

采用浇注工艺加工的复合铝型材，其隔热材料应使用聚氨基甲酸乙酯材料。

2.2.7 铝木复合型材

铝木复合型材自引进国内生产，经过不断地对生产工艺改进和研发，铝木复合型材的复合方式有很多种，但目前各型材市场厂家所生产的铝木复合型材主要有三种复合方式，即穿压式、卡扣式和塑桥式。其中，尤以穿压式［图 2-15（a）］和卡扣式［图 2-15（b）］最为常见。

(a)   (b)

图 2-15　铝木复合型材

1. 术语

（1）挤压木型材：将木质粉料和高分子材料及添加剂等按一定比例混合后，经热挤压成型的具有隔热功能和装饰效果的型材。

（2）集成材：以锯材为原料，将木纤维方向基本平行的板材、小方材指榫加工，在宽度和厚度方向上胶合接长制成的板方材。

（3）穿压式：将铝合金型材与木型材连接部位开齿，并穿入木型材、再滚压，使木型材被铝合金型材牢固咬合的复合方式。

（4）卡扣式：利用铝合金型材和木型材的物理性能（如弹性、连接部位结构等），将木型材卡接或扣接在铝合金型材上的复合方式。

（5）塑桥式：铝合金型材和木型材之间通过塑料桥式部件连接在一起的复合方式，又称为铝塑木复合型材。

（6）铝木复合型材：铝合金型材与木型材采用穿压式或卡扣式复合而制成的具有隔热功能与装饰效果的型材。

（7）连接卡件：用于铝合金型材与木材之间的结构连接件。

2. 铝木复合型材质量要求

铝木复合型材主要为铝合金型材和木材复合而成，不管两者的复合方式有何不同，都是室外侧为铝合金型材，室内侧为木型材。室外侧的铝合金型材有普通铝合金型材和隔热铝合金型材两种形式。室内侧的木型材包括有挤压木型材和集成材。

（1）铝合金型材。

1）铝合金型材尺寸精度应选用高精级。主要受力杆件中，门的最小实测壁厚不应低于 2.0mm，窗的最小实测壁厚不应低于 1.4mm。

2）铝合金型材表面处理应符合下列规定：

①阳极氧化型材。阳极氧化膜膜厚应符合 AA15 级要求，氧化膜平均膜厚不应低于 15μm，局部膜厚不应小于 12μm。

②电泳涂漆型材。阳极氧化复合膜，表面漆膜采用透明漆符合 B 级要求，复合膜局部膜厚不应小于 16μm；表面膜采用有色漆符合 S 级要求，复合膜局部膜厚不应小于 21μm。

③粉末喷涂型材。装饰面上涂层最小局部膜厚应大于 40μm。

④氟碳漆喷涂型材。二涂层氟碳漆膜，装饰面平均漆膜厚度不应小于 30μm；三涂层氟碳漆膜，装饰面平均漆膜厚度不应小于 40μm。

3）铝合金隔热型材采用型材穿条工艺的复合铝型材，其隔热材料应使用聚酰胺 66 加 25％玻璃纤维；采用浇注工艺的复合铝型材，其隔热材料应使用高密度聚氨基甲酸乙酯材料。

（2）木材。

对于集成材木材，木材应选用同一树种材料，集成材含水率应在 8％～15％，甲醛释放含量不大于 1.5mg/L。集成材外观质量应使用优等品，可视面拼条长度应大于 250mm，宽度方向无拼接，厚度方向相邻层的拼接缝应错开，指接缝隙紧密。木材表面光洁、纹理相近，无死节、虫眼、腐朽、夹皮等现象。型材平整无翘曲，棱角部位应为圆角。翘曲度要求为横向弦高与横向长度之比小于 0.3％，直度要求边缘直度小于 1.0mm/m。

木材用水性涂料应符合《室内装饰装修用水性木器涂料》（GB/T 23999—2009）规定，面漆应符合 C 类漆要求，底漆应符合 D 类漆要求。漆膜厚度宜为 80～120μm。水性涂料喷涂应在木材含水率不大于 12％±2％，木材表面温度 15～25℃进行。喷涂应在能够调节温度、湿度、无尘的喷房内进行。

对于挤压木型材，其质量要求应符合表 2-34 规定。

表 2-34　挤压木型材质量要求

序号	项　目	要　求	备　注
1	密度	$0.6～0.9g/cm^3$	
2	含水率	≤2％	
3	表面邵氏硬度（H_D）	≥50	
4	表面耐磨性能	≤0.15g	
5	维卡软化温度	≥75℃	—
6	吸水长度伸长率	≤0.3％	
7	加热后的长度变化率	≤0.3％	
8	加热后状态	无气泡、裂痕、麻点、无明显色差	
9	耐候性	试验后表面无明显变化，变色程度（色差）≤1 级	木型材安装在室内侧时，不要求

续表

序号	项　目	要　　求	备　　注
10	阻燃性能（氧指数）	≥32%	
11	甲醛释放量	≤1.5mg/L	
12	铅含量	≤0.009%	—
13	耐灰浆性	试验后表面不能起泡、开裂及有明显色差	
14	耐洗涤剂性	试验后表面不能起泡、开裂及有明显色差	
15	耐盐酸腐蚀性	试验后表面不能起泡、开裂及有明显色差	木型材用在室内侧时，不要求
16	尺寸偏差	符合《铝合金建筑型材　第1部分：基材》GB 5237.1 或供需双方商定	
17	颜色与外观质量	目视法观察同一批次的产品颜色应该基本一致。颜色、色差应与合同所规定的标准色板基本一致，其色差不超过合同规定所允许的相邻上、下标准色板 表面应平整，无气泡、无裂纹，其装饰面应无明显影响装饰效果的擦伤、划伤及凹坑，擦划痕迹及凹坑的深度应≤0.3mm	—

2.3　铝合金门窗用型材的选择

铝合金型材质量主要由型材的合金牌号、供应状态、力学性能及尺寸偏差等决定，铝合金型材的表面处理方式决定了门窗的耐候性能，铝合金型材的断面规格尺寸对门窗的抗风压性能和安全性能有重要影响，型材的断面结构形式决定了门窗的气密、水密性能，而铝合金型材的隔热性能直接影响了铝合金门窗的保温隔热性能。

铝合金型材作为构成铝合金门窗的主要构件，其质量的优劣及性能的高低，直接决定了所生产的铝合金门窗产品质量的优劣和性能的高低。

铝合金型材作为铝合金门窗的主要原材料，其性能的高低直接决定了铝合金门窗的性能高低及使用耐久性。因此，铝合金型材的使用选择是铝合金门窗设计人员的首要任务。门窗用铝合金型材的选择应根据以下几方面要求：

1. 根据门窗的节能要求选择

门窗节能是门窗设计的首要考虑目标，因此，铝合金门窗的节能设计是门窗设计人员的首要任务。由于我国地域辽阔，南北气候跨距很大，气候条件复杂，铝合金门窗要达到节能设计要求，首先要选择导热系数低的铝合金型材即隔热铝合金型材（图2-16）。隔热铝合金型材的隔热功能主要是由于铝合金型材的中间隔热材料阻隔了型材两侧的热量传导。铝合金型材的中间隔热材料主要有两种：一是穿条式隔热型材用硬质塑料隔热条，二是浇注式隔热型材用聚氨基甲酸乙酯。

两种隔热材料的共同特点是性能稳定、线膨胀系数小、导热系数小等。通过隔热材料将铝合金型材断开，起到"断桥"的作用，阻隔热的传递。以隔热条为例，如图 2 - 17 所示。隔热条的截面高度 h 的推荐尺寸见表 2 - 35，隔热条的导热系数为 $0.2 \sim 0.34 W/(m \cdot K)$，从图 2 - 17 中可以看出，隔热条的截面高度 h 对隔热条的隔热性能起主要影响，截面高度 h 尺寸越大，隔热性能越好。因此，对于节能要求较高的铝合金门窗应选用截面尺寸较大的隔热材料，以降低型材的传热系数。

图 2 - 16　穿条式铝合金隔热型材

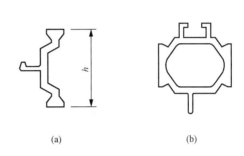

图 2 - 17　隔热条截面形状

（a）实心型；（b）空腔型

表 2 - 35					隔热条截面高度 h 的推荐尺寸										（单位：mm）
h	12	14	14.8	16	18.6	20	22	24	26	28	30	32	34	36	38	40

　　铝木复合型材的出现，为铝合金门窗的节能设计提供了选择，如图 2 - 18 所示。从图 2 - 18 中可以看出，铝木复合型材由两部分组成，室外侧为采用隔热断桥铝合金型材，室内侧为木材，两者通过专用技术复合在一起。铝木复合型材以隔热铝合金型材为主材，具有隔热铝合金型材的一切特点，木材主要起到室内侧装饰作用和增强型材的保温隔热性能。因此，铝木复合型材具有较高的性能和较高的产品价格，属于高档门窗用型材。

图 2 - 18　铝木复合型材

1—铝合金型材；2—木材

　　2. 根据门窗的性能要求选择

　　铝合金型材的断面结构不同，由其生产出的铝合金门窗的性能也不同，差别很大。因此，型材的断面配合结构决定了门窗的物理性能高低。

　　当铝合金门窗受到荷载作用时，最终通过受力杆件将所受到的荷载传递到主体结构上。因此，受力杆件的型材截面结构决定了门窗承受的荷载能力情况，也即决定了门窗的抗风压性能。当门窗设计需要较高的抗风压性能指标时，就要选择具有较高抗风压性能的截面型材，如大截面、壁厚较厚的型材。

　　铝合金门窗的气密性能、水密性能和隔声性能，与框扇型材的配合结构有关，见图 2 - 19 和图 2 - 20。

图 2-19 扇型材无挑檐的框扇配合   图 2-20 增加挑檐的窗扇型材

在图 2-19 和图 2-20 中，两种型材配合均通过选用带中间密封胶条的框扇型材配合，将框扇密封部分分隔成独立的水密腔室和气密腔室，提高了门窗的水密性能和气密性能，但在图 2-19 中，中间密封胶条与扇料内侧铝型材搭接，不符合等温线设计原理，降低了门窗的传热系数。图 2-20 中，中间密封胶条的搭接配合符合等温线设计原理，更好地提高了门窗的整体保温性能。同时，图 2-20 中窗扇外侧部位设计有防水挑檐，提高了门窗的防水性能。因此，采用图 2-20 所示的铝合金型材断面结构设计的门窗，能够更好地提高铝合金门窗的气密、水密、保温和隔声性能。

3. 根据门窗的使用环境选择

铝合金型材的表面处理方式不同，其适应的环境条件不同，耐候性能不同。

阳极氧化型材的氧化层脆硬，抗磨、抗光、抗风和抗紫外线，具有良好的抗腐蚀性，有较高的抗有机制剂和无机制剂的侵蚀能力；电泳涂漆型材的保护膜为阳极氧化膜和电泳涂层的复合膜，因此其耐候性优于阳极氧化型材，但电泳型材外观华丽，漆膜易划伤；粉末喷涂型材是以热固性饱和聚酯粉末作涂层，采用静电喷涂工艺处理，其特点是抗腐蚀性能优良，耐酸碱烟雾大大优于阳极氧化型材；氟碳漆喷涂型材以聚偏二氟乙烯树脂与金属粉的混合料经喷涂工艺处理，涂层具有金属光泽。氟碳涂层耐紫外线辐射，其耐腐蚀性能又优于粉末涂层，一般用于高档铝型材的表面处理。

通过分析可知，在进行铝合金型材选择时，应根据铝合金门窗所处的外部气候环境条件选择合适的表面处理型材。

4. 根据型材的性能特点选择

建筑门窗用铝合金型材主要是通过挤压成型，因此，铝合金型材的性能和质量与铝合金型材的合金牌号、供应状态、力学性能及尺寸偏差有很大的关系。合金牌号不同，型材的合金成分不同；供应状态不同，型材的时效状态不同。型材的力学性能与合金牌号和供应状态有着直接的关系。

铝合金型材的抗拉、抗压、抗弯强度设计值是根据材料的强度标准值除以材料性能分项系数取得的，按照《铝合金结构设计规范》（GB 50429—2007）规定，铝合金材料性能分项系数 γ_f 取 1.2，因此相应的铝合金型材抗拉、抗压、抗弯强度设计值为：

$$f_a = f_{ak}/\gamma_f = f_{ak}/1.2$$

式中　f_a——铝合金型材强度设计值（N）；

　　　f_{ak}——铝合金型材强度标准值（N）；

　　　γ_f——铝合金型材性能分项系数。

抗剪强度设计值 $f_v = \dfrac{f_a}{\sqrt{3}}$。

铝合金型材强度标准值 f_{ak} 一般取铝合金型材的规定非延伸强度 $R_{p0.2}$，$R_{p0.2}$ 可按国家标准《铝合金建筑型材》（GB 5237）的规定取用。为便于设计应用，将计算得到的数值取 5 的整数倍，按照这一要求计算出铝合金门窗常用铝型材的强度设计值见表 2-36。

表 2-36　　　　　　　　　铝合金型材的强度设计值 f_a　　　　　　　　（单位：N/mm²）

铝合金牌号	状态	壁厚（mm）	强度设计值 f_a		
			抗拉、抗压强度	抗剪强度	局部承压强度
6061	T4	所有	90	55	210
	T6	所有	200	115	305
6063	T5	所有	90	55	185
	T6	所有	150	85	240
6063A	T5	≤10	135	75	220
	T6	≤10	160	90	255

从表 2-36 中可以看出，不同合金牌号、不同供应状态的铝合金型材，其强度设计值差别较大，即使是同一合金牌号的铝合金型材，不同的时效状态下，其强度设计值差别也很大，因此在进行铝合金门窗强度校核时，结果可能有很大的不同。

铝合金型材的尺寸偏差有普通级、高精级和超高精级之分，对于高档门窗的设计，应选择尺寸偏差等级高的型材，才能更好地保证铝合金门窗构件的加工精度及配合要求。

5. 根据建筑物的内外装饰效果选择

门窗作为建筑的配套产品，其设计效果应与建筑的内外装饰效果相一致。铝合金型材本身色彩单调，但经过不同的表面处理后，其色彩选择性多样化，可供选择的花色很多，因此铝合金门窗的设计过程中，应根据建筑物的室外整体设计效果和室内环境的装饰效果分别选择合适的室内外色调，使得铝合金门窗的内外色调满足建筑内外装饰效果的需要。

第3章

玻　璃

玻璃是铝合金门窗的另一主要原料，采用玻璃的目的有以下几个：一是增加采光性能；二是提高保温性能；三是增加隔声性能；四是提高窗户的安全性能。因此，玻璃性能和质量的好坏，对铝合金门窗的性能有着重要的影响。

铝合金门窗最常用的玻璃有平板玻璃、钢化玻璃、夹层玻璃、镀膜玻璃、中空玻璃。随着建筑节能门窗的推广应用，作为建筑门窗主要原材料的玻璃必须满足节能门窗的要求。因此，铝合金门窗常用玻璃中，单片的平板玻璃、镀膜玻璃、钢化玻璃、夹层玻璃不能满足铝合金门窗节能需求，通过对它们进行深加工，可以生产出符合节能要求的产品——中空玻璃。

3.1　平板玻璃

按《平板玻璃术语》（GB/T 15764—2008）的规定，平板玻璃就是板状的硅酸盐玻璃。平板玻璃按生产工艺的不同，分为普通平板玻璃和浮法平板玻璃；按颜色属性，分为无色透明平板玻璃和本体着色平板玻璃。

由于生产玻璃的原料中含有亚铁的杂质，使生产的玻璃产品带有绿色，因此，可通过加入少量的二氧化锰或硒，使之变成无色玻璃。通过无色透明玻璃的生产可以了解，所谓本体着色玻璃，就是在玻璃原料内加入着色颜料（一般为金属氧化物）使玻璃具有颜色的方法。如通过加入氧化铜（Ⅱ）或氧化铬（Ⅲ）产生绿色，氧化钴（Ⅱ）产生蓝色，二氧化锰产生紫色，二氧化锡或氧化钙产生乳白色，铀化合物产生黄绿色荧光，胶态硒产生红玉色，胶态金产生红、红紫和蓝色，氧化亚铁产生红、绿或蓝色，亚铁化合物产生绿色，量多时为黑色，铁（Ⅲ）化合物产生黄色。

1. 普通平板玻璃

普通平板玻璃也称白片玻璃或净片玻璃。普通平板玻璃是用石英砂岩粉、硅砂、钾化石、纯碱、芒硝等原料，按一定比例配制，经熔窑高温熔融，通过垂直引上法或平拉法、压延法生产出来的透明无色的平板玻璃。厚度通常为 2mm、3mm、4mm、5mm、6mm 等。

2. 浮法平板玻璃

（1）生产工艺。浮法玻璃生产的成型过程是在通入保护气体（N_2 及 H_2）的锡槽中完成的。浮法平板玻璃是用海沙、石英砂岩粉、纯碱、白云石等原料，按一定比例配制，经熔窑高温熔融，熔融玻璃从池窑中连续流入并漂浮在相对密度大的锡液表面上，在重力和表面张力的作用下，玻璃液在锡液面上铺开、摊平，形成上下表面平整，硬化、冷却后被引上过渡辊台。辊台的辊子转动，把玻璃带拉出锡槽进入退火窑，经退火、切裁，就得到浮法平板玻璃产品。

（2）浮法平板玻璃按用途分为：制镜级、汽车级和建筑级。

（3）浮法平板玻璃的特点。首先是平度好，没有水波纹。其次是浮法平板玻璃选用的为矿石石英砂，原料好。生产出来的玻璃纯净、洁白，透明度好，明亮、无色，没有玻璃疗、气泡之类的瑕疵。第三是结构紧密、质量大、手感平滑，同样厚度每平方米比普通平板比重大，好切割，不易破损。

浮法与其他成型方法比较，其优点是：适合于高效率制造优质平板玻璃；生产线的规模不受成型方法的限制，单位产品的能耗低；成品利用率高；易于科学化管理和实现全现机械化、自动化，劳动生产率高；连续作业周期可长达几年，有利于稳定地生产；可为在线生产一些新品种提供适合条件，如电浮法反射玻璃、退火时喷涂膜玻璃、冷端表面处理等。

3. 质量要求

（1）平板玻璃长度和宽度的尺寸偏差应不超过表 3-1 规定。

表 3-1　　　　　　　　　　尺　寸　偏　差　　　　　　　　　（单位：mm）

公 称 厚 度	尺 寸 偏 差	
	尺寸≤3000	尺寸>3000
2～6	±2	±3
8～10	+2，−3	+3，−4
12～15	±3	±4
19～25	±5	±5

（2）对角线偏差。平板玻璃对角线差应不大于其平均长度的 0.2%。

（3）厚度偏差和厚薄差。平板玻璃的厚度偏差和厚薄差应不超过表 3-2 规定。

表 3-2　　　　　　　　　厚度偏差和厚薄差　　　　　　　　（单位：mm）

公 称 厚 度	厚 度 偏 差	厚 薄 差
2～6	±0.2	0.2
8～12	±0.3	0.3
15	±0.5	0.5
19	±0.7	0.7
22～25	±1.0	1.0

（4）弯曲度。平板玻璃弯曲度应不超过 0.2%。

（5）光学特性。

1）无色透明平板玻璃可见光透射比应不大于表 3-3 的规定。

表 3-3　　　　　　　　无色透明平板玻璃可见光透射比最小值

公称厚度（mm）	可见光透射比最小值（%）	公称厚度（mm）	可见光透射比最小值（%）
2	89	10	81
3	88	12	79
4	87	15	76
5	86	19	72
6	85	22	69
8	83	25	67

2）本体着色平板玻璃可见光透射比、太阳光直接透射比、太阳能总透射比偏差应不超过表 3-4 的规定。

表 3-4　　　　　　　　本体着色平板玻璃透射比偏差

种　　类	偏　　差（%）
可见光（380～780nm）透射比	2.0
太阳光（300～2500nm）直接透射比	3.0
太阳能（300～2500nm）总透射比	4.0

3）本体着色平板玻璃颜色均匀性同一批产品色差应符合 $\Delta E_{ab}^{*}\leqslant2.5$。

（6）外观质量。平板玻璃的外观质量根据玻璃产品等级，按照光学变形、断面缺陷、点状缺陷、点状缺陷密度、划伤、线道、裂纹等缺陷多少分别来判定。

3.2　镀膜玻璃

镀膜玻璃也称反射玻璃。镀膜玻璃是在玻璃表面涂镀一层或多层金属、合金或金属化合物薄膜，以改变玻璃的光学性能，满足某种特定要求。

3.2.1　镀膜玻璃分类

镀膜玻璃按产品的不同特性可分为：阳光控制镀膜玻璃、低辐射镀膜玻璃（又称 Low-E 玻璃）和导电膜玻璃等。

阳光控制镀膜玻璃是对波长 350～1800nm 的太阳光具有一定控制作用。一般是在玻璃表面镀一层或多层诸如铬、钛或不锈钢等金属或其化合物组成的薄膜，使产品呈丰富的色彩，对可见光有适当的透射率，对红外线有较高的反射率，对紫外线有较高吸收率。与普通玻璃比较，降低了遮阳系数，即提高了遮阳性能，但对传热系数改变不大。因此，也称为热反射玻璃，主要用于建筑和玻璃幕墙。热反射镀膜玻璃表面镀层不同，颜色也有很大的差别，如灰色、银灰、蓝灰、茶色、金色、黄色、蓝色、绿色、蓝绿、纯金、紫色、玫瑰红、中性色等。

低辐射镀膜玻璃（Low-E 玻璃）是一种对波长 4.5～25μm 的远红外线有较高反射比的

镀膜玻璃。低辐射镀膜玻璃是在玻璃表面镀由多层银、铜或锡等金属或其化合物组成的薄膜系，产品对可见光有较高的透射率，对红外线有很高的反射率，具有良好的隔热性能，主要用于建筑和汽车、船舶等交通工具，但由于低辐射镀膜玻璃的膜层强度较差，一般都制成中空玻璃使用。低辐射镀膜玻璃还可以复合阳光控制功能，称为阳光控制低辐射玻璃。

导电膜玻璃是在玻璃表面涂敷氧化铟、锡等导电薄膜，可用于玻璃的加热、除霜、除雾以及用作液晶显示屏等。

目前，建筑门窗用镀膜玻璃主要是指阳光控制镀膜玻璃和低辐射镀膜玻璃两类。

3.2.2 镀膜玻璃生产工艺

镀膜玻璃的生产工艺很多，主要有真空磁控溅射法、真空蒸发、化学气相沉积法以及溶胶—凝胶法等。

真空磁控溅射（离线）工艺生产镀膜玻璃是利用磁控溅射技术可以设计制造多层复杂膜系，可在白色的玻璃基片上镀出多种颜色，膜层的耐腐蚀和耐磨性能较好，热反射性能优良，节能特性明显，是目前生产和使用最多的产品之一，但其缺点是膜层易被氧化，热弯加工性能较差。由于离线 Low-E 玻璃表面镀的是一层银膜，而银膜容易在空气中氧化，故必须做成中空玻璃或夹胶玻璃使用。

真空蒸发工艺镀膜玻璃的品种和质量与磁控溅射镀膜玻璃相比均存在一定差距，已逐步被真空溅射法取代。

化学气相沉积法是在浮法玻璃生产线上通入反应气体在灼热的玻璃表面分解，均匀地沉积在玻璃表面形成镀膜玻璃。该方法的缺点是生产的玻璃品种单一、热反射性能较离线法要差，但优点是设备投入少、易调控、产品成本低、化学稳定性好、可进行热加工，是目前最有发展前途的生产方法之一。

溶胶—凝胶法生产的镀膜玻璃工艺简单、稳定性也好，不足之处是产品光透射比太高、装饰性较差。

目前镀膜玻璃中在建筑上应用最多的是阳光控制镀膜玻璃和低辐射镀膜玻璃。基本上采用真空磁控溅射（离线）法和化学气相沉积（在线）法两种生产工艺。

在线 Low-E 镀膜玻璃的膜层用的是一种稳定的锡化合物，抗氧化性好，因此，在线 Low-E 镀膜玻璃可以做成单片，也可以合成中空。由于在线 Low-E 镀膜玻璃是直接在浮法生产线上、高温环境下镀膜而成，颜色与玻璃原片有很大关系，可选范围小（普遍偏深），能在镀膜情况下热弯。但在线 Low-E 镀膜的成分与离线 Low-E 镀膜不同，它的节能效果介于普通镀膜与离线 Low-E 之间（中空情况下）。

离线 Low-E 镀膜玻璃表面镀的是一层银膜，由于银膜容易在空气中氧化，故必须做成中空玻璃或夹胶玻璃。单银 Low-E 玻璃表面膜层结构是这样的，保护层＋抗氧化层＋银膜＋抗氧化层＋保护层共五层；如果是双银 Low-E，则膜层再增加抗氧化层＋银膜＋抗氧化层＋保护膜共九层。银膜有很好的反射远红外及红外线的能力，这才是 Low-E 玻璃真正节能的原因。在线 Low-E 膜层用的是一种稳定的锡化合物，所以可以抗氧化，可以在线镀膜。

3.2.3 镀膜玻璃的质量要求

1. 阳光控制镀膜玻璃

阳光控制镀膜玻璃产品标准为《镀膜玻璃 第1部分：阳光控制镀膜玻璃》（GB/T 18915.1—2002）。

（1）产品分类。产品按外观质量、光学性能差值、颜色均匀性分为优等品和合格品，按热处理加工性能分为非钢化阳光控制镀膜玻璃、钢化阳光控制镀膜玻璃和半钢化阳光控制镀膜玻璃。

（2）性能要求。

1）光学性能。阳光控制镀膜玻璃的光学性能包括：紫外线透射比、可见光透射比、可见光反射比、太阳光直接透射比、太阳光直接反射比和太阳能总透射比。光学性能要求见表3-5。

表3-5　　　　　　　　　　阳光控制镀膜玻璃的光学性能要求

项　　目	允许偏差最大值（明示标称值）		允许最大差值（未明示标称值）	
	优等品	合格品	优等品	合格品
可见光透射比>30%	±1.5%	±2.5%	≤3.0%	≤5.0%
	优等品	合格品	优等品	合格品
可见光透射比≤30%	±1.0%	±2.0%	≤2.0%	≤4.0%

注：对于明示标称值（系列值）的产品，以标称值作为偏差的基准，偏差的最大值应符合本表的规定；对于未明示标称值的产品，则取三块试样进行测试，三块试样之间差值的最大值应符合本表的规定。

2）颜色的均匀性。阳光控制镀膜玻璃的颜色的均匀性采用CIELAB均匀色空间的色差 ΔE_{ab}^* 表示，单位CIELAB。阳光控制镀膜玻璃的反射色色差优等品≤2.5CIELAB，合格品≤3.0CIELAB。

3）耐磨性。阳光控制镀膜玻璃经耐磨试验后，可见光透射比平均值的差值不应大于4%。

4）耐酸、碱性。阳光控制镀膜玻璃经耐酸、碱试验后，可见光透射比平均值的差值不应大于4%，并且膜厚不应有明显的变化。

2. 低辐射镀膜玻璃

低辐射镀膜玻璃（Low-E玻璃）产品标准为《镀膜玻璃 第2部分：低辐射镀膜玻璃》（GB/T 18915.2—2002）。

（1）产品分类。产品按外观质量分为优等品和合格品，按生产工艺分离线低辐射镀膜玻璃和在线低辐射镀膜玻璃。

低辐射镀膜玻璃可以进一步深加工，根据加工工艺分为钢化阳光控制镀膜玻璃、半钢化阳光控制镀膜玻璃和夹层低辐射镀膜玻璃。

（2）性能要求。

1）光学性能。低辐射镀膜玻璃的光学性能包括：紫外线透射比、可见光透射比、可见光反射比、太阳光直接透射比、太阳光直接反射比和太阳能总透射比。光学性能要求见表3-6。

表3-6　　　　　　　　　　　低辐射镀膜玻璃的光学性能要求

项　　目	允许偏差最大值（明示标称值）	允许最大差值（未明示标称值）
指　　标	$\pm 1.5\%$	$\leqslant 3.0\%$

注：对于明示标称值（系列值）的产品，以标称值作为偏差的基准，偏差的最大值应符合本表的规定；对于未明示标称值的产品，则取三块试样进行测试，三块试样之间差值的最大值应符合本表的规定。

2）颜色均匀性。低辐射镀膜玻璃的颜色的均匀性采用CIELAB均匀色空间的色差 ΔE_{ab}^{*} 表示，单位CIELAB。低辐射镀膜玻璃的表面反射色色差应 $\leqslant 2.5$ CIELAB。

3）辐射率。辐射率即半球辐射率，是辐射体的辐射出射度与处在相同温度的普朗克辐射体的辐射出射度之比。

离线低辐射镀膜玻璃的辐射率应低于0.15；在线低辐射镀膜玻璃的辐射率应低于0.25。

4）耐磨性及耐酸、碱性。低辐射镀膜玻璃经耐磨、耐酸及耐碱试验后可见光透射比差值不应大于4%。

由于离线Low-E镀膜玻璃采用金属银作为长波辐射反射功能膜层，这既是Low-E镀膜玻璃具有较低辐射率的优点，又成为其致命的缺点，因为银在空气中是要起化学变化的，银与硫元素反应后生成的化合物的膨胀系与银不同，加剧了摩擦性能恶化。Low-E玻璃不具有耐酸碱和耐磨性，保存期短，单片输送过程中必须对玻璃进行真空包装，开封之后一般必须在48小时内加工成中空玻璃，而且要求在合成中空玻璃时必须除去膜层边部。如果膜层边部不能得到很好的处理，就会造成玻璃膜层从边部开始向中心腐蚀，导致玻璃低辐射性能的逐渐丧失，使玻璃变花，由这种情况造成玻璃报废的例子很多。

3.2.4　阳光控制镀膜玻璃与低辐射镀膜玻璃的热学性能

自然环境中的最大热能是太阳辐射能，其中可见光的能量仅占约1/3，其余的2/3主要是热辐射能。自然界另一种热能形式是远红外热辐射能，其能量分布在 $4\sim50\mu m$ 波长之间。在室外，这部分热能是由太阳照射到物体上被物体吸收后再辐射出来的，夏季成为来自室外的主要热源之一。在室内，这部分热能是由暖气、家用电器、阳光照射后的家具及人体所产生的，冬季成为来自室内的主要热源。

太阳辐射投射到玻璃上，一部分被玻璃吸收或反射，另一部分透过玻璃成为直接透过的能量。被玻璃吸收太阳能使其温度升高，并通过与空气对流及向外辐射而传递热能，因此最终仍有相当部分透过了物体，这可归结为传导、辐射、对流形式的传递。对暖气发出的远红外热辐射而言，不能直接透过玻璃，只能反射或吸收它，最终又以传导、辐射、对流的形式透过玻璃，因此远红外热辐射透过玻璃的传热通过传导、辐射及与空气对流来体现。玻璃吸收能力的强弱，直接关系到玻璃对远红外热能的阻挡效果。辐射率低的玻璃不易吸收外来的热辐射能量，从而玻璃通过传导、辐射、对流所传递的热能就少，低辐射玻璃正是限制了这一部分的传热。

以上两种形式的热能透过玻璃的传递，可归结为两个途径：太阳辐射直接透过传热及对流传导传热。透过每平方米玻璃传递的总热功率 Q 可由下式表示：

$$Q = 630SC + K(T_{in} - T_{out})$$

式中　　630——透过 3mm 透明玻璃的太阳能强度；

$T_{in} - T_{out}$——玻璃两侧的空气温度，均是与环境有关的参数；

SC——玻璃自身固有参数：玻璃的遮阳系数，数值范围 0～1，它反映玻璃对太阳直接辐射的遮蔽效果；

K——玻璃自身固有参数：玻璃的传热系数，它反映玻璃传导热量的能力。

因此，玻璃节能性能的优劣由 K 和 SC 这两个参数就完全可以判定。

3.2.5 不同玻璃的选择

（1）透明玻璃。透明玻璃（钠钙硅玻璃）的透射范围正好与太阳辐射光谱区域重合，因此，在透过可见光的同时，阳光中的红外线热能也大量地透过了玻璃，而 $3～5\mu m$ 中红外波段的热能又被大量地吸收，这导致它不能有效地阻挡太阳辐射能。对暖气发出的波长 $5\mu m$ 以上的热辐射，普通玻璃不能直接透过而是近乎完全吸收，并通过传导、辐射及与空气对流的方式将热能传递到室外。

（2）阳光控制镀膜玻璃。在玻璃表面镀金属或金属化合物膜，使玻璃呈现丰富色彩并具有新的光、热性能。其主要作用就是降低玻璃的遮阳系数 SC，限制太阳辐射的直接透过。热反射膜层对远红外线没有明显的反射作用，故对改善 K 值没有大的贡献。在夏季光照强的地区，阳光控制玻璃的隔热作用十分明显，可有效衰减进入室内的太阳热辐射。但在无阳光的环境中，如夜晚或阴雨天气，其隔热作用与白玻璃无异。

（3）低辐射镀膜玻璃。低辐射镀膜玻璃（Low-E）根据不同型号，一般分为：高透型 Low-E 玻璃、遮阳型 Low-E 玻璃和双银型 Low-E 玻璃。

1. 高透型 Low-E 玻璃

（1）具有较高的可见光透射率，采光自然、效果通透，有效避免"光污染"危害。

（2）具有较高的太阳能透过率，冬季太阳热辐射透过玻璃进入室内增加室内的热能。

（3）具有极高的中远红外线反射率，优良的隔热性能，较低的 K 值（传热系数）。

适用范围：寒冷的北方地区。制作成中空玻璃（膜面在第 3 面）使用节能效果更加优良。

2. 遮阳型 Low-E 玻璃

（1）具有适宜的可见光透过率和较低的遮阳系数，对室外的强光具有一定的遮蔽性。

（2）具有较低的太阳能透过率，有效阻止太阳热辐射进入室内。

（3）具有极高的中远红外线反射率，限制室外的二次热辐射进入室内。

适用范围：南方地区。它所具有的丰富装饰性能起到一定的室外实现的遮蔽作用，适用于各类型建筑物。从节能效果看，遮阳型不低于高透型，制作成中空玻璃节能效果更加明显。

3. 双银型 Low-E 玻璃

双银型 Low-E 玻璃，因其膜层中有双层银层面而得名，膜系结构比较复杂。它突出了玻璃对太阳热辐射的遮蔽效果，将玻璃的高透光性与太阳热辐射的低透过性巧妙地结合在一起。与普通 Low-E 玻璃相比，在可见光透射率相同的情况下，具有更低太阳能透过率。适用范围不受地区限制，适合于不同气候特点的地区。

3.2.6 镀膜玻璃的鉴别方法

1. 导电测量法

Low-E 玻璃的热反射作用是膜层自由电子与电磁波作用的结果，所以其表面是导电的。普通的非镀膜玻璃表面电阻值为无穷大，阳光控制的镀膜玻璃所镀的膜层材料不同，表面电阻值虽会有所下降，但依然很高。而 Low-E 玻璃表面的方块电阻值一般在 20Ω 以下。利用这一特性，可以快速鉴别其真伪。

测量玻璃表面的方块电阻值时，要使用四探针测试仪测量，将测量头放在干燥清洁的玻璃表面就可以测出方块电阻，方块电阻能够通过相关的公式转化成辐射率，从而判定是否为 Low-E 玻璃。使用普通万用表也可以简单判定，将万用表笔尖放置在玻璃表面，正负笔尖间距 1cm 左右，此时如果显示的电阻值在几十欧姆时，即可判定是 Low-E 玻璃膜面，如果是 100Ω 以上则不是。但此种方法易受笔尖间距和接触压力及接触面积影响，所以应多测几点综合判定。

2. 仪器测量法

对中空 Low-E 玻璃，由于膜面在玻璃中间，鉴别比较困难。虽然这种玻璃比普通中空玻璃的传热系数低很多，但要在现场快速测出玻璃传热系数却并不容易。目前，在不破坏中空玻璃的前提下，相对简单的办法还是使用 Low-E 玻璃的导电性原理。利用电磁线圈或者是电容制造出一个弱电磁场，当镀有导电膜的 Low-E 玻璃靠近这个电磁场时，会改变磁场的状态，从而影响输出电流或输出电压。依据这一原理，便可以检测出中空玻璃内部是否有 Low-E 膜，并可以依据变化的大小得知 Low-E 膜距离是远还是近。目前，市场上技术比较成熟的 Low-E 膜面测试仪便是基于此原理。测量时，将手持式 Low-E 测试仪紧贴中空玻璃的表面放置，按下测试按钮，依据指示灯闪亮状态便可以判别是否有 Low-E 膜面。这种方法快速简单、不用拆解中空玻璃，因而具有良好的推广价值。但如果中空玻璃面积太小，检测结果易受到边部铝条或窗框的影响，其检测结果也不具有权威性。

3. 影像测量法

（1）将火柴或光亮物体放在中空玻璃前，观察玻璃里面呈现的 4 个影像（换句话说，有 4 束火焰或 4 个物像），若是 Low-E 玻璃，则有一个影像的颜色不同于其他 3 个影像；若 4 个影像的颜色相同，便可确定未装 Low-E 玻璃。这种方法是利用即使是无色的高透型 Low-E 玻璃，也会有一点轻微的反射色的原理进行判别的，仅适用于白玻中空玻璃与无色 Low-E 中空玻璃之间的简单判别。

（2）借用铅笔看影子判断，即将削好头的铅笔笔头接触被测面倾斜（45°～60°为宜）测量，若能从此面看出两个影子的面为非膜面，另一面即为镀膜面（此方法尤其适用于热反射镀膜玻璃）。

离线 Low-E 合成中空时需要剔除边部膜层，所以可以通过查看玻璃边部靠近间隔条的位置是否有一道玻璃与膜的分界线来判定。在线 Low-E 合成中空时不剔除边部膜层，所以也可以在边部密封胶未盖住玻璃内表面的地方，用电阻法判定。

综上所述，单片镀膜玻璃的鉴别方法比较简单，中空镀膜玻璃在不拆解的情况下很难精确判定，目前许多研究人员正在研究更为实用的检测仪器。在实际工程应用时，可以通过上述的多种办法综合判定，但最为准确的途径，还是推荐从实际产品中随机抽取样品送到权威检测部门测试。

3.3 中空玻璃

中空玻璃是一种良好的隔热、隔声、美观适用，并可降低建筑物自重的新型建筑材料。中空玻璃是将两片或多片玻璃以有效支撑均匀隔开并周边粘结密封，使玻璃层间形成有干燥气体空间的玻璃制品。中空玻璃主要材料是玻璃、铝间隔条（或胶条）、插接件、丁基胶、密封胶、干燥剂。

中空玻璃与普通双层玻璃的区别为前者密封，后者不密封。后者灰尘、水汽很容易进入玻璃内腔，水汽遇冷结霜，遇热结露，附着在玻璃内表面的灰尘永远不能清除。双层玻璃在一定程度上也能起一定的隔声、隔热作用，但性能却相差甚远。

中空玻璃的分类：

（1）普通型。以浮法白玻为基片，以一个气塞为主的中空玻璃。它具有中空玻璃的三大基本功能：节能、隔声、防霜露。

（2）复合型（特殊型）。采用镀膜玻璃、安全玻璃或夹层玻璃等为基片，以一个气塞为主的中空玻璃。它除了具有三个基本功能外，还增加了安全性、装饰美化等功能。

3.3.1 中空玻璃的加工工艺

1. 中空玻璃的生产方法

19 世纪末期，中空玻璃生产技术最早发明于美国，并首先在美国得到了推广和应用。产品经历了焊接中空玻璃、熔接中空玻璃、胶接中空玻璃和一段时期内几种中空玻璃并存，发展到以胶接中空玻璃为主其他为辅的市场形式。

（1）焊接法。将两片或两片以上玻璃四边的表面镀上锡及铜涂层，以金属焊接的方法使玻璃与铅制密封框密封相连。焊接法具有较好的耐久性，但工艺复杂，需要在玻璃上镀锡、镀铜、焊接等热加工，设备多，生产需要用较多的有色金属，生产成本高，不宜推广。

（2）熔接法。采用高频电炉将两块材质相同玻璃的边部同时加热至软化温度，再用压机将其边缘加压，使两块玻璃的四边压合成一体，玻璃内部保持一定的空腔并充入干燥气体。熔接法生产的产品具有不漏气、耐久性好的特点。缺点是产品规格小，不易生产三层及镀膜等特种中空玻璃，选用玻璃厚度范围小（一般为 3~4mm），难以实现机械化连续生产，产量低，生产工艺落后。

（3）胶接法。将两片或两片以上玻璃，周边用装有干燥剂的间隔框分开，并用双道密封胶密封，以形成中空玻璃的方法。胶接法的生产关键是密封胶，典型代表槽铝式中空玻璃。胶接法中空玻璃具有以下特点：

1）生产工艺成熟稳定。

2）产品设计灵活，易于开发特种性能的中空玻璃。

3）产品适用范围广。

4）生产所用原材料（如干燥剂、密封胶）在生产现场可以进行质量鉴定和控制。

（4）胶条法。将两片或两片以上的玻璃四周用一条两侧粘有粘接胶的胶条（胶条中加入干燥剂，并有连续或不连续波浪形铝片）粘结成具有一定空腔厚度的中空玻璃。典型代表是复合胶条式中空玻璃。

目前，国内市场上中空玻璃产品主要为槽铝式中空玻璃和胶条法中空玻璃，槽铝式中空玻璃生产工艺于 20 世纪 80 年代引入，相对成熟些，但是加工工艺较复杂。胶条法中空玻璃在国内起步较晚，但是生产工艺制造工艺简单，推广很快。

2. 复合胶条式中空玻璃生产工艺

复合胶条式中空玻璃生产工艺流程如图 3-1 所示。

图 3-1 复合胶条式中空玻璃工艺流程图

（1）玻璃切割下料。原片玻璃一般为无色平板玻璃、镀膜玻璃、钢化玻璃、夹层玻璃、压花玻璃或着色玻璃，厚度一般为 3～12mm，上述玻璃必须符合相应的产品标准规定，经检验合格后方可使用。玻璃切割可由手工或机器进行，但应保证合乎尺寸要求。此道工序工人在操作过程中，应随时注意玻璃表面不得有划伤，内质均匀，不得有气泡、夹渣等明显缺陷。

（2）玻璃清洗干燥。玻璃清洗一定要采用机器清洗法，因为人工清洗无法保证清洗质量。清洗前须检验玻璃无划伤，为保证密封胶条与玻璃的粘结性，最好使用去离子水。另外，为保证水循环使用，节约水资源，可对水进行过滤，保证长期使用。清洗后的玻璃要通过光照检验，检验玻璃表面有无水珠、水渍及其他污渍。若有水珠、水渍及其他污渍，则需对机器运行速度、加热温度、风量、毛刷间隙进行调整，直到达到效果完好为止。

清洗干燥后的玻璃应于 1 小时内组装成中空玻璃。另外，为保证玻璃与玻璃之间不要摩擦划伤，应有半成品玻璃储存输送车，将玻璃片与片之间隔开。

（3）复合胶条的配置。复合胶条按以下要求敷到玻璃上：

1）全部玻璃必须是干净和干燥的。

2）复合胶条必须垂直放到玻璃上，以防止压合过程中胶条偏斜。

3）胶条可分离纸的一侧必须放置到中空玻璃件的外侧。

4）胶条必须是干净、干燥和尺寸相当的。

5）胶条的纵向开端和末端须切割成方形。

6）胶条放置在距玻璃边至少 1.55mm，以便在玻璃片压紧后胶粘剂不会伸到玻璃边的外部。

7）接角处需要留出 0.8～3.9mm 的开口，以便中空玻璃在加热和压紧时排气，0.8mm 开口用于普通中空玻璃，3.9mm 用于充气中空玻璃。

（4）胶条贴敷和中空玻璃合片。复合胶条在玻璃上的贴敷，可以是工具，也可以用人工沿一个方向贴敷，禁止沿两边围贴。在开始操作时，复合胶条带的前端应切割成方形。如果胶条端部切割不干净或不成方形，则拐角连接密封质量会不好。贴敷胶条操作过程中，应注意尽可能不用手接触胶条的粘贴面和不损伤胶条。胶条的贴敷起点，要视客户要求的中空玻璃种类按其要求的参数确定。

合片时，两片玻璃一定要对齐。任何错位都会使中空玻璃件某些周边部位的胶条与玻璃的粘合不充分而影响中空玻璃的质量。一旦第二片玻璃接触复合胶条，就不可再调整对位。胶条的初始粘附值将阻止任何移动，如果玻璃片位置不正，可将复合胶条从两片玻璃间剥下，但胶条不能再用。对于玻璃经仔细清洗，除去密封胶条的残渣，干燥后可重新使用。

（5）压合。复合胶条中空玻璃在胶条贴敷完成后，要根据公称尺寸调整中空玻璃热压机或夹层玻璃平压机的压辊间距达到公称尺寸（两片玻璃尺寸＋胶条的实际厚度）进行压合。压合过程中，中空玻璃胶条开口处要放在后面，以保证间隔层内的气体顺利排出。要控制从热压机出来的胶条温度在 40～50℃ 之间，最后角的密封应通过三步程序来完成，以确保胶条完全密封。

（6）玻璃放置。制作完成的中空玻璃产品应垂直放置在直角形的双（单）L 架上，以借助两块玻璃平均支撑。

3. 槽铝式中空玻璃生产工艺

槽铝式中空玻璃生产工艺流程如图 3-2 所示。

（1）玻璃切割下料。见上面所述"复合胶条式中空玻璃生产工艺"。

（2）玻璃清洗干燥。见上面所述"复合胶条式中空玻璃生产工艺"。

（3）槽铝式中空玻璃组装。

1）对环境的要求。组装温度应在 10～30℃ 之间。

2）相对湿度的要求。槽铝式中空玻璃对相对湿度的要求稍低一些，正常情况即可。但应注意的是，干燥剂应选择正规厂家的合格产品，以保证干燥剂的有效使用，干燥剂开封后应在 24h 内用完。用丁基胶作为第一道密封，起到阻隔气体的作用，用聚硫胶或硅酮胶作为第二道密封，主要作用是粘结作用，其次才是隔气作用。实践证明，单道密封的中空玻璃寿命只有 5 年左右，而双道密封的中空玻璃可达 20 年，甚至 40 年以上。

（4）玻璃压片。槽铝式中空玻璃，合片后铝框外边部和玻璃边部应有 5～7mm 的距离，

图 3-2 槽铝式中空玻璃生产工艺流程图

用于涂第二道密封胶，密封胶应均匀沿一侧涂布，以防止气泡出现，涂完后刮去玻璃表面残余，直至完成槽铝式中空玻璃的加工。

（5）中空玻璃的放置。中空玻璃的放置正确与否也会对中空玻璃的最终质量产生影响。无论是在生产还是在运输或在工地存放，首先堆垛架的设计要求要考虑到中空玻璃的特点，堆垛架要有一定的倾斜度。但底部平面与侧部应始终保持 90°，从而保证中空玻璃的两片玻璃底边能垂直地置放在堆垛架上。另外，玻璃底部不要沾上油渍、石灰及其他溶剂，因为它们对中空玻璃的二道密封胶会产生不同程度的侵蚀作用。

3.3.2 铝合金门窗用中空玻璃质量要求

中空玻璃是生产节能型铝合金门窗的重要原材料，产品标准为《中空玻璃》（GB/T 11944—2012）。为了保证中空玻璃产品质量及其发挥最大的性能，产品标准对中空玻璃产品原材料及中空玻璃质量提出了具体的要求。

1. 材料要求

中空玻璃作为玻璃的深加工产品，其原片玻璃应符合相应的产品质量要求。中空玻璃可以根据要求选用各种不同性能的玻璃原片，如平板玻璃、压花玻璃、着色玻璃、镀膜玻璃、夹层玻璃、钢化玻璃、均质钢化玻璃等。平板玻璃应符合《平板玻璃》（GB 11614—2009）的规定，夹层玻璃应符合《建筑用安全玻璃 第 3 部分：夹层玻璃》（GB 15763.3—2009）的规定，钢化玻璃应符合《建筑用安全玻璃 第 2 部分：钢化玻璃》（GB 15763.2—2005）的规定，均质钢化玻璃应符合《建筑用安全玻璃 第 4 部分：均质钢化玻璃》（GB 15763.4—2009）的规定，镀膜玻璃应符合《镀膜玻璃》（GB/T 18915—2002）的规定，着色玻璃应符合《平板玻璃》（GB 11614—2009）的规定。其他品种的玻璃符合相应的产品标准要求。

作为中空密封材料的密封胶应满足以下要求：中空玻璃用弹性密封胶应符合《中空玻璃用弹性密封胶》（JC/T 486—2001）的规定；中空玻璃用硅酮结构密封胶应符合《中空玻璃用硅酮结构密封胶》（GB 24266—2009）的规定；中空玻璃用热熔丁基胶应符合《中空玻璃

用丁基热熔密封胶》（JC/T 914—2003）的规定。

用塑性密封胶制成的含有干燥剂和波浪型铝带的胶条，其性能应符合相应标准要求；铝间隔框须去污并进行氧化处理。

干燥剂的质量、规格、性能必须满足中空玻璃制造及性能要求。

2. 尺寸偏差

（1）中空玻璃的长度及宽度允许偏差见表 3 - 7。

表 3 - 7　　　　　　　　中空玻璃的长度及宽度允许偏差　　　　　　　（单位：mm）

长度或宽度 L	允　许　偏　差
$L<1000$	±2
$1000≤L<2000$	+2、−3
$2000≤L$	±3

（2）中空玻璃的厚度允许偏差见表 3 - 8。

表 3 - 8　　　　　　　　　中空玻璃的厚度允许偏差　　　　　　　　（单位：mm）

公　称　厚　度　D	允　许　偏　差
$D<17$	±1.0
$17≤D<22$	±1.5
$22≤D$	±2.0

注：中空玻璃的公称厚度为玻璃原片的公称厚度与间隔层厚度之和。

（3）中空玻璃两对角线之差。正方形和矩形中空玻璃对角线之差，不应大于对角线平均长度的 0.2%。

（4）中空玻璃密封胶厚度。

中空玻璃外道密封胶宽度≥5mm，内道丁基胶层宽度≥3mm，如图 3 - 3 所示。

复合密封胶条的胶层宽度为 8mm±2mm，如图 3 - 4 所示。

图 3 - 3　密封胶厚度（mm）

1—玻璃；2—燥剂；3—外层密封胶；

4—内层密封胶；5—间隔框

图 3 - 4　胶条厚度（mm）

1—玻璃；2—胶条；3—铝带

3. 性能要求

中空玻璃的露点性能将玻璃表面局部降温至 $-60℃$，并逐步按 5℃ 温差逐级升温到 $-40℃$，察看每一温度级别下玻璃试样的内部水气结露情况判定玻璃的露点性能，经露点试验后中空玻璃内表面应无结霜或结露。

中空玻璃的耐紫外线辐照性能是检验中空玻璃经过紫外线照射后玻璃内部密封胶是否有有机物、水等。经紫外线照射后的中空玻璃内表面应无结雾、水气凝结或污染的痕迹出现且密封胶无明显变形。

中空玻璃的水气密封耐久性能是检测中空玻璃水气渗透耐久情况，以判断中空玻璃对外部水气密封的密封耐久性能高低。以水分渗透指数表示，且 $I≤0.25$，平均值 $I_{av}≤0.20$。

冲气中空玻璃的初试气体含量应≥85％（V/V），经试验后气体含量应≥85％（V/V）。

中空玻璃的 U 值是玻璃的传热系数，具体要求应以设计值为准并应满足设计要求。

4. 中空玻璃密封胶的相容性

中空玻璃的密封主要靠两道密封胶。内道密封胶是热熔性丁基胶，主要起阻止水汽进入的作用；外道密封胶由聚硫胶或硅酮胶来完成，靠其良好的粘结性和耐候性能，起到密封和保护作用。如果中空玻璃的二道密封胶与内片玻璃、外片玻璃、铝隔框及丁基胶之间不相容，则二道密封胶就不能起到很好的密封作用，中空玻璃容易透气、透水，起不到很好的保温作用。因此，要求外道密封胶与同其相接触的内片玻璃、外片玻璃、铝隔条及丁基胶具有良好的相容性和粘结性。

对于隐框铝合金窗，由于玻璃与铝合金附框之间、中空玻璃内外片之间完全靠密封胶相互粘结，密封胶要承受玻璃的自重荷载及风荷载，属于结构性安装。因此，中空玻璃二道密封胶应采用硅酮结构密封胶，并要求密封胶与同其相接触材料之间具有良好的相容性和粘结性，相容性试验应按《建筑用硅酮结构密封胶》（GB 16776—2005）标准进行。同时，硅酮结构密封胶的注胶宽度应经结构性计算来确定。

3.3.3　中空玻璃性能特点

1. 中空玻璃的隔热、隔声性能

能量的传递有三种方式：即辐射传递、对流传递和传导传递。

（1）辐射传递。辐射传递是能量通过射线以辐射的形式进行的传递，这种射线包括可见光、红外线和紫外线等的辐射，就像太阳光线的传递一样。合理配置的中空玻璃和合理的中空玻璃间隔层厚度，可以最大限度地降低能量通过辐射形式的传递，从而降低能量的损失。

（2）对流传递。对流传递是由于在玻璃的两侧具有温度差，造成空气在冷的一面下降而在热的一面上升，产生空气的对流，而造成能量的流失。造成这种现象的原因有几个：

1）玻璃与周边的框架系统的密封不良，造成窗框内外的气体能够直接进行交换产生对流，导致能量的损失。

2）中空玻璃的内部空间结构设计的不合理，导致中空玻璃内部的气体因温度差的作用产生对流，带动能量进行交换，从而产生能量的流失。

3）构成整个系统的窗的内外温度差较大，致使中空玻璃内外的温度差也较大，空气借助冷辐射和热传导的作用，首先在中空玻璃的两侧产生对流，然后通过中空玻璃整体传递过去，形成能量的流失。合理的中空玻璃设计可以降低气体的对流，从而降低能量的对流损失。

（3）传导传递。传导传递是通过物体分子的运动，带动能量进行运动而达到传递的目的。中空玻璃对能量的传导传递是通过玻璃和其内部的空气来完成的。玻璃的导热系数是 $0.77W/(m \cdot K)$，空气的导热系数是 $0.028W/(m \cdot K)$，由此可见，玻璃的热传导率是空气的 27 倍，空气中的水分子等活性分子的存在，是影响中空玻璃能量的传导传递和对流传递性能的主要因素，因而提高中空玻璃的密封性能，是提高中空玻璃隔热性能的重要因素。

中空玻璃具有极好的隔声性能，其隔声效果通常与噪声的种类和声强有关，一般可使噪声下降 30～44dB，对交通噪声可降低 31～38dB。因而中空玻璃可以隔离室外噪声，创造室内良好的工作和生活环境条件。

2. 中空玻璃的防结露、降低冷辐射和安全性能

由于中空玻璃内部存在着可以吸附水分子的干燥剂，气体是干燥的，在温度降低时，中空玻璃的内部也不会产生凝露的现象。同时，在中空玻璃的外表面结露点也会升高。如当室外风速为 5m/s，室内温度 20℃，相对湿度为 60％时，5mm 玻璃在室外温度为 8℃时开始结露；而 16mm（5＋6＋5）中空玻璃在同样条件下，室外温度为 −2℃时才开始结露，27mm（5＋6＋5＋6＋5）三层中空玻璃在室外温度为 −11℃时才开始结露。

由于中空玻璃的隔热性能较好，玻璃两侧的温度差较大，还可以降低冷辐射的作用。当室外温度为 −10℃时，室内单层玻璃窗前的温度为 −2℃而中空玻璃窗前的温度是 13℃。在相同的房屋结构中，当室外温度为 −8℃、室内温度为 20℃时，3mm 普通单层玻璃冷辐射区域占室内空间的 67.4％，而采用双层中空玻璃（3＋6＋3）则为 13.4％。

使用中空玻璃，可以提高玻璃的安全性能，在使用相同厚度的原片玻璃的情况下，中空玻璃的抗风压强度是普通单片玻璃的 1.5 倍。

3.3.4 中空玻璃的节能特性分析

1. 中空玻璃节能特性的基本指标

中空玻璃诸多的性能指标中，能够用来判别其节能特性的主要有传热系数 K 和太阳得热系数 $SHGC$。

（1）中空玻璃的传热系数 K 是指在稳定传热条件下，玻璃两侧空气温度差为 1K 时，单位时间内通过单位面积中空玻璃的传热量，以 $W/(m^2 \cdot K)$ 表示。传热系数 K 值越低，说明中空玻璃的保温隔热性能越好，在使用时的节能效果越显著。

（2）太阳得热系数 $SHGC$ 是指在太阳辐射相同的条件下，太阳辐射能量透过窗玻璃进入室内的量与通过相同尺寸但无玻璃的开口进入室内的太阳热量的比率。玻璃的 $SHGC$ 值增大时，意味着可以有更多的太阳直射热量进入室内，减小时则将更多的太阳直射热量阻挡在室外。$SHGC$ 值对节能效果的影响是与建筑物所处的不同气候条件相联系的。在炎热气候条件下，应该减少太阳辐射热量对室内温度的影响，此时需要玻璃具有相对低的 $SHGC$ 值；在寒冷气候条件下，应充分利用太阳辐射热量来提高室内的温度，此时需要高 $SHGC$ 值的玻璃。在 K 值与 $SHGC$ 值之间，前者主要衡量的是由于温度差而产生的传热过程，后者主要衡量的是由太阳辐射产生的热量传递，实际生活环境中两种影响同时存在，所以在各建筑节能设计标准中，是通过限定 K 和 $SHGC$ 的组合条件来使窗户达到规定的节能效果。

2. 中空玻璃节能指标的影响因素分析

（1）玻璃的厚度。中空玻璃的传热系数与玻璃的热阻［玻璃的热阻为 1（$m^2 \cdot K$）/W］和玻璃厚度的乘积有着直接的联系。当增加玻璃厚度时，必然会增大该片玻璃对热量传递的阻挡能力，从而降低整个中空玻璃系统的传热系数。通过对具有 12mm 空气间隔层的普通中空玻璃进行计算，当两片玻璃都为 3mm 白玻时，$K=2.745W/（m^2 \cdot K）$；都为 10mm 白玻时，$K=2.64W/（m^2 \cdot K）$，降低了 3.8% 左右，且 K 值的变化与玻璃厚度的变化基本为直线关系，如图 3-5 所示。从计算结果也可以看出，增加玻璃厚度对降低中空玻璃 K 值的作用不是很大，8+12+8 的组合方式比常用的 6+12+6 组合方式 K 值仅降低 0.03W/（$m^2 \cdot K$），对建筑能耗的影响甚微。由吸热玻璃或镀膜玻璃组成的中空系统，其变化情况与白玻相近，所以在下面的其他因素分析中，将以常用的 6mm 玻璃为主。

图 3-5　中空玻璃 K 值与玻璃厚度关系

当玻璃厚度增加时，太阳光穿透玻璃进入室内的能量将会随之减少，从而导致中空玻璃太阳得热系数的降低。如图 3-6 所示，在由两片白玻组成中空时，单片玻璃厚度由 3mm 增加到 10mm，$SHGC$ 值降低了 16%；由绿玻（选用典型参数）+白玻组成中空时，$SHGC$ 值降低了 37% 左右。不同厂商、不同颜色的吸热玻璃影响程度将会有所不同，但同一类型中，玻璃厚度对 $SHGC$ 值的影响都会比较大，同时对可见光透过率的影响也很大。所以，建筑上选用吸热玻璃组成的中空玻璃时，应根据建筑物能耗的设计参数，在满足结构要求的前提下，考虑玻璃厚度对室内获得太阳能强度的影响程度。在镀膜玻璃组成中空时，厚度会依基片的种类而产生不同程度的影响，但主要的因素将会是膜层的类型。

图 3-6　中空玻璃 $SHGC$ 值与玻璃厚度关系

（2）玻璃的类型。组成中空玻璃的玻璃类型有白玻、吸热玻璃、阳光控制镀膜、Low-E玻璃等，以及由这些玻璃所产生的深加工产品。玻璃被热弯、钢化后的光学热工特性会有微小的改变，但不会对中空系统产生明显的变化，所以此处仅分析未进行深加工的玻璃原片。不同类型的玻璃，在单片使用时的节能特性就有很大的差别。当合成中空时，各种形式的组合也会呈现出不同的变化特性。

吸热玻璃是通过本体着色减小太阳光热量的透过率、增大吸收率，由于室外玻璃表面的空气流动速度会大于室内，所以能更多地带走玻璃本身的热量，从而减少了太阳辐射热进入室内的程度。不同颜色类型、不同深浅程度的吸热玻璃，都会使玻璃的 $SHGC$ 值和可见光透过率发生很大的改变。但各种颜色系列的吸热玻璃，其辐射率都与普通白玻相同，约为 0.84。所以在相同厚度的情况下，组成中空玻璃时传热系数 K 值是相同的。选取不同厂商的几种有代表性的 6mm 厚度吸热玻璃，中空组合方式为吸热玻璃＋12mm 空气＋6mm 白玻，表 3-9 列出了各项节能特性参数。计算结果表明，吸热玻璃仅能控制太阳辐射的热量传递，不能改变由于温度差引起的热量传递。

表 3-9 不同类型吸热玻璃对中空节能特性的影响

玻璃类型	生产厂商	K 值 [W/(m² · K)]	$SHGC$ 值	可见光透过率
白玻	普通	2.703	0.701	0.786
灰色	PPG	2.704	0.454	0.395
绿色	PPG	2.704	0.404	0.598
茶色	Pilkington	2.704	0.511	0.482
蓝绿色	Pilkington	2.704	0.509	0.673

阳光控制镀膜玻璃是在玻璃表面镀上一层金属或金属化合物膜，膜层不仅使玻璃呈现丰富的色彩，而且更主要的作用就是降低玻璃的太阳得热系数 $SHGC$ 值，限制太阳热辐射直接进入室内。不同类型的膜层会使玻璃的 $SHGC$ 值和可见光透过率发生很大的变化，但对远红外热辐射没有明显的反射作用，所以阳光控制镀膜玻璃单片或中空使用时，K 值与白玻相近。

Low-E 玻璃是一种对波长范围 4.5～25μm 的远红外线有很高反射比的镀膜玻璃。在我们周围的环境中，由于温度差引起的热量传递主要集中在远红外波段上，白玻、吸热玻璃、阳光控制镀膜玻璃对远红外热辐射的反射率很小，吸收率很高，吸收的热量将会使玻璃自身的温度提高，这样就导致热量再次向温度低的一侧传递。与之相反，Low-E 玻璃可以将温度高的一侧传递过来的 80％以上的远红外热辐射反射回去，从而避免了由于自身温度提高产生的二次热传递，所以 Low-E 玻璃具有很低的传热系数。

（3）Low-E 玻璃的辐射率。Low-E 玻璃的传热系数与其膜面的辐射率有着直接的联系。辐射率越小时，对远红外线的反射率越高，玻璃的传热系数也会越低。例如，当 6mm 单片 Low-E 玻璃的膜面辐射率为 0.2 时，传热系数为 3.80W/(m² · K)；辐射率为 0.1 时，传热系数为 3.45W/(m² · K)。单片玻璃 K 值的变化必然会引起中空玻璃 K 值的变化，所以 Low-E 中空玻璃的传热系数会随着低辐射膜层辐射率的变化而改变。图 3-7 所示的数据为白玻与 Low-E 玻璃采用 6＋12＋6 的组合时，中空 K 值受膜面辐射率变化的情况。可以看出，当辐射率从 0.2 降低到 0.1 时，K 值仅降低了 0.17W/(m²·K)。这说明与单片 Low-E 的变化相比，Low-E 中空的 K 值变化受辐射率的影响不是非常显著。

（4）Low-E 玻璃镀膜面位置。由于 Low-E 玻璃膜面所具有的独特的低辐射特性，所以在组成中空玻璃时，镀膜面放置位置的不同将使中空玻璃产生不同的光学特性。以耀华 Low-E 为例，按照与白玻进行 6＋12＋6 的组合方式计算，将镀膜面放置在 4 个不同的位置上时（室外为 1 号位置，室内为 4 号位置），中空玻璃节能特性的变化见表 3-10。根据结果显示，膜面位置在 2 号或 3 号时的中空玻璃 K 值最小，即

图 3-7　Low-E 玻璃 K 值受辐射率影响程度

保温隔热性能最好。3 号位置时的太阳得热系数要大于 2 号位置，这一区别是在不同气候条件下使用 Low-E 玻璃时要注意的关键因素。寒冷气候条件下，在对室内保温的同时，人们希望更多地获得太阳辐射热量，此时镀膜面应位于 3 号位置；炎热气候条件下，人们希望进入室内的太阳辐射热量越少越好，此时镀膜面应位于 2 号位置。

表 3-10　　　　　　　　　Low-E 玻璃膜面位置对节能的影响

镀膜面位置	基本指示	（室外）1 号	2 号	3 号	4 号（室内）
白玻组合	K 值 [W/(m²·K)]	2.677	1.923	1.923	2.041
	$SHGC$ 值	0.632	0.625	0.676	0.640
吸热玻璃组合（以浅绿为例）	K 值 [W/(m²·K)]	2.680	1.925	1.925	2.042
	$SHGC$ 值	0.416	0.586	0.347	0.345

如果为了建筑节能或颜色装饰的设计需要，在炎热地区采用吸热玻璃与 Low-E 玻璃组成中空时，从表 3-10 中可以看出，膜面在 2 号或 3 号位置时的传热系数都是最小，但 3 号位置的太阳得热系数比 2 号位置小得多，此时 Low-E 膜层应该位于 3 号位置。

（5）间隔气体的类型。中空玻璃的导热系数比单片玻璃低一半左右，这主要是气体间隔层的作用。中空玻璃内部充填的气体除空气以外，还有氩气、氪气等惰性气体。由于气体的导热系数很低 [空气 0.024W/(m·K)；氩气 0.016W/(m·K)]，因此极大地提高了中空玻璃的热阻性能。6＋12＋6 的白玻中空组合，当充填空气时 K 值约为 2.7W/(m²·K)，充填 90% 氩气时 K 值约为 2.55W/(m²·K)，充填 100% 氩气时约为 2.53W/(m²·K)，充填 100% 氪气时 K 值约为 2.47W/(m²·K)。两种惰性气体相比，氩气在空气中的含量丰富，提取比较容易，使用成本低，所以应用较为广泛。不论填充何种气体，相同厚度情况下，中空玻璃的 $SHGC$ 值和可见光透过率基本保持不变。

（6）气体间隔层的厚度。常用的中空玻璃间隔层厚度为 6mm、9mm、12mm 等。气体间隔层的厚薄与传热阻的大小有着直接的联系。在玻璃材质、密封构造相同的情况下，气体间隔层越大，传热阻越大。但气体层的厚度达到一定程度后，传热阻的增长率就很小了。因

图 3-8　气体间隔层厚度对 K 值的影响

为当气体层厚度增达到一定程度后，气体在玻璃之间温差的作用下就会产生一定的对流过程，从而减低了气体层增厚的作用。如图 3-8 所示，气体层从 1mm 增加到 9mm 时，白玻中空充填空气时 K 值下降 37%，Low-E 中空玻璃充填空气时 K 值下降 53%，充填氩气时下降 59%。从 9mm 增加到 13mm 时，下降速度都开始变缓。13mm 以后，K 值反而有轻微的回升。所以，对于 6mm 厚度玻璃的中空组合，超过 13mm 的气体间隔层厚度再增大，不会产生明显的节能效果。

从图 3-8 中我们也可以看出，气体间隔层增加时，Low-E 中空玻璃 K 值的下降速度比普通中空玻璃要快。这种特性使得在组成三玻中空玻璃时，如果必须采用两个气体层不一样厚度的特殊组合时，Low-E 部位的间隔层厚度应不小于白玻部位的间隔层厚度。例如，6mm 玻璃中空组合时，白玻＋6mm＋白玻＋12mm＋Low-E 的 K 值为 1.48W/(m² · K)；白玻＋9mm＋白玻＋9mm＋Low-E 的 K 值为 1.54W/(m² · K)；白玻＋12mm＋白玻＋6mm＋Low-E 的 K 值为 1.70W/(m² · K)。

（7）间隔条的类型。中空玻璃边部密封材料的性能对中空玻璃的 K 值有一定影响。通常情况下，大多数间隔使用铝条法。虽然重量轻，加工简单，但其导热系数大，导致中空玻璃的边部热阻降低。在室外气温特别寒冷时，室内的玻璃边部会产生结霜现象。以 Swiggle 胶条为代表的暖边密封系统具有更优异的隔热性能，大大降低了中空玻璃边部的传热系数，有效地减少了边部结霜现象，同时可以将白玻中空玻璃的中央 K 值降低 5% 以上，Low-E 中空玻璃的中央 K 值降低 9% 以上。表 3-11 为各种边部密封材料的导热系数。

表 3-11　　　　　　　　　　各种边部密封材料的导热系数

边部材料	双封铝条	热熔丁基/U 形	铝带 Swiggle	不锈钢 Swiggle
导热系数 ［W/(m · K)］	10.8	4.43	3.06	1.36

（8）中空玻璃的安装角度。一般情况下，中空玻璃都是垂直放置使用，但目前中空玻璃的应用范围越来越广泛。如果应用于温室或斜坡屋顶时，其角度将会发生改变。当角度变化时，内部气体的对流状态也会随之而改变，这必将影响气体对热量的传递效果，最终导致中空玻璃的传热系数发生变化。

以常用的 6＋12＋6 白玻空气填充组合形式为例，图 3-9 显示了不同角度的中空玻璃 K 值变化情况（受不同角度范围采用不同的计算公式影响，图中数据仅供分析参考），常用的垂直放置（90°）状态 K 值为 2.70W/(m² · K)，水平放置（0°）时 K 值为 3.26W/(m² · K)，增加了 21%。所以，当中空玻璃被水平放置使用时，必须考虑 K 值变大对建筑节能效果的影响。但应注意图 3-9 中的 K 值变化趋势是指，在室内温度大于室外温度的环境条件下，相反条件时变化并不明显。

（9）室外风速的变化。在按照国内外标准测试或计算一块中空玻璃的传热系数时，一般都将室内表面的对流换热设置为自然对流状态，室外表面为风速在 $3\sim5\text{m/s}$ 左右的强制对流状态。但实际安装到高层建筑上时，玻璃外表面的风速将会随着高度的增加而增大，使玻璃外表面的换热能力加强，中空玻璃的传热系数会略有增大。

图 3-9　中空玻璃放置角度的影响

对比图 3-10 中的数据，当风速从测试标准采用的 5m/s 加大到 15m/s 时，白玻中空的 K 值增加了 $0.16\text{W/(m}^2 \cdot \text{K)}$，Low-E 中空的 K 值增加了 $0.1\text{W/(m}^2 \cdot \text{K)}$。对于窗墙比数值较小的高层建筑结构，上述 K 值的变化对节能效果不会产生大的影响，但对于纯幕墙的高层建筑来说，为了使顶层房间也能保持良好的热环境，就应该考虑高空风速变大对节能效果的影响。

图 3-10　室外风速对节能特性的影响

通过以上对中空玻璃的原片组合、间隔类型、使用环境的详细数据分析可以看出，影响中空玻璃节能特性的重要因素是玻璃原片的类型和间隔层的厚度及种类。其中，Low-E 玻璃以其优异的光学热工特性，使中空玻璃的节能效果得到了巨大的飞跃。

3.3.5　中空玻璃的密封与密封胶选择

在建筑中使用中空玻璃，关键是解决密封结构和密封胶问题，而要科学、合理选择中空玻璃的密封结构和密封胶，必须了解各种中空玻璃密封胶的性能。

1. 中空玻璃密封胶的种类

中空玻璃密封胶是指能粘结固定玻璃，使用时是非定形的膏状物，使用后经一定时间变成具有一定硬度的橡胶状材料的密封材料。按固化方式，可分为反应型和非反应型；按产品形态分类，可分为单组分型和双组分型。对于反应型密封胶，单组分型是从容器中将密封胶挤出后，利用空气中的水分或氧气进行固化的；双组分型是使用时，将主剂和固化剂按规定量计量，充分混合后发生化学反应而固化的，双组分型密封胶的固化不受涂胶厚度的影响。目前中空玻璃用密封胶，主要有聚硫密封胶、硅酮密封胶、聚氨酯密封胶和丁基胶四种，除丁基胶为非反应型单组分热熔胶外，其他均为反应型密封胶。

2. 中空玻璃密封胶的性能特点

（1）硅酮密封胶。硅酮密封胶是以有机硅聚合物为主要成分的密封胶。由于原胶骨架中含有高键能的硅氧键，其耐候性、耐久性等性能优良，大部分为双组分型。特征如下：①耐候性、耐久性优良；②耐热性、耐寒性优良；③耐臭氧、耐紫外线老化性能优良；④对玻璃的粘结性优良；⑤由于密封胶中未反应的有机硅吸附尘埃，显示污染性。

（2）聚硫密封胶。聚硫密封胶是以分子末端具有硫醇基（—SH）、分子中具有二硫键（—SS—）的液态聚硫橡胶为主成分的密封胶。它是弹性密封胶中历史最长、应用实例最多的密封胶。用作中空玻璃密封胶时，使用活性二氧化锰作固化剂，为双组分型。其特性如下：①具有较好的粘结性；②具有良好的耐候性和耐久性；③水蒸气透过率低，仅次于丁基胶；④耐油性、耐溶剂性优良。

（3）聚氨酯密封胶。聚氨酯系密封胶是以聚氨酯为主要成分的密封胶，是弹性型密封胶中价格较低的密封胶，但其耐候性较差，大部分为双组分型。其特征是：①价格便宜；②涂装性良好；③施工时，温度、湿度高的情况下，易产生气泡；④表面易老化变黏。

（4）丁基密封胶。丁基密封胶是以聚异丁烯聚合物为主成分的单组分型热熔胶。将胶在高温、高压下挤出，作为中空玻璃第一道密封胶，或与波纹铝片做成复合胶条，直接用于中空玻璃密封。其特征是：①低温下粘结性下降，因其不是化学粘结；②水蒸气透过率最小；③易产生错位。

3. 中空玻璃的密封结构

中空玻璃的密封工艺分为单道和双道密封两种。目前，国外中空玻璃普遍采用双道密封工艺，我国仍有部分中空玻璃厂家采用单道密封（不用丁基热熔做内层密封，只用聚硫密封胶做外层密封），这类产品虽然质量欠佳，但价格便宜，仍占据部分低档市场。双道密封工艺的使用寿命大大高于单道密封工艺，一般单道密封中空玻璃的使用寿命只有 5 年左右，而双道密封中空玻璃的使用寿命则可达 15 年以上。

中空玻璃的密封失效，主要是由于密封胶中存在的机械杂质或在涂胶施工过程中而存在的毛细小孔，在空气层内外气压差或浓度差的作用下，空气中的水汽进入中空玻璃密闭的空气层中使其水分增加，从而使中空玻璃失效。在对中空玻璃密封失效原因进行分析中，发现密封胶的透气率（或水蒸气透过率）是决定中空玻璃使用寿命的一个重要指标。密封胶透气率越低，密封寿命越长。双道密封工艺，即第一道以丁基（或聚异丁烯）为胶粘剂，第二道以聚硫、硅酮、聚氨酯类为胶粘剂，正是利用了丁基（或聚异丁烯）密封剂透气率最低的优点和快速固定玻璃与间隔框的特点（因为其与玻璃间隔框的粘结为物理性粘结，而非化学性粘结），利用了聚硫（硅硐等）固化型密封剂所具有的优良的结构强度，良好的耐候性、粘结性的优点以及可控制固化速度的特点，大大提高中空玻璃的密封寿命。双道密封结构目前在中空玻璃广泛采用，因为它把固化型和热熔型密封剂的各自的优点和特点有机地结合运用于中空玻璃制作中，从而找到了一种较佳的中空玻璃加工方式。

4. 中空玻璃密封胶的选择

（1）中空玻璃密封胶的作用。密封胶在中空玻璃中的作用，其一是保持空气层内的气体，从而有利于使中空玻璃保持长期节能效果，起密封作用；其二是保持中空玻璃的结构稳定，起粘结作用。这两项功能若有一项达不到，中空玻璃的节能作用就无从谈起。中空玻璃在寿命期间始终面临着外来的水汽渗透、风吹雨淋、烈日曝晒、紫外线照射、四季温差变化，还有气压、风荷载等外力的影响，各种环境因素共同作用使中空玻璃面临较为恶劣的条件，因此要求密封胶必须具有不透水、不透气、耐辐射、耐温差、耐湿气等性能。同时，还要满足中空玻璃生产工艺的要求。

（2）中空玻璃密封胶的选择。为确保中空玻璃的质量，提高节能和隔声，选择优质的密封胶是最基本的保证。试验证明，中空玻璃必须靠双道密封来保证其优良的性能。对于双道密封的中空玻璃，在选择密封胶方面目前认识趋于统一，即第一道密封采用热熔丁基密封胶，主要起密封作用；第二道密封则由聚硫或硅酮密封胶来完成，因其具有优良的弹性和对玻璃良好的粘结性能而起到辅助密封，并保持中空玻璃结构稳定的作用。硅酮、聚硫等弹性密封胶靠化学反应来达到粘合目的，而热熔丁基密封胶主要靠丁基橡胶、聚异丁烯等的自身极低的水汽透过率，来实现其密封效果。虽然其用量与聚硫及硅酮等弹性密封胶相比不是太大，但它的作用却不能低估。

常用中空玻璃密封胶的性能比较见表 3-12。

表 3-12　　　　　　　　　　　　中空玻璃密封胶的性能比较

密封胶类型	粘结性	水蒸气透过性	结构强度	耐候性
聚硫密封胶	良好	小	大	良好
硅酮密封胶	良好	大	大	好
聚氨酯密封胶	良好	小	大	表面易劣化
热容丁基胶	低温粘结性差、非化学粘结	极小	小	差

从表 3-12 中可以看出，中空玻璃一道密封胶选用丁基胶可以保证中空的密封性能，如果仅为了保证中空玻璃的粘结性能，其他三种密封胶均可选用做中空玻璃的二道密封胶。但为保证中空玻璃的使用耐久性，可选用耐候性能良好的聚硫密封胶或选用耐候性能优良的硅酮密封胶。

但若中空玻璃应用于隐框窗上，则起结构粘结作用的中空玻璃二道密封胶必须选用硅酮结构密封胶。硅酮结构密封胶与中空玻璃的内外片玻璃、铝隔框及丁基胶具有很好的相容性。

5. 中空玻璃密封胶的使用

为了保证中空玻璃的良好密封性能，仅选择质量性能优异的密封胶是不够的，正确使用密封胶也是重要的一个方面。如果在使用密封胶前，表面处理不当和没有清洗干净，密封胶与任何基质都不能保持长期粘结。使用正确的清洗剂并遵守规定的表面处理和清洗程序，是取得良好粘结效果的前提条件。中空玻璃用双道密封胶都有自己的施工方法和要求。丁基密封胶是槽铝式双道中空玻璃的第一道密封，它是一种热熔胶，具有很低的水汽透过率（在中空玻璃密封胶中最低）和较高的黏性，是铝条侧面和玻璃之间阻挡水汽的最有效屏障，但它需由专用机器加热、加压、挤出涂布在铝条两侧。一般挤出温度在 $100 \sim 130℃$ 之间，不同的施工环境要对挤出温度做适当调整。挤出压力要根据涂胶速度、挤出口大小等而定。涂丁基密封胶是制作中空玻璃的重要环节，它决定着中空玻璃制品的综合质量，必须重视这一环节。涂胶须均匀，涂胶截面要一致，应仔细检查中间有无断线、气泡以及影响美观的杂质，四角丁基胶条应互相接触压合，必要时应重新涂敷或补胶。制作时应严格控制生产工艺，杜绝漏涂、断胶现象和对封口的疏忽，不要存在漏气的隐患，把好密封的第一关。第二道密封胶一般为双组分聚硫或硅酮密封胶，涂胶时还有以下要求：

（1）A、B组分应严格按生产厂商提供的混合比例配比。

（2）A、B组分应混合充分。

（3）打胶准确，无欠胶和多胶现象。

涂胶时还应做到：①密封胶应均匀沿一侧涂布，以防止产生气泡，涂完后刮去玻璃表面残余。②涂胶时要与第一道密封胶紧密接触，不应留有空隙。如果两道密封胶之间存在缝隙，会引起气漏。③保证胶层宽度至少为5～7mm（隐框窗用中空玻璃涂胶宽度需经计算）。

涂抹过薄的第二道密封胶，在安装使用一段时间后，受环境温度变化、日晒及风压的作用，密封胶会造成裂纹（即使极小的裂纹存在），水汽就有可能会慢慢地进入胶层内，形成雾化，失去其密封性，丧失密封作用。另外，需要注意的是，无论选用双组分或单组分密封胶，都要考虑与第一道密封胶的相容性，两者不能相互溶解或反应；否则，就会造成密封胶的流淌或解析，造成密封失效。

6. 提高中空玻璃密封寿命的措施

（1）中空玻璃密封失效的原因。中空玻璃密封失效的直接表现是中空玻璃内框里有水汽凝露（结雾）。结雾是由于水汽扩散进入边缘密封，导致干燥剂吸水饱和而引起的。目前，多功能的中空玻璃经常填充特殊气体（如惰性气体），目的是提高它们的隔热和或隔声质量。中空玻璃内的气体和环境中的空气会存在部分微小的压差，这会引起它们扩散，从而导致中空玻璃内的气体被空气稀释。充填气体的稀释使得其隔热和隔声质量降低。因此，边缘密封的质量极大地影响中空玻璃的使用寿命和性能。中空玻璃暴露在多种环境因素下，例如，温度和大气压力波动、风压、工作荷载、阳光、水和水汽等，这些负面因素会影响中空玻璃的平均寿命。由不同环境因素引起的应力不是简单的叠加，它们的相互作用导致了不均匀的应力作用在边缘密封上，出现所谓的合力现象。研究证实，水、高温和阳光的同时作用会对中空玻璃的边缘密封产生最大的应力。这种降解效果在密封胶与玻璃界面最显著，经常导致有机密封胶部分或完全粘结性失败。虽然密封胶系统本身的耐久性和有效性非常重要，但最基本的还是密封胶对玻璃与间隔条材料的粘结性。各类密封胶的水汽渗透率MVTR、渗透率、透气性（氩气）见表3-13。

表3-13　　　　各类密封胶的水汽渗透率MVTR、渗透率、透气性（氩气）

密封胶	MVTR [g/(m² · h)]	渗透率	透气率（氩气）
聚异丁烯胶	2.25	0.045	1
热容丁基胶	3.60	0.073	2
聚硫胶	19.0	0.380	4
聚氨酯	12.4	0.250	10
硅酮胶	50.0	1.000	≥100

（2）提高中空玻璃密封寿命的措施。

中空玻璃边缘密封系统的主要功能是防止水汽进入，并将两片或多片玻璃结构性通过两道边缘密封系统粘结起来。在此两道边缘密封系统里，第一道聚异丁烯基密封提供水汽阻碍功能，第二道弹性密封确保中空玻璃在荷载下的结构整体性，例如在制造、运输、安装和使用状态下的结构整体性。中空玻璃的正常使用寿命和性能受通过第一道密封有效横截面的水汽和空气扩散影响。大多数过早失效的中空玻璃是由于第二道密封的粘结性丧失而引起。长期保持第二道密封的粘结比较困难，由动静载荷组合作用和环境物理化学因素引起的胶老化所导致的粘结逐渐损耗；第二道密封胶粘结能力的大量丧失导致水渗透到裂缝里，使水与丁基胶直接接触。这些现象直接或间接地导致粘结力的丧失和过多的结露产生。

引起第二道密封胶粘结力丧失的环境因素包括温度过高或过冷、高湿或直接与水接触、氧化剂的化学和物理侵蚀、直接受紫外线辐射以及与其他密封胶材料（装配系统）在化学和物理方面不相容等，这些因素单独地或共同地起作用。丁基胶只有在第二道密封胶保持其施加连续压力的条件下才能保持其弹性和粘结性能。如果第二道密封胶在中空玻璃使用期间与水接触，则吸水产生胶体膨胀。胶体膨胀减少了施加于丁基胶的压力，使胶与玻璃的粘结力逐渐失掉，并改变丁基胶阻隔水汽的主要功能，最终导致水凝结在玻璃表面，造成密封失效。因此，提高中空玻璃密封寿命主要是密封胶在使用过程中尽量减少恶劣环境因素的影响，日常使用中适当加以保护或安装防护设施；在安装设计中空玻璃时，玻璃镶嵌槽应足够高，以充分保护中空玻璃边部密封胶免遭紫外线破坏，并为玻璃槽排水流畅提供足够的间隙，以及考虑玻璃和窗框的尺寸误差等。

对中空玻璃密封胶的要求是，在外界各种荷载（温度、风荷载、地震荷载等）作用下以及高湿度和紫外线照射下，能够保持中空玻璃的结构整体性和防止外界水汽进入中空玻璃空气层内。由于热融密封胶的弹性变形能力小、低温粘结性较差，在严寒地区、寒冷地区建筑门窗的中空玻璃中的应用受到限制。随着科技的不断进步，新材料、新工艺不断出现，新型的中空玻璃密封材料、结构形式也不断得到应用。只有综合考虑中空玻璃密封胶的不同应用部位、要求和结构形式，以及不同环境、地区等因素，才能正确选择密封胶。

3.3.6　影响中空玻璃的质量问题分析

中空玻璃的节能效果和使用寿命依赖于产品质量。中空玻璃的节能性能通过构造中空玻璃的空间结构实现，其中干燥的不对流的空气层可阻断热传导的通道，有效降低中空玻璃的传热系数，达到节能的目的。

国家对中空玻璃的产品质量有着严格的要求，其中中空玻璃的性能包括：露点、密封性能、耐紫外线辐照性能、气候循环耐久性能和高温高湿耐久性能。目前，市场上使用的中空玻璃的质量问题主要取决于中空玻璃的性能指标，大致有以下几个方面：

（1）露点不达标。露点是玻璃表面温度降低到某一温度时，中空玻璃内部气体开始在内表面结露或结霜时的温度，这是用来评价中空玻璃间隔层内气体干燥程度的指标。露点越低，中空玻璃内部越干燥，其节能性能就越好。国标规定，露点等于或低于 $-40\,^\circ\!\text{C}$

为合格。

一般中空玻璃生产企业生产操作都是在自然环境中进行，不对生产环境的湿度进行控制。如果干燥剂暴露在空气中时间过长，干燥剂的吸附能力就会降低，甚至完全丧失干燥能力。失效的干燥剂，无法吸附中空玻璃内气体中的水分，不能保持玻璃内气体应有的干燥程度，露点就很难达到标准要求。

（2）中空玻璃耐紫外线辐照性能有待提高。耐紫外线辐照性能是考核中空玻璃密封胶的耐老化能力。中空玻璃产品标准规定，经过 168 小时的紫外线照射试验后，中空玻璃内表面不得有结雾或有污染的痕迹，玻璃原片无明显错位和产生胶条蠕变。影响中空玻璃耐紫外线辐照性能的主要原因是密封胶，特别是丁基胶，丁基胶中含有挥发性的溶剂而干燥剂又没有吸附这些溶剂的能力。如果铝合金门窗使用了这样的中空玻璃，经长时间的阳光照射，密封胶中的挥发性溶剂逐渐挥发出来，在玻璃内表面形成一层妨碍透视的油膜，影响使用效果。

（3）中空玻璃的耐久性能差，使用寿命短。国外中空玻璃的使用寿命一般都可以达到20 年以上，而我国一些中空玻璃企业生产的中空玻璃只能保证 5 年的使用寿命，甚至更短。中空玻璃的失效主要表现为：

1）露点升高、内部结雾甚至凝水。中空玻璃在使用过程中露点升高，耐久性达不到标准要求，主要是由于密封胶质量差、干燥剂的有效吸附能力低、生产工艺控制不严格所造成。

中空玻璃系统的密封和结构的稳定，是靠中空玻璃密封胶来实现的。在双道槽铝式中空玻璃系统中，用第一道密封胶（丁基胶）防止水汽的侵入，用二道密封胶保持结构的稳定。因此，密封胶能否与玻璃保持很好的粘结、阻止水汽的入侵，是保持中空玻璃使用的耐久性的关键。密封胶与内外层玻璃保持很好的粘结性则取决于密封胶的质量好坏及密封胶与相接触材料（内、外片玻璃、铝隔框、丁基胶）的相容性和粘结性。

中空玻璃使用干燥剂的目的，一是吸附中空玻璃生产时密封于间隔层内的水分及挥发性有机溶剂；二是在中空玻璃使用过程中，不断吸附通过密封胶进入间隔层内的水分，以保持中空玻璃内气体的干燥。干燥剂的有效吸附能力指的是，干燥剂被密封于间隔层之后所具有的吸附能力。它受分子筛的性能、空气湿度、装填量以及在空气中放置的时间等因素的影响。干燥剂有效吸附能力的高低，很大程度上影响着中空玻璃的使用寿命。

2）中空玻璃炸裂。导致中空玻璃炸裂的原因既有生产、选材方面的，也有安装方面的。若选择干燥剂的型号不当，就会在中空玻璃密封后间隔层气体产生负压，造成玻璃挠曲变形，再加之环境的影响，这种变形产生的应力超过了玻璃能够承受的最大应力时，中空玻璃就会炸裂。

使用吸热玻璃和镀膜玻璃制作的中空玻璃，在太阳光的照射下，在玻璃的不同位置存在较大温差，产生热应力，也可能引起玻璃的破坏。

中空玻璃密封胶硬度较大、弹性不好制约玻璃因环境温度变化而产生的变形，使中空玻璃边部应力增大，并且有些低质量的密封胶挥发成分较多，在打胶固化时胶体收缩过大，尤其会增加受冻炸裂的可能。

在中空玻璃安装过程中，要求在玻璃的四周及前后部位要留有足够的余隙，并且这些余隙应采用密封胶条或密封胶镶嵌，使玻璃与四周槽口弹性相接触，保证玻璃在环境温度变化时产生变形引起的边部应力因弹性接触而释放。如果在玻璃四周硬性固定，则这种应力超过了玻璃能够承受的最大应力时，必然引起玻璃的炸裂。

3.4 安全玻璃

安全玻璃指经剧烈振动或撞击不易破碎或即使破碎也不易伤人的玻璃。因此，符合现行国家标准规定的钢化玻璃和夹层玻璃以及由它们构成的复合产品，都称为安全玻璃。玻璃是典型的脆性材料，作用在玻璃上的外力超过允许限度，玻璃就会破碎。这些外力包括风压、地震作用、人体冲击或飞来的物体等。

建筑用安全玻璃分为钢化玻璃、防火玻璃、夹层玻璃、均质钢化玻璃。

3.4.1 钢化玻璃

钢化玻璃是经热处理工艺之后的平板玻璃，也是一种预应力玻璃。

由于钢化玻璃的机械强度和抗热冲击强度比经过良好退火的玻璃要高出好多倍，而且破碎时具有一定的安全性，在国内外被大量使用。

1. 钢化玻璃分类

（1）钢化玻璃按形状分类，分为平面钢化玻璃和曲面钢化玻璃。平面钢化玻璃厚度有3.4mm、5mm、6mm、8mm、10mm、12mm、15mm、19mm八种。曲面钢化玻璃厚度也有3.4mm、5mm、6mm、8mm、10mm、12mm、15mm、19mm八种。但曲面（即弯钢化）钢化玻璃对每种厚度都有最大的弧度限制。

（2）钢化玻璃按生产方法分为物理法钢化玻璃和化学法钢化玻璃。

（3）钢化玻璃按生产工艺分为水平法钢化玻璃和垂直法钢化玻璃。

垂直法钢化玻璃是指在钢化过程中采取夹钳吊挂的方式生产出来的钢化玻璃。

水平法钢化玻璃是指在钢化过程中采取水平辊支撑的方式生产出来的钢化玻璃。

2. 钢化玻璃生产方法

钢化玻璃是平板玻璃的二次加工产品，钢化玻璃的加工可分为物理钢化法和化学钢化法。玻璃中的应力一般分为三类：热应力、结构应力和机械应力。玻璃中由于存在温度差而产生的应力称为热应力，热应力按存在特点分为暂时应力和永久应力。暂时应力是玻璃温度低于应变点时处于弹性变形温度范围，当加热或冷却玻璃时，由于温度梯度的存在而产生热应力，当温度梯度消失，应力也随之消失。它与热膨胀系数、导热系数、厚度和加热（冷却）速度等有关。永久应力是玻璃温度高于应变点时，从黏弹性状态冷却下来时，由于温度梯度的存在而产生热应力，当温度梯度消失时仍保留在玻璃中的应力称为永久应力，又称为残余应力。钢化的原理就是形成永久应力的过程。

（1）物理法钢化。物理法钢化是采用将玻璃加热，然后冷却的方法，以增加玻璃的机械强度和热稳定性的方法，也称为热钢化法。玻璃在加热炉内按一定升温速度加热到低于软化温度，再将此玻璃迅速送入冷却装置，用空气、液体或采用其他方法淬冷，使玻璃外层先收缩硬化。由于玻璃的导热系数小，这时内部仍处于高温状态，待到玻璃内部也开始硬化时，已硬化的外层将阻止内层的收缩，使先硬化的外层产生压应力，后硬化的内层产生张应力。外力作用于该表面时，由于玻璃表面层存在着压应力，外力必须先抵消这部分压应力，由此大大提高了玻璃的机械强度，经过这样物理处理的玻璃制品就是钢化玻璃。

根据冷却介质的不同，物理法钢化包括空气钢化、液体钢化、粉末钢化、雾钢化、固体钢化等技术，其中以空气钢化技术应用最为广泛，应用在汽车、舰船、建筑物上。

物理法钢化的优点是成本低、产量大，但是对玻璃的厚度和形状有一定的要求，还存在钢化过程中玻璃变形问题，无法在要求光学质量的领域中应用。

（2）化学法钢化。化学法钢化是通过改变玻璃表面的化学组成来提高玻璃的强度，一般是应用离子交换法进行钢化，即将玻璃表面成分改变，使玻璃表面形成一层压应力层加工处理而成的化学钢化法。其方法是将含有碱金属离子的硅酸盐玻璃，浸入到熔融状态的锂（Li^+）盐中，使玻璃表层的 Na^+ 或 K^+ 离子与 Li^+ 离子发生交换，表面形成 Li^+ 离子交换层。由于 Li^+ 的膨胀系数小于 Na^+、K^+ 离子，从而在冷却过程中造成外层收缩较小而内层收缩较大。当冷却到常温后，玻璃便同样处于内层受拉、外层受压的状态，其效果类似于物理钢化玻璃。

化学法钢化技术特别适用于形状复杂、厚度较薄的玻璃制品的强化，是目前为止强化 3mm 以下异形薄玻璃的唯一有效方法。

化学钢化玻璃有许多独特之处：强度大，应力均匀，表面结构致密，化学稳定性高，热稳定性好，可以对钢化产品进行切裁加工，特别是在增强过程中不产生变形、钢化前后平整度相同、不会产生光畸变。

化学法钢化玻璃的不足之处是：生产周期长，能耗大，成本高。尽管不容易破碎，但是破碎后会产生较大的碎片。

化学钢化玻璃性能优异，目前在宇宙飞船、军用飞机、民用飞机、高速列车、战斗车辆、舰船风挡等高技术领域中广泛应用。随着生产规模的加大和生产成本的下降，化学强化玻璃必将获得更为广泛的应用。

3. 钢化玻璃生产工艺

目前，建筑用钢化玻璃均为物理法生产钢化玻璃，物理法钢化过程中尤以风冷为主流工艺。因此，在介绍钢化玻璃的生产工艺时，本书主要介绍物理法钢化风冷工艺。

图 3-11 为物理法钢化玻璃的大致生产工艺流程。这种物理钢化法主要装备是由输送装置、加热炉和淬冷装置等几部分构成。玻璃钢化的装备又按其输送玻璃方式的不同，分为垂直吊挂钢化法和水平（辊道式和气垫式）钢化法两种。

（1）垂直吊挂钢化法。垂直吊挂钢化法是指在玻璃钢化过程中采取夹钳吊挂的方式生产出来的钢化玻璃。

垂直钢化工艺主要由加热炉、压弯装置和钢化风栅三部分组成。经过原片切裁、磨边、洗涤、干燥等预处理的玻璃，用耐热钢夹钳钳住送入电加热炉中进行加热。当玻璃加热到所

图 3-11 物理法钢化生产工艺流程

需温度后，快速移至风栅中进行淬冷。淬冷后的玻璃从风栅中移出并去除夹具，经检验后可包装入库。

垂直钢化法的缺点是生产率低，产品存在着不可避免的夹痕缺陷，玻璃加热时出现拉长、弯曲或翘曲，不易实现生产自动化；其优点是投资少、成本低廉、操作简单，因此仍是一种可行的方法，国内厂家很多采用该法生产钢化玻璃。

（2）水平钢化法。水平钢化法是使玻璃水平通过加热炉加热，然后经淬冷而使玻璃获得增强的一种工艺。水平钢化是当今世界上广泛应用的新工艺、新设备，用这种方法生产的钢化玻璃，能满足工业、科技、国防以及人们生活中对产品质量、形状、尺寸和使用特性的要求，可以批量化生产、成本低、产量大、质量好、尺寸多样化。

水平钢化法生产钢化玻璃的设备有气垫钢化和水平辊道钢化两种。

1）气垫钢化。气垫钢化是指玻璃板由加热气体或燃烧产物构成的气垫支承，在加热炉内加热到接近软化温度，由输送机构快速送入双面气垫冷却装置，用压缩空气垫对玻璃进行急剧均匀冷却，再由转辊输送机将钢化好的成品玻璃送出。

该装备线特点是气垫装置，其优点是被加热的玻璃表面不与任何固体机件接触，使产品具有较高的质量。这种气垫钢化法不仅生产效率高，而且还可以生产较薄的钢化玻璃，但装备投资大，运行和操作技术要求相当严。

2）水平辊道钢化。水平辊道钢化是使玻璃由水平辊道支撑，用转辊输送机水平输送、通过加热炉加热到接近软化温度，然后经淬冷区淬冷，使玻璃强化的一种方法。这是当今世界各国普遍采用的方式。主要经过三个工艺过程：输送—加热—淬冷，淬冷后的玻璃经检验入库。

4.钢化玻璃质量要求

生产钢化玻璃所使用的玻璃，其质量应符合相应的产品标准要求。对于有特殊要求的，用于生产钢化玻璃的玻璃质量由供需双方确定。

钢化玻璃的产品标准为《建筑用安全玻璃 第 2 部分：钢化玻璃》（GB 15763.2—2005）。

（1）尺寸及允许偏差。平面钢化玻璃的外形尺寸用最小刻度为 1mm 的钢直尺或钢卷尺测量，厚度测量时使用外径千分尺，在距玻璃板边 15mm 内的四边中点测量，测量结果取算术平均值即为厚度值。

1）长方形平面钢化玻璃边长的允许偏差应符合表 3-14 的规定。

表 3-14   长方形平面钢化玻璃边长允许偏差   （单位：mm）

厚度	边长（L）允许偏差			
	$L \leqslant 1000$	$1000 < L \leqslant 2000$	$2000 < L \leqslant 3000$	$L > 3000$
3、4、5、6	+1 −2	±3	±4	±5
8、10、12	+2 −3			
15	±4	±4		
19	±5	±5	±6	±7
>19	供需双方商定			

2）长方形平面钢化玻璃的对角线差应符合表 3-15 的规定。

表 3-15   长方形平面钢化玻璃对角线差允许值   （单位：mm）

玻璃公称厚度	对角线差允许值		
	边长≤2000	$1000 < 边长 \leqslant 2000$	边长>3000
3、4、5、6	±3.0	±4.0	±5.0
8、10、12	±4.0	±5.0	±6.0
15、19	±5.0	±6.0	±7.0
>19	供需双方商定		

3）钢化玻璃的厚度允许偏差应符合表 3-16 的规定。

表 3-16   厚度及其允许偏差   （单位：mm）

公称厚度	厚度允许偏差	公称厚度	厚度允许偏差
3、4、5、6	±0.2	15	±0.6
8、10	±0.3	19	±1.0
12	±0.4	>19	供需双方商定

（2）外观质量。钢化玻璃的外观质量应满足表 3-17 的要求。

表 3-17   钢化玻璃的外观质量

缺陷名称	说　明	允许缺陷数
爆边	每片玻璃每米边长上允许有长度不超过 10mm，自玻璃边部向玻璃板表面延伸深度不超过 2mm，自板面向玻璃厚度延伸不超过 1/3 的爆边个数	1 处

续表

缺陷名称	说　明	允许缺陷数
划伤	宽度在 0.1mm 以下的轻微划伤，每平方米面积内允许存在条数	长度≤100mm 时 4 条
	宽度在 0.1mm 划伤，每平方米面积内允许存在条数	宽度 0.1～1mm 长度≤100mm 时 4 条
夹钳印	夹钳印与玻璃边缘的距离≤20mm，边部变形量≤2mm	
裂纹、缺角	不允许存在	

（3）弯曲度。平面钢化玻璃的弯曲度，弓形时应不超过 0.3％，波形时应不超过 0.2％。

平面钢化玻璃弯曲度测量前，应先将被测试样在室温下放置 4 小时以上，在测量时把试样垂直立放，并在其长边的下方 1/4 处垫上 2 块垫块。然后，用钢直尺或金属线水平贴紧制品的两边或对角线方向，再用塞尺测量直线边与玻璃之间的间隙，并以弧的高度与弦的长度之比的百分率来表示弓形时的弯曲度。进行局部波形测量时，用钢直尺或金属线沿平行玻璃边缘 25mm 方向进行测量，测量长度 300mm。用塞尺测得波谷或波峰的高，并除以 300mm 后的百分率表示波形弯曲度（图 3-12）。

（4）抗冲击性能。钢化玻璃的抗冲击性能要求取 6 块钢化玻璃进行试验，试样破坏数不超过 1 块为合格，多于或等于 3 块为不合格。破坏数为 2 块时，再另取 6 块进行试验，试样必须全部不被破坏为合格。

图 3-12 弓形和波形
弯曲度示意
1—弓形变形；
2—玻璃边长或对角线长；
3—波形变形；4—300mm

试验时，在常温条件下取同厚度、同种类的，且在同一工艺条件下制造的尺寸为 610mm （0mm，＋5mm）× 610mm （0mm，＋5mm）的平面钢化玻璃分别放在试验装置上，并使冲击面保持水平，然后用直径为 63.5mm （质量为 1040g）表面光滑的钢球在距离试样 1000mm 的正上方自由落下冲击玻璃试样一次，冲击点应在距试样中心 25mm 范围内。

（5）碎片状态。取 4 块玻璃试样进行试验，每块试样在任何 50mm×50mm 区域内的最少碎片数必须满足表 3-18 的要求，且允许有少量长条形碎片，其长度不超过 75mm。

表 3-18　　　　　最少允许碎片数

玻璃品种	公称厚度（mm）	最少碎片数（片）
平面钢化玻璃	3	30
	4～12	40
	≥15	30
曲面钢化玻璃	≥4	30

试验时，将钢化玻璃试样自由平放在试验台上，并用透明胶带纸或其他方式约束玻璃周边，以防止玻璃碎片溅开。在试样的最长边中心线上距离周边 20mm 左右的位置，用尖端

曲率半径为 0.2mm±0.05mm 的小锤或冲头进行冲击，使试样破碎。然后进行碎片计数，计数时，应除去距离冲击点半径 80mm 以及距玻璃边缘或钻孔边缘 25mm 范围内的部分。从余下部分中选择碎片最大的部分，在这部分中用 50mm×50mm 的计数框计算框内的碎片数，每个碎片内不能有贯穿的裂纹存在，横跨计数框边缘的碎片按 1/2 个碎片计算。

（6）表面应力。钢化玻璃的表面应力不应小于 90MPa。表面应力测量如图 3-13（a）所示，在距长边 100mm 的距离上，引平行于长边的 2 条平行线，并与对角线相交于 4 点，这 4 点以及制品的几何中心点即为测量点。若制品短边长度不足 300mm 时 [图 3-13（b）]，则在距短边 100mm 的距离上引平行于短边的两条平行线与中心线相交于两点，这两点以及制品的几何中心点即为测量点。测量结果为各测量点的测量值的算术平均值。

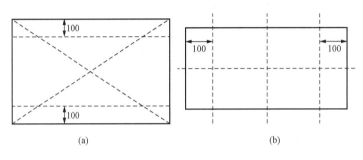

图 3-13　测量点示意图（单位：mm）

（7）耐热冲击性能。钢化玻璃应耐 200℃ 温差而不破坏。耐热冲击性能测量是将 300mm× 300mm 的钢化玻璃试样置于 200℃±2℃ 的烘箱中，保温 4 小时以上，取出后立即将试样垂直浸入 0℃ 的冰水混合物中，应保证试样高度的 1/3 以上能浸入水中，5 分钟后观察玻璃是否破坏。玻璃表面和边部的鱼鳞状剥离不视作破坏。

5. 钢化玻璃性能特点

（1）钢化玻璃的优点。

1）强度高。钢化后玻璃的抗压强度、抗冲击性、抗弯强度能够达到普通玻璃的 4～5 倍。普通玻璃受荷载弯曲时，上表层受到压应力下层受到拉压力，玻璃的抗张强度较低，超过抗张强度就会破裂，所以普通玻璃的强度很低。钢化玻璃受到荷载时，其最大张应力不像普通玻璃一样位于玻璃表面，而是在钢化玻璃的板中心，所以钢化玻璃在相同的荷载下并不破裂。

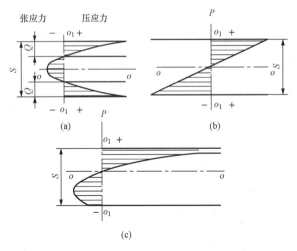

图 3-14　玻璃应力分布图

如图 3-14 中所示，图（a）为钢化玻璃应力分布图，压应力分布在玻璃表面，张应力在玻璃中间。图（b）为普通玻璃荷载时应力分布图。图（c）为钢化玻璃荷载时应力分布图。当玻璃受到压应力时，内部的张应力抵消了部分压应力。表 3-19 为单片钢化玻璃与普通玻璃抗风压性能对比。

表 3-19　　玻璃抗风压性能（支撑形式：四边支撑，玻璃面积：2000mm×1000mm）

玻璃厚度	钢 化 玻 璃		普 通 玻 璃	
	最大风压（kPa）	最大挠度（mm）	最大风压（kPa）	最大挠度（mm）
6	11.2	34.3	2.1	12.3
8	16.5	30.2	3.2	9.2
10	18.6	22.7	4.8	7.4
12	21.5	17.5	6.8	6.1
15	22.5	10.3	7.5	3.5
19	35.5	8.2	12.0	2.8

2）热稳定性好。钢化玻璃可以承受巨大的温差而不会破损，抗剧变温差能力是同等厚度普通浮法玻璃的 3 倍，一般可承受 220~250℃ 的温差变化，而普通玻璃仅可承受 70~100℃，因此对防止热炸裂有明显的效果。在火焰温度为 500℃ 冲击下，钢化玻璃的耐火时间为 5~8 分钟，而普通玻璃的耐火时间小于 1 分钟。

3）安全性高。钢化玻璃受强力破损后，迅速呈现微小钝角颗粒，从而最大限度地保证人身安全，因此，在建筑上主要用于室内装饰以及高楼层的幕墙和门窗玻璃。

钢化之所以能使玻璃具有安全性能，是因为玻璃经过钢化后，在其表面形成压力，内部形成张应力，提高了玻璃表面的抗拉伸性能。这种玻璃处于内部受拉，外部受压的应力状态，一旦局部发生破损，便会发生应力释放，玻璃被破碎成无数小块。这些小的碎片没有尖锐棱角，不易伤人（图 3-15）。普通玻璃破碎时为尖锐的大块片状碎块，容易对人体造成严重的伤害（图 3-16）。

图 3-15　钢化玻璃碎片状态

图 3-16　普通玻璃碎片状态

（2）钢化玻璃的缺点。

1）钢化后的玻璃不能再进行切割和加工，只能在钢化前就对玻璃进行加工至需要的形状，再进行钢化处理。

2）钢化玻璃强度虽然比普通玻璃大，但是钢化玻璃在温差变化大时有自爆（自己破裂）的可能性，而普通玻璃不存在自爆的可能性。

（3）钢化玻璃的辨别。玻璃经过钢化处理后，由于钢化过程中加热和冷却的不均匀，在玻璃板面上会产生不同的应力分布。由光弹理论可以知道，玻璃中应力的存在会引起光线的双折射现象。光线的双折射现象通过偏振光可以观察。把钢化玻璃放在偏振光下，可以观察到在玻璃面板上不同区域的颜色和明暗变化，这就是人们一般所说的钢化玻璃的应力斑。在日光中就存在着一定成分的偏振光，偏振光的强度受天气和阳光的入射角影响。通过偏振光眼镜或以与玻璃的垂直方向成较大的角度去观察钢化玻璃，钢化玻璃的应力斑会更加明显。也正是这个特点，应力斑特征成为鉴别真假钢化玻璃的重要标志。

6.钢化玻璃的均质处理

均质钢化玻璃是指经过特定工艺条件处理过的钠钙硅钢化玻璃，又称热浸钢化玻璃（简称 HST）。

（1）钢化玻璃的自爆原因。

玻璃主料石英砂或砂岩含有镍，燃料及辅料含有硫，在玻璃的生产过程中，经过1400～1500℃高温熔窑燃烧熔化，形成了硫化镍结石。当温度超过 1000℃时，硫化镍结石以液滴形式随机分布于熔融玻璃液中；当温度降至 797℃时，这些小液滴结晶固化，硫化镍处于高温态的 α-NiS 晶相（六方晶体）；当温度继续降至 379℃时，发生晶相转变成为低温状态的 β-NiS（三方晶系），同时伴随着2％～4％的体积膨胀，在玻璃内部引发微裂纹，从而埋下可能导致钢化玻璃自爆的隐患。晶相转变过程的快慢，取决于硫化镍颗粒中不同组成物（包括 Ni7S6、NiS、NiS1.01）的百分比含量，也取决于周围温度的高低。如果硫化镍相变没有转换完全，则即使在自然存放及正常使用的温度条件下，这一过程仍然继续，只是速度很低而已。

典型的 NiS 引起的自爆碎片见图 3-17，玻璃碎片呈放射状分布，放射中心有两块形似蝴蝶翅膀的玻璃块，俗称"蝴蝶斑"。NiS 结石位于两块"蝴蝶斑"的界面上，如图 3-18 所示。图 3-19 是从自爆后玻璃碎片中提取的 NiS 结石的扫描电镜照片，其表面起伏不平、非常粗糙。

图 3-17 自爆碎片形态图

图 3-18 NiS 结石图

当玻璃钢化加热时，玻璃内部板芯温度约 620℃，所有的硫化镍都处于高温态的 α-NiS 相。随后，玻璃进入风栅急冷，玻璃中的硫化镍在 379℃ 发生相变。与浮法退火窑不同的是，钢化急冷时间很短，来不及转变成低温态 β-NiS 而以高温态硫化镍 α 相被"冻结"在玻璃中。快速急冷使玻璃得以钢化，形成外压内张的应力统一平衡体。在已经钢化了的玻璃中，硫化镍相变低速、持续地进行着，体积不断膨胀扩张，对其周围玻璃的作用力随之增大。钢化玻璃板芯本身就是张应力层，

图 3-19　NiS 结石扫描电镜照片

位于张应力层内的硫化镍发生相变时体积膨胀，也形成张应力。这两种张应力叠加在一起，足以引发钢化玻璃的破裂，即自爆。

常见的减少这种自爆的方法有三种：

1）玻璃钢化时，使用含较少硫化镍结石的原片，即使用优质原片。

2）避免钢化玻璃应力过大。

3）对钢化玻璃进行均质处理。

进一步实验表明：对于表面压应力为 100MPa 的钢化玻璃，其内部的张应力为 45MPa 左右。此时，张应力层中任何直径大于 0.06mm 的硫化镍均可引发自爆。另外，根据自爆研究统计结果分析，95％ 以上的自爆是由粒径分布在 0.04～0.65mm 之间的硫化镍引发。根据材料断裂力学计算出，硫化镍引发自爆的平均粒径为 0.2mm。

国外研究表明，硫化镍在玻璃中一般位于张应力区，大部分集中在板芯部位的高张应力区。处在压应力区的 NiS，一般不会导致自爆。钢化玻璃内应力越大，硫化镍结石临界直径就越小，能引起自爆的 NiS 颗粒也就越多，自爆率相应就越高。

如上所述，钢化应力越大，硫化镍结石的临界半径就越小，能引起自爆的结石就越多。显然，钢化应力应控制在适当的范围内，这样既可保证钢化碎片颗粒度满足有关标准，也能避免高应力引起不必要的自爆风险。平面应力（钢化均匀度）应越小越好，这样不仅减小自爆风险，而且能提高钢化玻璃的平整度。

（2）钢化玻璃的检测。

1）目前已发展出无损测定钢化玻璃表面压应力的方法和仪器。测定表面应力的方法主要有两种：差量表面折射仪法（简称 DSR）和临界角表面偏光仪法（简称 GASP）。

DSR 应力仪的原理是测定因应力引起的玻璃折射率的变化。当一定入射角的光到达玻璃表面时，由于应力双折射的作用，光束会分成两股以不同的临界角反射，借助测微目镜测出两光束之间的距离，即可计算出应力值。

GASP 应力仪将激光束导入玻璃表面，在表面附近的薄层中以平行玻璃表面的方向运行一小段距离，应力双折射导致激光束发生干涉，测定干涉条纹的倾角就可计算出应力值。

DSR 应力仪可测定化学钢化玻璃，但操作要求较高，不易掌握，并且测量精度相对较低。GASP 应力仪工作可靠、精度高、易校验，不足之处是价格较贵。

图 3-20 应力仪下钢化均匀度直观图像

2）钢化均匀度是指同一块玻璃不同区域的应力一致性（图3-20），可测定由同一块玻璃平面各部分的加热温度及冷却强度不一致产生的平面应力，这种应力叠加在厚度应力上，使一些区域的实际板芯张应力上升，引起临界直径值下降，最终导致自爆率增加。对图3-20所示两个钢化应力图，比较而言，左边图较差，右边图较好。

钢化均匀度（平面应力）测定较简单，利用平面透射偏振光就能定性分析。但要定量分析，须使用定量应力分析方法，一般常用检偏器旋转法测定应力消光补偿角，根据角度可方便地计算出应力值。

（3）钢化玻璃的均质处理。对钢化玻璃进行二次热处理的过程通常称为均质处理或引爆。均质处理是公认的彻底解决自爆问题的有效方法。将钢化玻璃再次加热到280℃左右并保温一定时间，使硫化镍在玻璃出厂前完成晶相转变，让以后可能自爆的玻璃在工厂内提前破碎。这种钢化后再次热处理的方法，国外称作"Heat Soak Test"，简称 HST。我国通常将其译成"均质处理"，也俗称"引爆处理"。

从原理上看，均质处理似乎很简单，许多厂家对此并不重视，认为可随便选择外购甚至自制均质炉。实际上并非如此，玻璃中的硫化镍夹杂物往往是非化学计量的化合物，并含有比例不等的其他元素，其相变速度高度依赖于温度制度。研究结果表明，280℃时的相变速率是250℃时的 100 倍，因此必须确保炉内的各块玻璃经历同样的温度制度。否则，一方面有些玻璃温度太高，会引起硫化镍逆向相变；另一方面温度低的玻璃因保温时间不够，使得硫化镍相变不完全。两种情况均会导致无效的均质处理。研究人员曾测试了多台均质炉的温度制度，发现最好的进口炉也存在 30℃ 以上的温差，多台国产炉内的温差甚至超过 55℃。这或许解释了经均质处理的玻璃仍然发生许多自爆的原因。

1）均质处理过程。均质处理过程包括升温、保温及降温三个阶段（图3-21）。

图 3-21　均质处理过程的典型曲线

T—温度坐标（℃）；t—时间坐标（h）；1—第一片达到280℃的玻璃
的温度曲线；2—最后一片达到280℃的玻璃的温度曲线；a—加热阶段；
b—保温阶段；c—冷却阶段；d—环境温度（升温起始阶段）

①升温阶段。升温阶段开始于所有玻璃所处的环境温度，终止于最后一片玻璃表面温度达到 280℃的时刻。在升温阶段，炉内温度有可能超过 320℃，但玻璃表面的温度不能超过320℃，并应尽量缩短玻璃表面温度超过 300℃的时间。

②保温阶段。保温阶段开始于所有玻璃表面温度达到 280℃的时刻，保温时间至少为 2小时。在整个保温阶段中，应确保玻璃表面的温度保持在 290℃±10℃的范围内。

③冷却阶段。当最后达到 280℃的玻璃完成 2 小时保温后，开始冷却阶段，在此阶段玻璃温度降至环境温度。当炉内温度降至 70℃时，可认为冷却阶段终止。降温时应对降温速率进行控制，以最大限度地减少玻璃由于热应力而引起的破坏。

2）均质处理系统。

①均质炉。均质炉必须采用强制对流加热的方式加热玻璃。对流加热靠热空气加热玻璃，加热元件布置在风道中，空气在风道中被加热，然后进入炉内。这种加热方式可避免元件直接辐射加热玻璃，引起玻璃局部过热。

对流加热的效果依赖于热空气在炉内的循环路线，因此均质炉内的气体流通必须经过精心设计。总的原则是尽可能地使炉内气流通畅、温度均匀。即使发生玻璃破碎，碎片也不能堵塞气流通路。

只有全部玻璃的温度达到至少 280℃，并保温至少 2 小时，均质处理才能达到满意的效果。然而，在日常生产中，控制炉温只能依据炉内的空气温度。因此，必须对每台炉子进行标定试验，找出玻璃温度与炉内空气温度之间的关系。炉内的测温点必须足够多，以满足处理工艺的需要。

②玻璃放置方式。均质炉内的玻璃片之间是热空气的对流通道，因此玻璃的堆置方式对于均质处理的质量极其重要。

首先，玻璃的堆置方向应顺应气流方向，不可阻碍空气流动，可以采用竖直方式支撑玻璃（图 3-22）。不得用外力固定或夹紧玻璃，应使玻璃处于自由支撑状态。竖直支撑可以是绝对竖直，也可以是与绝对竖直向夹角小于 15°的角度支撑。

其次，玻璃片与片之间的空隙须足够大，分隔物不能堵塞空气通道，玻璃片之间至少须有 20mm 的间隙，如图 3-23 所示，片之间不能直接接触。当玻璃尺寸差异较大，或有孔及/或凹槽的玻璃放在同一支架上时，为防止玻璃破碎，玻璃间隔应加大。

图 3-22　玻璃竖直支撑示意图　　　　图 3-23　玻璃的竖直支撑及间隔体

③均质温度制度。均质处理的温度制度也是决定均质质量的一个决定性因素。1990 年版的德国标准 DIN 18516 笼统规定了均质炉内的平均炉温为 290℃±10℃，保温时间长达 8 小时。实践证明，按此标准进行均质处理的玻璃自爆率还是较高，结果并不理想。因此，根据 1994 年以来的大量研究成果，2000 年的欧洲新标准讨论稿将规定改为：均质炉内玻璃的温度在 290℃±10℃下保温 2 小时。多年累积的数据分析表明，严格按新标准均质处理过的玻璃，发生后续自爆的概率在 0.01 以下。此概率的意义是：每 1 万平方米玻璃，在 1 年之内再发生 1 例自爆的概率小于 1%。由此，才可自信地称钢化玻璃为"安全玻璃"。

（4）均质钢化玻璃的质量要求。

1）弯曲强度（四点弯法）。以 95% 的置信区间，5% 的破损概率，均质钢化玻璃的弯曲强度应符合表 3-20 的规定。

2）均质钢化玻璃的其他质量要求，与钢化玻璃的质量要求相同。

表 3-20 　　　　　　　　　　　　钢化玻璃的弯曲强度 　　　　　　　　　　（单位：MPa）

均 质 钢 化 玻 璃	弯 曲 强 度
以浮法玻璃为原片的均质钢化玻璃 镀膜均质钢化玻璃	120
釉面均质钢化玻璃（釉面为加载面）	75
压花均质钢化玻璃	90

3.4.2　防火玻璃

防火玻璃是一种特殊的建筑材料，具有普通玻璃的透光性能，并且具有防火材料的耐高温、阻燃等防火性能。

建筑用防火玻璃是一种具有防火功能的建筑外墙用幕墙和门窗玻璃，是采用物理与化学的方法，对浮法玻璃进行处理而得到的。在规定的耐火试验中能够保持其完整性和隔热性，从而有效地阻止火焰与烟雾的蔓延的特种玻璃，称为防火玻璃。

防火玻璃的产品标准为《建筑用安全玻璃　第 1 部分：防火玻璃》（GB 15763.1—2009），按照防火玻璃产品标准的规定，防火玻璃的相关性能定义如下：

耐火完整性指在标准耐火试验条件下，玻璃构件当其一面受火时，能在一定时间内防止火焰和热气穿透或在背火面出现火焰的能力。

耐火隔热性指在标准耐火试验条件下，玻璃构件当其一面受火时，能在一定时间内使其背火面温度不超过规定值的能力。

耐火极限是指在标准耐火试验条件下，玻璃构件从受火的作用时起，到失去完整性或隔热型要求时止的这段时间。

防火玻璃和其他玻璃相比，在同样的厚度下，它的强度是普通浮法玻璃的 6～12 倍，是钢化玻璃的 1.5～3 倍。

1. 产品分类

（1）按产品结构分类。防火玻璃按产品结构的不同分为复合防火玻璃（以 FFB 表示）

和单片防火玻璃（以 DFB 表示）。复合防火玻璃按生产方法不同，又分为复合型（干法）和灌注型（湿法）。

（2）按耐火性能等级分类。防火玻璃按耐火性能等级分为隔热型防火玻璃（A 类）和非隔热型防火玻璃（C 类）。

隔热型防火玻璃（A 类）指耐火性能同时满足耐火完整性和耐火隔热性要求的防火玻璃，包括复合型防火玻璃和灌注型防火玻璃两种。此类玻璃具有透光、防火（隔烟、隔火、遮挡热辐射）、隔声、抗冲击性能，适用于建筑装饰钢木防火门、窗、上亮、隔断墙、采光顶、挡烟垂壁、透视地板及其他需要既透明又防火的建筑组件中。

非隔热型防火玻璃（C 类）指耐火性能仅满足耐火完整性要求的防火玻璃。此类玻璃具有透光、防火、隔烟、强度高等特点。适用于无隔热要求的防火玻璃隔断墙、防火窗、室外幕墙等。

（3）按耐火极限分类。防火玻璃按耐火极限可分为五个等级：0.50h、1.00h、1.50h、2.00h、3.00h。

2. 质量要求

生产防火玻璃所用的玻璃原片，可以选用镀膜或非镀膜的浮法玻璃、钢化玻璃，复合防火玻璃原片，还可选用单片防火玻璃。原片玻璃的质量应符合相应的产品标准的要求。

防火玻璃的产品标准《建筑用安全玻璃　第 1 部分：防火玻璃》（GB 15763.1—2009）。

（1）尺寸、厚度允许偏差。防火玻璃的尺寸、厚度允许偏差应符合表 3 - 21 和表 3 - 22 的规定。

表 3 - 21　　　　　　　　　　复合防火玻璃的尺寸、厚度允许偏差　　　　　　　　（单位：mm）

玻璃的公称厚度 d	长度或宽度（L）允许偏差		厚度允许偏差
	L≤1200	1200<L≤2400	
5≤d<11	±2	±3	±1.0
11≤d<17	±3	±4	±1.0
17≤d<24	±4	±5	±1.3
24≤d<35	±5	±6	±1.5
≥35	±5	±6	±2.0

注：当 L 大于 2400mm 时，尺寸允许偏差由供需双方商定。

表 3 - 22　　　　　　　　　　单片防火玻璃的尺寸、厚度允许偏差　　　　　　　　（单位：mm）

玻璃公称厚度	长度或宽度（L）允许偏差			厚度允许偏差
	L≤1000	1000<L≤2000	>2000	
5、6	+1 −2	±3	±4	±0.2
8、10	+2 −3			±0.3
12				±0.3
15	±4	±4		±0.5
19	±5	±5	±6	±0.7

（2）外观质量。防火玻璃的外观质量应符合表 3 - 23 和表 3 - 24 的规定。

表 3 - 23　　　　　　　　　复合防火玻璃的外观质量

缺陷名称	要　　　求
气泡	直径 300mm 圆内允许长 0.5～1.0mm 的气泡 1 个
胶合层杂质	直径 500mm 圆内允许长 2.0mm 以下的杂质 2 个
划伤	宽度≤0.1mm，长度≤50mm 的轻微划伤，每平方米面积内不超过 4 条
	0.1mm＜宽度≤0.5mm，长度≤50mm 的轻微划伤，每平方米面积内不超过 1 条
爆边	每米边长允许有长度不超过 20mm、自边部向玻璃表面延伸深度不超过厚度一半的爆边 4 个
叠差、裂纹、脱胶	脱胶、裂纹不允许存在；总叠差不应大于 3mm

注：复合防火玻璃周边 15mm 范围内的气泡、胶合层杂质不作要求。

表 3 - 24　　　　　　　　　单片防火玻璃的外观质量

缺陷名称	要　　　求
爆边	不允许存在
划伤	宽度≤0.1mm，长度≤50mm 的轻微划伤，每平方米面积内不超过 2 条
	0.1mm＜宽度≤0.5mm，长度≤50mm 的轻微划伤，每平方米面积内不超过 1 条
结石、裂纹、缺角	脱胶、裂纹不允许存在；总叠差不应大于 3mm

（3）耐火性能。隔热型防火玻璃（A 类）和非隔热型防火玻璃（C 类）的耐火性能，应满足表 3 - 25 的要求。

表 3 - 25　　　　　　　　　防火玻璃的耐火性能

分类名称	耐火极限等级	耐火性能要求
隔热型防火玻璃（A 类）	3.00h	耐火隔热性时间≥3.00h，且耐火完整性时间≥3.00h
	2.00h	耐火隔热性时间≥2.00h，且耐火完整性时间≥2.00h
	1.50h	耐火隔热性时间≥1.50h，且耐火完整性时间≥1.50h
	1.00h	耐火隔热性时间≥1.00h，且耐火完整性时间≥1.00h
	0.50h	耐火隔热性时间≥0.50h，且耐火完整性时间≥0.50h
非隔热型防火玻璃（C 类）	3.00h	耐火完整性时间≥3.00h，且耐火隔热性无要求
	2.00h	耐火完整性时间≥2.00h，且耐火隔热性无要求
	1.50h	耐火完整性时间≥1.50h，且耐火隔热性无要求
	1.00h	耐火完整性时间≥1.00h，且耐火隔热性无要求
	0.50h	耐火完整性时间≥0.50h，且耐火隔热性无要求

（4）弯曲度。防火玻璃的弓形弯曲度不应超过 0.3%，波形弯曲度不应超过 0.2%。

（5）可见光透射比。防火玻璃的可见光透射比允许偏差最大值在明示标称值时为±3%，未明示标称值时不大于 5%。

（6）耐热、耐寒性能。复合防火玻璃经过耐热、耐寒性能试验后，其外观质量应符合表 3-23 的要求。

（7）耐紫外线辐照性。当复合防火玻璃使用在有建筑采光要求的场合时，其耐紫外线辐照性能应满足要求。

（8）抗冲击性能、碎片状态。防火玻璃的抗冲击性能和碎片状态经破坏试验后，应满足相应标准要求。

3. 各种防火玻璃的防火原理及适用范围

（1）复合型防火玻璃（干法）。复合型防火玻璃是由两层或两层以上玻璃复合而成或由一层玻璃和有机材料复合而成，并满足相应耐火性能要求的特种玻璃。

1）防火原理。火灾发生时，向火面玻璃遇高温后很快炸裂，其防火胶夹层相继发泡膨胀十倍左右，形成坚硬的乳白色泡状防火胶板，有效地阻断火焰，隔绝高温及有害气体，如图 3-24 所示。成品可磨边、打孔、改尺切割。

2）适用范围。适用于建筑物房间、走廊、通道的防火门窗及防火分区和重要部位防火隔断墙。用于外窗、幕墙时，设计方案应考虑防火玻璃与 PVB 夹层玻璃组合使用。

图 3-24　防火玻璃示意

（2）灌注型防火玻璃（湿法）。灌注型防火玻璃由两层玻璃原片（特殊需要也可用三层玻璃原片），四周以特制阻燃胶条密封。中间灌注的防火胶液，经固化后为透明胶冻状，与玻璃粘结成一体。

1）防火原理。遇高温以后，玻璃中间透明胶冻状的防火胶层会迅速硬结，形成一张不透明的防火隔热板。在阻止火焰蔓延的同时，也阻止高温向背火面传导。此类防火玻璃不仅具有防火隔热性能，而且隔声效果出众，可加工成弧形。

2）适用范围。适用于防火门窗、建筑天井、中庭、共享空间、计算机机房防火分区隔断墙。由于玻璃四周显露黑色密封边框，适用于周边压条镶嵌安装。

（3）单片防火玻璃（DFB）。单片防火玻璃是由单层玻璃构成，并满足相应耐火性能要求的特种玻璃。适用于外幕墙、室外窗、采光顶、挡烟垂壁、防火玻璃无框门，以及无隔热要求的隔断墙。

单片防火玻璃主要有硼硅酸盐防火玻璃、铝硅酸盐防火玻璃、微晶防火玻璃及软化温度高于 800℃ 以上的钠钙料优质浮法玻璃等。其共同的主要特点是：玻璃软化点较高，一般均在 800℃ 以上，热膨胀系数低，在强火焰下一般不会因高温而炸裂或变形。尤其是微晶防火玻璃，除具有上述特点外，还具有机械强度高、抗折、抗压强度高及良好的化学稳定性和物理力学性能。它同样具备软化温度高、热膨胀系数小的优点，它们用作防火玻璃，可为上等佳品，但特种材料的防火玻璃（硼、铝硅酸盐防火玻璃，微晶防火玻璃）生产成本高，销售市场价贵。

4. 防火玻璃的选择

自国内单片防火玻璃批量生产以来，防火玻璃得到了更加广泛的应用，但使用时有几点必须注意：

（1）选用防火玻璃前，要先清楚由防火玻璃组成的防火构件的消防具体要求，是防火、隔热还是隔烟，耐火极限要求等。

（2）单片和复合灌注型防火玻璃不能像普通平板玻璃那样用玻璃刀切割，必须定尺加工，但复合型（干法）防火玻璃可以达到可切割的要求。

（3）选用防火玻璃组成防火构件时，除考虑玻璃的防火耐久性能外，其支承结构和各元素也必须满足耐火的需要。

3.4.3 夹层玻璃

夹层玻璃，就是玻璃与玻璃和/或塑料等材料，用中间层分隔并通过处理使其粘结为一体的复合材料的统称。常见和大多使用的是玻璃与玻璃，用中间层分隔并通过处理使其粘结为一体的玻璃构件，如图 3-25 所示。

图 3-25 夹层玻璃示意图

1. 产品分类

（1）按产品形状分类。夹层玻璃按产品形状，分为平面夹层玻璃和曲面夹层玻璃。尤以平面夹层玻璃在建筑门窗上的应用最为普遍。夹层玻璃从两个外表面依次向内，玻璃和/或塑料及中间层等材料在种类、厚度和/或一般特性等均相同的称为对称夹层玻璃。反之，不相同的称为不对称夹层玻璃。

（2）按霰弹袋冲击性能分为Ⅰ类夹层玻璃、Ⅱ-1 类夹层玻璃、Ⅱ-2 类夹层玻璃和Ⅲ类夹层玻璃。

Ⅰ类夹层玻璃是指对霰弹袋冲击性能不作要求的夹层玻璃，该类玻璃不能作为安全玻璃使用。

Ⅱ-1 类夹层玻璃是指经霰弹袋自高度 1200mm 冲击后，结果未破坏和/或安全破坏的夹层玻璃，该类玻璃可作为安全玻璃使用。

Ⅱ-2 类夹层玻璃是指经霰弹袋自高度 750mm 冲击后，结果未破坏和/或安全破坏的夹层玻璃。该类玻璃可作为安全玻璃使用。

Ⅲ类夹层玻璃是指经霰弹袋自高度 300mm 冲击后，结果未破坏和/或安全破坏的夹层玻璃。该类玻璃可作为安全玻璃使用。

（3）按生产方法分胶片法（干法）和灌浆法（湿法）。

1）胶片法（干法）夹层玻璃是将有机材料夹在两层或多层玻璃中间，经加热、加压而成的复合玻璃制品。夹层玻璃的中间层材料一般有离子性中间层、PVB 中间层和 EVA 中间层及有机硅和聚氨酯等。其中，离子性中间层指含有少量金属盐，以乙烯-甲基丙烯酸共聚物为主，可与玻璃牢固地粘结的中间层材料；PVB 中间层是以聚乙烯醇缩丁醛为主的中间层；EVA 中间层是以乙烯-聚醋酸乙烯共聚物为主的中间层材料。

PVB 树脂胶片对无机玻璃有很好的粘结力，具有透明、耐热、耐寒、耐温、力学强度高等特性，用 PVB 胶片制成的特种玻璃在受到外界强烈冲击时，能够吸收冲击能量，不产生破碎片，是当前世界上制造夹层安全玻璃用的最佳粘合材料。PVB 膜还具有很强的过滤紫外线能力，阻隔紫外线率可达 99.9%，可以防止紫外线辐射对各种器具的褪色和破坏。常用的 PVB 膜的种类有：透明、茶色、灰色、乳白、蓝绿等。PVB 膜的厚度：0.38mm、0.76mm、1.52mm。PVB 中间膜能减少穿透玻璃的噪声数量，降低噪声分贝，达到隔声效果，使用 PVB 塑料中间膜制成的夹层玻璃能有效地阻隔常见的 1000～2000Hz 的场合噪声。

2）灌浆法（湿法）夹层玻璃是将配制好的胶粘剂浆液灌注到已合好模的两片或多片玻璃中间，通过加热聚合或光照聚合而制成的夹层玻璃。由于不同胶水配方体系的差异，固化胶水的方式一般有三种：热固化，室温固化和光固化。

2. 夹层玻璃生产工艺

（1）胶片法（干法）生产工艺。胶片法夹层玻璃生产工艺流程如图 3-26 所示。

1）工艺要求。合片室的环境温度为 20～25℃，相对湿度为 20%～30%，PVB 膜贮存室温度为 20～25℃，相对湿度为 30%～40%。

2）预热预压。两次预热预压，第一次预热的目的使 PVB 初步软化，便于辊压排除空气，第一次预压的目的是通过挤压排除玻璃与 PVB 之间的空气。第二次预热的目的是使 PVB 软化，便于封边，第二次预压的目的是通过挤压使玻璃与 PVB 粘结在一起，避免外界空气进入玻璃与 PVB 之间。经加热辊压后玻璃表面温度要求达到 40～80℃左右，一般情况下，玻璃边部比中部温度高 5～6℃左右，这样可以达到良好的封边效果，防止空气的渗入而产生气泡。

3）釜压。高压釜压力范围：0.8～1.5MPa。高压釜温度范围：125～150℃。在高压釜内夹层玻璃的放置须间隔均匀，间隔最少为 3cm，使高压釜内的温度和压缩空气的循环保持均匀。高压釜循环一次工作时间取决于夹层玻璃的厚度和装载量、加热和冷却的能力，厚玻璃和薄玻璃混载时，按厚玻璃的时间加工。

4）夹层玻璃 PVB 厚度的选用。夹层玻璃 PVB 厚度的选用见表 3-26～表 3-29。

图 3 - 26 胶片法夹层玻璃生产流程图

表 3 - 26 普通夹层玻璃 PVB 厚度的选用

基片玻璃厚度（mm）	PVB 膜厚度（mm）	
	短边≤800mm	短边＞800mm
≤6	0.38	0.38
8	0.38	0.76
10	0.76	0.76
12	1.14	1.14
15、19	1.52	1.52

表 3 - 27 平面钢化、热增强夹层玻璃 PVB 厚度的选用

基片玻璃厚度（mm）	PVB 膜厚度（mm）		
	短边≤800mm	800mm＜短边≤1500mm	短边＞1500mm
≤6	0.76	1.14	1.52
8～12	1.14	1.52	1.52
≥15	1.52	2.28	2.28

表 3-28 弯曲钢化、热增强夹层玻璃 PVB 厚度的选用

夹层玻璃种类	基片玻璃厚（mm）	PVB 膜厚度（mm）	
		曲率半径 $R>3m$	曲率半径 $R\leqslant 3m$
弯曲钢化、热增强夹层玻璃	$\leqslant 8$	2.28	3.04
	$\geqslant 10$	3.04	3.04
热弯玻璃	$\leqslant 6$	0.76	1.14～1.52
	$\geqslant 8$	1.14	1.52

表 3-29 获国家公安部门认证的防弹、防爆玻璃 （单位：mm）

型 号	组 合	厚度	透光率（$\geqslant$）
F64A-26-SSG	5+2.28+12+2.28+5	26.56	75%
F54B-26-SSG（1）	8+0.76+8+0.76+8+0.18PET	25.17	75%
F54C-25-SSG（11）	5+1.52+12+1.52+5+0.18PET	25.22	75%

（2）灌浆法（湿法）生产工艺。灌浆法夹层玻璃生产工艺流程见图 3-27 所示。该法一般为手工成型方法，工艺简单，价格低，投资小，可小规模生产，产品容易变换，可以生产多种特殊产品。但人为影响产品质量的因素多，不易实现规模生产。

图 3-27 灌浆法夹层玻璃生产流程

（3）EN 膜夹层玻璃。EN 膜夹层玻璃是以 EN 膜为中间层的真空一步法（无需用高压釜）夹层玻璃。EN 膜是专门用于生产安全平板夹层玻璃、弧形夹层玻璃、工艺夹层玻璃、防弹玻璃、太阳能电池等特种玻璃产品的中间体（EN 膜化学成分为乙烯醋酸乙烯基纤维聚合物）。可夹丝绢、布、纸制品及各种功能膜、玻璃与合成树脂板的复合夹层等，具有安全、节能、美观等特点，而且材料利用率极高，膜片可拼接使用，玻璃表面不留痕迹。

3. 产品质量要求

建筑用夹层玻璃产品标准为《建筑用安全玻璃　第3部分：夹层玻璃》（GB 15763.3—2009）。

夹层玻璃所采用的材料均应满足相应的国家标准、行业标准、相关技术条件或订货文件要求。

玻璃可选用浮法玻璃、普通平板玻璃、压花玻璃、抛光夹丝玻璃、夹丝压花玻璃等，可以是无色、本体着色或镀膜的；透明、半透明或不透明的；退火、热增强或钢化的；表面处理的，如喷砂或酸腐蚀的等。

塑料可选用聚碳酸酯、聚氨酯和聚丙烯酸酯等，可以是无色、着色、镀膜的，透明或半透明的。

夹层玻璃的中间层可选用材料种类和成分、力学和光学性能等不同的材料，如离子性中间层、PVB中间层、EVA中间层等，可以是无色或有色的，透明、半透明或不透明的。

（1）外观质量。夹层玻璃产品外观质量不允许存在裂口、爆边、脱胶、皱痕及条纹等缺陷。

（2）尺寸偏差。

1）长度和宽度允许偏差。夹层玻璃最终产品的长度和宽度允许偏差，应符合表3-30的规定。

表3-30　　　　　　　　　　　夹层玻璃长度和宽度允许偏差　　　　　　　　　（单位：mm）

公称尺寸（边长 L）	公称厚度≤8	公称厚度>8	
		每块玻璃公称厚度<10	至少一块玻璃公称厚度≥10
L≤1100	+2.0 −2.0	+2.5 −2.0	+3.5 −2.5
1100<L≤1500	+3.0 −2.0	+3.5 −2.0	+4.5 −3.0
1500<L≤2000	+3.0 −2.0	+3.5 −2.0	+5.0 −3.5
2000<L≤2500	+4.5 −2.5	+5.0 −3.0	+6.0 −4.0
L>2500	+5.0 −3.0	+5.5 −3.5	+6.5 −4.5

2）叠差。夹层玻璃叠差如图3-28所示，最大允许偏差见表3-31。

3）厚度。

①对于三层及三层原片以上夹层玻璃制品、原片材料总厚度超过24mm及使用钢化玻璃作为原片时，其厚度允许偏差可由供需双方商定。

②干法夹层玻璃厚度偏差不能超过构成夹层玻璃的原片厚度允许偏差和中间层材料厚度

允许偏差总和。中间层的总厚度＜2mm 时，不考虑中间层的厚度偏差；中间层总厚度
≥2mm时，其厚度允许偏差为±0.2mm。

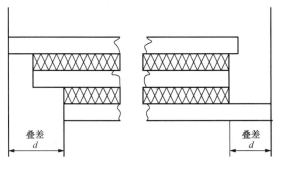

图 3-28 叠差

表 3-31 夹层玻璃最大允许叠差 （单位：mm）

长度或宽度 L	最大允许叠差
L≤1000	2.0
1000<L≤2000	3.0
2000<L≤4000	4.0
L>4000	5.0

③湿法夹层玻璃的厚度偏差，不能超过构成夹层玻璃的原片厚度允许偏差和中间层材料
厚度允许偏差总和。湿法中间层厚度允许偏差应符合表 3-32 的规定。

表 3-32 湿法夹层玻璃中间层厚度允许偏差 （单位：mm）

湿法中间层厚度 d	最大允许叠差	湿法中间层厚度 d	最大允许叠差
d<1	±0.4	2≤d<3	±0.6
1≤d<2	±0.5	d≥3	±0.7

4）对角线差。

矩形夹层玻璃制品，长边长度不大于 2400mm 时，对角线差不得大于 4mm；长边长度
大于 2400mm 时，对角线差由供需双方商定。

（3）弯曲度。平面夹层玻璃的弯曲度，弓形时应不超过 0.3%，波形时应不超过 0.2%。
原片材料使用有非无机玻璃时，弯曲度由供需双方商定。

（4）夹层玻璃的可见光透射比和反射比，应根据应用建筑物功能设计要求进行。

（5）抗风压性能。夹层玻璃的抗风压性能应根据所应用建筑物风荷载设计要求并按照
《建筑玻璃应用技术规程》（JGJ 113—2009）对夹层玻璃的材料、结构和规格尺寸进行验证。

（6）夹层玻璃的耐热性、耐湿性和耐辐照性、落球冲击性能、霰弹袋冲击性能应满足产
品标准要求。

4. 性能特点

（1）安全性。在受到外来撞击时，由于弹性中间层有吸收冲击的作用，可阻止冲击物穿
透，即使玻璃破损，也只产生类似蜘蛛网状的细碎裂纹，其碎片牢固地粘附在中间层上，不
会脱落四散伤人，并可继续使用直到更换。

（2）保安防范特性。标准的"二夹一"玻璃能抵挡一般冲击物的穿透；用 PVB 胶片特
制的防弹玻璃能抵挡住枪弹和暴力的攻击，金属丝夹层玻璃能有效地防止偷盗和破坏事件的
发生。

（3）隔声性。PVB 膜具有过滤声波的阻尼功能，有效控制声音传播。音障产生的声音
衰减都与它的单位质量、面积、柔性及气密性有关。PVB 膜有很好的柔性，声音传递的衰

减随柔性增加而增加。从声音衰减特性的观点来看，PVB膜的最佳厚度为1.14mm。

（4）控制阳光和紫外线特性。PVB膜具有过滤紫外线功能，特制的PVB膜能减弱太阳光的透射，防止炫目，有效阻挡紫外线，可保护室内的物品免受紫外线辐射而发生褪色。

（5）良好的节能环保性能。PVB薄膜制成的建筑夹层玻璃能有效地减少太阳光透过。同样厚度，采用深色、低透光率PVB薄膜制成的夹层玻璃阻隔热量的能力更强。目前，国内生产的夹层玻璃具有多种颜色。

（6）装饰效果。夹置云龙纸或各种图案的PET膜，能塑造典雅的装饰效果，具有别致装饰效果的水裂玻璃也是夹层玻璃的一种特殊应用。

（7）耐寒性。长时间在不大于−50℃的环境下使用，PVB膜不变硬、脆，与玻璃不产生剥离，不产生混浊现象。

（8）耐枪击性能。自动步枪在距100m处用穿透爆炸性子弹射击，子弹不穿透防弹玻璃。

5.夹层玻璃在建筑上的应用

夹层玻璃一般用在建筑的以下方面：

（1）建筑物玻璃对人身安全最容易发生危害的地方。

（2）要求控光、节能、美观的建筑物上。

（3）要求控制噪声或有噪声源的建筑物上。

（4）防弹、防盗的建筑物及构件上。

（5）要求防爆、放冰雹的建筑物上。

（6）需要装饰的墙面、柱、护板、地板、天花板及坚固的隔墙。

（7）要求防火的建筑物门、窗上。

（8）要求调光、防止眩光的建筑物上。

（9）要求安装隔离又可观察的场所。

3.5 建筑玻璃的选择

建筑玻璃的选用，要从玻璃的安全性、功能性和经济性三方面综合考虑，才能科学、合理地选择。

1.建筑玻璃的安全性

建筑玻璃是典型的脆性材料，极易被破坏。其破坏不但导致其建筑功能的丧失，而且可能给人体带来直接的伤害。因此，在选择建筑玻璃时，其安全性是首要因素。

建筑玻璃的安全性包含两层含义：其一是建筑玻璃在正常使用条件下不破坏；其二是如果建筑玻璃在正常使用条件下破坏或意外破坏，不对人体造成伤害或将对人体的伤害降低为最小。建筑玻璃的安全性主要表现在它的力学性能，建筑玻璃在使用时要承受各种荷载，如玻璃幕墙、玻璃门、玻璃窗要承受风荷载、自重荷载、日温差作用荷载、年温差作用荷载、地震作用荷载等；玻璃屋顶、玻璃雨棚和斜屋顶窗除要承受风荷载、自重荷载、日温差作用荷载、年温差作用荷载、地震作用荷载外，还要承受雨荷载、雪荷载，玻璃屋顶还要承受维修的活荷载；玻璃楼梯和玻璃地板要承受自重荷载和活荷载；玻璃隔断、落地玻璃窗、玻璃门、玻璃栏还要考虑人体冲击的荷载；水下用玻璃要承受水荷载。建筑玻璃应用不同的建筑部位要承受不同的荷载，在相应的荷载作用下进行玻璃的强度和刚度计算，玻璃幕墙按《玻璃幕墙工程技术规范》（JGJ 102—2003）进行计算并要满足其设计要求，其他建筑部位的玻璃按《建筑玻璃应用技术规程》（JGJ 113—2009）进行计算并要满足其设计要求。玻璃刚度和强度有一项不符合要求，该玻璃都不能选用。有些建筑部位还强调必须使用安全玻璃，即钢化玻璃和夹层玻璃。保证安全性，是建筑玻璃选择的第一道门槛。

2. 建筑玻璃的功能性

传统的建筑玻璃只有三项功能，即遮风、避雨和采光。现代建筑玻璃品种繁多，功能各异。除具有传统的遮风、避雨和采光性能外，还具有透光性、反光性、隔热性、隔声性、防火性、电磁波屏蔽性等。

（1）透光性。一般来说，玻璃是透明的，玻璃用来采光正是基于它的透明。玻璃的透明是它的传统基本属性之一，而玻璃的透光性则与透明性是两个概念，透光不一定透明。

玻璃的透光性具有极好的装饰效果，透光性使室内的光线柔和、恬静、温暖。室内光线过强会刺激人眼，使人躁动不安，而玻璃的透光性可消除这些不利因素，同时增加建筑的隐蔽性。例如，用压花玻璃装饰卫生间的门和窗，不但阻隔了外界的视线，同时也美化了卫生间的环境。用磨砂玻璃作室内隔断，既节省室内空间，又显得富丽堂皇。用透光玻璃装饰的室内过道窗，透出淡淡的纤细柔光，朦胧中充满神秘感。可以说，现代化建筑正在越来越多地运用玻璃的透光性。

（2）反光性。在建筑上大量应用玻璃的反射性始于热反射镀膜玻璃的产生。发明热反射镀膜玻璃的目的之一是为了建筑的节能，即降低玻璃的遮阳系数和降低玻璃的热传导系数；二是为了美观，因为热反射玻璃有各种颜色，如茶色、银白色、银灰色、绿色、蓝色、金色、黄色等。另外，热反射玻璃不仅有颜色，其反射率也比普通玻璃高，通常为10%～50%，因此热反射玻璃可谓是半透明玻璃。如今热反射玻璃大量地应用于建筑，如建筑门窗，特别是幕墙，可以说，热反射玻璃在幕墙上的应用是玻璃反射性应用的最高境界。它使得一幢幢大厦色彩斑斓，较高的反射率将建筑物对面的街景反射在建筑物上，可谓景中有景。

在应用玻璃的反射性时应限制在合理的范围，不可盲目地追求高反射率。有些玻璃幕墙的反射率非常高，与其周围的建筑和街景极不协调，就是该建筑物本身除了光亮耀眼，其他方面的美感已荡然无存。反射率过高，不仅破坏建筑的美与和谐，而且会造成"光污染"。

（3）隔热性。由于玻璃是绝缘材料，其热阻值为 1（$m^2 \cdot K$）/W，所以表面看来玻璃的隔热性应当很好。传热有三种形式：热传导、对流和热辐射。由于玻璃是透明材料，因此，三种传热形式都具有，并且玻璃是薄型板材，从这个意义上来说，玻璃的隔热性不好。普通平板玻璃的热传导系数 K 值高达 5.3～6W/（$m^2 \cdot K$），所以门窗是建筑能耗的主要洞口，玻璃幕墙则更是高能耗。玻璃是透明材料，其热工性能用两个参数来表征，其一是热传导系数 K 值，其二是遮阳系数 SC。为增加玻璃的隔热性，可选用普通中空玻璃，其热传导系数为 3～3.5W/（$m^2 \cdot K$）。如果想进一步增加玻璃的隔热性，可选用 Low-E 中空玻璃，其热传导系数可达小于 $2W/(m^2 \cdot K)$，遮阳系数可达小于 0.2，其隔热性可与普通砖墙比拟。

（4）隔声性。所谓隔声就是用建筑围护结构把声音限制在某一范围内，或者在声波传播的途径上用屏蔽物把它遮挡住一部分，这种做法称为隔声。

建筑上的隔声主要指隔绝空气声，就是用屏蔽物（如门、窗、墙等）隔绝在空气中传播的声音。普通玻璃的隔声性能比较差，其平均隔声量为 25～35dB，中空玻璃由于空气层的作用，其平均隔声量可达 45dB。这是因为声波入射到第一层玻璃上的时候，玻璃就产生"薄膜"振动，这个振动作用在空气层上，而被封闭的空气层是有弹性的。由于空气层的弹性作用，将使振动衰减，然后再传给第二层玻璃，于是总的隔声量就提高了。夹层玻璃的隔声量可达 50dB，是玻璃家族中隔声性能最好的玻璃。夹层玻璃由于在两片玻璃之间夹的 PVB 胶片是粘弹性材料，消除了两片玻璃之间的声波耦合，极大地提高了玻璃的隔声性能。如果要进一步提高玻璃的隔声性能，可选用夹层中空玻璃，甚至双夹层中空玻璃，如机场候机室、电台或电视台播音室等。

（5）防火性。防火玻璃是指具有透明、能阻挡和控制热辐射、烟雾及火焰，防止火灾蔓延的玻璃。当它暴露在火焰中时，能成为火焰的屏障，能经受一个半小时左右的负载，这种玻璃的特点是能有效地限制玻璃表面的热传递，并且在受热后变成不透明，能使居民在着火时看不见火焰或感觉不到温度升高及热浪，避免了撤离现场时的惊慌。

防火玻璃还具有一定的抗热冲击强度，而且在 800℃左右仍有保护作用。普通玻璃不防火，具有防火性能的玻璃主要有复合防火玻璃、夹丝玻璃和玻璃空心砖等。

（6）电磁波屏蔽性。只有金属材料才具有屏蔽电磁波的作用，玻璃是无机非金属材料，因此普通玻璃不具有屏蔽电磁波的功能。只有使其具有金属的性能才能达到屏蔽电磁波的目的。通常采用三种方法：其一是在普通玻璃表面镀透明的导电膜；其二是在夹层玻璃中夹金属丝网；其三是上述两种方法同时采用。

电磁屏蔽玻璃主要考虑的是其电磁屏蔽功能，因此其装饰性能是次要的。电磁屏蔽玻璃一般可以做到将 1GHz 频率的电磁波衰减 30～50dB，高档产品可以衰减 80dB，达到防护室内设备的作用。在大型计算机中心、电视台演播室、工业控制系统、军事单位、外交部门、情报部门等有保密需求或者需防止干扰的场所，都可以使用屏蔽玻璃作为建筑门窗玻璃或者幕墙玻璃。

3. 建筑玻璃选择的经济性

建筑玻璃的选择并不是安全性越高、功能性越全、造价越高的玻璃才是好玻璃。选择玻璃时应考虑其经济性，除考虑一次投资成本，还要考虑建筑物的运行成本。如选择中空玻璃虽然造价高于单片玻璃，但其隔热性能优良，减少了建筑物的制冷和采暖费用，其综合经济性好。

综上所述，选择建筑玻璃的原则是保证安全性，满足功能性，兼顾经济性。具体到建筑的不同部位，有时仅有一种选择，有时会有多种选择，因此要根据建筑玻璃的选择原则综合分析，做出科学、合理的选择。表 3-33 列出了不同建筑部位玻璃的选择建议，仅供参考。

表 3 - 33 建 筑 玻 璃 选 择 表

建筑部位 / 玻璃品种	普通幕墙	点式幕墙	门	窗	屋顶	楼梯与地板	室内隔断	栏河与雨棚	斜屋顶窗	经济性
浮法玻璃	○	×	×	△	×	×	×	×	×	×
吸热玻璃	△	×	×	△	×	×	×	×	×	×
钢化玻璃	△	△	△	△	○	×	△	○	○	○
半钢化玻璃	△	×	×	△	×	×	○	○	×	○
普通热弯玻璃	○	×	×	△	×	×	×	×	×	○
钢化热弯玻璃	△	△	△	△	×	×	×	○	×	×
普通夹层玻璃	△	×	×	△	△	×	○	○	○	○
钢化夹层玻璃	△	△	△	△	△	×	△	△	○	△
半钢化夹层玻璃	△	△	×	△	×	×	○	△	○	△
夹层热弯玻璃	△	×	×	△	×	×	○	×	×	△
热反射镀膜夹层玻璃	△	△	×	△	△	×	×	×	×	△
普通中空玻璃	○	×	×	△	×	×	×	×	△	○
Low-E 吸热中空玻璃	○	×	×	△	×	×	×	×	△	○
钢化中空玻璃	△	△	×	△	×	×	×	×	○	△
热反射镀膜中空玻璃	△	×	×	△	×	×	×	×	×	○
夹层中空玻璃	△	×	×	△	△	×	×	×	×	△
夹层钢化中空玻璃	△	△	×	△	△	×	×	×	○	△
Low-E 钢化中空玻璃	△	△	×	△	×	×	×	×	○	△
Low-E 钢化夹层中空玻璃	△	△	×	△	△	×	×	×	○	△

注：×—不适合，价格低；○—适合，价格适中；△—非常适合，价格高。

第4章

配 件

4.1 概述

铝合金门窗用配套件是指保证开启灵活，闭合完好，搭势均匀，构成密封、完整铝合金门窗的辅助材料。

4.1.1 分类

铝合金门窗配套件按产品类别分为五金件、密封材料及辅助件三大类。

1. 五金件

五金配件是安装在建筑门窗上各种金属和非金属配件的总称，是决定门窗的性能的关键性部件。五金配件是负责将门窗的框与扇紧密连接的部件，对门窗的各项性能有着重要的影响。门窗的设计首先是门窗性能的建筑设计，以满足建筑物的功能要求为目标，合理确定门窗的性能及有关设计要求。

（1）五金件按产品分类。铝合金门窗用五金件按产品分为：传动机构用执手、旋压执手、合页（铰链）、传动锁闭器、滑撑、撑挡、插销、多点锁闭器、滑轮、单点锁闭器及平开下悬五金系统等。

（2）按用途分类。铝合金门窗五金件按类别分为门用五金件和窗用五金件。按用途可分为推拉门窗五金件、平开窗五金件、内平开下悬窗五金配件。

1）推拉门窗的五金配件。铝合金门窗的导轨是在窗框型材上直接成型，滑轮系统固定在门窗扇底部。推拉门窗的滑动是否自如不仅取决于滑轮系统的质量，而且与型材平直度和加工精度以及门窗框安装精度有关。积尘对轨道和滑轮的磨损也会影响推拉门窗的开关功能。推拉门窗的锁一般是插销式锁，这种锁会因为安装精度不高、积尘等原因而失效。推拉门窗的拉手通常由插销式锁的开关部分所代替，但也有高档推拉窗将窗扇型材作出一个弧型，起拉手的作用。

2）普通平开门窗的五金配件。平开门窗的基本配件之一是合页。由于合页的单向开启性质，合页总是安装在开启方向，即内开门窗合页安装在室内，外开门窗的合页安装在室外。门窗的锁是一种旋转的锁，把手通常与锁相结合。限位器是外开门窗必备的部件，防止风将门窗扇吹动并产生碰撞。但是，两个合页与限位器三点形成的固定平面的牢固程度有限。

3）内平开下悬窗五金配件。内平开下悬窗的概念从形式上看，是既能下悬内开，又可以内平开的窗，但是这远不止一种特殊的开窗方式，实际上，它是各种窗控制功能的综合。首先当这种窗内倾时，目的是换气。顶部剪式连接件起着限位器的作用，当内平开时，顶部剪式连接件又是一个合页，底部合页同时是一个供内悬用的轴。内平开的目的一方面是可以清楚地观察窗外景色，更重要的是容易清洗玻璃。可以说内平开下悬窗是对人们进行综合性的满足。内平开下悬窗的五金件包括顶部剪式连接件、角连接件、锁、执手、连杆、多点锁、下角连接件兼下悬窗底轴、底部合页兼内旋底轴。

2. 密封材料

铝合金门窗密封材料按用途分为镶嵌玻璃用密封材料和框扇间密封用密封材料；按材料分有密封胶条、密封毛条和密封胶。密封胶主要用于镶嵌玻璃用，密封毛条主要用于铝合金推拉门窗框扇之间的密封用，密封胶条既用于玻璃镶嵌密封用，又用于门窗框扇之间密封用，特别是铝合金平开窗，但二者的规格、型号不同。

3. 辅助件

铝合金门窗用辅助件主要有：连接件、接插件、加强件、缓冲垫、玻璃垫块、固定地角、密封盖等。

随着铝合金门窗生产的专业化和自动化，对铝合金门窗生产企业来说，绝大部分辅助件变成了外购件，甚至为了提高铝合金门窗的组装水平，保证铝合金门窗的整窗性能，大部分型材生产企业对部分辅助件如连接件、接插件、加强件等都进行配套生产。铝合金门窗生产企业只需根据生产门窗型号配套选用即可。

生产铝合金门窗用辅助件的材质应满足性能要求，规格尺寸应满足安装配套要求及使用要求。

4.1.2 产品标准

1. 铝合金门窗用五金配件产品现行有效标准

（1）《建筑门窗五金件 传动机构用执手》（JG/T 124—2007）。

（2）《建筑门窗五金件 合页（铰链）》（JG/T 125—2007）。

（3）《建筑门窗五金件 传动锁闭器》（JG/T 126—2007）。

（4）《建筑门窗五金件 滑撑》（JG/T 127—2007）。

（5）《建筑门窗五金件 撑挡》（JG/T 128—2007）。

（6）《建筑门窗五金件 滑轮》（JG/T 129—2007）。

（7）《建筑门窗五金件 单点锁闭器》（JG/T 130—2007）。

（8）《建筑门窗五金件 通用要求》（JG/T 212—2007）。

（9）《建筑门窗五金件 旋压执手》（JG/T 213—2007）。

（10）《建筑门窗五金件 插销》（JG/T 214—2007）。

（11）《建筑门窗五金件 多点锁闭器》（JG/T 215—2007）。

（12）《建筑门窗内平开下悬五金系统》（JG/T 168—2004）。

（13）《建筑窗用内平开下悬五金系统》（GB/T 24601—2009）。

2. 铝合金门窗用密封材料产品现行有效标准

（1）《建筑门窗用密封胶条》（JG/T 187—2006）。

（2）《建筑门窗、幕墙用密封胶条》（GB/T 24498—2009）。

（3）《建筑门窗密封毛条》（JC/T 635—2011）。

（4）《硅酮建筑密封胶》（GB/T 14683—2003）。

（5）《建筑窗用弹性密封胶》（JC/T 485—2007）。

（6）《中空玻璃用弹性密封胶》（JC/T 486—2001）。

（7）《中空玻璃用硅酮结构密封胶》（GB 24266—2009）。

（8）《中空玻璃用丁基热容密封胶》（JC/T 914—2003）。

（9）《建筑用硅酮结构密封胶》（GB 16766—2005）。

（10）《幕墙玻璃接缝用密封胶》（JC/T 882—2001）。

4.1.3 五金件通用要求

铝合金门窗五金件通用要求包括适用于铝合金门窗（平开门窗，上、下悬窗，推拉门窗或其他开启形式）五金系列中的传动执手、旋压执手、合页（铰链）、传动锁闭器、滑撑、撑挡、插销、多点锁闭器、滑轮、单点锁闭器及内平开下悬五金系统等所用材料及外观质量要求。

1. 五金件产品常用材料性能

（1）碳素钢。碳素钢材料应符合《碳素结构钢》（GB/T 700—2006）中 Q235 性能要求的材料。冷轧工艺部件、冷拉工艺部件的外形及允许偏差应符合《冷拉圆钢、方钢、六角钢尺寸、外形、重量及允许偏差》（GB/T 905—1994）中的要求；冷轧钢板及钢带的外形及允许偏差应符合《碳素结构钢冷轧薄钢板及钢带》（GB/T 11253—2007）中的要求；热轧工艺部件的外形及允许偏差应符合《热轧钢棒外形尺寸、重量及允许偏差》（GB/T 702—2008）中的要求。

（2）锌合金。压铸锌合金应符合《压铸锌合金》（GB/T 13818—2009）中的 YZZnAl4Cu1 性能要求的材料。

（3）铝合金。挤压铝合金应符合《铝合金建筑型材　第 1 部分：基材》（GB 5237.1—2008）中 6063T5 性能要求的材料；压铸铝合金应符合《压铸铝合金》（GB/T 15115—2009）中 YZAlSi12 性能要求的材料。

（4）不锈钢。不锈钢冷轧钢板应符合《不锈钢冷轧钢板和钢带》（GB/T 3280—2007）中 0Cr18Ni9 性能要求的材料；冷顶锻用不锈钢丝应符合《冷顶锻用不锈钢丝》（GB/T 4232—2009）中 1Cr18Ni9Ti 性能要求的材料；不锈钢棒应符合《不锈钢棒》（GB/T 1220—2007）中 0Cr18Ni9 性能要求的材料。

（5）铜。热轧黄铜板应符合 H62 的力学性能（拉伸强度≥294N/mm²，伸长率≥30％）的要求；铜及铜合金棒应符合《铜及铜合金拉制棒》（GB/T 4423—2007）中 H62 性能要求的材料。

（6）轴承钢。轴承钢应符合《高碳铬轴承钢》（GB/T 18254—2002）中 GCr15 性能材料的要求；高碳铬不锈轴承钢应不低于《高碳铬不锈轴承钢》（GB/T 3086—2008）中 9GCr18 的要求。

（7）塑料。塑料应符合《共聚甲醛树脂》（HG/T 2233—1991）中 M270 的机械性能要求。

（8）粉末喷涂涂料。氟碳涂料应符合《交联型氟树脂涂料》（HG/T 3792—2005）中 Ⅱ型金属表面用氟树脂涂料性能的要求；聚酯粉末涂料应符合《热固性粉末涂料》（HG/T 2006—2006）中涂膜耐候性能在 500h 以上、硬度在 F 以上的热固性聚酯粉末的性能要求。

2. 主体材料要求

（1）传动机构用执手。传动机构用执手主体常用材料应为压铸锌合金、压铸铝合金等。

（2）旋压执手。旋压执手主体常用材料应为压铸锌合金、压铸铝合金等。

（3）合页（铰链）。合页（铰链）主体常用材料应为碳素钢、压铸锌合金、压铸铝合金、挤压铝合金、不锈钢等。

（4）传动锁闭器。传动锁闭器主体常用材料应为不锈钢、碳素钢、压铸锌合金、挤压铝合金等。

（5）滑撑。滑撑主体常用材料应为不锈钢等。

（6）撑挡。撑挡主体常用材料应为不锈钢、挤压铝合金等。

（7）插销。插销主体常用材料应为压铸锌合金、挤压铝合金、聚甲醛内部加钢销等。

（8）多点锁闭器。多点锁闭器主体常用材料应为不锈钢、碳素钢、压铸锌合金、挤压铝合金等。

（9）滑轮。滑轮主体常用材料应为不锈钢、黄铜、轴承钢、聚甲醛等，轮架主体常用材料应为碳素钢、不锈钢、压铸铝合金、压铸锌合金、挤压铝合金、聚甲醛等。

（10）单点锁闭器。单点锁闭器主体常用材料应为不锈钢、压铸锌合金、挤压铝合金等。

3. 外观质量要求

（1）外观。

1）外表面。产品外露表面应无明显疵点、划痕、气孔、凹坑、飞边、锋棱、毛刺等缺陷。联结处应牢固、圆整、光滑，不应有裂痕。

2）涂层。涂层色泽均匀一致，无气泡、流挂、脱落、堆漆、橘皮等缺陷。

3）镀层。镀层致密、均匀，无露底、泛黄、烧焦等缺陷。

4）阳极氧化表面。阳极氧化膜应致密，表面色泽一致、均匀、无烧焦等缺陷。

（2）表面覆盖层的耐腐蚀性、膜厚度及附着力。

各类基材常用表面覆盖层的耐腐蚀性能及膜厚度要求见表 4-1。

表 4-1 各类基材常用表面覆盖层的耐腐蚀性能、膜厚度及附着力要求

常用覆盖层		各类基材应达到指标		
		碳素钢基材	铝合金基材	锌合金基材
金属层	镀锌层	1. 中性盐雾（NSS）试验，72h 不出现白色腐蚀点，240h 不出现红锈点（保护等级≥8 级） 2. 平均膜厚≥12μm	—	1. 中性盐雾（NSS）试验，72h 不出现白色腐蚀点（保护等级≥8 级） 2. 均膜厚≥12μm
	Cu＋Ni＋Cr 或 Ni＋Cr	铜加速乙酸盐雾（CASS）试验 16h，腐蚀膏腐蚀（CORR）试验 16h，乙酸盐雾（AASS）试验 96h 试验，外观不允许有针孔、鼓泡以及金属腐蚀等缺陷	—	—
非金属层	表面阳极氧化膜	—	平均膜厚度≥15μm	—
	电泳涂漆	—	复合膜平均厚度≥21μm 其中漆膜平均膜厚≥12μm	漆膜平均膜厚≥12μm
			干式附着力应达到 0 级	干式附着力达到 0 级
	聚酯粉末喷涂	涂层厚度 45～100μm	涂层厚度 45～100μm	涂层厚度 45～100μm
		干式附着力应达到 0 级	干式附着力应达到 0 级	干式附着力应达到 0 级
	氟碳喷涂	平均膜厚≥30μm	平均膜厚≥30μm	平均膜厚≥30μm
		干式、湿式附着力应达到 0 级	干式、湿式附着力应达到 0 级	干式、湿式附着力应达到 0 级

注：碳素钢基材聚酯粉末喷涂、氟碳喷涂表面处理工艺前需对基材进行防腐处理。

4.2 执手

铝合金门窗用执手包括"旋压执手"和"传动机构用执手"。

4.2.1 旋压执手

旋压执手是通过传动手柄，实现窗启闭、锁定功能的装置。通过对旋压执手施力，即可控制窗的开、关和窗扇的锁闭或开启（图 4-1）。

旋压型执手俗称单点执手、7 字执手，只能在一点上进行锁闭。至于左旋压、右旋压主要是用于左开窗、右开窗，为方便开启用力而设计的。

1. 代号、标记

（1）名称代号：旋压执手 XZ。

（2）主参数代号：旋压执手高度旋压执手工作面与在型材上安装面的距离（mm）。

（3）标记方法：名称代号主参数代号。

标记示例：旋压执手高度 8mm，标记为：XZ8。

2. 旋压执手的性能要求

（1）操作力矩。空载时，操作力矩不应大于 1.5N·m；负载时，操作力矩不应大于 4N·m；

（2）强度。旋压执手手柄承受 700N 力作用后，任何部件不能断裂；

（3）反复启闭。反复启闭 15000 次后，旋压位置的变化不应超

图 4-1 旋压执手

过 0.5mm。

3. 性能特点

只能实现单点锁闭，完成单一平开启闭、通风功能。使用寿命 1.5 万次以上。

图 4-2 传动机构用执手
1—方轴或拨叉；2—执手基座；
3—执手手柄

4. 适用范围

适用于窗扇面积不大于 0.24m² （扇对角线不超过 0.7m）的小尺寸铝合金平开窗，且扇宽应小于 750mm。

4.2.2 传动机构用执手

传动机构用执手仅适用于与传动锁闭器、多点锁闭器一起使用才能实现门窗启闭的操纵装置。

传动机构用执手本身并不能对门窗进行锁闭，必须通过与传动锁闭器或多点锁闭器一起使用，才能实现门窗的启闭，如图 4-2 所示。因此，它只是一个操纵装置，通过操纵执手驱动传动锁闭器或多点锁闭器完成门窗的启闭与锁紧。

1. 产品分类

传动机构用执手分为方轴插入式和拨叉插入式两种。

2. 代号、标记

（1）名称代号：方轴插入式执手 FZ；拨叉插入式执手 BZ。

（2）主参数代号：执手基座宽度，以实际尺寸（mm）标记；方轴（或拨叉）长度，以实际尺寸（mm）标记。

（3）标记示例：传动机构用方轴插入式执手，基座宽度 28mm，方轴长度 31mm。

标记为：FZ28-31。

3. 性能要求

（1）操作力和力矩。应同时满足空栽操作力不大于 40N，操作力矩不大于 2N·m。

（2）反复启闭。反复启闭 25 000 个循环试验后，应满足（1）中的操作力矩的要求，开启、关闭自定位位置与原设计位置偏差应小于 5°。

（3）强度。

1）抗扭曲。传动机构用执手在 24～26N·m 力矩作用下，各部位不应损坏，执手手柄

轴线位置偏移应小于5°。

2）抗拉伸。传动机构用执手在承受600N拉力作用后，执手柄最外端最大永久变形量应小于5mm。

4. 适用范围

适用铝合金门、窗中与传动锁闭器、多点锁闭器等配合使用，不适用于双面执手。

4.3 合页（铰链）、滑撑及撑挡

4.3.1 合页（铰链）

合页（铰链）是应用于建筑平开门、平开窗，连接框、扇，支撑门窗重量，实现门窗启闭的一种装置。

1. 产品分类

合页（铰链）分为门用合页（铰链）和窗用合页（铰链）两类。

2. 代号、标记

（1）名称代号：门用合页（铰链）为MJ；窗用合页（铰链）为CJ。

（2）主参数代号：合页（铰链）的主参数为承载质量，以单扇门窗用一组（2个）合页（铰链）的实际承载质量（kg）表示。

（3）标记示例：一组承载质量为120kg的窗用合页（铰链），标记为：CJ120。

3. 性能要求

（1）合页（铰链）承受静态荷载。

1）上部合页（铰链）承受静态荷载。门上部合页（铰链）承受静态荷载（拉力）应满足表4-2的规定；窗上部合页（铰链）承受静态荷载（拉力）应满足表4-3的规定，试验后均不能断裂。

表4-2 门上部合页（铰链）承受静态荷载

承载质量代号	门扇质量 M(kg)	拉力 F(N)（允许误差+2%）	承载质量代号	门扇质量 M(kg)	拉力 F(N)（允许误差+2%）
50	50	500	130	130	1250
60	60	600	140	140	1350
70	70	700	150	150	1450
80	80	800	160	160	1550
90	90	900	170	170	1650
100	100	1000	180	180	1750
110	110	1100	190	190	1850
120	120	1150	200	200	1950

表 4 - 3　　　　　　　　　　　　窗上部合页（铰链）承受静态荷载

承载质量代号	窗扇质量 M(kg)	拉力 F(N)（允许误差＋2％）	承载质量代号	窗扇质量 M(kg)	拉力 F(N)（允许误差＋2％）
30	30	1250	120	120	3250
40	40	1300	130	130	3500
50	50	1400	140	140	3900
60	60	1650	150	150	4200
70	70	1900	160	160	4400
80	80	2200	170	170	4700
90	90	2450	180	180	5000
100	100	2700	190	190	5300
110	110	3000	200	200	5500

2）承载力矩。一组合页（铰链）承受实际承载荷载质量，并附加悬端外力作用后，门（窗）扇自由端竖直方向位置的变化值应不大于 1.5mm，试件无变形或损坏，能正常开启。

（2）转动力。合页（铰链）转动力不应大于 40N。

（3）反复启闭。按实际承载质量，门合页（铰链）反复启闭 100 000 次后，窗合页（铰链）反复启闭 25 000 次后，门窗扇自由端竖直方向位置的变化值应不大于 2mm，试件无严重变形或损坏。

（4）悬端吊重。经悬端吊重试验后，门窗扇不脱落。

（5）撞击洞口。通过反复 3 次重物的自由落体进行门窗扇撞击洞口试验后，门窗扇不得脱落。

（6）撞击障碍物。通过反复 3 次重物的自由落体进行门窗扇撞击障碍物试验后，门窗扇不得脱落。

4. 适用范围

适用于铝合金平开门、平开窗。实际使用时，可根据产品检测报告中模拟试验门窗型的承载质量、门窗型尺寸、门窗扇的高宽比等情况综合选配。

4.3.2　滑撑

滑撑一般用于外平开窗和外开上悬窗上，是支撑窗扇实现启闭、定位的一种多连杆装置，如图 4 - 3 所示。

1. 滑撑的分类

滑撑分为外平开窗用滑撑和外开上悬窗用滑撑。

2. 代号、标记

（1）名称代号：外平开窗用滑撑 PCH；外开上悬窗用滑撑 SCH。

（2）主参数代号：主参数包括承载质量和滑槽长度，分别表示为允许使用的最大承载质量（kg）和滑槽的实际长度（mm）。

图 4-3　滑撑

（3）标记示例：滑槽长度为 305mm，承载质量为 30kg 的外平开窗用滑撑，标记为：PCH30－305。

3. 性能要求

（1）自定位力。外平开窗用滑撑，一组滑撑的自定位力应可调整到不小于 40N。

（2）启闭力。外平开窗用滑撑的启闭力不应大于 40N。在 0～300mm 的开启范围内，外开上悬窗用滑撑的启闭力不应大于 40N。

（3）间隙。窗扇锁闭状态，在力的作用下，安装滑撑的窗角部位扇、框间密封间隙变化值不应大于 0.5mm。

（4）刚性。

1）窗扇在关闭过程受到 300N 阻力试验后，仍能满足对自定位力、启闭力及间隙三项性能的要求。

2）窗扇在开启到最大位置过程受到 300N 阻力试验后，仍能满足对自定位力、启闭力及间隙三项性能的要求。

3）有定位装置的滑撑，开启到定位装置起作用的情况下，承受 300N 的外力作用后，应仍能满足对自定位力、启闭力及间隙三项性能的要求。

（5）反复启闭。在经过 25 000 次的反复启闭试验后，窗扇的启闭力不应大于 80N。

（6）强度。将滑撑开启到最大开启位置时，承受 1000N 的外力的作用后，窗扇不得脱落。

（7）悬端吊重。外平开窗用滑撑在承受 1000N 的作用力 5min 后，滑撑的所有部件不得脱落。

4. 适用范围

适用于铝合金外开上悬窗（窗扇开启最大极限距离 300mm 时，扇高度应小于 1200mm）、外平开窗（扇宽度应小于 750mm）。实际使用时，可根据产品检测报告中模拟试验窗型的承载质量、滑撑长度、窗型规格等情况综合选配。

4.3.3　撑挡

撑挡是应用于铝合金内平开窗、外开上悬窗和内开下悬窗，将开启的窗扇固定在一个预设位置的装置。

1. 产品分类

撑挡分内平开窗摩擦式撑挡、内平开窗锁定式撑挡、悬窗摩擦式撑挡、悬窗锁定式撑挡。

锁定式撑挡指安装该撑挡后，窗扇受到一定外力的作用时，使窗扇在启、闭方向不会发生角度变化的撑挡。摩擦式撑挡指窗扇固定在一个预设位置，在受到一定外力的作用时，使窗扇在启、闭方向发生缓慢角度变化的撑挡。能使窗扇在启、闭方向不会发生角度变化的锁定式撑挡的阻力称为锁定力。

锁定式撑挡可将窗扇固定在任意位置上，摩擦式撑挡靠撑挡上的摩擦力使窗扇在受到外力作用时缓慢进行角度变化，在风大时摩擦式撑挡就难以将窗扇固定在一个固定的位置上。撑挡是一种与合页（铰链）或滑撑配合使用的配件。

2. 产品代号

（1）名称代号。内平开窗摩擦式撑挡：PMCD；内平开窗锁定式撑挡：PSCD；悬窗摩擦式撑挡 XMCD；悬窗锁定式撑挡：XSCD。撑挡在内平开窗、悬窗上的安装示意图见图 4-4，各部件名称见图 4-5。

(a)   (b)

图 4-4 撑挡在内平开窗、悬窗安装示意

（a）内平开窗撑挡安装示意；（b）悬窗撑挡安装示意

1—撑挡；2—窗扇；3—窗框

（2）主参数代号。撑挡的主参数为撑挡支撑部件最大长度，以支撑部件最大实际尺寸表示（mm）。

（3）标记示例。如支撑部件最大长度 200mm 的内平开窗用摩擦式撑挡，标记为：PMCD200。

3. 性能要求

（1）锁定力和摩擦力。锁定式撑挡的锁定力失效值不小于 200N，摩擦式撑挡的摩擦力失效值不小于 40N。在选用时，锁定式撑挡的锁定力不应大于 200N，摩擦式撑挡的摩擦力不应大于 40N。

图 4-5 撑挡各部件名称示意

1—窗扇；2—撑挡扇上部件；

3—撑挡支撑部件；4—撑挡框

上部件；5—窗框

（2）反复启闭。内平开窗用撑挡经过 10 000 次反复启闭后，悬窗用撑挡经过 15 000 次反复启闭后，锁定式撑挡的锁定力失效值不小于 200N，摩擦式撑挡的摩擦力失效值不小于 40N。

（3）强度。内平开窗用撑挡在经过 5 次冲击试验后，撑挡不应脱落。悬窗用锁定式撑挡开启到设计预定位置后，在承受窗扇开启方向施加 1000N 的力和关闭方向施加 600N 的力后，撑挡所有部件不应有所损坏。

4.适用范围

适用于铝合金内平开窗、外开上悬窗、内开下悬窗。实际使用时，可根据产品检测报告中模拟试验窗型的窗型规格、窗扇重量等情况综合选配。

4.3.4 合页（铰链）、滑撑及撑挡区别及选择

1.合页（铰链）、滑撑及撑挡之间的区别

（1）滑撑通常是指保持窗扇打开或关闭时做平动及转动的四连杆，有时也可以是六连杆或其他杆系结构，其受力特征是在窗扇打开过程及打开状态承受主要的竖向荷载（如重力）及水平荷载（如风力）。滑撑在平开窗中主要受剪力而在上悬窗中主要受轴向力，这是两种滑撑类型的本质区别，所以是绝不能混用的。另外，平开窗开启角度一般要求较大，所以要求滑撑平动行程较长，故一般需要窗宽的 $1/2 \sim 2/3$，而上悬窗一般 $1/2$ 左右即可。

（2）撑挡通常指保持窗为打开状态的限位装置，一般是二连杆或其他杆系（如有的二连杆的支撑杆可以伸缩，窗的开启角度则可以调节）。

（3）合页（铰链）通常是指保持门窗扇打开或关闭时做转动的装置，其连接框、扇，支撑门窗扇重量。

（4）三者的区别与联系。

1）位置不同。滑撑与撑挡使用位置不同。以上悬窗为例，滑撑用在窗上方角部，而撑挡在窗下方角部，或中下部位；合页（铰链）与滑撑安装位置不同。合页（铰链）安装于门窗扇的转动侧边，而滑撑安装于窗扇的上下（平开）或左右（悬窗）两侧边。滑撑不用于安装铝合金门上。

2）功能不同。撑挡和滑撑的功能不同。滑撑支持窗扇运动并保持开启状态，在整个过程中均为重要的受力杆件，而撑挡则仅在保持窗开启角度时起作用，其受力一般较小（受力可以根据力矩平衡求得）。同一樘窗，滑撑的安装位置是相对固定的，而撑挡则可以在窗下方较大范围内调整，撑挡的长度及安装位置，决定窗扇的开启角度的范围。

3）合页（铰链）在门窗的开启过程中与滑撑的功能完全相同，但使用合页（铰链）时窗扇只发生转动，而使用滑撑的窗扇既转动同时又平动。很多时候合页（铰链）和滑撑可以互相代替，但有些特殊情况则必须使用合页（铰链），如平开下悬窗或上悬窗一般使用合页，再如超大平开门窗使用滑撑一般很难满足受力要求，这时需要使用多个合页（铰链）共同受力。

4）合页（铰链）用在平开窗上面，因为其本身不能提供像滑撑一样的摩擦力，所以它往往同撑挡一起使用，以避免当窗开启的时候，风力将窗扇吹回并损坏。而滑撑就不同了，他可以提供一定的摩擦力，所以可以单独使用。用在平开窗上面的滑撑和用在上悬窗上面的滑撑在于同窗框连接的外臂的长短不一样。当上悬窗达到一定的尺寸时，由于自重的原因，也要配合一定的撑挡使用。

5）材质的区别，滑撑、风撑一般为不锈钢材质，而合页（铰链）有不锈钢、铝合金等多种材质。

2. 应用选择

滑撑一般用在外平开窗和外开上悬窗上。选用滑撑时必须根据窗扇重量，选用足够强度的滑撑，并且滑撑与窗框连接一定要牢固可靠。

合页（铰链）既可用在外平开窗上，也可用在内平开窗上。选择合页（铰链）时，同样注意选用足够强度的合页（铰链），同时配撑挡使用。

从加工方面来说，合页（铰链）窗加工方便，不用铣加工。滑撑要铣边框或窗扇，并且在边框和窗扇上增加加强件与滑撑连接，这样才牢固。

从使用方面来说，合页（铰链）窗擦窗不方便，使用时间长了要把紧固螺栓重新上紧。滑撑窗擦窗方便，不用另加撑挡。

从安全方面来说，外开窗一般不要选用合页为好，尤其是卡槽合页，当碰到强风作用下，仅靠合页夹持 1.4～2.0mm 壁厚的铝型材，即使合页标示的最大承重力能达到要求，型材的夹持面也未必能达到良好的效果，极容易出现问题。外开窗不仅要考虑窗扇的自重，还得考虑窗扇的受风面积。外开窗不但关闭时受正负风压作用，在开启时也受风吹动。合页（铰链）支撑时，窗受力中心——撑挡——合页（铰链）正好形成一个杠杆受力方式，合页（铰链）正是杠杆的短边，受力极大。滑撑支撑时，窗开启时扇重心离支撑点近，因此窗受力好。另外，选用滑撑支撑，开启时扇两侧都可通风，受风作用面积小。因此，相对来说，外平开窗安装滑撑比较安全，但是窗扇的尺寸不宜超过 800mm ×1000mm。

4.4　滑轮

滑轮是承受门窗扇重量，将重力传递到框材上，并能在外力的作用下，通过自身的滚动使门窗扇沿框材轨道往复运动的装置。

滑轮仅适用于推拉铝合金门窗用。滑轮是用于推拉门（窗）扇底部使门（窗）扇能轻巧移动的五金件。作为门（窗）用滑轮，首先必须要滑动灵活；其次应有足够的承重能力，足以承受门（窗）扇的重量，且能保证滑动灵活；第三，还应有较长的使用寿命。

1. 产品分类

（1）铝合金门窗用滑轮按结构型式可分为可调型和固定型两种（图 4-6 和图 4-7）。

图 4-6　可调型滑轮　　　　　图 4-7　固定型滑轮

（2）按用途分为门用滑轮和窗用滑轮。滑轮的基本结构见图4-8所示。

图 4-8　滑轮基本结构示意

1—轮架；2—轮体；3—轮轴

2. 代号、标记

（1）名称代号。门用滑轮及窗用滑轮代号分别为 ML、CL。

（2）主参数代号。滑轮的主参数为承载重量，以单扇门窗用一套滑轮（2 件）的实际承载质量（kg）表示。

（3）标记示例。单扇窗用一套承载质量为 60kg 的滑轮，标记为：CL60。

3. 性能要求

（1）滑轮运转平稳性。轮体外表面径向跳动量不应大于 0.3mm，轴向窜动量不应大于 0.4mm。

（2）启闭力。滑轮的启闭力不应大于 40N。

（3）反复启闭。一套滑轮按照实际承载质量做反复启闭试验，门用滑轮达到 10 000 次后，窗用滑轮达到 25 000 次后，轮体应能够正常滚动。在达到试验次数后，承载 1.5 倍的实际承载质量后，启闭力不应大于 100N。

（4）耐温性。

1）耐高温性。采用非金属材料制作轮体的一套滑轮，在 50℃环境中，承受 1.5 倍承载质量后，启闭力不应大于 60N。

2）耐低温性。采用非金属材料制作轮体的一套滑轮，在 −20℃环境中，承受 1.5 倍承载质量后，滑轮体不应破裂，启闭力不应大于 60N。

4. 适用范围

适用于推拉铝合金门窗。实际使用时，可根据产品检测报告中模拟试验窗型的窗型规格、窗扇重量、实际行程等情况综合选配。

4.5　锁闭器

4.5.1　单点锁闭器

单点锁闭器适用于铝合金推拉窗、室内推拉门用，对推拉门窗实行单一锁闭的装置。包括半圆锁、钩锁等。单点锁闭器种类很多。半圆锁是单点锁闭器的典型代表之一。

半圆锁也称月牙锁，如图 4-9 所示，由锁体和锁钩组成，具有结构简单，易于维护的特点。以一个可旋转 180°的锁件锁住锁钩即起到锁闭的作用。

1. 代号、标记

（1）名称代号：单点锁闭器 TYB。

（2）标记示例：单点锁闭器 TYB。

2. 性能要求

（1）操作力矩（或操作力）。操作力矩应小于 2N·m（或操作力应小于 20N）。

（2）强度。

1）锁闭部件的强度。单点锁闭器的锁闭部件在 400N 静压（拉）力作用后不应有损坏；

图 4-9　半圆锁

(a) 锁体；(b) 锁钩

操作力矩（或操作力）应小于 2N·m（或操作力应小于 20N）。

2）驱动部件的强度。对于带手柄的单点锁闭器，在关闭位置时，在手柄上施加 9N·m 力矩作用后，操作力矩（或操作力）应小于 2N·m（或操作力应小于 20N）。

（3）反复启闭。单点锁闭器在经过 15 000 次反复启闭试验后，开启、关闭自定位位置应保持正常，操作力矩（或操作力）应小于 2N·m（或操作力应小于 20N）。

3. 适用范围

单点锁闭器仅适用于推拉铝合金窗和室内推拉铝合金门。

4.5.2　传动锁闭器

传动锁闭器是应用于铝合金平开门窗、上悬窗、下悬窗，控制门窗扇锁闭和开启的杆形、带锁点的传动装置。传动锁闭器一般与传动机构用执手配套使用，共同完成对铝合金门窗的开启和锁闭功能。

1. 产品分类

传动锁闭器分为齿轮驱动式传动锁闭器和连杆驱动式传动锁闭器，示意见图 4-10。

2. 代号、标记

传动锁闭器的代号包括名称代号、特性代号和主参数代号，其中名称代号又分为门用和窗用。

（1）名称代号。铝合金门（窗）用齿轮驱动式传动锁闭器：M（C）CQ；铝合金门（窗）用连杆驱动式传动锁闭器：M（C）LQ。

（2）特性代号。整体式传动锁闭器：ZT；组合式传动锁闭器：ZH。

（3）主参数代号。传动锁闭器主参数为锁闭器锁点数量，因此，以门窗传动锁闭器上的实际锁点数量进行标记。

（4）标记示例。3 个锁点的门用齿轮驱动组合式带锁传动锁闭器标记为 MCQ·ZH-3。

3. 性能要求

（1）强度。

1）对于驱动部件，齿轮驱动式传动锁闭器在承受 25～26N·m 力矩的作用后，各部件

图 4-10　传动锁闭器示意

（a）齿轮驱动式传动锁闭器；（b）连杆驱动式传动锁闭器

1—锁座；2—锁点；3—动杆；

4—连杆；5—静杆；6—齿轮

应不断裂、无损坏；连杆驱动式传动锁闭器在承受 1000^{+50}_{0}N 静拉力作用后，各零部件应不断裂、脱落。

2）对于锁闭部件的锁点、锁座在承受 1800^{+50}_{0}N 破坏力后，各部件应无损坏。

（2）反复启闭。传动锁闭器在经过 25 000 个启闭循环后，各构件应无扭曲、变形，不影响正常使用，并且满足以下两个条件：

1）操作力。齿轮驱动式传动锁闭器空载转动力矩不应大于 3N·m，反复启闭后转动力矩不应大于 10N·m；连杆驱动式传动锁闭器空载滑动驱动力不应大于 50N，反复启闭后驱动力不应大于 100N。

2）在窗扇开启方向上框、扇间的间距变化量应小于 1mm。

4．适用范围

传动锁闭器仅适用于铝合金平开门窗、上悬窗、下悬窗等。实际使用时，可根据产品检测报告中模拟试验窗型的门窗型规格等情况综合选配。

4.5.3　多点锁闭器

多点锁闭器适用于推拉铝合金门窗，对推拉铝合金门窗实现多点锁闭功能的装置。

1．产品分类

多点锁闭器分为齿轮驱动式和连杆驱动式两类。

2．名称代号

多点锁闭器的代号包括名称代号和主参数代号。

（1）名称代号。齿轮驱动式多点锁闭器：CDB；连杆驱动式多点锁闭器：LDB。

（2）主参数代号。多点锁闭器的主参数为锁点数，以实际锁点数量表示。

（3）标记示例。如：2 点锁闭的齿轮驱动式多点锁闭器标记为 CDB2。

3．性能要求

（1）强度。

1）对于驱动部件，齿轮驱动式多点锁闭器在承受 25～26N·m 力矩的作用后，各零部件应不断裂、无损坏；连杆驱动式多点锁闭器在承受 1000^{+50}_{0}N 静拉力作用后，各零部件应不断裂、脱落。

2）锁闭部件的单个锁点、锁座在承受轴向 1000^{+50}_{0}N 静拉力后，所有零部件不应损坏。

（2）多点锁闭器在经过 25 000 次反复启闭后应能操作正常，不影响正常使用，并且满足以下两个条件：

1）操作力。齿轮驱动式多点锁闭器操作力矩不应大于 1N·m；连杆驱动式多点锁闭器滑动力不应大于 50N。

2）锁点、锁座工作面磨损量不应大于 1mm。

4.5.4 插销

插销仅适用于平开铝合金门窗，实现对门窗扇的定位和锁闭功能。

1. 产品分类

插销分为单动插销和联动插销两类。

（1）单动插销。能单侧方向往复运动，实现定位、锁闭门窗扇的插销。

（2）能同时完成一组插销往复运动，实现定位、锁闭门窗扇的插销。

2. 代号、标记

插销的代号包括名称代号和主参数代号。

（1）名称代号。单动插销：DCX；联动插销：LCX。

（2）主参数代号。插销的主参数为插销行程，以实际行程（mm）表示。

（3）标记示例。单动插销，行程 22mm，标记为 DCS22。

3. 性能要求

（1）操作力。

1）单动插销空载时，操作力矩不应超过 2N·m；负载时操作力矩不应超过 4N·m 或操作力不应大于 100N。

2）联动插销空载时，操作力矩不应超过 4N·m；负载时，操作力矩不应超过 8N·m。

（2）反复启闭。按实际使用情况反复启闭运动 5000 次后，插销应能保持正常工作，并满足对操作力的性能要求。

（3）强度。插销杆在承受 1000N 的压力作用后，应能满足对操作力的性能要求。

4. 适用范围

插销仅适用于平开铝合金门窗。

4.6 内平开下悬五金系统

随着铝合金门窗技术的发展，铝合金门窗的功能和开启方式发生了很大的变化，为了适应铝合金门窗的功能和开启方式的变化，开发出了集多种功能于一身的内平开下悬五金系统。

内平开下悬五金系统是指通过操作执手，就可以使铝合金窗具有内平开、下悬、锁闭等功能的五金系统。它是一套通过各种部件相互配合完成内平开窗的一系列开、关、下悬动作的五金配件的组合。

1. 分类

铝合金窗用内平开下悬五金系统按开启状态顺序不同分为两种类型：①内平开下悬—锁闭、内平开、下悬；②下悬内平开—锁闭、下悬、内平开。

内平开下悬五金系统由于实际锁点不少于 3 个，使用后增加了窗户的密封性能。目前，在高性能的隔热保温窗上应用比较普遍。

典型铝合金窗用内平开下悬五金系统见图4-11，该系统为内平开下悬四边多点五金系统。

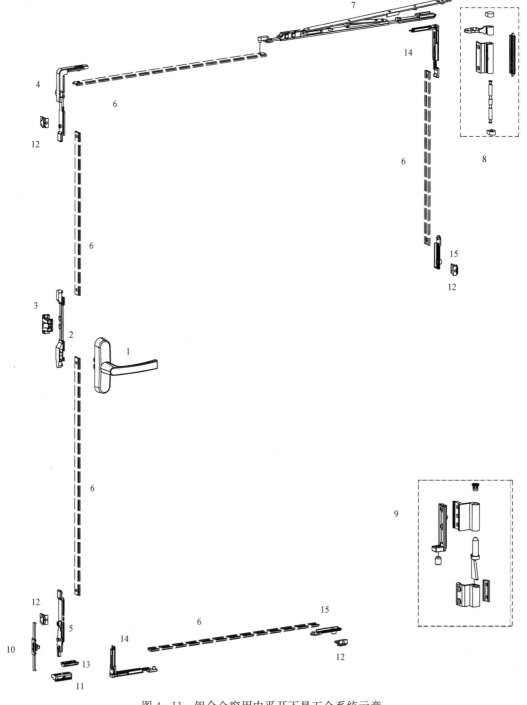

图 4-11　铝合金窗用内平开下悬五金系统示意

1—执手；2—连接杆；3—防误操作器；4—转向角；5—翻转支承；6—延长杆；

7—斜拉杆；8—上部合页（铰链）；9—下部合页（铰链）；10—防脱器；

11—支承座；12—锁扣；13—助升块；14—小转角器；15—锁紧块

2. 标记、代号

内平开下悬五金系统的代号分为名称代号和主参数代号两类。

（1）名称代号。内平开下悬五金系统的名称代号见表 4 - 4。

表 4 - 4 名 称 代 号

内平开下悬窗型 及五金类型	常用窗型		落地窗型	
	内平开下悬五金系统	下悬内平开五金系统	内平开下悬五金系统	下悬内平开五金系统
名称代号	CPX	CXP	LPX	LXP

（2）主参数代号。内平开下悬五金系统以承载质量（从 60kg 开始，每 10kg 为一级）为分级标记，锁点以实际数量标记，且不得少于 3 个。

（3）标记示例。如承载质量为 100kg，6 个锁点的常用窗用内平开下悬五金系统，标记为 CPX-100-6。

3. 性能要求

（1）上部合页（铰链）承受静态荷载性能。落地窗用上部合页（铰链），承受静态荷载（拉力）应满足表 4 - 5 的规定，且试验后不能断裂。常用窗用上部合页（铰链），承受静态荷载（拉力）应满足表 4 - 6 的规定，且试验后不能断裂。

表 4 - 5 落地窗用上部合页（铰链）承受静态荷载

承载质量代号	扇质量（kg）	拉力 F（N） （允许误差+2%）	承载质量代号	扇质量（kg）	拉力 F（N） （允许误差+2%）
060	60	600	140	140	1350
070	70	700	150	150	1450
080	80	800	160	160	1550
090	90	900	170	170	1650
100	100	1000	180	180	1750
110	110	1100	190	190	1850
120	120	1150	200	200	1950
130	130	1250	—	—	—

表 4 - 6 常用窗用上部合页（铰链）承受静态荷载

承载质量代号	扇质量（kg）	拉力 F（N） （允许误差+2%）	承载质量代号	扇质量（kg）	拉力 F（N） （允许误差+2%）
060	60	1650	140	140	3900
070	70	1900	150	150	4200
080	80	2200	160	160	4400
090	90	2450	170	170	4700
100	100	2700	180	180	5000
110	110	3000	190	190	5300
120	120	3250	200	200	5700
130	130	3500	—	—	—

（2）下部合页（铰链）承受静态荷载性能。落地窗用下部合页（铰链），与压力方向成 $11°±0.5°$ 时，承受静态荷载（压力）应满足表 4-7 的规定，且试验后不能断裂。常用窗用下部合页（铰链），与压力方向成 $30°±0.5°$ 时，承受静态荷载（压力）应满足表 4-8 的规定，且试验后不能断裂。

表 4-7　　　　　　　　　　落地窗用下部合页（铰链）承受静态荷载

承载质量代号	扇质量（kg）	拉力 F（N） （允许误差 +2%）	承载质量代号	扇质量（kg）	拉力 F（N） （允许误差 +2%）
060	60	3050	140	140	7150
070	70	3550	150	150	7650
080	80	4000	160	160	8150
090	90	4600	170	170	8650
100	100	5100	180	180	9150
110	110	5600	190	190	9700
120	120	6100	200	200	10 200
130	130	6500	—	—	—

表 4-8　　　　　　　　　　常用窗用下部合页（铰链）承受静态荷载

承载质量代号	扇质量（kg）	拉力 F（N） （允许误差 +2%）	承载质量代号	扇质量（kg）	拉力 F（N） （允许误差 +2%）
060	60	3400	140	140	8000
070	70	4000	150	150	8550
080	80	4550	160	160	9150
090	90	5100	170	170	9700
100	100	5700	180	180	10 300
110	110	6250	190	190	10 850
120	120	6800	200	200	11 450
130	130	7400	—	—	—

（3）启闭力性能。平开状态下的启闭力不应大于 50N，下悬状态下的启闭力不应大于表 4-9 的规定。

表 4-9　　　　　　　　　　下悬状态的推入力

常用窗推入力		落地窗推入力
扇质量 130kg 以下	扇质量 130kg 以上	60kg 以上
180N	230N	150N

（4）反复启闭性能。反复启闭 15 000 个循环后，所有操作功能正常。执手或操纵装置操作五金系统的转动力矩不应大于 $10N·m$，施加在执手上的力不应大于 100N；关闭时，框、扇间的间距变化值应小于 1mm；窗扇在平开位置关闭时，推入框内的作用力不应大于 120N。

（5）锁闭部件强度。锁点、锁座承受 $1800^{+50}_{0}N$ 破坏力后，各部件应无损坏。

（6）90°平开启闭性能。窗扇反复启闭 10 000 个循环试验后，应保持操作功能正常，将窗扇从平开位置关闭时，窗扇推入框内的作用力，不应大于 120N。

（7）冲击性能。通过重物的自由落体进行窗扇冲击试验，反复 5 次后，将窗扇从平开位置关闭时，窗扇推入框内的作用力，不应大于 120N。

（8）悬端吊重性能。悬端吊重试验后，窗扇不脱落，合页（铰链）应仍然连接在框材上。

（9）开启撞击性能。通过重物的自由落体进行窗扇撞击洞口试验，反复 3 次后，窗扇不得脱落，合页（铰链）应仍然连接在框梃上。

（10）关闭撞击性能。通过重物的自由落体进行撞击障碍物试验，反复 3 次后，窗扇不得脱落，合页（铰链）应仍然连接在框梃上。

（11）耐腐蚀性能。各类基材常用表面覆盖层的耐腐蚀性能要求见表 4-10。

表 4-10　　　　　　　　　　各类基材常用表面覆盖层的耐腐蚀性能

常用覆盖层		各类基材应达到指标		
		碳素钢基材	铝合金基材	锌合金基材
金属层	镀锌层	1. 中性盐雾（NSS）试验，96h 不出现白色腐蚀点，240h 不出现红锈点（保护等级≥8 级）。 2. 平均膜厚≥12μm	—	1. 中性盐雾（NSS）试验，96h 不出现白色腐蚀点（保护等级≥8 级）。 2. 平均膜厚≥12μm
	Cu+Ni+Cr或 Ni+Cr	铜加速乙酸盐雾（CASS）试验 16h、腐蚀膏腐蚀（CORR）试验 16h、乙酸盐雾（AASS）试验 96h 试验，外观不允许有针孔、鼓泡以及金属腐蚀等缺陷		

注：镀锌层腐蚀的判断仅限于五金件安装后的可视面，不包括再加工部位。

（12）膜厚度及附着力。常用覆盖层膜厚度及附着力的要求见表 4-11。

表 4-11　　　　　　　　　　常用覆盖层膜厚度及附着力的要求

常用覆盖层		各类基材应达到指标		
		碳素钢基材	铝合金基材	锌合金基材
金属镀锌层		平均膜厚≥12μm		平均膜厚≥12μm
非金属层	表面阳极氧化膜	—	平均膜厚度≥15μm	—
	电泳涂漆	—	复合膜平均膜厚度≥21μm 其中：漆膜平均膜厚≥12μm	漆膜平均膜厚≥12μm
			干式附着力应达到 0 级	干式附着力应达到 0 级
	聚酯粉末喷涂	涂层厚度 45~100μm	涂层厚度 45~100μm	涂层厚度 45~100μm
		干式附着力应达到 0 级	干式附着力应达到 0 级	干式附着力应达到 0 级
	氟碳喷涂（二涂）	平均膜厚≥30μm	平均膜厚≥30μm	平均膜厚≥30μm
		干式、湿式附着力应达到 0 级	干式、湿式附着力应达到 0 级	干式、湿式附着力应达到 0 级

注：金属镀锌层平均膜厚的要求应在满足表 4-10 要求的情况下进行。

4. 适用范围

内平开下悬五金系统在实际使用时，可根据产品检测报告中模拟试验窗型承载质量、窗型尺寸及扇的宽高比等情况综合选配。

4.7 五金配件配置安装示例

4.7.1 窗用五金配件配置、安装

1. 内平开窗

（1）五金件配置。内平开窗五金件通常包括连接框扇、承载窗扇重量的上、下合页（铰链），实现单扇定位、锁闭作用的插销，可实现多点锁闭功能的传动锁闭器，能使开启扇固定在某一角度的撑挡，以及可驱动传动锁闭器、实现窗扇启闭的传动机构用执手。

（2）五金件安装。常用内平开窗五金件安装位置示意见图 4-12。

2. 外平开窗

（1）五金件配置。外平开窗五金件通常包括连接框扇、承载窗扇重量的滑撑，可实现多点锁闭功能的传动锁闭器，以及可驱动传动锁闭器、实现窗扇启闭的传动机构用执手；当开启扇对角线尺寸不超过 0.7m 时，也可适用滑撑、旋压执手的配置。

（2）五金件安装。常用外平开窗五金件安装位置示意见图 4-13。

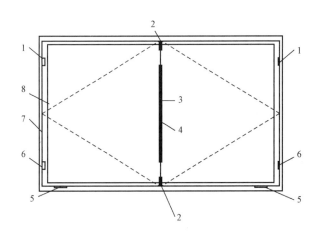

图 4-12　常用内平开窗五金件安装位置示意
1—上部合页（铰链）；2—插销；3—传动锁闭器；
4—传动机构用执手；5—撑挡；6—下部
合页（铰链）；7—窗框；8—窗扇

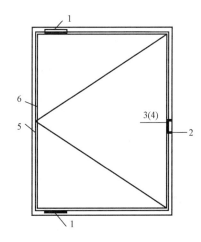

图 4-13　常用外平开窗五金件安装位置示意
1—滑撑；2—传动锁闭器；3（4）—传动机构
用执手（旋压执手）；5—窗框；6—窗扇

3. 外开上悬窗

（1）五金件配置。外开上悬窗五金件通常包括连接框扇、承载窗扇重量的滑撑，能使开启扇固定在某一角度的撑挡，可实现多点锁闭功能的传动锁闭器，以及可驱动传动锁闭器、实现窗扇启闭的传动机构用执手。

（2）五金件安装。常用外开上悬窗五金件安装位置示意见图 4-14。

4．内开下悬窗

（1）五金件配置。内开下悬窗五金件通常包括连接框扇、承载窗扇重量的合页，能使开启扇固定在某一角度的撑挡，可实现多点锁闭功能的传动锁闭器，以及可驱动传动锁闭器、实现窗扇启闭的传动机构用执手。

（2）五金件安装。常用内开下悬窗五金件安装位置示意见图4-15。

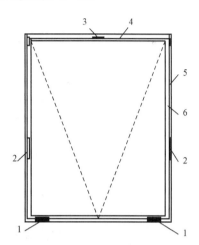

图4-14 常用外开上悬窗五金
件安装位置示意

1—撑挡；2—滑撑；3（4）—传动机构用执手（旋压执手）；
5—传动锁闭器；6—窗框；7—窗扇

图4-15 常用内开下悬窗五金件
安装位置示意

1—合页（铰链）；2—撑挡；3—传动机构用执手；
4—传动锁闭器；5—窗框；6—窗扇

5．推拉窗

（1）五金件配置。常用推拉窗五金件配置包括单点锁闭五金系列配置和多点锁闭五金系列配置。

单点锁闭推拉窗五金件通常包括滑轮、单点锁闭器（包括适用于两个推拉扇间、形成单一位置锁闭的半圆锁，适用于扇框间、形成单一位置锁闭的边锁等）。

多点锁闭推拉窗五金件通常包括滑轮、多点锁闭器、传动机构用执手。

（2）五金件安装。单点锁闭推拉窗常用五金件安装位置示意见图4-16（a）、图4-16（b），多点锁闭推拉窗常用五金件安装位置示意见图4-16（c）。

图4-16 常用推拉窗五金件安装位置示意

1—滑轮；2—单点锁闭器；3—窗框；4—窗扇；5—传动机构用执手；6—多点锁闭器

6. 内平开下悬窗

（1）五金件配置。铝合金窗用内平开下悬五金系统是通过一套五金系统使窗扇既能实现内平开开启，又能实现内开下悬开启功能的五金系统。内平开下悬五金系统基本配置应包括连接杆，防误操作器（一种防止窗扇在内平开状态时，直接进行下悬操作的装置），传动机构用执手，锁点，锁座，斜拉杆（一种窗扇在内开下悬状态时，用于连接窗上部合页与窗扇的装置），上、下合页（铰链），摩擦式撑挡（用于平开限位）等。

（2）五金件安装。常用窗用内平开下悬五金系统安装位置示意见图 4-17。

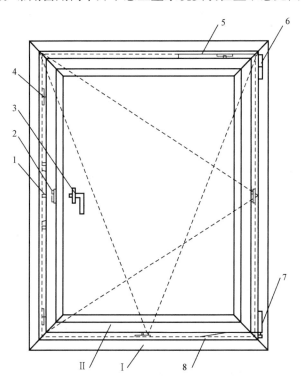

图 4-17 铝合金窗用内平开下悬五金系统基本配置示意

1—连接杆；2—防误操作器；3—执手；4—锁点、锁座；

5—斜拉杆；6—上部合页（铰链）；7—下部合页（铰链）；

8—摩擦式撑挡（平开限位器）；Ⅰ—窗框；Ⅱ—窗扇

4.7.2 门用五金配件配置、安装

1. 平开门

（1）五金件配置。平开门五金件通常包括连接框扇、承载门扇重量的上、下合页（铰链），可实现多点锁闭功能的传动锁闭器，以及可驱动传动锁闭器、实现门扇启闭的传动机构用执手，实现单扇定位、锁闭作用的插销。

（2）五金件安装。常用平开门五金件安装位置见图 4-18。

2. 推拉门

（1）五金件配置。常用推拉门五金件配置通常包括滑轮、多点锁闭器、传动机构用

执手。

（2）五金件安装。常用推拉门五金件安装位置见图 4 - 19。

 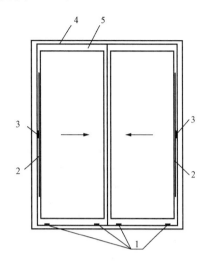

图 4 - 18 常用平开门五金件安装位置示意
1—上部合页（铰链）；2—传动锁闭器；
3—传动机构用执手；4—下部合页（铰链）；
5—插销；6—门框；7—门扇

图 4 - 19 常用推拉门五金件安装位置示意
1—滑轮；2—多点锁闭器；3—传动机
构用执手；4—门框；5—门扇

4.8 五金配件的选用

4.8.1 铝合金门窗五金件的锈蚀

由于腐蚀电位不同，造成同一介质中异种金属接触处的局部腐蚀，就是电偶腐蚀，亦称接触腐蚀或双金属腐蚀。该两种金属构成宏电池，产生电偶电流，使电位较低（负）的金属（阳极）溶解速度增加，电位较高（正）的金属（阴极）溶解速度减小。阴阳极面积比增大，介质电导率减小，都使阳极腐蚀加重。

铝合金门窗一般是由铝（型材）、不锈钢（五金件）、锌合金（五金件）、碳素钢（五金件）等组成。这些不同电极电位又相互接触的金属在腐蚀介质中组成原电池，从而发生电化学腐蚀，尤其在海洋大气、工业大气中，铝合金门窗的这种材质结构就决定了发生电化学腐蚀的必然性。铝合金型材由于本身易于钝化，电位相对其他材料将由负变正，从而减缓或停止腐蚀，电位较负的钢制零件会加剧腐蚀，造成五金件的损坏。

1. 影响五金件腐蚀的气象因素

（1）湿度。由于空气中的水分凝聚成液态水膜是形成腐蚀原电池的必要条件，因此空气的湿度是主要因素。当湿度达到某一临界值时表面形成水膜，腐蚀速度加剧。五金件常用金属的腐蚀临界相对湿度见表 4 - 12。

表 4 - 12   五金件常用金属腐蚀临界相对湿度

材料	钢铁	锌	铝	镍
临界相对湿度（%）	65	70	76	70

（2）温度。高温高湿时，气温升高加速腐蚀。温度交变由高温骤降时（晚间），使大气中的水汽凝聚成膜，也可加速腐蚀过程。潮湿时间愈长，腐蚀也愈严重。一般讲昼夜温差大于 6℃，气温在 5～50℃ 的范围内变化时，只要相对湿度达到 65%～75% 就会出现凝雾现象。

（3）大气污染。正常情况下，空气中的腐蚀介质很少，只有氧对金属的腐蚀是经常性的，但随着工业废气排放的不断增多，空气中的有害气体和粉尘也大量增加，如煤、煤油、柴油燃烧后生成的二氧化碳、二氧化硫等气体；有大量的尘埃，如烟雾、煤灰、氯化物和其他酸、碱、盐颗粒等也散布到大气中，有的本身就具有腐蚀性，有的是凝在水珠中对金属具有腐蚀作用。

2. 普通碳素钢五金件锈蚀的机理及形态

铝合金门窗安装碳素钢五金件属于大阴极面积和小阳极面积的组合。当腐蚀开始时，锈蚀产物总是在五金件与门窗型材接触的边缘部位出现，最初是围绕接触点的周边，而后连成一片。这是因为铝型材与碳素钢五金件之间的电位差通过接触构成原电池，在冷凝水膜的介入下接触部位产生铁的氧化反应生成 Fe^{2+}，非接触部位发生氧的还原反应出现 OH^-，在电场的驱动下两者向中间移动，在边缘相遇生成人们可以见到的腐蚀产物。其实腐蚀的最严重区在接触面，只是见不到腐蚀产物罢了。由于大气中氯、二氧化硫等介质的加入，会促进碳素钢材的溶解，从而加快五金件的损坏速度。

3. 铝合金门窗碳素钢五金件表面保护的难点

（1）镀锌是碳素钢五金件典型的阳极保护镀膜。在正常的大气条件下，由于碳素钢的标准电极电位是 −0.326V，锌的标准电极电位是 −0.736V，锌负于碳素钢，当电化学腐蚀条件形成时，锌作为阳极首先溶解，从而防止或延缓五金件因锈蚀而损坏的时间，然而并非什么情况下都能对五金件起到阳极保护作用。

1）当温度超过 70℃ 以上时，锌就会变成阴极，从而对五金件失去电化学保护作用。

2）当五金件被海水浸湿或有氯离子等多种有害离子组成的冷凝水膜覆盖时，镀锌层也会削弱或失去对五金件的保护作用。

（2）涂装。涂非金属膜层可以阻断铝型材与五金件之间产生腐蚀原电池，避免五金件产生电化学腐蚀，但由于非金属涂层硬度一般都很低（H4～H8），耐磨性差，在五金件的使用过程中往往因磨损而使钢铁基体部分暴露，裸露的部分在工业大气中与铝型材组成原电池，从而产生电化学腐蚀。

4. 铝合金门窗五金件防腐措施

（1）采用与铝型材电位差相近的材料或采用耐蚀性较好的材料是最佳选择之一。如采用铝合金制作执手、铰链及各种连接件。这种同金属组合是避免产生自偶电池的理想设计。但也有许多零件因为强度或制作难度的原因，不易采用铝及铝合金，那么耐蚀性较好的不锈钢也应是首选材料之一，只要钢中铬（Cr）的化学成分大于 12，不锈钢一般都具有防锈效果。但在钢中只含有铬（Cr）一种单一元素的不锈钢，其耐蚀性能并不十分好，也易生锈。只有钢中含有钛，促使碳化物稳定，才具有较高的抗腐蚀性能，如 1Cr18Ni9Ti 不锈钢。

耐蚀性好的不锈钢一般是在钢中含有铬、镍、钛等成分，其本身就是一个复杂的原电池结构，故而化学稳定性好。在许多酸、碱、盐的溶液中，在有机酸、蒸汽及湿空气中耐腐蚀性高，采用不锈钢会减少或避免型材产生电偶腐蚀的危害性。

（2）锌合金在酸、碱、盐溶液中易被腐蚀，只是在大气中表面易钝化而抗氧化性能好。锌合金件的表面保护一般采用金属镀膜或非金属涂膜，典型的处理工艺包括锌合金钝化处理、镀锌钝化、涂漆、喷塑粉等，其中前者的耐磨性好，钝化膜有一定的耐酸碱性能，可以延长零件的耐腐蚀时间；后者属非金属膜层，具有较好的绝缘性，可以避免出现电偶腐蚀。

（3）由于碳素钢本身不具备表面钝化的性能，在电化学腐蚀过程中是铝合金门窗中的牺牲阳极。较好的措施是表面镀覆金属膜层后，在与铝型材接触部位增加绝缘材料或非金属涂层，以避免或减少电偶腐蚀对五金件的破坏性。

（4）采用新技术、新工艺、新材料。采用新技术、新工艺、新材料是提高门窗五金配件耐腐蚀性的必由之路。国外五金生产商采用物理气相镀（简称 PVD，亦称真空镀）生产出外观和防腐性极佳的五金配件。真空镀具有的优点是：附着力强、镀层不易脱落；绕射性好，镀层厚度均匀；镀层致密，针孔气泡少；镀前易处理，工艺简单；用料省，无公害等。可在金属或非金属表面上镀制单质、合金或化合物。曾广泛用于航空、宇航、电子和光学等工业部门中制备各种特殊性能的镀层。随着真空镀设备的不断完善、大型化和连续化，以及涂料涂装技术的发展，可获得结合力好、耐磨性强、光亮度高的装饰性镀层。国外在执手、铰链等一些配件表面，采用真空镀 Au、Ag、Al、Zr、TiN、1Cr18Ni9 等获得综合性能极佳的外表面，使执手、铰链等这些单一功能性配件成为具有使用功能和装饰双重性能的配件。

通过 PVD 技术也可改变如执手类配件单一用金属制造的观念，国外很多配件，特别是执手类都采用工程塑料来制造，由于采用注塑工艺可大大提高劳动生产率和降低产品成本，再通过 PVD 技术使其外观金属化。其次，如氟碳喷涂、阴极电泳等表面处理的新技术、新工艺在门窗铝型材已有应用，用此生产出耐老化性、耐腐蚀性都极好的铝合金门窗，因此门窗配件也应随着型材性能的不断提高，改变单一镀锌、喷涂这一表面处理工艺，尽快采用新技术、新工艺、新材料。

4.8.2 五金件与门窗型材的槽口配合

铝合金型材的安装槽口是指铝合金型材在设计、生产过程中，为了使铝合金门窗能够达到预先设定的功能要求而预留的与其他配套材料的配合接口，包括五金件的安装槽口、密封材料及辅助件的安装槽口及玻璃的安装槽口等。型材槽口首先要满足功能尺寸的设计要求。我国铝合金门窗型材的五金槽口有 C 槽、U 槽和平槽三种。

1. C 槽

C 槽指门窗型材安装五金件的功能槽口为标准的欧标槽口，因其形似英文字母 C，故称此类型材为 C 槽型材，与之配套的五金件则称为 C 槽五金件。C 槽槽口宽度为 15/20mm。

另外也有部分 C 槽槽口为 18/24mm（如旭格型材）及 16/23mmC 槽槽口（如 ALUK）。但目前市场铝合金门窗用型材主要为 15/20 槽口。

（1）C 槽构造配合尺寸。C 槽构造尺寸见图 4 - 20。图中字母符号代表含义：A—扇槽高，B—扇槽深，C—框槽高，D—框槽深，E—框扇槽口间距，F—扇边高控制尺寸，G—扇槽底宽，H—扇槽口宽，I—框槽口宽，J—框槽底宽，K—框槽口边距，L—合页安装间距，M—执手安装构造尺寸。应该注意的是，C 槽所有的构造配合尺寸均为表面处理后的尺寸。欧式标准槽铝型材生产厂家生产时，阳极氧化和喷涂表面处理型材的生产不要共用一套模具，以免喷涂处理后槽口尺寸变小，影响与五金件的装配。

图 4 - 20　C 槽构造尺寸

（2）20mm C 槽框/扇构造配合尺寸要求。20mm C 槽铝合金门窗框/扇构造尺寸配合要求见图 4 - 21。20mm 槽的内部空间尺寸为 $20^{+0.3}_{0}$ mm $\times 3^{+0.2}_{-0.1}$ mm，这就构成了绕窗扇一周的滑槽。五金件和铝拉杆是通过窗扇四角上的特殊加工的豁口推进 C 槽的，为了保证可动五金件和铝拉杆在窗扇中能灵活地滑动，五金件和滑杆的滑动部位表面处理后的最大尺寸为 19.7×2.7mm。20mm 槽开口处的尺寸为 $15^{+0.3}_{0}$ mm，它和五金件以及滑杆的滑动部分相配合，在五金件运动过程中起到定位和导向的作用。窗扇和窗框之间的相对位置靠两个尺寸定位，窗扇和窗框相距在水平方向为 $11.5^{+0.5}_{0}$ mm，这是安装五金件必需的空间尺寸。

从图 4 - 21 可看到窗扇的凸缘尺寸为 22mm，并由此测出窗扇和窗框之间的搭接量为 $6^{0}_{-0.5}$ mm。在窗扇一周的五金件将通过上部的上悬部件和上下部的悬开铰链固定在窗框型材的内表面，因此在窗扇和窗框 Y 轴方向有 3.5～5mm 的合页通道。合页通道为 3.5mm 时，五金件承受窗扇的重量为 90kg；合页通道为 5mm 时，因为上下铰链的厚度被加大，五金件承受窗扇的重重可以提高到 130kg。

窗框的槽口为图 4 - 21 中的 B1 和 B2 槽口。这两种槽口的区别在于开口处的尺寸不同，B1 开口尺寸为 12～14mm，适用于厚度较大的型材，B2 开口尺寸为 10～11.5mm，适用于厚度尺寸较小的型材。不同尺寸的锁块、防脱器、固定座等五金件要对应安装在这两种槽

图 4-21 20mm C 槽铝合金门窗框/扇构造配合尺寸

(注：图中所有尺寸均为表面处理后尺寸，单位为 mm)

口上。

另外，铰链的底条设计也必须保证安装完毕后，底条两侧边与五金件紧密接触，而螺钉孔上端面不能与铰链接触，尽量选用不锈钢冲压加工。这样设计的铰链使用起来既灵活，又可靠。

在传动部件上应该配有可调偏心锁点，通过调整偏心锁点可以调节窗户的密闭度。通过调整上悬部件上的调整螺钉，可以调整搭接量。最好是能达到三维方向都能调节的功能。

（3）23mm C 槽框/扇构造配合尺寸要求。23 槽口又称阿鲁克槽口，23 槽口铝合金门窗框/扇的构造配合要求见图 4-22。23 槽口的内部空间尺寸为 $23^{+0.5}_{0}\text{mm} \times 3^{+0.2}_{-0.1}\text{mm}$，为了保证可动五金件和拉杆在窗扇中能灵活地滑动，五金件和铝滑杆在经过表面处理后的最大尺寸为 22.7mm×2.8mm。固定五金件（连杆、转向角等）只要能够顺利放入扇槽即可，它们在经过表面处理后的最大尺寸为 22.7mm×2.9mm。23 槽开口处的尺寸为 $16^{+0.5}_{0}\text{mm}$，它与五金件的滑动部分相配合，在五金件运动过程中起到定位和导向的作用。窗扇和窗框之间的相对位置靠两个尺寸定位，窗扇和窗框相距在水平方向为 $16^{+0.5}_{0}\text{mm}$，这是安装五金件必需的空间尺寸。

从图 4-22 可以看到窗扇的凸缘尺寸为 28mm，并由此测出窗扇和窗框之间的搭接量为 $6^{0}_{-0.5}\text{mm}$。在窗扇一周的五金件将通过上部的上悬部件和悬开铰链固定在窗框型材的内表面，因此在窗扇和窗框搭接处有 3.5～5mm 的合页通道。合页通道为 3.5mm 时，五金件承受窗扇的重量为 90kg。合页通道为 5mm 时，因为上下铰链的厚度被加大，五金件承受窗扇的重量可以提高到 130kg。一般来说 23 窗框的槽口尺寸也为 $23^{+0.5}_{0}\text{mm} \times 16^{+0.5}_{0}\text{mm} \times 3^{+0.3}_{0}$

图 4-22 23mm C槽铝合金门窗框/扇构造配合尺寸

(注：图中所有尺寸均为表面处理后尺寸，单位为 mm)

mm。在传动部件上也要有可调偏心锁点，通过调整偏心锁点可以调节窗户的密闭度。通过调整上悬部件上的调整螺钉，可以调整搭接量。

一般配欧标槽口的执手都为拨叉式的。各五金厂家对不同的执手其拨叉外露长度都有几种配置，可根据型材选配。执手安装时，开槽口要保证执手转动 180°或 90°的拨叉活动范围，同时必须使拨叉与槽内的传动杆充分接触，又不破坏滑槽，还能自如的带动传动杆上下移动。执手的内部结构要满足转动是否灵活，有无手感，轴/径向间隙的大小、开启次数等方面检验标准，在符合标准的基础上再要求外形美观来设计产品。

（4）C槽五金件的安装方式。铝合金门窗C槽一般采用嵌入式和卡槽式固定。C槽五金安装是依靠不锈钢螺钉顶紧力和机螺钉不锈钢衬片与五金槽口夹紧力来保障五金件的安装牢固度，不锈钢螺钉顶紧会在型材表面产生约 0.5~1.0mm 的局部变形使不锈钢螺钉与铝型材紧密的结合在一起保障五金件在受力时不发生位移。

C槽五金材质通常为锌合金或不锈钢，不同五金组件之间靠铝合金锁条进行联动（也有用 PA66 的）。这种固定方式只能用在金属材料的门窗上。C槽和U槽是不能互换的，因为塑料窗和木窗上不能开C槽。

C槽是欧洲标准槽口，优点是锁点可以任意增加，从而对门窗的气密性等效果好。还有就是可以做大，五金件承重比较好，比如合页。另外就五金选择面广，最好的一点就是五金安装简单，方便。

2.U槽

U槽指门窗型材安装五金件的功能槽口为标准的欧标槽口，因其形似英文字母U，故称此类型材为U槽型材，与之配套的五金件则称为U槽五金件。U槽槽口宽度为 16mm，在欧洲称之为 16mm 槽。

（1）U槽构造配合尺寸。U槽槽口在欧洲主要应用于塑料门窗、木门窗的型材及五金件。在我国有少部分企业应用于铝合金门窗上，近年来，随着铝木复合门窗的出现，U槽技术也逐渐应用在铝木复合门窗上。由于U槽技术在塑料门窗上应用较成熟、槽口构造尺寸较规范、统一，因此，应用于铝合金门窗后仍然沿用了U槽在塑料门窗上的构造尺寸配合，这样的目的是为了保持 U 槽五金配件的通用性和互换性。图 4-23 为典型 U 槽槽口构造配合尺寸。

（2）U 槽五金安装。U 型槽口的五金连接方式采用自攻螺钉螺接的方式安装五金件。铝合金窗由于金属成型好既可以开 C 槽也可以开 U 槽，所以在铝合金门窗上可使用铝合金门窗五金也可以使用塑料门窗五金件，C 槽五金件的安装大多为夹持式，使用方便。但是在木包铝窗上使用 U 槽五金件要优于 C 槽五金。

图 4-23 U 槽构造尺寸图（单位：mm）

U 型槽口的五金件需要五金件有定杆和动杆，所以一般为传动器形式。C 型槽口的五金件一般是传动件在槽口内滑动安装相对方便。

图 4-24 平槽构造尺寸图

3. 平槽

平槽就是没有任何五金安装槽口的型材，也称为无槽口。早期国内的型材都用这种型式，唯一的好处就是省型材。平槽铝合金门窗不是隔热门窗，因为用于生产门窗的铝合金型材是普通非隔热型材。随着国家建筑节能政策的实施及对铝合金门窗物理性能要求的提高，平槽铝合金门窗已不能满足要求，因此，平槽铝合金门窗逐渐退出门窗市场。平槽铝合金门窗框扇构造配合尺寸见图4-24所示。

4. C 槽与 U 槽五金件的优缺点

（1）U 槽五金在欧洲是针对塑料门窗和木门窗的专用五金槽口，U 型槽口的五金连接采用自攻螺钉螺接的方式安装五金件。但是如果应用在铝合金门窗上，当安装 U 槽五金用的自攻螺钉承载由门窗开关所产生的纵向剪切力时，由于自攻钉的硬度远大于铝合金型材，自攻钉的螺扣就会对铝合金型材产生破坏，造成安装孔扩大，长此以往五金件的螺钉连接就会出现脱扣。由于塑料门窗的内衬为钢材，材料硬度与自攻钉相等不会发生安装孔扩大和五金件脱扣现象。但 U 槽技术在塑料门窗上应用较成熟、槽口构造尺寸较规范、统一，实现了 U 槽五金配件的通用性和互换性。

（2）U 型槽口五金的材质主要为钢制，五金件通过钢制自攻钉连接到铝型材上，当受到雨水和潮湿空气的侵蚀时会发生较明显的电化学反应。因此，采用 U 槽时，五金件的安装应注意防腐。

（3）C 槽五金安装是依靠不锈钢螺钉顶紧力和螺钉不锈钢衬片与五金槽口夹紧力来保障五金件的安装牢固度，不锈钢螺钉顶紧会在型材表面产生约 0.5～1.0mm 的局部变形使不锈钢钉与铝型材紧密的结合在一起保障五金件在受力时不发生位移。

（4）C 型槽口五金安装方便。不用打安装孔，不采用自攻钉连接，安装简便，对设备等

（电、气）辅助条件的依赖低，可以实现现场安装。

（5）C型槽口铰链采用高硬度的不锈钢衬片，在紧固螺钉拧紧时衬片上的特殊构造将像牙齿一样咬入铝合金型材的表面，形成若干 0.2～0.5mm 的局部变形（小坑），从而保证了窗扇的安全性能，杜绝由连接螺钉与铝型材硬度不等产生脱扣而出现平开窗（门）的窗（门）扇脱落现象。

4.8.3 五金配件对铝合金门窗性能的影响

为保持室内安静、舒适的生活环境，要求门窗具有较好的抗风压性、气密性、水密性、保温隔热性、隔声性能及使用安全及耐久性等。门窗是由玻璃、型材、五金件及密封胶条组成一个有机的系统，五金配件是负责将门窗的框与扇紧密连接的部件，没有它的存在，门窗就变成了死扇，失去了门窗通风的功能。

铝合金门窗各项物理性能之间有很大的关联性。门窗的隔热、保温性能除与所用材料有关外，气密性能对门窗的保温隔热性能有很大的影响，气密性能又与水密性能和隔声性能有很大的关联性。因此，铝合金门窗要想节能除选用传热系数小的材料如隔热铝合金型材、中空玻璃外，还要考虑根据门窗材料配置合适的五金配件。

1. 五金件的配置对铝合金门窗性能的影响

对门窗密封性能产生影响的门窗五金件种类很多。按照对门窗密封性能的影响，大体可分为两类：多锁点五金件和单锁点五金件。

多锁点五金件的锁点和锁座分布在整个门窗的四周，当门窗锁闭后，锁点、锁座牢牢地扣在一起，与铰链（合叶）或滑撑配合，共同产生强大的密封压紧力，使密封条弹性变形，从而提供给门窗足够的密封性能，使扇、框形成一体。因此，使用多锁点五金件可以提高门窗的密封性能。

单锁点五金件所产生的密封性能相对来说就要差很多。由于单锁点只能在门窗扇开启侧提供单点锁闭，与铰链（合页）或滑撑配合只能产生三四处锁闭点，致使门窗扇四角处于无约束状态。无约束角到锁点之间的缝隙，降低了门窗的密封性能。

下面以执手侧锁点的布置数量为例，分别计算窗扇自由角的变形情况来分别说明锁点数量对气密性能的影响。

设窗宽为 B，窗高为 H，窗扇抗弯刚度为 $E \times I$，分为单锁点、两锁点、三锁点三种情况（锁点距扇边不小于 0.1mm），按力学公式分别给出窗扇执手侧在密封方向的最大变形值 f。

单锁点：

$$f_1 = \frac{q_d H(H/2)^3}{8EI} = \frac{q_d H(H/2)^3}{8EI}$$

$$= \frac{q_d H^4}{64EI} = 0.0156 \frac{q_d H^4}{EI}$$

两锁点：

$$f_2 = \frac{5q_d(H-0.2)^4}{384EI} = 0.013 \frac{q_d(H-0.2)^4}{EI}$$

三锁点（均匀分布）：

$$f_3 = 0.005\ 21\ \frac{q_d\big[(H-0.2)/2\big]^4}{EI} = 0.000\ 33\ \frac{q_d(H-0.2)^4}{EI}$$

式中 q_d——执手侧线荷载值。

为对上式做一个概念性的比较，忽略 f_2、f_3 式中锁点边距的影响，可得：

$$f_1 : f_2 : f_3 = 47.3 : 39.3 : 1$$

由此可见：采用三锁点后已可大大减少门窗扇的变形，提高密封性能。当然在满足强度和密封要求的条件下，不宜采用过多的锁点，否则会造成浪费。

门窗的气密性能不好，主要表现在开启扇和固定框之间密封较差。这又将引起门窗的水密性能较差，同时对门窗的空气隔声性能影响较大。

2. 五金件的质量对铝合金门窗性能的影响

铝合金门窗如果选用了质量低劣的五金件或五金件选用不合理，也将对铝合金门窗的气密性能产生影响。请看以下案例：

【示例 1】 外平开窗执手设计、选用错误，必须将窗扇做窄 5～6mm，窗扇开启时，执手柄才不会碰窗框，而这样，执手侧窗扇与窗框几乎无密封搭接，严重影响了门窗的气密性能。

【示例 2】 将承载能力低、质量较差的滑撑用在外平开窗上，造成窗扇关闭后，窗扇执手侧下坠严重，使窗扇与窗框四周不能达到合理的密封配合，无法保证整个窗的气密性能。

【示例 3】 内平开下悬窗使用劣质的五金件，安装后，下合页部位变形严重，窗扇合页侧扇框搭接量由设计的 5.5～6mm 减少到 1～2mm，整窗气密性能也将无法保证。

如果门窗采用的是质量低劣的锁闭五金件时，当门窗锁闭后，锁点、锁座无法紧扣在一起，无法产生密封压紧力，将导致门窗密封性能的降低。

3. 五金件的安装方式对铝合金门窗保温性能的影响

对于节能铝合金门窗的生产，有人认为，只要采用了高档隔热型材、Low-E 中空玻璃，就能制作出节能的门窗，这里存在着一个误区。门窗系统的节能效果是通过对其整体性能的综合评判，是型材、玻璃、五金件的协调匹配。中空玻璃仅解决了玻璃面积上的能耗问题，而占到门窗面积约 30% 的框扇型材上的节能课题却一直是一个颇受争议与困扰的问题。以图 4-25 和图 4-26 所示铝合金门窗锁闭系统的安装方式为例，来看一个同结构的窗型，在配置不同的五金件时的效果是不一样的。

图 4-25 中是将传动部件放在隔热条的外侧，执手的方钢部分穿过隔热条，使得两个本来用隔热条隔开的腔体通过执手方钢连接起来，隔热条隔开的两个腔体之间形成了"冷桥"，造成隔热型材隔热条不能形成环形连续隔断，没有起到断桥的作用，降低了门窗的保温、隔热性能，造成整窗的节能性能降低。执手的方钢部分穿过隔热条还损伤了隔热条，使整窗的刚度降低。

图 4-26 是将传动部件放在隔热条的内侧，执手的拨叉部分不需要穿过隔热条，没有损伤隔热条，两个独立腔体之间没有形成冷桥，型材隔热条形成环形连续隔断，保证了断桥的作用，使整窗的节能设计得到了有效发挥。

由此可见，随着使用者的不同选择，门窗的节能效果是完全不一样的。如何配置好五金配件，使断桥隔热型材发挥作用，这是很关键的。

4. 五金件的配置对铝合金门窗功能的决定作用

铝合金门窗有多种类型和结构形式，而窗型的各种功能全部依赖于五金件的配置。平开下悬窗具有既平开又内倒的功能，推拉折叠门窗具有既推拉又折叠的功能，内倒推拉、活动百叶等，都是靠五金件的作用达到它独有的特定功能。可以说五金件对铝合金门窗的功能起决定性作用。

4.8.4　五金配件的选用原则

1. 从性能和使用方面选用

（1）在选用五金配件时应要求供货单位提供产品性能符合相应国家标准或行业标准的有效产品检验报告及产品合格证书，且产品在进货时应进行质量抽检。

（2）材质好的五金配件是良好品质节能窗的基本保证。材质差的五金配件易老化、碎裂，进而导致铝合金门窗的开启不灵活或无法启闭，并可能带来生命安全的威胁，因此在选择五金配件时一定要选择有品质保证的产品，不能贪图便宜，因小失大。

（3）对节能铝合金门窗的五金配件配置，应选择锁闭良好的多点锁系统，多锁点五金件的锁点和锁座分布在整个窗扇的四周，当窗扇锁闭后，锁点、锁座牢牢地扣在一起，与铰链（合页）或滑撑配合，共同产生强大的密封压紧力，使密封条弹性变形，从而提供给铝合金门窗足够的密封性能，使窗扇、框形成一体，同时保证铝合金门窗在受风压的作用下，扇、框变形同步，有效保证密封材料的合理配合，使密封胶条能随时保持受压力的状态下有良好的密封性能。因此，多锁点五金件可以大大提高铝合金门窗的密封性能。单锁点只能在窗扇开启侧提供单点锁闭，与铰链（合页）或滑撑配合只能产生 3、4 处锁闭点，在铝合金门窗受到正风压，或负风压时，窗在没有锁闭点的位置就会发生变形，因而导致扇、框之间产生缝隙，使得热冷空气通过缝隙循环流动，形成对流。因此，单点锁五金配置时，严重降低了铝合金门窗的密封性能，不能使铝合金门窗达到节能要求。

（4）五金配件的合理设计和安装是非常关键的。没有正确的设计和安装会使得隔热断桥铝合金型材失去断桥的作用，里外相连形成热传导，如图 4 - 25 和图 4 - 26 所示。

图 4 - 25 是将传动部件放在隔热条的外侧，执手的方轴部分穿过隔热条，还损伤了隔热条，使整窗的刚度降低，并且执手部分穿过两个本来用隔热条隔开的腔体，使得隔热条隔开的两个腔体之间形成了"冷桥"，造成隔热型材隔热条不能形成环形连续隔断，没有起到断桥的作用，降低了铝合金门窗的保温、隔热性能，造成整窗的节能性能降低。

图 4 - 26 是将传动部件放在隔热条的内侧，执手的拨叉部分不需要穿过隔热条，没有损伤隔热条，两个独立腔体之间没有形成冷桥，型材隔热条形成环形连续隔断，保证了断桥的作用，使整窗的节能设计得到了有效发挥。

2. 从配合结构方面选择

由于我国门窗系统多为引进欧洲门窗系统，如旭格系统、阿鲁克系统、欧标系统等。其中前两者为各自独立发展的特有门窗系统技术，其五金配套槽口为专用槽口，通用性差，五

图 4-25 传动部件在隔热条外侧

图 4-26 传动部件在隔热条内侧

金配件无选择性，必须使用其配套产品。欧标系统的门窗采用欧洲标准五金配套槽口，其配套生产厂家多，使用者对于五金品牌的选择多，适用范围广，通用性好，市场占有率高。

我国目前市场流通的各种系列的铝合金门窗五金安装槽口，大部分采用欧标 20 槽口，还有部分采用 U 型槽口。因此，型材安装槽口不同，相应的五金系统在选择时应注意区别。

（1）检查门窗系统槽口是那种槽口系统，选择相应槽口的五金件。

（2）根据门窗的使用功能及实际开启形式确定相应五金配件。

（3）选用与本系统槽口相对应的五金件，因欧标槽口根据具体的窗扇大小及重量分为不同的几种类型，故此在选用时需先确定其为几号槽口。

（4）合页或铰链的选择，在槽口相对应的前提下，应注意其最大承重力是否满足窗扇的使用条件。

（5）考虑五金执手的装饰性。

（6）如果窗扇的尺寸过高，合页侧需加设锁紧机构，以保证窗户的各项性能指标。

4.9 密封材料

4.9.1 密封胶条

密封胶条是用于铝合金门窗密封的材料，又称为密封条。密封胶条的颜色一般为黑色，也可根据要求而制成各种不同的颜色，以配合不同颜色的门窗，使之协调一致。密封胶条的产品标准为：《建筑门窗、幕墙用密封胶条》（GB/T 24498—2009）。

1. 定义

回弹恢复：密封胶条在受到压缩后恢复其自由高度的能力。

自由高度：密封胶条在零负荷下的高度。

工作范围：在门窗扇关闭或玻璃镶嵌的工作状态，密封胶条被压缩的距离。

拉伸恢复：密封胶条受到拉伸后，恢复初始长度的性能。

2. 代号、标记

铝合金门窗用密封胶条分为硫化橡胶类密封胶条和热塑性弹性体类密封胶条两大类。铝合金门窗用密封胶条的产品代号包括名称代号和主参数代号两种。

（1）名称代号。硫化橡胶类胶条包括有三元乙丙橡胶、硅橡胶、氯丁橡胶胶条等；热塑性弹性体类胶条包括有热塑性硫化胶、聚氨酯热塑性弹性体、增塑聚氯乙烯胶条等。常用胶条材料名称代号见表4-13。

表4-13 常用密封胶条材料名称代号

硫化橡胶类		热塑性弹性体类	
胶条主体材料	名称代号	胶条主体材料	名称代号
三元乙丙橡胶	EPDM	热塑性硫化胶	TPV
硅橡胶	MVQ	聚氨酯热塑性弹性体	TPU
氯丁橡胶	CR	增塑聚氯乙烯	PPVC

（2）主参数代号。密封胶条的主参数包括硬度、回弹、热老化后回弹性能三个主参数，其代号如下：

硬度参数代号以实际硬度标记。

回弹参数代号以实际的回弹恢复分级标记，回弹恢复分级见表4-16。

热老化后回弹参数代号以实际的热老化后回弹恢复分级标记。硫化橡胶类密封胶条和热塑性弹性体类密封胶条热老化后回弹恢复分级分别见表 4-14 和表 4-15。

表 4-14 硫化橡胶类密封胶条材料的物理性能

项　目		要　求
基本物理性能	硬度（邵氏 A）	符合设计硬度要求（±5）
	拉伸强度（MPa）	≥5.0
	拉断伸长率（%） 硬度（邵氏 A）<55	≥300
	硬度（邵氏 A）≥55	≥250
	压缩永久变形（%）	≤35
热空气老化性能	硬度（邵氏 A）变化	−5～+10
	拉伸强度变化率（%）	<25
	拉断伸长率变化率（%）	<40
	加热失重（%）	≤3.0
	热老化后回弹恢复（Da）分级	1 级：30%<Da≤40% 2 级：40%<Da≤50% 3 级：50%<Da≤60% 4 级：60%<Da≤70% 5 级：70%<Da≤80% 6 级：80%<Da≤90% 7 级：90%<Da
	硬度（邵氏 A）变化	−10～+10
	−40℃时，低温脆性	不破裂

表 4-15 热塑性弹性体类密封胶条材料的物理性能

项　目		要　求
基本物理性能	硬度（邵氏 A）	符合设计硬度要求（±5）
	拉伸强度（MPa）	≥5.0
	拉断伸长率（%）	≥250
热空气老化性能	硬度（邵氏 A）变化	−5～+10
	拉伸强度变化率（%）	<15
	拉断伸长率变化率（%）	<30
	加热失重（%）	≤3.0
	热老化后回弹恢复（Da）分级	1 级：30%<Da≤40% 2 级：40%<Da≤50% 3 级：50%<Da≤60% 4 级：60%<Da≤70% 5 级：70%<Da≤80% 6 级：80%<Da≤90% 7 级：90%<Da

续表

项 目		要 求
硬度（邵氏 A）变化	−10～0℃	−10～+10
	0～23℃	−10～+10
	23～40℃	−15～+15
−20℃时，低温脆性		不破裂

3. 标记

(1) 标记方法。密封胶条的标记方法见图 4 - 27。

图 4 - 27　密封胶条标记方法

(2) 标记示例。

【示例 1】　硫化橡胶类三元乙丙橡胶密封胶条，硬度为 60，回弹为 70%，热老化后回弹为 60%，标记为 EPDM60-4-3。

【示例 2】　热塑性弹性体类增塑聚氯乙烯密封胶条，硬度为 65，回弹为 45%，热老化后回弹为 35%，标记为 PPVC65-2-1。

4. 性能要求

(1) 材料的物理性能。硫化橡胶类密封胶条所用的材料的物理性能见表 4 - 14，热塑性弹性体类密封胶条所用的材料的物理性能见表 4 - 15。

(2) 密封胶条制品的性能。密封胶条制品的回弹恢复以 70℃×22h 条件下热空气老化后的回弹恢复（Dr）分级，分级见表 4 - 16。

表 4 - 16　　　　　　　　　　密封胶条回弹恢复分级

分 级	要 求	分 级	要 求
1 级	30%<Dr≤40%	5 级	70%<Dr≤80%
2 级	40%<Dr≤50%	6 级	80%<Dr≤90%
3 级	50%<Dr≤60%	7 级	90%<Dr
4 级	60%<Dr≤70%		

密封胶条制品的加热收缩率以 70℃×24h 条件下的制品长度收缩率考核，其收缩率应小于 2%。

密封胶条制品的污染及相容性应符合相应产品标准要求。

密封胶条制品的老化性能包括耐臭氧老化性能和光老化性能，性能指标应符合产品标准要求。

5. 应用选择

密封胶条有多种形状，有○形的，K 形的等，根据铝合金门窗的不同部位及不同功能要求，应采用不同的胶条。○形胶条，一般用于窗扇框之间的密封，多用于平开窗上；K 形胶条一般用于玻璃与门窗框、扇之间的镶嵌密封。图 4‐28 为 K 形胶条、○形胶条及纱窗用胶条的结构断面图。

玻璃密封条　　　　框扇密封条　　　　纱网密封条

图 4‐28　不同型号的密封胶条

由于密封胶条具有一定的伸缩性，在穿入或压入型材槽口的过程中，必将对其产生一定的拉伸作用，使胶条变长，因此在胶条入槽口后，应有意多压入一些，特别是在热天装配时，以免以后产生收缩而造成接口处脱开的现象。

密封胶条对于铝合金门窗的密封作用起着重要的影响，因而影响铝合金门窗的气密性能、水密性能及空气声隔声性能。这是因为劣质胶条在几个月内就会变硬，失去弹性，从而失去了密封的功能及作用。优质胶条能长期的使用而不会失去弹性，有的能与外窗的使用寿命相当。

下面介绍几种铝合金门窗常用密封胶：

（1）增塑聚氯乙烯（PPVC）胶条。PPVC 密封胶条是以 PVC 树脂为主要原料，配上适量的增塑剂、稳定剂、碳黑等辅料，经混合均匀后，通过挤出成各种形状的密封胶条。PVC 密封胶条根据配料不同可制成软硬不同及各种颜色的胶条，以适应不同的窗的色彩。PVC 密封胶条由于内部掺加了一定量的增塑剂，增塑剂会随着时间的推移而产生迁移现象，使胶条逐渐失去弹性，产生老化现象。

（2）三元乙丙橡胶（EPDM）密封胶条。EPDM 密封胶条是以三元乙丙橡胶为主要原料，配以相应的硫化剂、防老化剂等，经混炼、挤出成型等。EPDM 密封胶条也能生产出各种颜色的胶条，其最大优点是耐老化性能优异，一般来说三元乙丙密封胶条能使用 50 年而不会老化，是一种优异的密封胶条。

（3）硅橡胶（MVQ）密封胶条。MVQ 密封胶条是近几年开发出来的新型密封材料，它的生产工艺同 EPDM 密封胶条的生产工艺相同，只是将三元乙丙橡胶改用硅橡胶即可。在密封胶条的产品中，硅橡胶密封胶条的耐老化性能也是十分优异的，在某些方面甚至还超过三元乙丙橡胶密封胶条。

由于三元乙丙密封胶条及硅橡胶密封胶条的性能优异，虽然它们的价格较高，但在使用过程中能很好地保持胶条的密封功能，很好的保持门窗的性能，因此，使用成本低廉。

4.9.2　密封毛条

密封毛条是用于推拉铝合金门窗上的一种密封材料，它是用丙纶（聚丙烯）长丝制成绒毛，并将绒毛栽植融合在聚丙烯材质的底版上而成。将毛条装在推拉门窗上，毛条与框、扇紧密密合起到密封作用。

1. 产品分类

按照《建筑门窗密封毛条》（JC/T 635—2011）规定，以丙纶长丝制造的密封毛条产品代号为：MT。

（1）品种代号。常用铝合金门窗密封毛条的产品品种型式分为平板型、平板加片型和 X 型，如图 4-29 所示，其代号见表 4-17。毛条的绒毛密度及代号见表 4-18。毛条的颜色及代号见表4-19。

平板型　　　　　　　平板加片型　　　　　　　X型

图 4-29　不同型号的密封毛条

表 4-17　　　　　　　　　　　常用密封毛条材料名称代号

品　　种	平板型	平板加片型	X 型
代　　号	Ⅰ	Ⅱ	Ⅲ

表 4-18　　　　　　　　　　　毛条的绒毛密度及代号

绒毛密度	普通密度	中密度	高密度
代　　号	S	E	P

表 4-19　　　　　　　　　　　毛条的颜色及代号

颜色	黑	灰	白	棕
代　　号	BL	GR	WH	BR

（2）基本尺寸。毛条的基本尺寸系列见表 4-20 所示。

表 4-20　　　　　　　　　　　毛条的基本尺寸　　　　　　　　　（单位：mm）

品种	B（底板宽度）	H（毛条高度）	S（底板厚度）
Ⅰ、Ⅱ型	4.8、5.6、6.8、9.8、10.8、12.7	3～13 每 0.5 一档	1
Ⅲ型	2.8	9～19 每 0.5 一档	3

（3）标记。

1）标记方法。密封毛条的标记方法见图 4-30。

2）标记示例。

MT-Ⅱ58·45P·GR·A-JC/T635

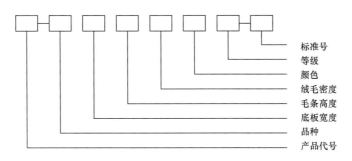

标准号
等级
颜色
绒毛密度
毛条高度
底板宽度
品种
产品代号

图 4 - 30　密封毛条标记方法

按照前面定义，其标记是：建筑门窗用密封毛条，毛条为平板加片型，底板宽 5.8mm，高度 4.5mm，高密度，灰色，优等品，毛条产品标准是：《建筑门窗密封毛条》（JC/T 635—2011）。

2. 质量要求

（1）材料要求。

1）毛条用绒毛须采用丙纶纤维异型长丝。

2）丙纶纤维必须经过紫外线稳定性处理和硅化处理。

（2）外观质量。

1）绒毛应均匀致密，毛簇挺直、切割平整、不得有缺毛及凹凸不齐现象。

2）底版表面光滑平直，不得有裂纹、气泡、粘合不牢固等缺陷。

3）拼接：最短段不得短于 2m；每 50m 密封毛条允许 4 段拼接。

4）不允许有油污、脏物。

（3）空气渗透性能（q）。空气渗透性能应符合表 4 - 21 规定。

表 4 - 21　　　　　　　　　　密封毛条的空气渗透性能　　　　　　　［单位：$m^3/(m \cdot h)$］

品种	优等品	一等品	合格品
Ⅰ	$q \leqslant 1.0$	$q \leqslant 1.5$	$q \leqslant 2.0$
Ⅱ	$q \leqslant 0.7$	$q \leqslant 1.0$	$q \leqslant 1.5$
Ⅲ	$q \leqslant 2.5$	$q \leqslant 3.0$	$q \leqslant 3.0$

（4）机械性能应符合产品标准要求。

（5）尺寸偏差应符合产品标准要求。

3. 应用选择

目前，市场上出售的密封毛条可分为非硅化毛条和硅化毛条两大类，根据其形状又可分为加片毛条和非加片毛条。硅化与否是指生产制作用毛是否经有机硅处理，经有机硅处理过的毛条，称其为硅化毛条，因其具有一定的拒水能力，从而能保证外窗在遇水的状态下仍能保证其密封能力。没有经过硅化处理的毛条，在遇水后将卷曲成一团，从而失去了其密封作用。

加片毛条，是指在生产毛条的过程中将一聚丙烯胶片加到毛条中间，由于此薄片的加大，能有效地阻挡气流通过竖毛，使密封毛条的密封性和抗水性得到成倍的提高，是一种极为优良的密封材料。

由于不同的密封毛条其性能差距较大，因此在选择时应根据铝合金门窗的性能设计选择合适的密封毛条，并严格检查毛条实物是否符合设计要求。

密封毛条主要用在推拉门窗上，随着建筑节能标准的实施及人们对铝合金门窗产品档次要求的提高，要求铝合金门窗具有较高的物理性能指标。因此，隔热保温性能、气密性能及隔声性能较差的推拉铝合金门窗将逐渐推出建筑市场，与之配套的密封毛条也将逐渐淘汰。

4.9.3 建筑密封胶

建筑密封胶主要应用于铝合金门窗的玻璃镶嵌上。玻璃的镶嵌有干法和湿法之分。干法镶嵌即采用密封胶条镶嵌，湿法镶嵌即采用密封胶镶嵌。

密封胶的相容性即密封胶与其他材料的接触面互相不产生不良的物理化学反应的性能。

密封胶的粘结性即密封胶在给定基材上的粘结性能。

用于铝合金门窗镶装玻璃的密封胶主要有硅酮密封胶和弹性密封胶。两种密封胶的产品标准分别为《硅酮建筑密封胶》（GB/T 14683—2003）和《建筑窗用弹性密封胶》（JC/T 485—2007）。

对于隐框窗用密封胶，结构装配用密封胶应符合《建筑用硅酮结构密封胶》（GB 16776—2005）的规定要求，玻璃接缝用密封胶应符合《幕墙玻璃接缝用密封胶》（JC/T 882—2001）的规定要求。

《铝合金门窗》产品标准规定镶装玻璃的密封胶应符合标准《硅酮建筑密封胶》（GB/T 14683—2003）的要求。但符合标准《硅酮建筑密封胶》（GB/T 14683—2003）要求的硅酮建筑密封胶不一定都适合镶装玻璃用途，下面对硅酮建筑密封胶进行说明。

1. 产品分类

（1）种类。

1）按固化机理分为：A 型——脱酸（酸型）；B 型——脱醇（中型）。

2）按用途分为：G 类——镶装玻璃用；F 类——建筑接缝用。

（2）级别。

1）产品按位移能力分为 25、20 两个级别。

2）产品按拉伸模量分为高模量（HM）和低模量（LM）两个次级别。

（3）标记。

产品按下列顺序标记：名称、类型、类别、级别、次级别、标准号。

标记示例：

镶装玻璃用 25 级别高模量硅酮建筑密封胶。

标记为 AG25HMGB/T 14683。

2. 质量要求

（1）外观。产品应为细腻、均匀膏状物，不得有气泡、结皮和凝胶；产品的颜色与供需双方商定的样品相比，不得有明显的差异。

（2）硅酮建筑密封胶的理化性能应符合产品标准的要求。

3. 应用选择

密封胶的产品种类很多，但用于铝合金门窗的玻璃镶嵌的密封胶则要仔细选择。

（1）镶装玻璃用的密封胶要承受长时间的太阳光紫外线辐射，因而要求密封胶具有良好的耐候性和抗老化性及永久变形小等。因此应选用具有良好耐候性能和位移能力的硅酮密封胶。

（2）镶装玻璃用的密封胶在密封时与玻璃及铝合金型材接触，如果密封胶与相接触材料不相容，即二者之间不能长时间很好的粘结，就不能起到密封的作用。因此，生产企业选用密封胶后应进行密封胶与所接触材料的相容性和粘结性试验，只有相容性和粘结性试验合格的密封胶才能使用。

（3）不同的密封胶用途不同，不能随意替用。如同样是满足标准《硅酮建筑密封胶》（GB/T 14683—2003）要求的硅酮建筑密封胶，有镶装玻璃用和建筑接缝用两类。因此，要求铝合金门窗生产企业慎重选用，并严格检查密封胶实物是否符合产品用途的要求。

（4）由于密封胶性能的时效性，过期的密封胶其耐候性能和伸缩性能下降，表面容易裂纹，影响密封性能。因此，密封胶必须保证是在有效期内使用。

总之，选用密封胶产品时，应查验密封胶供货单位提供的有效产品检验报告和产品质量保证书，并符合相应的产品标准要求。

第5章

铝合金门窗建筑设计

5.1 设计考虑因素

门窗作为建筑外围护结构的组成部分，无论是高档建筑还是普通住宅，都给予了不同的建筑功能和要求，要满足建筑效果、防雨、采光、通风、视野、保温隔热、隔声等多种功能，才能为人们提供舒适、宁静的室内环境。

铝合金门窗的工程设计首先是门窗性能的建筑设计，以满足不同气候及环境条件下的建筑物使用功能要求为目标，合理确定铝合金门窗的性能指标及有关设计要求，而不是将各项性能指标定得越高越好。门窗同时又兼有建筑室内、外装饰二重性，还要符合建筑装饰整体性要求。因此，铝合金门窗的产品设计时，要考虑以下几方面的因素：

（1）使用环境：地理位置、气候条件、生活习惯及开启方式对铝合金门窗的要求。

（2）建筑风格与构造类型：建筑构造、色彩、分格方案、造型及民用或商用对铝合金门窗的要求。

（3）节能与资源利用：建筑物的节能设计对铝合金门窗型式、配件、玻璃选用等的要求。

（4）建筑物理性能：由建筑物的性能设计要求对铝合金门窗的物理性能要求。

（5）技术可靠性：材料、加工技术、安装技术的要求。

（6）造价成本：建筑物造价成本的要求。

（7）使用耐久性：铝合金门窗应满足设计规定的耐久性要求。

5.1.1 性能要求

（1）铝合金门窗的物理性能有抗风压性能、水密性能、气密性能、保温性能、空气隔声性能、遮阳性能和采光性能。

铝合金门窗产品标准《铝合金门窗》（GB/T 8478—2008）中对铝合金门窗各项物理性能及分级做了规定，性能分级越高，门窗的性能越好。门窗的性能要求与建筑物所处的地理位置和气候条件有关，如在沿海台风多发地区，门窗的抗风压性能和水密性能就需要达到较高的等级，而寒冷地区的门窗其保温性能和气密性能必须达到较高的等级要求。夏热冬暖地区的门窗设计，则必须注重门窗的遮阳设计。

（2）门窗在正常使用过程中，使用安全性和使用耐久性也是在铝合金门窗设计中应考虑的因素。

门窗围护的室内场所的安全性包括要防止门窗玻璃的突然炸裂、门窗玻璃的破碎对人身的伤害等情况。同时，人们在使用过程中要对门窗开启部分进行频繁的开启、关闭，要求门窗在设计时应考虑门窗材料及配件的使用耐久性。我国《住宅性能评定技术标准》（GB/T 50362—2005）中提出门窗的设计使用年限为不低于 20 年、25 年和 30 年三个档次。公共建筑门窗的设计使用年限一般比居住建筑门窗的使用年限更高。因此，铝合金门窗的设计应按使用年限确定与其相一致的门窗耐久性指标，门窗应符合设计规定的耐久性要求。

5.1.2　使用环境要求

1. 地域环境

我国地域环境分布中，地区及人口分布参考表 5-1。

表 5-1　　　　　　　　　　中国地域环境分布中地区及人口分布

分区名称	分区指标	设计要求	地区（%）	人口（%）
严寒地区	最冷月均≤−10℃	保温	45	11.9
寒冷地区	最冷月均−10～0℃	保温为主，隔热	30	27.3
夏热冬冷地区	最冷月均 0～10℃ 最热月均 25～30℃	隔热为主，保温	15	47.3
夏热冬暖地区	最冷月均>10℃ 最热月均 25～29℃	隔热	5	10.2
温和地区	最冷月均 0～13℃ 最热月均 18～25℃	保温	5	3.2

从表 5-1 中看出，要求保温地区占全国 95% 以上，其中 0℃ 以下保温地区占全国 75%，人口占 39.2%。这些地区是要求必须考虑保温的地区，防止热量向户外传递，可采用隔热措施。有隔热要求地区占 50%，这些地区以防太阳辐射为主，防止热量进入室内，制冷能耗占建筑能耗的 41%～45%，良好的隔热窗型在夏季可节省 70% 左右的制冷电力，可采用可遮蔽的外窗设计。

2. 风力与风速

在进行铝合金门窗设计计算时，风力作用的大小以风压表示，风压是指在风力作用下，垂直于风向平面上所受到的压强，其单位为 Pa（N/m²）。低速流动的空气可作为不可压缩的流体看待，由不可压缩的理想流体质点作稳定运动时的伯努利方程得到风压和风速的关系式为：

$$W_0 = \rho v^2/2 = rv^2/(2g) \tag{5-1}$$

其中，重力加速度 g 和空气容重 r 因地理位置而变化。在标准大气压 101.325kPa（760mmHg），常温 15℃ 时，干空气容重 $r=0.012\,018kN/m^3$。纬度 45° 处海平面上重力加

速度 $g=9.8\text{m/s}^2$ 计算得到：$r/(2g)=1/1630\approx1/1600\text{kN}\cdot\text{s}^2/\text{m}^2$。

根据《建筑结构荷载规范》（2006 版）（GB 50009—2012）取风压系数为 1/1600，则风压与风速的关系为 $W_0=v^2/1600\text{kN}\cdot\text{s}^2/\text{m}^2$。

【示例】 6 级风力的风速为 12.6m/s，代入公式 $W_0=v^2/1600=100\text{PaN/m}^2$。

根据风压与风速的关系式及蒲氏风级表 5-2，可以计算出铝合金门窗检测时对应的风力等级。如气密检测时风压为 100Pa，则风速为 12.6m/s，相当于蒲氏风力等级 6 级。水密检测时性能分级为 500Pa，则风速为 28.3m/s，相当于蒲氏风力等级 10 级。抗风压性能检测时，性能分级为 3500Pa，则风速为 75m/s，相当于蒲氏风级表 17 级以上。

表 5-2　　　　　　　　　　　　　蒲 氏 风 级 表

风力等级	名称	距地 10m 高度相当风速（m/s）	风力等级	名称	距地 10m 高度相当风速（m/s）
0	静	0～0.2	9	台风	20.8～24.4
1	软	0.3～1.5	10	台风	24.5～28.4
2	轻	1.6～3.3	11	台风	28.5～32.6
3	微	3.4～5.4	12	台风	32.7～36.9
4	和	5.5～7.9	13	台风	37.0～41.4
5	清	8.0～10.7	14	台风	41.5～46.1
6	强	10.8～13.8	15	台风	46.2～50.9
7	疾风	13.9～17.1	16	台风	51.0～56.0
8	大风	17.7～20.7	17	台风	56.1～61.2

5.1.3　建筑风格与构造

铝合金门窗作为建筑围护结构，不仅要与建筑物的功能结合在一起，也要与建筑物的风格、色彩、造型结合起来，与整栋建筑成为一体。因此，铝合金门窗的材料、线条、分格方案等要满足建筑物的功能设计和美学艺术的要求，形成与建筑物造型、美学艺术、建筑环境紧密结合的统一体。铝合金门窗的立面造型、质感、色彩等应与建筑外立面及周围环境和室内环境协调。

近年来，为满足人们采光、观景、装饰和立面设计要求，建筑门窗洞口尺寸越来越大，不少住宅建筑甚至安装了玻璃幕墙。人们在追求通透、明亮的大立面、大分格、大开启窗的同时，应协调解决好大立面窗与保温隔热节能的矛盾。我国居住建筑和公共建筑节能设计标准均对窗墙面积比有相应的规定。铝合金门窗的宽、高构造尺寸应根据天然采光设计确定的房间有效采光面积和建筑节能要求的窗墙面积比等因素综合确定。

铝合金门窗的立面分格尺寸应根据开启扇允许最大宽、高尺寸，并考虑玻璃原片的成材率等综合确定。门窗的立面分格尺寸大小要受其最大开启扇尺寸和固定部分玻璃面板尺寸的制约。开启扇允许最大高、宽尺寸由具体的门窗产品特点和玻璃的许用面积决定。门窗立面设计时应了解拟采用的同类门窗产品的最大单扇尺寸，并考虑玻璃板的材料利用率，不能盲目决定。

　　铝合金门窗开启形式和开启面积比例应根据各类用房的使用特点决定，并应满足房间自然通风，以及启闭、清洁、维修的方便性和安全性的要求。

5.1.4　节能与资源利用

　　全球的环境问题，引起了人们的普遍关注，开始了地球上的大型人工建筑物对自然环境所造成影响的研究和评估，发现引起全球气候变暖的有害物质中有 50% 是在建筑的建造和使用过程中产生的，建造和使用过程中所消耗的能源占总能源的 1/4，而门窗、幕墙则占我国目前建筑能耗的 1/2。

　　20 世纪 60 年代，人们提出了城市建筑生态学理论，把生态学和建筑学结合成一体，即生态建筑学。以人、建筑、自然和社会协调发展为目标，有节制地利用和改造自然，寻求最适合人类生存和发展的生态建筑环境。归纳起来有三个基本问题：资源利用、舒适健康和可持续发展。

　　普通空调建筑的重点在于空调调节室内环境，而生态建筑则把建筑"外皮"的调节作为重点，这一转变引起了建筑外观形式的变化，引起了外墙材料、玻璃、涂层和门窗等的一系列变革，门窗不再单纯只是为了观景和通风，还要增加许多功能如采光系数、控制阳光、天气变化等，门窗与洞口的连接构造和开启方式等方面都有所突破。合理利用新技术、新材料，创造新的门窗产品，以适应不同的建筑朝向、立面构造、建筑功能和经济指标。

　　长期以来人们将对门窗看作是一个单纯的封堵构件，如何提高门窗的强度、刚度（抗风压性能）、气密、水密性能一直是产品设计的追求。除此以外，积极利用自然资源、节约能源，利用各种技术手段寻求最少的能源消耗，换取能源对环境的回报，达到适宜的居住生活环境，应是铝合金门窗产品设计的指导思想。

　　铝合金门窗所具有的三种热能关系（传热、对流、辐射），是设计开发节能门窗产品的基本概念之一。

　　（1）隔热构件，达到降低热传导、阻挡室内外热量交流。

　　（2）散热构件，起到通风、换气、热交换的作用。

　　（3）防热构件，减少光线辐射，通过光反射和遮阳以减少室外热量进入室内。

　　建筑物外部以自然能源为主（太阳、风），内部则以人工资源为主（电能、燃料等），有些需要抑制，有些需要置换、利用，也有些需要吸纳，进行系统设计。

　　门窗作为建筑外围护结构的一部分，应按照建筑气候分区对建筑基本要求确定其热工性能。同时，门窗又是薄壁的轻质构件，其使用能耗约占建筑空调能耗的一半以上，是建筑节能的重中之重。我国《严寒和寒冷地区居住建筑节能设计标准》（JGJ 26—2010）、《夏热冬冷地区居住建筑节能设计标准》（JGJ 134—2010）、《夏热冬暖地区居住建筑节能设计标准》（JGJ 75—2012）和《公共建筑节能设计标准》（GB 50189—2005）都对建筑外门窗的热工性能提出了要求。

　　铝合金门窗作为建筑节能构件应按以上技术理念及要求进行开发设计的。

5.2 门窗型式与外观设计

5.2.1 门窗型式设计

1. 铝合金门窗开启形式特性和适用场合

铝合金门窗的型式设计包括门窗的开启构造类型和门窗产品规格系列两个方面。

铝合金门窗的开启构造类型很多，但归纳起来大致可将其分为旋转式（平开）开启门窗、平移式（推拉）开启门窗和固定门窗三大类。其中旋转式门窗主要有：外平开门窗、内平开门窗、内平开下悬门窗、上悬窗、中悬窗、下悬窗、立转窗等；平移式门窗主要有：推拉门窗、上下推拉窗、内平开推拉门窗、提升推拉门窗、推拉下悬门窗、折叠推拉门窗等。各种门窗又有不同的系列产品，如常用的平开窗有 40 系列、45 系列、50 系列、60 系列、65 系列等，推拉窗有 70 系列、90 系列、95 系列、100 系列等。采用何种门窗开启构造形式和产品系列，应根据建筑类型、使用场所要求和门窗窗型使用特点来确定。

（1）外平开门窗。外平开门窗是我国目前广泛使用的一种窗型，它的特点是构造简单、使用方便、气密性、水密性较好，通常可达 4 级以上，造价相对低廉，适用于低层公共建筑和住宅建筑。但当门窗开启时，若受到大风吹袭可能发生窗扇坠落事故，故高层建筑应慎用这一窗型。外平开门窗一般采用滑撑作为开启连接配件，采用单点（适用于小开启扇）或多点（适用于大开启扇）锁紧装置锁紧。

（2）内平开门窗。内平开门窗通常采用合页作为开启连接配件，并配以撑挡以确保开启角度和位置，锁紧装置同外平开窗。内平开门窗同外平开门窗一样，具有构造简单，使用方便，气密性、水密性较好，造价低廉的特点，同时相对安全，适用于各类公共建筑和住宅建筑。但内平开窗开启时开启扇开向室内，占用室内空间，对室内人员的活动造成一定影响，同时对窗帘的挂设也带来一些问题，在设计选用时需注意协调解决这一问题。

（3）推拉门窗。推拉门窗最大的特点是节省空间，开启简单，造价低廉。目前在我国得到广泛使用。但其水密性能和气密性能相对较低，一般只能达 3 级左右，在要求水密性能和气密性能高的建筑上不宜使用。适用于水密性能和气密性能要求较低的建筑外门窗和室内门窗，如封闭阳台门窗等。推拉门窗通常采用装在底部的滑轮来实现窗扇在窗框平面内沿水平方向滑移，采用钩锁、碰锁或多点锁紧装置锁紧。

（4）上悬窗。上悬窗通常采用滑撑作为开启连接配件，另配撑挡作开启限位，紧固锁紧装置采用七字执手（适用于小开启扇）或多点锁（适用于大开启扇）。

（5）内平开下悬门窗。此窗型是具有复合开启功能，外观精美，功能多样，综合性能高。通过操作简单的联动执手，可分别实现门窗的内平开（满足人员进出、擦窗和大通风量之需要）和下悬（满足通风、换气之需要）开启，以满足不同的用户需求。当其下悬开启时，在实现通风换气的同时，还能避免大量雨水进入室内和阻挡部分噪声。当其关闭时，其窗扇的四边都会被联动锁固在窗框上，具有优良的抗风压性能和水密、气密性能。但其造价相对较高，另外，设计时同样需要协调考虑由于内平开所带来的问题。

（6）推拉下悬门窗。此窗型也是一款具有复合开启功能的窗型，可分别实现推拉和下悬开启，以满足不同的用户需求，综合性能高，配件复杂，造价高，用量相对较少。

（7）折叠推拉门窗。折叠推拉窗采用合页将多个门窗扇连接为一体，可实现门窗扇沿水平方向折叠移动开启，满足大开启和通透的需要。

2. 铝合金门窗选取原则

一般情况下，在进行门窗型式设计时，应按工程的不同需求，尽可能选用标准门窗型式，以达到方便设计、生产、施工和降低产品成本的目的。在门窗型式选用时，应充分考虑下列因素合理选取：

（1）选取与地理环境、建筑型式相适应的门窗型式和系列。

（2）满足门窗抗风压性能、水密性能、气密性能和保温性能等物理性能要求。

我国地域辽阔，从北方严寒的东三省到南国炎热的海南岛，从干燥的西北内陆到多雨的东南沿海，气候环境差别巨大，同时各类建筑也有不同的建筑功能和建筑装饰要求。因此，在进行门窗型式设计和选用时，应根据各地气候特点与建筑设计要求，正确合理的选择建筑外门窗型式。如北方严寒地区冬季气候寒冷，建筑门窗首要考虑的是门窗的保温性能和气密性能，应选用高气密性能的平开型门窗。而南方夏热冬暖地区多狂风暴雨，气候炎热，应注重门窗的抗风压性能、水密性能和门窗的遮阳性能，可选用满足抗风压性能和水密性能要求的遮阳型平开门窗。

特殊情况下，现有的标准窗型可能不能满足要求，此时，可根据要求另行对标准窗型进行部分型材的修改设计甚至全部重新设计，但因新窗型设计须进行一系列的研发程序（型材设计、开模、型材试模、样窗试制、型式试验、定型等），将会大大增加工程成本和延缓工程工期，所以是否必须采用新设计窗型应综合考虑工程要求、工程造价预算及工期等方面因素后慎重决定。

5.2.2　铝合金门窗外观设计

1. 铝合金门窗色彩

门窗所用玻璃、铝合金型材的类型和色彩种类繁多。

铝合金门窗色彩组合是影响建筑立面和室内装饰效果的重要因素，在选择时要综合考虑以下因素：建筑物的性质和用途；建筑外立面基准色调；室内装饰要求；门窗造价等，同时要与周围环境相协调。

2. 铝合金门窗造型

铝合金门窗可按建筑的需要设计出各种立面造型，如平面型、折线型、圆弧型等。在设计铝合金门窗的立面造型时，同样应综合考虑与建筑外立面及室内装饰相协调，同时考虑生产工艺和工程造价，如：制作圆弧型门窗需将型材和玻璃拉弯，当采用特殊玻璃时会造成玻璃成品率低，甚至在门窗使用期内造成玻璃不时爆裂，影响门窗的正常使用，其造价也比折线型门窗的造价高许多。另外当门窗需要开启时，也不宜设计成圆弧形门窗。所以在设计门窗的立面造型时，应综合考虑装饰效果、工程造价和生产工艺等因素，以满足不同的建筑需要。

3. 铝合金门窗立面分格设计

门窗立面分格要符合美学特点。分格设计时，主要应根据建筑立面效果、房间间隔、建筑采光、节能、通风和视野等建筑装饰效果和满足建筑使用功能要求，同时兼顾门窗受力计算、成本和玻璃成材率等多方面因素合理确定。

（1）门窗立面分格设计原则。

1）门窗立面设计时要考虑建筑的整体效果，如建筑的虚实对比、光影效果、对称性等。

2）立面分格根据需要可设计为独立窗，也可设计为各种类型的组合窗和条形窗。

3）门窗立面分格既要有一定的规律，又要体现变化，还要在变化中求规律，分格线条疏密有度；等距离、等尺寸划分显示了严谨、庄重；不等距划分则显示韵律、活泼和动感。

4）至少同一房间、同一墙面门窗的横向分格线条要尽量处于同一水平线上，竖向线条尽量对齐。在主要的视线高度范围内（1.5～1.8m左右）最好不要设置横向分格线，以免遮挡视线。

5）分格比例的协调性。就单个玻璃板块来说，长宽比宜按接近黄金分格比来设计，而不宜设计成正方形和长宽比达1：2以上的狭长矩形。

（2）门窗立面分格设计时主要应考虑的因素。

1）建筑功能和装饰的需要。如门窗的通风面积和活动扇数量要满足建筑通风要求；门窗的采光面积应满足《建筑采光设计标准》（GB/T 50033—2001）的要求，同时应满足建筑节能要求的窗墙面积比、建筑立面和室内的装饰要求等。

2）门窗结构设计计算。门窗的分格尺寸除了根据建筑功能和装饰的需要来确定外，它还受到门窗结构计算的制约，如型材、玻璃的强度计算、挠度计算、五金件承重计算等。当建筑师理想的分格尺寸与门窗结构计算出现矛盾时，解决办法有调整分格尺寸和变换所选定的材料或采用相应的加强措施。

3）玻璃原片的成材率。玻璃原片尺寸通常为宽2.1～2.4m，长3.3～3.6m，各玻璃厂的产品原片尺寸不尽相同，在进行门窗分格尺寸设计时，应根据所选定玻璃厂家提供的玻璃原片规格，确定套裁方法，合理调整分格尺寸，尽可能提高玻璃板材的利用率，这一点在门窗厂自行进行玻璃裁切时显得尤为重要。

4）门窗开启形式。门窗分格尺寸特别是开启扇尺寸同时还受到门窗开启形式的限制，各类门窗开启形式所能达到的开启扇尺寸各不相同，主要取决于五金件的安装形式和承重能力。如采用摩擦铰链承重的外平开窗开启扇宽度通常不宜超过750mm，过宽的开启扇会因窗扇在自重作用下发生坠角导致窗扇的开关困难。合页的承载能力强于摩擦铰链，所以当采用合页联接承重时可设计制作分格较大的平开窗扇。推拉窗如开启扇设计过大过重，超过了滑轮的承重能力，也会出现开启不畅的情况。所以，在进行门窗立面设计时，还需根据门窗开启形式和所选取的五金件通过计算或试验确定门窗开启扇允许的高、宽尺寸。

铝合金门窗的开启形式不同，其适合的场合也不同。在进行门窗窗型设计时，应按工程的不同要求，尽可能选用标准窗型，以达到方便设计、生产、施工和降低产品成本的目的，同时窗型的设计应考虑不同地区、环境和建筑类型，并满足门窗抗风压性能、水密性能、气密性能和保温性能等物理性能要求。门窗的窗型及外观设计应与建筑外立面和室内环境相协调，并充分考虑其安全性，避免在使用过程中因设计不合理造成损坏，引发危及人身安全的事件。

5.3 抗风压性能设计

5.3.1 性能设计要求

抗风压性能指铝合金门窗在正常关闭状态时，在风压作用下不发生损坏（如开裂、面板破损、局部屈服、粘结失效等）和五金件松动、开启困难等功能障碍的能力，以 kPa 为单位。抗风压性能分级及指标值 P_3 见表 5-3。

表 5-3 抗 风 压 性 能 分 级 （单位：kPa）

分级	1	2	3	4	5
指标值	$1.0{\leqslant}P_3{<}1.5$	$1.5{\leqslant}P_3{<}2.0$	$2.0{\leqslant}P_3{<}2.5$	$2.5{\leqslant}P_3{<}3.0$	$3.0{\leqslant}P_3{<}3.5$
分级	6	7	8	9	
指标值	$3.5{\leqslant}P_3{<}4.0$	$4.0{\leqslant}P_3{<}4.5$	$4.5{\leqslant}P_3{<}5.0$	${\geqslant}5.0$	

铝合金门窗在各级抗风压性能分级指标值风压作用下，主要受力构件相对（面法线）挠度值应符合表 5-4 的规定。

表 5-4 铝合金门窗主要受力杆件相对面法线挠度要求 （单位：mm）

支承玻璃种类	单层、夹层玻璃	中 空 玻 璃
相对挠度	${\leqslant}L/100$	${\leqslant}L/150$
相对挠度最大值	20	

注：L 为主要受力杆件的支承跨距。

《铝合金门窗工程技术规范》（JGJ 214—2010）规定，铝合金外门窗的抗风压性能指标值（P_3）应按不低于门窗所受的风荷载标准值（W_k）确定，且不小于 $1.0kN/m^2$。铝合金门窗主要受力杆件在风荷载作用下的挠度限制应符合表 5-4 的规定。

铝合金门窗的结构设计另见第 6 章"铝合金门窗的结构设计"相关内容。

5.3.2 风荷载标准值计算

风荷载是作用于铝合金门窗上的一种主要荷载，它垂直作用在门窗的表面上。建筑外门窗是一种薄壁外围护构件，一块玻璃，一根杆件就是一个受力单元，而且质量较轻。在设计时，既需要考虑长期使用过程中，在一定时距平均最大风速的风荷载作用下保证其正常功能不受影响，又必须考虑在阵风袭击下不受损坏，避免安全事故。根据现行国家标准《建筑结构荷载规范》（GB 50009—2012）的规定，作用在建筑外窗上的风荷载标准值与其承受的基本风压、建筑物高度、形状（体型）等因素有关。

风荷载按下式计算，并不应小于 1.0kPa。

$$W_k = \beta_{gz}\,\mu_{s1}\mu_z\,w_0 \tag{5-2}$$

式中 W_k——作用在门窗上的风荷载标准值（kPa）；

β_{gz}——高度为 Z 处的阵风系数；

μ_{s1}——风荷载体型系数；

μ_z——风压高度变化系数；

w_0——基本风压（kN/m^2）。

1. 基本风压 w_0

基本风压是根据各地气象台多年的气象观测资料，取当地比较空旷的地面上离地 10m 高处，统计所得的 50 年一遇 10min 平均最大风速 v_0（m/s）为标准确定得风压值。对于特别重要的建筑或高层建筑可采用 100 年一遇的风压。《建筑结构荷载规范》（GB 50009—2012）中，已给出了各城市、各地区的设计基本风压值，在设计时仅需按照建筑物所处的地区相应取值。最小不应小于 0.3kPa。

2. 地面粗糙度

作用在建筑上的风压力与风速有关，即使在同一城市，不同地点的风速也是不同的。在沿海、山口、城市边缘等地方风速较大，在城市中心建筑物密集处风速较小。对这些不同处，采用地面粗糙度来表示，《建筑结构荷载规范》（GB 50009—2012）将地面粗糙度类别分为 A、B、C、D 四类，分别为：

A 类：指近海海面和海岛、海岸、湖岸及沙漠地区。

B 类：指田野、乡村、丛林、丘陵及房屋比较稀疏的乡镇。

C 类：指有密集建筑群的城市市区。

D 类：指有密集建筑群且房屋较高的城市市区。

在进行铝合金门窗的风荷载标准值设计计算时，须按建筑物所处的位置确定其地面粗糙度类别。

3. 风荷载体型系数 μ_s

风荷载体型系数是指风作用在建筑物表面一定面积范围内所引起的实际压力（或吸力）与来流风的速度压的比值，主要与建筑物的体型和尺度有关，也与周围环境和地面粗糙度有关。

通常情况下作用于高层建筑物表面的风压分布并不均匀，在角隅、檐口、边棱处和在附属结构的部位（如阳台、雨篷等外挑构件），局部风压会超过平均风压。因此，在进行门窗风荷载标准值计算时，风荷载体型系数 μ_{s1} 按《建筑结构荷载规范》（GB 50009—2012）第 8.3.3 计算围护构件的局部风压体型系数的规定采用：

（1）封闭式矩形平面房屋的墙面及屋面可按《建筑结构荷载规范》（GB 50009—2012）表 8.3.3 的规定采用。

（2）檐口、雨篷、遮阳板、边棱处的装饰条等突出构件，取 −2.0。

（3）其他房屋和构筑物可按《建筑结构荷载规范》（GB 50009—2012）表 8.3.1 规定的体型系数的 1.25 倍取用。

建筑外门窗一般位于建筑物的外立面墙上，根据最常见建筑物的情况，依据上述三种情况围护结构件的局部风压体型系数的采用规定，给出建筑外门窗的常见体型系数。

（1）封闭式矩形平面房屋［体型见图 5-1（a），其中 E 取 H 和迎风面宽度 B 中较小者］墙面的局部体型系数 μ_{s1} 迎风面取 1.0；侧面 S_a 区内 μ_{s1} 取 −1.4，S_b 区内 μ_{s1} 取 −1.0；背风

面 μ_{sl} 取 -0.6。

（2）高度超过 45m 的矩形截面高层建筑 ［图 5-1 （b）］，其体型系数 μ_{sl} 迎风面取 1.0；侧面取 -0.875；背风面体型系数取值见表 5-5 （a）。

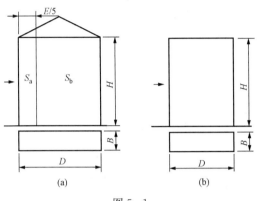

图 5-1

表 5-5 （a）　　背风面体型系数取值

D/B	μ_{sl}
$\leqslant 1$	0.75
1.2	0.625
2	0.5
$\geqslant 4$	0.375

4. 高度为 Z 处的阵风系数 β_{gz}

作用在建筑物上的风压为平均风压加上由脉动风引起的导致结构风振的等效风压。门窗这类围护结构刚性一般较大，在结构效应中可不必考虑其共振分量，仅在平均风压的基础上乘以相应的阵风系数，近似考虑脉动风瞬间的增大因素。阵风系数与地面粗糙度、围护结构离地面高度有关，具体数值见表 5-5 （b）。

表 5-5 （b）　　　　　　　阵 风 系 数 β_{gz}

离地面高度（m）	地 面 粗 糙 度 类 别			
	A	B	C	D
5	1.65	1.70	2.05	2.40
10	1.60	1.70	2.05	2.40
15	1.57	1.66	2.05	2.40
20	1.55	1.63	1.99	2.40
30	1.53	1.59	1.90	2.40
40	1.51	1.57	1.85	2.29
50	1.49	1.55	1.81	2.20
60	1.48	1.54	1.78	2.14
70	1.48	1.52	1.75	2.09
80	1.47	1.51	1.73	2.04
90	1.46	1.50	1.71	2.01
100	1.46	1.50	1.69	1.98
150	1.43	1.47	1.63	1.87
200	1.42	1.45	1.59	1.79
250	1.41	1.43	1.57	1.74
300	1.40	1.42	1.54	1.70

离地面高度（m）	地 面 粗 糙 度 类 别			
	A	B	C	D
350	1.40	1.41	1.53	1.67
400	1.40	1.41	1.51	1.64
450	1.40	1.41	1.50	1.62
500	1.40	1.41	1.50	1.60
550	1.40	1.41	1.50	1.59

5. 风压高度变化系数 μ_z

（1）平坦或稍有起伏地形的建筑物。在大气边界层内，风速随离地面高度的增加而增加。当气压场随高度不变时，风速随高度增大的规律，主要取决于地面粗糙度和温度垂直梯度。离地面越高，空气流动受地面粗糙度影响越小，风速越大，风压也越大。通常认为在离地面高度 300～550m 时风速不再受地面粗糙度的影响，也即达到所谓"梯度风速"，该高度称为梯度风高度。地面粗糙度等级低的地区，其梯度风高度比等级高的地区为低。

根据地面粗糙度及梯度风高度，得出风压高度变化系数的关系如下：

$$\mu_z^A = 1.284\left(\frac{z}{10}\right)^{0.24}, \quad \mu_z^B = 1.000\left(\frac{z}{10}\right)^{0.30}$$

$$\mu_z^C = 0.544\left(\frac{z}{10}\right)^{0.44}, \quad \mu_z^D = 0.262\left(\frac{z}{10}\right)^{0.60}$$

针对四类地貌，风压高度变化系数分别规定了各自的截断高度，对应 A～D 类分别取为 5m、10m、15m 和 30m，即高度变化系数取值分别不小于 1.09、1.00、0.65 和 0.51。不同地面粗糙度对应得风压高度变化系数 μ_z 见表 5-6。

表 5-6　　　　　　　　　　　　风压高度变化系数 μ_z

离地面或海平面高度（m）	地 面 粗 糙 度 类 别			
	A	B	C	D
5	1.09	1.00	0.65	0.51
10	1.28	1.00	0.65	0.51
15	1.42	1.13	0.65	0.51
20	1.52	1.23	0.74	0.51
30	1.67	1.39	0.88	0.51
40	1.79	1.52	1.00	0.60
50	1.89	1.62	1.10	0.69
60	1.97	1.71	1.20	0.77
70	2.05	1.79	1.28	0.84
80	2.12	1.87	1.36	0.91
90	2.18	1.93	1.43	0.98
100	2.23	2.00	1.50	1.04

离地面或海平面高度（m）	地 面 粗 糙 度 类 别			
	A	B	C	D
150	2.46	2.25	1.79	1.33
200	2.64	2.46	2.03	1.58
250	2.78	2.63	2.24	1.81
300	2.91	2.77	2.43	2.02
350	2.91	2.91	2.60	2.22
400	2.91	2.91	2.76	2.40
450	2.91	2.91	2.91	2.58
500	2.91	2.91	2.91	2.74
≥550	2.91	2.91	2.91	2.91

（2）山区的建筑物。对于山区的建筑物，风压高度变化系数除按平坦地面的粗糙度类别由表 5-6 确定外，还应考虑地形条件的修正系数，修正系数 η 应按下列规定采用：

1）山峰和山坡 [图 5-2（a）] 时修正系数按下列规定采用：

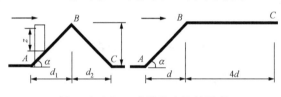

图 5-2（a）　山峰和山坡的示意

①顶部 B 处的修正系数按下式计算：$\eta_B = \left[1 + \kappa\tan\alpha\left(1 - \dfrac{z}{2.5H}\right)\right]^2$ 　　　　（5-3）

式中　$\tan\alpha$——山峰或山坡在迎风面一侧的坡度，当 $\tan\alpha$ 大于 0.3 时，取 0.3；

　　　　κ——系数，对山峰取 2.2，对山坡取 1.4；

　　　　H——山顶或山坡全高；

　　　　Z——建筑物计算位置离建筑物地面的高度（m），当 $z>2.5H$ 时，取 $z=2.5H$。

②其他部位的修正系数，可按图 5-2（b），取 A、C 处的修正系数为 1，AB 间和 BC 间的修正系数按 η 的线形插值确定。

2）对于山间盆地、谷地等闭塞地形，η 可在 0.75～0.85 选取。

3）对于与风向一致的谷口、山口，η 可在 1.20～1.50 选取。

（3）远海海面和海岛的建筑物。对于远海海面和海岛的建筑物或构筑物，风压高度变化系数除可按 A 类粗糙度类别由表 5-6 确定外，还应考虑表 5-7 给出的修正系数。

表 5-7　　　　　　　　　　远海海面和海岛的修正系数 η

距海岸距离（km）	η	距海岸距离（km）	η
<40	1.0	60～100	1.1～1.2
40～60	1.0～1.1		

6. 风荷载标准值 W_k

铝合金门窗风荷载标准值 W_k 为 50 年一遇的阵风风压值。一般情况下，以风荷载标准值 W_k 为铝合金门窗的抗风压性能分级值 P_3，即 $P_3 = W_k$。在此风压作用下，铝合金门窗的受力杆件相对挠度应满足表 5-4 的规定。

7. 计算示例

【示例 1】

工程所在省市：天津市塘沽市区，铝合金门窗安装最大高度 $z = 100m$，计算风荷载标准值。

（1）基本风压。按《建筑结构荷载规范》（GB 50009—2012）规定，采用 50 年一遇的风压，$W_0 = 550N/m^2$

（2）阵风系数 β_{gz} 取值。本工程按 C 类有密集建筑群的城市市区取值。由门窗最大安装高度 $z = 100m$，查表 5-5 知：$\beta_{gz} = 1.69$

（3）风压高度变化系数 μ_z 取值。本工程按 C 类有密集建筑群的城市市区取值。由门窗最大安装高度 $z = 100m$，查表 5-6 知：$\mu_z = 1.50$

（4）风荷载体型系数。按《建筑结构荷载规范》（GB 50009—2012）表 8.3.3 规定：$\mu_{s1} = 1.0$

（5）风荷载标准值计算。按式（5-2）计算

$$W_k = \beta_{gz}\mu_{s1}\mu_z w_0 = 1.69 \times 1.50 \times 1.0 \times 550 = 1394.25(N/m^2)$$

【示例 2】

工程所在省市：辽宁省大连市市区，铝合金门窗安装最大高度 $z = 21m$，计算风荷载标准值。

（1）基本风压。《建筑结构荷载规范》（GB 50009—2012）：采用 50 年一遇风压，$W_0 = 650N/m^2$

（2）阵风系数 β_{gz}。本工程按 C 类有密集建筑群的城市市区取值。由门窗最大安装高度 $z = 21m$，查表 5-5 知：$\beta_{gz} = 1.98$

（3）风压高度变化系数 μ_z。本工程按 C 类有密集建筑群的城市市区取值。由门窗最大安装高度 $z = 21m$，查表 5-6 知：$\mu_z = 0.754$

（4）风荷载体型系数。《建筑结构荷载规范》（GB 50009—2001）表 8.3.3 规定：$\mu_{s1} = 1.0$

（5）风荷载标准值计算。按式（5-2）计算：

$$W_k = \beta_{gz}\mu_s\mu_z w_0 = 1.98 \times 0.754 \times 1.0 \times 650 = 970.398(N/m^2)$$

5.4 水密性能设计

水密性能指铝合金门窗正常关闭状态时，在风雨同时作用下，阻止雨水渗漏的能力，以 Pa 为单位。水密性能分级及指标值 ΔP 见表 5-7。

表 5-7　　　　　　　　水 密 性 能 分 级　　　　　　　（单位：Pa）

分级	1	2	3	4	5	6
指标值	$100 \leqslant \Delta P$ <150	$150 \leqslant \Delta P$ <250	$250 \leqslant \Delta P$ <350	$350 \leqslant \Delta P$ <500	$500 \leqslant \Delta P$ <700	$\Delta P \geqslant 700$

5.4.1 水密性能设计指标

铝合金门窗的水密性能设计指标即门窗不发生雨水渗漏的最高风压力差值（ΔP）。

（1）根据本章5.1节中式（5-1），得知风速与风压的关系式 $P = \rho V_0^2/2$，则水密性能风压力差值如下：$\Delta P = \mu_s \mu_z \rho (1.5 V_0)^2/2$ （5-3）

式中 ΔP——任意高度 Z 处的水密性能压力差值（Pa）；

μ_z——风压高度变化系数，按5.3节规定取值；

μ_s——风荷载体型系数，降雨时建筑迎风外表面正压系数最大为 1.0，而内表面压力系数取 -0.2，则 μ_s 的取值为 0.8；

ρ——空气密度（t/m³），按现行国家标准《建筑结构荷载规范》（GB 50009—2012）附录 D 的规定，按 $\rho = 0.001\,25 e^{-0.0001z}$ 计算；

V_0——水密性能设计风速（m/s）；

1.5——瞬时风速与 10min 平均风速之平均比值（$1.5 V_0$ 是考虑降雨时的瞬时最大风速即阵风风速）。

将以上各参数代入式（5-3）中并将系数取整，则得到水密性能风压力差值计算公式

$$\Delta P = 0.9 \rho \mu_z V_0^2 \qquad (5-4)$$

由式（5-4）可知，在铝合金门窗水密性能设计时，首先应根据建筑物所在地的气象观测数据和建筑设计需要，确定建筑物所需设防的降雨强度时的最高风力等级，然后按风力等级与风速的对应关系确定水密性能设计用风速 V_0（10min 平均风速），最后将 V_0 代入式（5-4），即可计算得到水密性能设计所需的风压力差值（ΔP）。

将计算得到的风压力差值（ΔP）与表 5-7 水密性能分级中分级值相对应，确定所设计铝合金门窗的水密性能等级。风力等级与风速的对应关系见表 5-2。根据铝合金门窗水密性能设计需要将表 5-2 简化为表 5-8。其中，设计时风速一般取中数。

（2）当缺少气象资料无法确定水密性能设计风速时，水密性能设计值也可按照式（5-5）计算：$\Delta P \geqslant C \mu_z W_0$ （5-5）

式中 C——水密性能设计计算系数，受热带风暴和台风袭击的地区取值为 0.5，其他地区取值为 0.4；

μ_z——风压高度变化系数；

W_0——基本风压（N/m²），按现行国家标准《建筑结构荷载规范》GB 50009 的规定采用。

表 5-8　　　　　　　　　　　风力等级与风速的对应关系

风力等级	4	5	6	7	8	9	10	11	12
风速范围 (m/s)	5.5～7.9	8.0～10.7	10.8～13.8	13.9～17.1	17.2～20.7	20.8～24.4	24.5～28.4	28.5～32.6	32.7～36.9
中数 (m/s)	7	9	12	16	19	23	26	31	>33

（3）计算示例。

【示例1】 工程所在省市：广东省深圳市区，铝合金门窗安装最大高度 $z=90$m，建筑

151

物所需设防的降雨强度时的最高风力等级按 8 级设计，计算水密性能设计值。

（1）空气密度 ρ。按《建筑结构荷载规范》附录 D 公式 $\rho = 0.001\,25e^{-0.0001z}$ 计算空气密度，高度 $z = 90m$ 处：$\rho = 0.001\,25e^{-0.0001z} = 0.001\,25e^{-0.009} = 0.001\,238\,8$（$t/m^3$）

（2）风压高度变化系数 μ_z。本工程按 D 类有密集建筑群且房屋较高的城市市区取值。由门窗最大安装高度 $z = 90m$，查表 5-6 知：$\mu_z = 1.19$

（3）设计风速 V_0。本建筑物设防的降雨强度时最高风力等级 8 级，查表 5-8 取 $V_0 = 19$（m/s）

（4）水密性能设计值。$\Delta P = 0.9\rho\mu_z V_0^2 = 0.9 \times 0.001\,238\,8 \times 1.19 \times 19^2 = 479$（Pa）

将计算所得水密性能设计值 $\Delta P = 479Pa$ 与表 5-7 水密性能分级中分级值相对应，确定所设计铝合金门窗的水密性能等级为 5 级。

【示例 2】 工程所在省市：山东省济南市区，铝合金门窗安装最大高度 $z = 70m$，计算水密性能设计值。

（1）基本风压。按《建筑结构荷载规范》，采用 50 年一遇风压，$W_0 = 450N/m^2$

（2）风压高度变化系数 μ_z。本工程按 D 类有密集建筑群且房屋较高的城市市区取值。由门窗最大安装高度 $z = 70m$，查表 5-6 知：$\mu_z = 1.02$

（3）计算系数 C。按非热带风暴和台风袭击的地区取值为 0.4。

（4）水密性能设计值计算。依式（5-5）计算得：$\Delta P \geqslant C\mu_z W_0 = 0.4 \times 1.02 \times 450 = 184$（Pa）

将计算所得水密性能设计值 $\Delta P \geqslant 184Pa$ 与表 5-7 水密性能分级中分级值相对应，确定所设计铝合金门窗的水密性能等级为 3 级。

5.4.2 水密性能构造设计

水密性能构造设计是门窗产品设计对工程水密性能设计指标的具体实现。合理设计铝合金门窗的结构，采取有效的结构防水和密封防水措施，是水密性能达到设计要求的保证。

1. 选用合理的门窗型式

一般来说平开型门窗水密性能要优于普通推拉门窗。这是因为平开门窗框扇间均设有 2~3 道橡胶密封胶条密封，在门窗扇关闭时通过锁紧装置可将密封胶条压紧，形成有效密封。普通的推拉门窗活动扇上下滑轨间存在较大缝隙，且相邻的两个开启扇不在同一个平面上，两扇间没有密封压紧力存在，仅仅依靠毛条进行重叠搭接，毛条之间存在缝隙，密封作用较弱。因此，对于要求有较高水密性能的场所，应尽量采用平开型门窗。

2. 采用雨幕原理设计

"雨幕原理"是一个设计原理，它指出雨水对这一层"幕"的渗透将如何被阻止的原理。这一原理应用在铝合金门窗上主要指在门窗开启部位内部要设有空腔，空腔内的气压在所有部位上一直要保持和室外气压相等，以使外表面两侧处于等压状态，因此，也称"等压原理"。压力平衡的取得不是由于门窗外表面的开启缝严密密封所构成的，而是有意令其处于敞开状态，使窗外表面的开启缝两侧不存在任何气压差。

图 5-2（b）是应用雨幕原理压力平衡设计的内平开窗示意。该窗外侧不使用密封胶条，而是在窗扇关闭后留有一圈小缝隙，与小缝隙联通的内腔始终保持和室外等压。由腔中间的

密封胶条与窗内侧的密封胶条形成的气密腔保证了该窗的气密性，雨水根本无法渗透到窗内侧。

根据水密设计的等压原理可以知道，对于平开门窗和固定门窗，固定部分门窗玻璃的镶嵌槽空间以及开启扇的框与扇配合空间，可进行压力平衡的防水设计。

对于不宜采用等压原理及压力平衡设计的外门窗结构，如有的固定窗应采用密封胶阻止水进入的密封防水措施。

对于采用密封毛条密封的推拉窗也不宜采用等压原理，主要是通过合理设计门窗下滑的截面尺寸，特别是下框室内侧翼缘挡水板的高度，其次是排水孔的合理设计、下滑的密封设计等达到要求。根据一

图 5 - 2（b）　等压原理示意

般经验，水密性能风压差值 100Pa 约需下框翼缘挡水高度为 10mm 以上。排水孔的开口尺寸最小在 6mm 以上，以防止排水孔被水封住。

3. 提高结构设计刚度

铝合金门窗在强风暴雨时所承受的风压比较大，因此，提高门窗受力杆件的刚度，可减少因受力杆件变形引起的框扇相对变形和破坏防水设计的压力平衡。可采用截面刚性好的型材，采用多点锁紧装置，采用多道密封以实现多腔减压和挡水。

4. 连接部位密封

由于铝合金门窗框、扇杆件连接采用机械连接装配，在型材组装部位和五金附件装配部位均会有装配缝隙，因此，应采用涂密封胶和防水密封型螺钉等密封措施。

5. 墙体洞口密封

门窗水密性能的高低，除了与门窗本身的构造设计和制造质量有关外，门窗框与洞口墙体安装间隙的防水密封处理也至关重要。如处理不当，将容易发生渗漏，所以应注意完善其结合部位的防、排水构造设计。门窗下框与洞口墙体之间的防水构造，可采用底部带有止水板的一体化下框型材，或采用与窗框型材配合连接的披水板，这些措施均是有效的防水措施。但这样的做法需相应的窗台构造配合，并会提高工程的造价，应全面考虑。

铝合金门窗洞口墙体外表面应有排水措施，外墙窗楣应做滴水线或滴水槽，窗台面应做流水坡度，滴水槽的宽度和深度均不应小于 10mm。并且要使门窗在洞口中的位置尽可能与外墙表面有一定的距离，以防止大量的雨水直接流淌到门窗的表面。

5.5　气密性能设计

气密性能指铝合金门窗在正常关闭状态时，阻止空气渗透的能力，以 $m^3/(m \cdot h)$ 或

$m^3/(m^2 \cdot h)$ 为单位，分别表示单位开启缝长空气渗透量和单位面积空气渗透量。气密性能采用在标准状态下，压力差为 10Pa 时的单位开启缝长空气渗透量 q_1 和单位面积空气渗透量 q_2 作为分级指标。气密性能分级及指标值 q_1、q_2 见表 5-9。

表 5-9　气 密 性 能 分 级

分级	1	2	3	4	5	6	7	8
单位开启缝长分级指标值 q_1 [$m^3/(m \cdot h)$]	$4.0 \geqslant q_1$ >3.5	$3.5 \geqslant q_1$ >3.0	$3.0 \geqslant q_1$ >2.5	$2.5 \geqslant q_1$ >2.0	$2.0 \geqslant q_1$ >1.5	$1.5 \geqslant q_1$ >1.0	$1.0 \geqslant q_1$ >0.5	$q_1 \leqslant 0.5$
单位面积分级指标值 q_2 [$m^3/(m^2 \cdot h)$]	$12 \geqslant q_2$ >10.5	$10.5 \geqslant q_2$ >9.0	$9.0 \geqslant q_2$ >7.5	$7.5 \geqslant q_2$ >6.0	$6.0 \geqslant q_2$ >4.5	$4.5 \geqslant q_2$ >3.0	$3.0 \geqslant q_2$ >1.5	$q_2 \leqslant 1.5$

5.5.1　气密性能设计要求和规则

铝合金门窗的气密性能设计就是依据建筑物性能设计要求及功能设计要求对门窗进行气密性能设计。铝合金门窗气密性能设计还应根据建筑物节能设计要求确定门窗的气密性能设计要求。

现行国家建筑节能设计标准分别对建筑门窗的气密性能作出了明确规定。

《严寒和寒冷地区居住建筑节能设计标准》（JGJ 26—2010）规定：外窗及敞开式阳台门应具有良好的密闭性能。严寒地区外窗及敞开式阳台门的气密性能等级不应低于国家标准《建筑外门窗气密、水密、抗风压性能分级及检测方法》（GB/T 7106—2008）中规定的 6 级。寒冷地区 1～6 层的外窗及敞开式阳台门的气密性能等级不应低于国家标准《建筑外门窗气密、水密、抗风压性能分级及检测方法》（GB/T 7106—2008）中规定的 4 级，7 层及 7 层以上不应低于 6 级。

《夏热冬冷地区居住建筑节能设计标准》（JGJ 134—2010）规定：建筑物 1～6 层的外窗及敞开式阳台门的气密性能等级不应低于国家标准《建筑外门窗气密、水密、抗风压性能分级及检测方法》（GB/T 7106—2008）中规定的 4 级，7 层及 7 层以上外窗及敞开式阳台门的气密性能等级不应低于 6 级。

《夏热冬暖地区居住建筑节能设计标准》（JGJ 75—2003）规定：建筑物 1～9 层的外窗的气密性能，在 10Pa 压差下，每小时每米缝隙的空气渗透量不应大于 $2.5m^3$，且每小时每平方米面积的空气渗透量不应大于 $7.5m^3$，10 层及 10 层以上外窗的气密性能，在 10Pa 压差下，每小时每米缝隙的空气渗透量不应大于 $1.5m^3$，且每小时每平方米面积的空气渗透量不应大于 $4.5m^3$。也即 1～9 层和 10 层及以上分别对应国家标准《建筑外门窗气密、水密、抗风压性能分级及检测方法》（GB/T 7106—2008）中规定的 4 级和 6 级。

《公共建筑节能设计标准》（GB 50189—2005）规定：外窗的气密性能不应低于《建筑外门窗气密性能分级及检测方法》（GB/T 7107—2002）中规定的 4 级，即分级指标值单位缝长空气渗透量 q_1 为 $1.5m^3/(m \cdot h)$，单位面积空气渗透量 q_2 为 $4.5m^3/(m^2 \cdot h)$。该分级指标值对应于标准《建筑外门窗气密、水密、抗风压性能分级及检测方法》（GB/T 7106—

2008）中规定的 6 级。

根据上面居住建筑和公共建筑节能设计标准对外门窗的气密性能要求，在进行铝合金门窗气密性能设计时，应遵循如下基本规则：

（1）严寒地区外门窗的气密性能等级不应低于 6 级。

（2）其他地区对于低层（7 层以下）建筑外门窗的气密性能不应低于气密性能等级分级的 4 级，对于高层（7 层及以上）建筑外门窗的气密性能不应低于气密性能等级分级的 6 级。

外门窗的气密性能 4 级对应指标值为单位缝长空气渗透量 q_1 为 $2.5m^3/(m \cdot h)$，单位面积空气渗透量 q_2 为 $7.5m^3/(m^2 \cdot h)$；6 级对应指标值为单位缝长空气渗透量 q_1 为 $1.5m^3/(m \cdot h)$，单位面积空气渗透量 q_2 为 $4.5m^3/(m^2 \cdot h)$。

另外，对于节能性能有特别要求的建筑物，其铝合金外门窗的气密性能还应满足相应的建筑节能设计要求。

5.5.2　构造设计

铝合金门窗气密性能构造设计的关键之一是要合理设计门窗缝隙断面尺寸与几何形状，以提高门窗缝隙的空气渗透阻力。应采用耐久性好并具有良好弹性的密封胶或密封胶条进行玻璃镶嵌密封和框扇之间的密封，以保证良好、长期的密封效果。不宜采用性能低、弹性差、易老化的改性 PVC 塑料胶条，而应采用合成橡胶类的三元乙丙橡胶、氯丁橡胶、硅橡胶等热塑性弹性密封条。门窗杆件间的装配缝隙以及五金件的装配间隙也应进行妥善密封处理。

国家标准《建筑外门窗气密、水密、抗风压性能分级及检测方法》（GB/T 7106—2008）中气密性能分级规定：气密性能指标以单位缝长空气渗透量和单位面积空气渗透量两者中级别较低的一个作为整窗的分级指标值，而且正、负压分别测量气密性能，并以正、负压气密性能级别较低者作为整窗的气密性能分级值。从标准中可以看出，同一级别的气密性能指标其单位面积空气渗透量是单位缝长空气渗透量的三倍，因此，设计开启扇的大小时应尽量考虑使开启缝长为整窗面积的三倍以下。

铝合金门窗气密性能构造设计应符合下列要求：

（1）在满足通风及功能要求的前提下，适当控制外窗可开启扇与固定部分的比例。

（2）合理设计铝合金门窗的构造形式，提高门窗缝隙空气渗透阻力。

（3）采用耐久性好并具有良好弹性的密封胶或胶条进行玻璃镶嵌密封和框扇之间的密封。

（4）铝合金推拉门窗框扇采用摩擦式密封时，应使用毛束致密的中间加片型硅化密封毛条，确保密封效果。

（5）密封胶条和密封毛条应保证在门窗四周的连续性，形成封闭的密封结构。

（6）铝合金门窗框扇杆件连接部位和五金配件装配部位，应采用密封材料进行妥善的密封处理。

（7）合理进行门窗型式设计。一般来说平开型门窗气密性能要优于普通推拉门窗。特别是框扇间带中间密封胶条的结构形式，由于中间密封胶条将气密和水密腔室分开，提高了门窗的气密性能。

（8）选用多锁点五金系统，增加框扇之间的锁闭点，减少在风荷载作用下框扇间因风压变形失调而引起的气密性能下降。

5.6 热工性能设计

门窗的热工性能包括保温性能和遮阳性能。

保温性能通俗讲是指铝合金门窗正常关闭状态时，在门窗两侧存在空气温差条件下，门窗阻抗从高温一侧向低温一侧传热的能力。传热能力越强，门窗的保温性能就越差。门窗的保温性能用传热系数 K 值 [$W/(m^2 \cdot K)$] 表示。门窗的传热系数指在稳定传热条件下，门窗两侧空气温差为 1K，单位时间内通过单位面积的传热量。分级及指标值 K 见表 5-10。

表 5-10　　　　　　　保 温 性 能 分 级　　　　　　[单位：$W/(m^2 \cdot K)$]

分级	1	2	3	4	5
分级指标值	$K \geqslant 5.0$	$5.0 > K \geqslant 4.0$	$4.0 > K \geqslant 3.5$	$3.5 > K \geqslant 3.0$	$3.0 > K \geqslant 2.5$
分级	6	7	8	9	10
分级指标值	$2.5 > K \geqslant 2.0$	$2.0 > K \geqslant 1.6$	$1.6 > K \geqslant 1.3$	$1.3 > K \geqslant 1.1$	$K < 1.1$

遮阳性能是门窗在夏季阻隔太阳辐射热的能力。遮阳性能以遮阳系数 SC 表示。遮阳系数指在给定条件下，太阳辐射透过外门、窗所形成的室内得热量与相同条件下透过相同面积的 3mm 厚透明玻璃所形成的太阳辐射得热量之比。遮阳性能分级及指标见表 5-11。

表 5-11　　　　　　　遮 阳 性 能 分 级

分级	1	2	3	4	5	6	7
指标值	$0.8 \geqslant SC > 0.7$	$0.7 \geqslant SC > 0.6$	$0.6 \geqslant SC > 0.5$	$0.5 \geqslant SC > 0.4$	$0.4 \geqslant SC > 0.3$	$0.3 \geqslant SC > 0.2$	$SC \leqslant 0.2$

5.6.1 性能设计

铝合金门窗的热工性能应满足建筑节能和热工设计要求。我国按照建筑节能气候分区自北向南分别分为：严寒地区 A 区、严寒地区 B 区、严寒地区 C 区、寒冷地区、夏热冬冷地区和夏热冬暖地区，具体气候分区见表 5-12。不同气候分区对建筑热工性能要求不同。我国建筑节能设计对民用建筑和公共建筑的节能要求也有所区别。因此，对门窗节能设计应根据建筑物所处气候分区对热工性能要求以及国家建筑节能设计标准的有关规定，合理的确定所设计门窗的热工性能指标，即传热系数和遮阳系数。

表 5-12　　　　　　　主 要 城 市 所 处 分 区

气候分区	代 表 性 城 市
严寒地区 A 区	海轮、博克图、伊春、呼玛、海拉尔、满洲里、齐齐哈尔、富锦、哈尔滨、牡丹江、克拉玛依、佳木斯、安达
严寒地区 B 区	长春、乌鲁木齐、延吉、通江、辽化、四平、呼和浩特、抚顺、大柴旦、沈阳、大同、本溪、阜新、哈密、鞍山、张家口、酒泉、伊宁、吐鲁番、西宁、银川、丹东
寒冷地区	兰州、太原、唐山、阿坝、喀什、北京、天津、大连、阳泉、平凉、石家庄、德州、晋城、天水、西安、拉萨、康定、济南、青岛、安阳、郑州、洛阳、宝鸡、徐州

气候分区	代表性城市
夏热冬冷地区	南京、蚌埠、盐城、南通、合肥、安庆、九江、武汉、黄石、岳阳、汉中、安康、上海、杭州、宁波、宜昌、长沙、南昌、株洲、永州、赣州、韶关、桂林、重庆、达县、万州、涪陵、南充、宜宾、成都、贵阳、遵义、凯里、绵阳
夏热冬暖地区	福州、莆田、龙岩、梅州、兴宁、英德、河池、柳州、贺州、泉州、厦门、广州、深圳、湛江、汕头、海口、南宁、北海、梧州

标准《严寒和寒冷地区居住建筑节能设计标准》（JGJ 26—2010）根据不同的采暖度日数（HDD18）和空调度日数（CDD26）范围，将严寒和寒冷地区进一步划分为 5 个气候子区（表 5 - 13）。主要城市气候区属具体情况见标准《严寒和寒冷地区居住建筑节能设计标准》（JGJ 26—2010）附录 A。

衡量一个地方的寒冷的程度可以用不同的指标。从人的主观感觉出发，一年中最冷月的平均温度比较直观地反映了当地的寒冷程度，但是采暖的需求除了温度的高低因素外，还与低温持续的时间长短有着密切的关系。

表 5 - 13　　　　　　　　　严寒和寒冷地区居住建筑节能设计气候子区

气 候 子 区		分 区 依 据
严寒地区 （Ⅰ区）	严寒（A）区	6000≤HDD18
	严寒（B）区	5000≤HDD18＜6000
	严寒（C）区	3800≤HDD18＜5000
寒冷地区 （Ⅱ区）	寒冷（A）区	2000≤HDD18＜3800，CDD26≤90
	寒冷（B）区	2000≤HDD18＜3800，CDD26＞90

采暖度日数是指一年中，当某天室外日平均温度低于 18℃时，将该日平均温度与 18℃的差值乘以 1d，并将此乘积累加，得到一年的采暖度日数。某地采暖度日数的大小反映了该地寒冷的程度。

空调度日数是指一年中，当某天室外日平均温度高于 26℃时，将该日平均温度与 26℃的差值乘以 1d，并将此乘积累加，得到一年的空调度日数。某地空调度日数的大小反映了该地热的程度。

窗墙面积比是指窗户洞口面积与房间立面单元面积（即建筑层高与开间定位线围成的面积）之比。窗墙面积比越大，采暖和空调能耗越大，因此，窗墙面积比越大，对窗的热工性能要求越高。

建筑门窗的热工性能直接影响建筑物的采暖和空调负荷与能耗。不同功能用途的建筑，不同的气候分区，对外窗的热工性能要求不同。因此，应根据建筑物所处城市的气候分区区属及功能用途不同，对铝合金门窗的热工性能进行设计。

1. 居住建筑

（1）严寒和寒冷地区。标准《严寒和寒冷地区居住建筑节能设计标准》（JGJ 26—2010）规定了不同气候分区居住建筑外窗热工性能限值（表 5 - 14～表 5 - 18）。

表 5 - 14   严寒（A）区外窗热工性能参数限值

窗墙面积比	传热系数 K [W/(m² · K)]		
	≤3 层建筑	（4～8）层建筑	≥9 层建筑
窗墙面积比≤0.20	2.0	2.5	2.5
0.20<窗墙面积比≤0.30	1.8	2.0	2.2
0.30<窗墙面积比≤0.40	1.6	1.8	2.0
0.40<窗墙面积比≤0.45	1.5	1.6	1.8

表 5 - 15   严寒（B）区外窗热工性能参数限值

窗墙面积比	传热系数 K [W/(m² · K)]		
	≤3 层建筑	（4～8）层建筑	≥9 层建筑
窗墙面积比≤0.20	2.0	2.5	2.5
0.20<窗墙面积比≤0.30	1.8	2.2	2.2
0.30<窗墙面积比≤0.40	1.6	1.9	2.0
0.40<窗墙面积比≤0.45	1.5	1.7	1.8

表 5 - 16   严寒（C）区外窗热工性能参数限值

窗墙面积比	传热系数 K [W/(m² · K)]		
	≤3 层建筑	（4～8）层建筑	≥9 层建筑
窗墙面积比≤0.20	2.0	2.5	2.5
0.20<窗墙面积比≤0.30	1.8	2.2	2.2
0.30<窗墙面积比≤0.40	1.6	2.0	2.0
0.40<窗墙面积比≤0.45	1.5	1.8	1.8

表 5 - 17   寒冷（A）区外窗热工性能参数限值

窗墙面积比	传热系数 K [W/(m² · K)]		
	≤3 层建筑	（4～8）层建筑	≥9 层建筑
窗墙面积比≤0.20	2.8	3.1	3.1
0.20<窗墙面积比≤0.30	2.5	2.8	2.8
0.30<窗墙面积比≤0.40	2.0	2.5	2.5
0.40<窗墙面积比≤0.50	1.8	2.0	2.3

表 5 - 18   寒冷（B）区外窗热工性能参数限值

窗墙面积比	≤3 层建筑		（4～8）层建筑		≥9 层建筑	
	传热系数 K [W/(m² · K)]	遮阳系数 SC 东、西向/南、北向	传热系数 K [W/(m² · K)]	遮阳系数 SC 东、西向/南、北向	传热系数 K [W/(m² · K)]	遮阳系数 SC 东、西向/南、北向
窗墙面积比 ≤0.20	2.8	—/—	3.1	—/—	3.1	—/—

窗墙面积比	≤3 层建筑		（4～8）层建筑		≥9 层建筑	
	传热系数 K [W/(m²·K)]	遮阳系数 SC 东、西向/南、北向	传热系数 K [W/(m²·K)]	遮阳系数 SC 东、西向/南、北向	传热系数 K [W/(m²·K)]	遮阳系数 SC 东、西向/南、北向
0.20＜窗墙面积比≤0.30	2.5	—/—	2.8	—/—	2.8	—/—
0.30＜窗墙面积比≤0.40	2.0	0.45/—	2.5	0.45/—	2.5	0.45/—
0.40＜窗墙面积比≤0.50	1.8	0.35/—	2.0	0.35/—	2.3	0.35/—

从表 5-14～表 5-18 中可以看出，对于严寒、寒冷地区中，建筑外窗的热工性能主要考虑传热系数即保温性能，但在寒冷（B）区中，当窗墙面积比大于 0.3 时，外窗的热工性能还要兼顾遮阳系数即遮阳性能。这主要是处于寒冷（B）区的建筑，在夏季太阳的辐射热对空调负荷能耗影响较大，因此对于窗墙面积比较大的建筑应考虑外窗的遮阳性能对建筑节能的影响。

（2）夏热冬冷地区。《夏热冬冷地区居住建筑节能设计标准》（JGJ 134—2010）规定了不同朝向、不同窗墙面积比的外窗传热系数和综合遮阳系数限值（表 5-19）。

表 5-19 不同朝向、不同窗墙面积比的外窗传热系数和综合遮阳系数限值

建筑	窗墙面积比	传热系数 K [W/(m²·K)]	外窗综合遮阳系数 SC （东、西向/南向）
体形系数 ≤0.40	窗墙面积比≤0.20	4.7	—
	0.20＜窗墙面积比≤0.30	4.0	—
	0.30＜窗墙面积比≤0.40	3.2	夏季≤0.40/夏季≤0.45
	0.40＜窗墙面积比≤0.45	2.8	夏季≤0.35/夏季≤0.40
	0.45＜窗墙面积比≤0.60	2.5	东、西、南向设置外遮阳 夏季≤0.25/冬季≥0.60
体形系数 ＞0.40	窗墙面积比≤0.20	4.0	—
	0.20＜窗墙面积比≤0.30	3.2	—
	0.30＜窗墙面积比≤0.40	2.8	夏季≤0.40/夏季≤0.45
	0.40＜窗墙面积比≤0.45	2.5	夏季≤0.35/夏季≤0.40
	0.45＜窗墙面积比≤0.60	2.3	东、西、南向设置外遮阳 夏季≤0.25/冬季≥0.60

注：1. "东、西"代表从东或西偏北 30°（含 30°）至偏南 60°（含 60°）的范围；"南"代表从南偏东 30°至偏西 30°的范围。

2. 楼梯间、外走廊的窗不按本表规定执行。

（3）夏热冬暖地区。《夏热冬暖地区居住建筑节能设计标准》（JGJ 75—2003）以一月份的平均温度 11.5℃为分界线，将夏热冬暖地区分南区和北区。等温线的北部为北区，区内

建筑要兼顾冬季采暖，南部为南区，区内建筑可不考虑冬季采暖。标准分别南北区内窗的传热系数和遮阳系数做了不同的规定。分别见表 5-20 和表 5-21。

表 5-20　　　　　　　　　　北区居住建筑外窗的传热系数和综合遮阳系数限值

外墙	外窗的综合遮阳系数 SC	外窗的传热系数 K [W/(m²·K)]				
		平均窗墙面积比 $C_M \leqslant 0.25$	平均窗墙面积比 $0.25 < C_M \leqslant 0.30$	平均窗墙面积比 $0.30 < C_M \leqslant 0.35$	平均窗墙面积比 $0.35 < C_M \leqslant 0.40$	平均窗墙面积比 $0.40 < C_M \leqslant 0.45$
$K \leqslant 2.0$ $D \geqslant 3.0$	0.9	≤2.0	—	—	—	—
	0.8	≤2.5	—	—	—	—
	0.7	≤3.0	≤2.0	≤2.0	—	—
	0.6	≤3.0	≤2.5	≤2.5	≤2.0	—
	0.5	≤3.5	≤2.5	≤2.5	≤2.0	≤2.0
	0.4	≤3.5	≤3.0	≤3.0	≤2.5	≤2.5
	0.3	≤4.0	≤3.0	≤3.0	≤2.5	≤2.5
	0.2	≤4.0	≤3.5	≤3.0	≤3.0	≤3.0
$K \leqslant 1.5$ $D \geqslant 3.0$	0.9	≤5.0	≤3.5	≤2.5	—	—
	0.8	≤5.5	≤4.0	≤3.0	≤2.0	—
	0.7	≤6.0	≤4.5	≤3.5	≤2.5	≤2.0
	0.6	≤6.5	≤5.0	≤4.0	≤3.0	≤3.0
	0.5	≤6.5	≤5.0	≤4.5	≤3.5	≤3.5
	0.4	≤6.5	≤5.5	≤4.5	≤4.0	≤3.5
	0.3	≤6.5	≤5.5	≤5.0	≤4.0	≤4.0
	0.2	≤6.5	≤6.0	≤5.0	≤4.0	≤4.0
$K \leqslant 1.0$ $D \geqslant 2.5$ 或 $K \leqslant 0.7$	0.9	≤6.5	≤6.5	≤4.0	≤2.5	—
	0.8	≤6.5	≤6.5	≤5.0	≤3.5	≤2.5
	0.7	≤6.5	≤6.5	≤5.5	≤4.5	≤3.5
	0.6	≤6.5	≤6.5	≤6.0	≤5.0	≤4.0
	0.5	≤6.5	≤6.5	≤6.5	≤5.0	≤4.5
	0.4	≤6.5	≤6.5	≤6.5	≤5.5	≤5.0
	0.3	≤6.5	≤6.5	≤6.5	≤5.5	≤5.0
	0.2	≤6.5	≤6.5	≤6.5	≤6.0	≤5.5

注：1. 热惰性系数 D 值是表征围护结构对周期性温度波在其内部衰减快慢程度的一个无量纲指标，单层结构 $D = R \cdot S$；多层结构 $D = \sum R \cdot S$。式中 R 为结构层的热阻，S 为相应材料层的蓄热系数，D 值愈大，周期性温度波在其内部的衰减越快，围护结构的热稳定性越好。

2. 外窗的综合遮阳系数（SC）指考虑窗本身和窗口的建筑外遮阳装置综合遮阳效果的一个系数，其值为窗本身的遮阳系数（SC）与窗口的建筑外遮阳系数（S_D）的乘积。

3. 平均窗墙面积比（C_M）指整栋建筑外墙面上的窗及阳台门的透明部分的总面积与整栋建筑的外墙面的总面积（包括其上的窗及阳台门的透明部分面积）之比。

表 5 - 21　　　　　　　南区居住建筑外窗的综合遮阳系数限值

外墙（$\rho \leqslant 0.8$）	外窗的综合遮阳系数 SC				
	平均窗墙面积比 $C_M \leqslant 0.25$	平均窗墙面积比 $0.25 < C_M \leqslant 0.30$	平均窗墙面积比 $0.30 < C_M \leqslant 0.35$	平均窗墙面积比 $0.35 < C_M \leqslant 0.40$	平均窗墙面积比 $0.40 < C_M \leqslant 0.45$
$K \leqslant 2.0$ $D \geqslant 3.0$	$\leqslant 0.6$	$\leqslant 0.5$	$\leqslant 0.4$	$\leqslant 0.4$	$\leqslant 0.3$
$K \leqslant 1.5$ $D \geqslant 3.0$	$\leqslant 0.8$	$\leqslant 0.7$	$\leqslant 0.6$	$\leqslant 0.5$	$\leqslant 0.4$
$K \leqslant 1.0$ $D \geqslant 2.5$ 或 $K \leqslant 0.7$	$\leqslant 0.9$	$\leqslant 0.8$	$\leqslant 0.7$	$\leqslant 0.6$	$\leqslant 0.5$

注：1. 外窗包括阳台门的透明部分；
　　2. 南区居住建筑的节能设计对外窗的传热系数不作规定；
　　3. ρ 是外墙外表面的太阳辐射吸收系数。

2. 公共建筑

《公共建筑节能设计标准》（GB 50189—2005）根据建筑所处城市的建筑气候地区、窗墙比及体形系数对单一朝向门窗的传热系数和遮阳系数作出了相应的规定（表 5 - 22、表 5 - 23）。

表 5 - 22　　　　　严寒地区、寒冷地区单一朝向外窗传热系数和遮阳系数限值

气候分区	窗墙面积比 C	体形系数 $\leqslant 0.30$		$0.30 <$ 体形系数 $\leqslant 0.40$	
		传热系数 K $[W/(m^2 \cdot K)]$	遮阳系数 SC 东南西向/北向	传热系数 K $[W/(m^2 \cdot K)]$	遮阳系数 SC 东南西向/北向
严寒地区 A 区	$C \leqslant 0.2$	$\leqslant 3.0$	—	$\leqslant 2.7$	—
	$0.2 < C \leqslant 0.3$	$\leqslant 2.8$	—	$\leqslant 2.5$	—
	$0.3 < C \leqslant 0.4$	$\leqslant 2.5$	—	$\leqslant 2.2$	—
	$0.4 < C \leqslant 0.5$	$\leqslant 2.0$	—	$\leqslant 1.7$	—
	$0.5 < C \leqslant 0.7$	$\leqslant 1.7$	—	$\leqslant 1.5$	—
严寒地区 B 区	$C \leqslant 0.2$	$\leqslant 3.2$	—	$\leqslant 2.8$	—
	$0.2 < C \leqslant 0.3$	$\leqslant 2.9$	—	$\leqslant 2.5$	—
	$0.3 < C \leqslant 0.4$	$\leqslant 2.6$	—	$\leqslant 2.2$	—
	$0.4 < C \leqslant 0.5$	$\leqslant 2.1$	—	$\leqslant 1.8$	—
	$0.4 < C \leqslant 0.5$	$\leqslant 1.8$	—	$\leqslant 1.6$	—
寒冷地区	$C \leqslant 0.2$	$\leqslant 3.5$	—	$\leqslant 3.0$	—
	$0.2 < C \leqslant 0.3$	$\leqslant 3.0$	—	$\leqslant 2.5$	—
	$0.3 < C \leqslant 0.4$	$\leqslant 2.7$	$\leqslant 0.70/—$	$\leqslant 2.3$	$\leqslant 0.70/—$
	$0.4 < C \leqslant 0.5$	$\leqslant 2.3$	$\leqslant 0.60/—$	$\leqslant 2.0$	$\leqslant 0.60/—$
	$0.4 < C \leqslant 0.5$	$\leqslant 2.0$	$\leqslant 0.50/—$	$\leqslant 1.8$	$\leqslant 0.50/—$

表 5-23　　　夏热冬冷地区、夏热冬暖地区单一朝向外窗传热系数和遮阳系数限值

气候分区	窗墙面积比 C	传热系数 K [W/(m² · K)]	遮阳系数 SC （东南西向/北向）
夏热冬冷地区	$C \leqslant 0.2$	$\leqslant 4.7$	—
	$0.2 < C \leqslant 0.3$	$\leqslant 3.5$	$\leqslant 0.55/—$
	$0.3 < C \leqslant 0.4$	$\leqslant 3.0$	$\leqslant 0.50/—$
	$0.4 < C \leqslant 0.5$	$\leqslant 2.8$	$\leqslant 0.45/0.60$
	$0.5 < C \leqslant 0.7$	$\leqslant 2.5$	$\leqslant 0.40/0.55$
夏热冬暖地区	$C \leqslant 0.2$	$\leqslant 6.5$	—
	$0.2 < C \leqslant 0.3$	$\leqslant 4.7$	$\leqslant 0.50/0.60$
	$0.3 < C \leqslant 0.4$	$\leqslant 3.5$	$\leqslant 0.45/0.55$
	$0.4 < C \leqslant 0.5$	$\leqslant 3.0$	$\leqslant 0.40/0.50$
	$0.4 < C \leqslant 0.5$	$\leqslant 3.0$	$\leqslant 0.35/0.45$

确定门窗的保温性能要求，可以用实测的方法，也可以通过模拟计算的方法。建筑门窗的保温性能计算应按《建筑门窗幕墙热工计算规程》（JGJ/T 151—2008）进行。

门窗的保温性能应以实测的数据为准，但可以通过模拟计算对门窗的保温性能进行预先估算，只有在方法正确、模拟计算结果满足节能设计指标的情况下，才能进行门窗的生产。必要时应在计算结果的基础上通过实际检测对计算结果进行确认，以免因造成计算结果与实测结果偏差太大而造成不必要的浪费。

铝合金门窗的传热系数是门窗保温性能指标，是影响建筑冬季保温和节能的重要因素。在居住建筑节能设计标准和公共建筑节能设计标准中都对外门窗的传热系数作出了明确规定，并且是建筑节能设计的强制执行条文，因此，在进行铝合金门窗产品的保温性能设计时必须认真设计门窗的传热系数。

遮阳系数是外窗的遮阳性能指标，是影响建筑夏季隔热和节能的重要因素。窗户的遮阳系数越小，透过窗户进入室内的太阳辐射热就越少，对降低夏季空调负荷有利，但对降低冬季采暖负荷确是不利的。

5.6.2　构造设计要求

1. 铝合金门窗保温性能构造设计要求

（1）采用隔热断桥铝型材。采用隔热铝合金型材可以有效降低门窗框的传热系数。隔热铝合金型材传热系数 K 值可降到 $1.8 \sim 3.5 \text{W}/(\text{m}^2 \cdot \text{K})$，无隔热铝合金型材传热系数 K 为 $6.0 \text{W}/(\text{m}^2 \cdot \text{K})$ 左右。铝合金隔热型材传热系数 K 值的高低与型材中间的隔热材料形状和尺寸有关。如通过加长穿条式隔热型材隔热条的尺寸降低型材的传热系数或采用灌注法生产的隔热铝合金型材或选用铝木复合型材等。

图 5-3 为四种铝合金型材的断面结构图，其中图 5-3（a）为普通铝合金型材，型材的传热系数高，不能满足节能门窗的制作要求。图 5-3（b）为隔热铝合金型材，中间隔热条较短，不适合制作保温性能要求较高的门窗。图 5-3（c）中隔热型材中间隔热条采用多腔

结构，配合多腔中间密封胶条，具有较低的传热系数，适合制作保温性能要求较高的门窗。图5-3（d）为铝木复合型材，其中铝合金部分为隔热断桥型材，室内侧为实木型材，经过两种型材的复合后，具有较低的传热系数和较高的室内装饰性，适合制作保温性能和装饰要求较高的门窗。

|(a)|(b)|(c)|(d)|

图5-3　铝合金型材断面结构图

（2）采用中空玻璃或低辐射镀膜（Low-E）中空玻璃。采用中空玻璃或Low-E中空玻璃可以大大降低门窗玻璃的传热系数，同样的中空玻璃如果采用暖边设计或填充惰性气体可以更好地降低玻璃的传热系数。对于要求传热系数更低的玻璃，可采用由Low-E玻璃组成的双中空玻璃。

（3）提高门窗的气密性能。提高门窗的气密性能可减少因冷风渗透而产生的热量损失，因此，可以考虑采用平开门窗等。通过采用中间增加密封胶条的平开门窗，可以将框扇密封腔分隔成各自独立的气密和水密腔室，极大地提高门窗的气密性能（图5-3）。

（4）采用双重门窗设计。采用带有风雨门窗的双重门窗可以更加有效地提高门窗的保温性能。

（5）门窗框与洞口之间安装缝隙密封保温处理。门窗框与安装洞口之间的安装缝隙应进行妥善的密封保温处理，以防止由此造成的热量损失。

以上这些措施，应根据不同地区建筑气候的差别和保温性能的不同具体要求，综合考虑，合理采用。

2. 隔热性能构造设计可采取的措施

（1）设置隔热效果好的窗外遮蔽。在无窗口建筑外遮阳的情况下，降低外窗遮阳系数应优先采用窗户系统本身的外遮阳装置如外卷帘窗、外百叶窗等。

（2）采用窗户的内遮阳。采用窗户系统本身的内置遮阳如中空玻璃内置百叶、卷帘等，可以同时起到外装美观和保护内遮阳装置的双重效果。

（3）采取遮阳系数小的玻璃。单层着色玻璃（吸热玻璃）和阳光控制镀膜玻璃（热反射玻璃）有一定的隔热效果；阳光控制镀膜玻璃和着色玻璃组成的中空玻璃隔热效果更好；阳光控制低辐射镀膜玻璃（遮阳型Low-E玻璃）与透明玻璃组成的中空玻璃隔热效果很好。

以上各种遮阳措施应根据外窗遮阳隔热和建筑装饰要求，并考虑经济成本而适当采用。

5.6.3 气密性能对建筑门窗保温性能的影响

1. 空气渗透产生的热损失

（1）门窗热损失的形式。通过能量的传递方式可以知道，门窗产生的热损失有辐射热损失、对流热损失和传导热损失。辐射热损失是热量以射线形式通过门窗玻璃和窗框辐射产生。在室外，主要是由太阳照射在门窗上而向室内传递；在室内，主要是由取暖设备产生并通过门窗向室外传递。传导热损失是通过物体分子运动而进行能量的传递，从而将热量从温度较高一侧传递到较低一侧。根据建筑门窗传热系数检测原理可知，辐射热损失和传导热损失以门窗的整窗传热系数来衡量，传热系数越大，其热损失越大；对流热损失即通过门窗缝隙的空气渗透热损失，通过门窗的空气渗透越大，其对流热损失越大。根据建筑门窗传热系数检测原理可知，检测时将门窗缝隙进行密封处理，并未考虑对流热损失对门窗整体传热系数的影响。综上所述，门窗的实际节能效果应由表征对流热损失的门窗缝隙引起的空气渗透热损失和衡量辐射和传导热损失情况的整体传热系数综合反映。

（2）空气渗透热损失的计算。《采暖通风与空气调节设计规范》（GB 50019—2003）中规定了多层和高层民用建筑加热由门窗缝隙渗入室内的冷空气的耗热量：

$$Q = 0.28C_p\rho_{wn}L(t_n - t_{wn}) \tag{5-6}$$

式中　Q——由门窗缝隙渗入室内的冷空气的耗热量（W）；

　　　C_p——空气的定压比热容，$C_p = 1kJ/(kg \cdot ℃)$；

　　　ρ_{wn}——采暖室外计算温度下的空气密度（kg/m³）；

　　　L——渗透的冷空气量（m³/h）；

　　　t_n——采暖室内计算温度（℃）；

　　　t_{wn}——采暖室外计算温度（℃）。

空气密度按《严寒和寒冷地区居住建筑节能设计标准》（JGJ 26—2010）规定计算，见式（5-7）：$\rho_{wn} = \dfrac{353}{t_{wn} + 273}$ 　　　　　　　　　　　　　　　　（5-7）

计算时，为了和《建筑外门窗保温性能分级及检测方法》（GB/T 8484—2008）中传热系数检测条件相一致，计算由门窗缝隙渗入室内的冷空气密度时取室外温度 $t_{wn} = -20℃$，此时空气密度按式（5-7）计算得：$\rho_{wn} = \dfrac{353}{t_{wn} + 273} = 1.395$（kg/m³）

通过门窗缝隙渗透的冷空气量为：$L = q_2 S$ 　　　　　　　　　　　　　（5-8）

式中　L——门窗的总空气渗透量（m³/h）；

　　　q_2——门窗的单位面积空气渗透量 $[m³/(m² \cdot h)]$；

　　　S——门窗的面积（m²）。

将空气的定压比热容 $C_p = 1kJ/(kg \cdot ℃)$，采暖期室外计算温度下的空气密度 $\rho_{wn} = 1.395kg/m³$，$\Delta t = t_n - t_{wn}$ 及式（5-8）代入式（5-6）中得加热由门窗缝隙渗入室内的冷空气的耗热量分别为：$Q = 0.28C_p\rho_{wn}V(t_n - t_{wn}) = 0.28 \times 1 \times 1.395q_2S\Delta t$ 　　　（5-9）

则由式（5-9）可以计算出建筑门窗室内外温度差为 1K 时，单位面积空气渗透热损失

为：$K_{QS} = \dfrac{Q}{S\Delta t} = 0.39q_2$　　　　　　　　　　　　　　　　　　　　　　（5-10）

仿照门窗传热系数的定义，将 K_{QS} 称为门窗单位面积空气渗透热损失传热系数。

因此，实际工程中反映建筑外门窗保温性能的综合传热系数 K' 应为：

$$K' = K_{QS} + K$$　　　　　　　　　　　　　　　　　　　　（5-11）

2. 气密性能对保温性能的影响效果分析

对于表 5-9 建筑门窗气密性能分级表中单位面积空气渗透量 q_2，按式（5-10）可计算出对应的单位面积空气渗透热损失传热系数 K_{QS}，见表 5-24。

假设某一组建筑外窗检测传热系数均为 $K = 2.7$ [W/(m²·K)]，其气密性能分别对应分级表 5-9 所示气密分级，则按照式（5-11）计算反映该组外窗实际保温性能的综合传热系数 K' 见表 5-25。

表 5-24　单位面积空气渗透损失传热系数

分级	q_2 [m³/(m²·h)]	K_{QS} [W/(m²·K)]
1	$12 \geqslant q_2 > 10.5$	$4.68 \geqslant K_{QS} > 4.10$
2	$10.5 \geqslant q_2 > 9.0$	$4.1 \geqslant K_{QS} > 3.51$
3	$9.0 \geqslant q_2 > 7.5$	$3.51 \geqslant K_{QS} > 2.93$
4	$7.5 \geqslant q_2 > 6.0$	$2.93 \geqslant K_{QS} > 2.34$
5	$6.0 \geqslant q_2 > 4.5$	$2.34 \geqslant K_{QS} > 1.76$
6	$4.5 \geqslant q_2 > 3.0$	$1.76 \geqslant K_{QS} > 1.17$
7	$3.0 \geqslant q_2 > 1.5$	$1.17 \geqslant K_{QS} > 0.59$
8	$q_2 \leqslant 1.5$	$K_{QS} \leqslant 0.59$

表 5-25　综合传热系数

分级	q_2 [m³/(m²·h)]	K' [W/(m²·K)]
1	$12 \geqslant q_2 > 10.5$	$7.38 \geqslant K' > 6.80$
2	$10.5 \geqslant q_2 > 9.0$	$6.80 \geqslant K' > 6.21$
3	$9.0 \geqslant q_2 > 7.5$	$6.21 \geqslant K' > 5.63$
4	$7.5 \geqslant q_2 > 6.0$	$5.63 \geqslant K' > 5.04$
5	$6.0 \geqslant q_2 > 4.5$	$5.04 \geqslant K' > 4.46$
6	$4.5 \geqslant q_2 > 3.0$	$4.46 \geqslant K' > 3.87$
7	$3.0 \geqslant q_2 > 1.5$	$3.87 \geqslant K' > 3.29$
8	$q_2 \leqslant 1.5$	$K' \leqslant 3.29$

从表 5-24 及表 5-25 中可以看出，相同传热系数 K 的一组外窗，由于气密性能等级不同，其气密性能引起的空气渗透热损失相差巨大，气密性能等级越低，空气渗透引起的热损失就越大，外窗的实际热损失就越大。

表 5-26　　　　不同建筑节能标准对门窗气密性能要求

标准	气密性能要求	
	q_1 [m³/(m·h)]	q_2 [m³/(m²·h)]
JGJ 26—2010	严寒地区≤1.5 寒冷地区≤2.5（1～6层），≤1.5（≥7层）	严寒地区≤4.5 寒冷地区≤7.5（1～6层），≤4.5（≥7层）
JGJ 134—2010	≤2.5（1～6层），≤1.5（≥7层）	≤7.5（1～6层），≤4.5（≥7层）
JGJ 75—2003	≤2.5（1～9层），≤1.5（≥10层）	≤7.5（1～9层），≤4.5（≥10层）
GB 50189—2005	≤1.5	≤4.5

通过表 5-24 可以看出，表 5-26 中居住建筑节能设计标准要求的气密性能指标中，对于低层建筑而言，因气密性能引起的最大单位面积空气渗透热损失传热系数 K_{QS} 达到 2.93 [W/(m²·K)]，如果外窗的检测传热系数 $K = 2.7$ [W/(m²·K)] 满足节能设计要求，则

其因空气渗透引起的单位面积空气渗透热损失传热系数 K_{QS} 甚至大于检测传热系数 K。此时，外门窗的实际综合传热系数 K' 为 5.63 [W/(m²·K)]，空气渗透引起的热损失占比最大达到 2.93/5.63＝52%。即使是对于高层建筑的气密性能指标要求中，因气密性能引起的最大单位面积空气渗透热损失传热系数 K_{QS} 达到 1.76 [W/(m²·K)]，对于检测传热系数 K＝2.7 [W/(m²·K)] 的外门窗，外门窗的实际综合传热系数 K' 也达到 4.46 [W/(m²·K)]。空气渗透引起的热损失占比最大也达到 1.76/4.46＝39.5%。

同样，利用单位面积空气渗透热损失传热系数 K_{QS} 和综合传热系数 K' 还可以对不同类型的门窗产品的实际节能效果进行评价。

3. 应对措施

由于结构性的原因，推拉窗的气密性能普遍低于平开窗，很难满足节能的要求，在实际节能设计中，应优先选用平开窗。

图 5-4　带中间密封的
隔热铝合金窗

对于平开窗而言，应采用带中间密封的三密封结构，如图 5-4 所示。在这种密封结构的平开窗设计中，由于中间密封将水密和气密分隔成独立的腔室，提高了门窗的气密和水密性能。

根据门窗气密性能分级指标 q_1、q_2 的关系，门窗设计时，在开启部分满足通风换气及功能需要的前提下，应尽可能减小开启部分的面积，即减小因气密性能产生的空气渗透热损失。

由于安装中空玻璃后的平开窗扇较重，因此，应采用材料可靠，承重性能好及具有多点锁闭功能的五金配件。

总之，气密性能对建筑门窗的节能性能有着重要的影响。门窗的实际节能效果应通过保温性能和气密性能综合评价，提高门窗的节能性能应从提高保温性能和降低气密性能两方面综合考虑。

5.7　空气声隔声性能设计

空气声隔声性能是门窗在正常关闭状态时，阻隔室外声音传入室内的能力，以 dB 为单位。

透过试件的透射声功率与入射试件的入射声功率之比值称为声透射系数，以字母 τ 表示。隔声量是入射到门窗试件上的声功率与透过试件的透射声功率之比值，取以 10 为底的对数乘以 10，以字母 R 表示，则隔声量 R 与声透射系数的关系为：$R=10\lg\dfrac{1}{\tau}$ 或 $\tau=10^{-R/10}$。

计权隔声量是将测得的试件空气声隔声量频率特性与规定的空气声隔声基准曲线按照规定的方法相比较而得出的单值计价量。将计权隔声量值转换为试件隔绝粉红噪声时试件两侧空间的 A 计权声压级差所需的修正值称为粉红噪声频谱修正量。将计权隔声量值转换为试件隔绝交通噪声时试件两侧空间的 A 计权声压级差所需的修正值称为交通噪声频谱修正量。

现行国家标准《建筑门窗空气声隔声性能分级及检测方法》（GB/T 8485—2008）规定，

外门、外窗以"计权隔声量和交通噪声频谱修正量之和（R_w+C_{tr}）"作为分级指标。内门、内外窗以"计权隔声量和粉红噪声频谱修正量之和（R_w+C）"作为分级指标。空气声隔声性能分级及指标值见表 5-27。

表 5-27　　　　　　　　　　　　空 气 隔 声 性 能 分 级　　　　　　　　　　（单位：dB）

分　　级	外门、外窗分级指标	内门、内窗分级指标
1	$20 \leqslant R_w+C_{tr} < 25$	$20 \leqslant R_w+C < 25$
2	$25 \leqslant R_w+C_{tr} < 30$	$25 \leqslant R_w+C < 30$
3	$30 \leqslant R_w+C_{tr} < 35$	$30 \leqslant R_w+C < 35$
4	$35 \leqslant R_w+C_{tr} < 40$	$35 \leqslant R_w+C < 40$
5	$40 \leqslant R_w+C_{tr} < 45$	$40 \leqslant R_w+C < 45$
6	$R_w+C_{tr} \geqslant 45$	$R_w+C \geqslant 45$

5.7.1　性能要求

《铝合金门窗工程技术规范》（JGJ 214—2010）中对建筑外门窗空气隔声性能指标计权隔声量（R_w+C_{tr}）值规定如下：

（1）临街的外窗、阳台门和住宅建筑外窗及阳台门不应低于 30dB。

（2）其他门窗不应低于 25dB。

建筑门窗是轻质薄壁构件，是围护结构隔声的薄弱环节。国家标准《住宅建筑标准》（GB 50368—2005）规定，外窗隔声量 R_w 不应小于 30dB，户门隔声量 R_w 不应小于 25dB。

建筑物的用途不同，对隔声性能的要求不同。因此，工程中具体门窗隔声性能设计，应根据建筑物各种用房的允许噪声级标准和室外噪声环境（外门窗）或相邻房间隔声环境（内门窗）情况，按照外围护墙体（外门窗）或内围护隔墙（内门窗）的隔声要求具体确定外门窗或内门窗隔声性能指标。

《民用建筑隔声设计规范》（GB 50118—2010）对不同用途建筑的外门窗隔声性能提出了具体的要求，见表 5-28～表 5-32。

表 5-28　　　　　　住宅建筑外窗（包括未封闭阳台的门）的空气声隔声标准

构 件 名 称	空气声隔声单值评价量＋频谱修正量（dB）	
交通干线两侧卧室、起居室（厅）的窗	计权隔声量＋交通噪声频谱修正量 （R_w+C_{tr}）	≥30
其他窗	计权隔声量＋交通噪声频谱修正量 （R_w+C_{tr}）	≥25

表 5-29　　　　　　　学校建筑教学用房外窗和门的空气声隔声标准

构 件 类 型	空气声隔声单值评价量＋频谱修正量（dB）	
临交通干线的外窗	计权隔声量＋交通噪声频谱修正量（R_w+C_{tr}）	≥30
其他外窗	计权隔声量＋交通噪声频谱修正量（R_w+C_{tr}）	≥25

构件类型	空气声隔声单值评价量＋频谱修正量（dB）	
产生噪声房间的门	计权隔声量＋粉红噪声频谱修正量（R_w+C）	≥25
其他门	计权隔声量＋粉红噪声频谱修正量（R_w+C）	≥20

表 5 - 30　　　　　　　　　　医院建筑外窗和门的空气声隔声标准

构件名称	空气声隔声单值评价量＋频谱修正量（dB）	
外窗	计权隔声量＋交通噪声频谱修正量 （R_w+C_{tr}）	≥30（临街病房）
		≥25（其他）
门	计权隔声量＋粉红噪声频谱修正量 （R_w+C）	≥30（听力测听室）
		≥20（其他）

表 5 - 31　　　　　　　　　　旅馆建筑外门窗的空气声隔声标准

构件名称	空气声隔声单值评价量＋频谱修正量	特级 （dB）	一级 （dB）	二级 （dB）
客房外窗	计权隔声量＋交通噪声频谱修正量 （R_w+C_{tr}）	≥35	≥30	≥25
客房门	计权隔声量＋粉红噪声频谱修正量 （R_w+C）	≥30	≥25	≥20

表 5 - 32　　　　　　　　　　办公建筑外窗和门的空气声隔声标准

构件类型	空气声隔声单值评价量＋频谱修正量（dB）	
临交通干线的办公室、会议室外窗	计权隔声量＋交通噪声频谱修正量（R_w+C_{tr}）	≥30
其他外窗	计权隔声量＋交通噪声频谱修正量（R_w+C_{tr}）	≥25
门	计权隔声量＋粉红噪声频谱修正量（R_w+C）	≥20

5.7.2　构造设计要求

门窗的隔声性能主要取决于占门窗面积 80％的玻璃的隔声效果。单层玻璃的隔声效果有限，通常采用单层玻璃时门窗的隔声效果只能达到 29dB 以下。提高门窗隔声性能最直接有效的方法就是采用隔声性能良好的中空玻璃或夹层玻璃。如需进一步提高隔声性能，可采用不同厚度的玻璃组合，以避免共振，得到更好的隔声效果。门窗玻璃镶嵌缝隙及框、扇开启缝隙，也是影响门窗隔声性能的重要环节。采用耐久性好的密封胶和弹性密封胶条进行门窗密封，是保证门窗隔声效果的必要措施。对于有更高隔声性能要求的门窗也可采用双重门窗系统。门窗框与洞口墙体之间的安装间隙是另一个不可忽视的隔声环节。因此，铝合金门窗隔声性能的构造设计可遵照下述要求：

（1）提高门窗隔声性能，宜采用中空玻璃或夹层玻璃。

（2）中空玻璃内充惰性气体或内外片玻璃采用不同厚度的玻璃。

（3）门窗玻璃镶嵌缝隙及框与扇开启缝隙，应采用具有柔性和弹性的密封材料密封。

（4）采用双层门窗构造。

（5）采用密封性能良好的门窗型式。

5.7.3　窗户透声基本知识

窗户安装玻璃的主要功能，是提供室内采光和向外的视线，除此之外，还起隔声作用。窗户的声音透射通常影响建筑的整体隔声效果。

支配窗户声透射的物理定律与支配建筑墙体声透射的物理定律相同，但玻璃窗实际的噪声控制程度还要受玻璃本身的性质和窗户的安装特点的影响。例如，增加玻璃的厚度在大多数频率区间都可以提高隔声量，但是玻璃的刚度却限制了隔声量的提高。使用多层玻璃（双层和三层）在大多数频率处可以降低噪声，但这取决于玻璃之间的隔离方式。

隔声量是用来测量在某一频率范围的降噪程度的标准尺度。尽管使用声透射系数对评定建筑物的某些声源的降噪效果，比如人的说话声音，一般来说是令人满意的，但是，使用声透射系数来评定较低频率的声源来说，却不大适用。因为，大多数室外噪声源如飞机和公路上的交通车辆都位于这一区间，仅仅用声透射系数来评定建筑物的外立面的降噪程度，是远远不够的。

1. 密封单层玻璃窗

从理论上看，如果玻璃刚度的作用忽略不计的话，大片单层玻璃的声频或质量每增加 2 倍，其隔声量增加 6dB。尽管单层玻璃的隔声量在某些频率处基本服从"质量"定律，但是由于玻璃本身的刚度和窗户玻璃的面积有限，却导致了玻璃的隔声量偏离质量定律的规定。

图 5-5 描绘的是两个不同厚度的密封单层玻璃窗的质量定律曲线和实际隔声量曲线。质量定律曲线显示的隔声量变化随着频率的增加大于实际测量窗户的隔声量。

图 5-5　密封单层玻璃窗的隔声量曲线

在低频处，实际测量的隔声量高于相对应的质量定律曲线。这是因为窗户密封材料的吸声和相对于声波波长的窗户尺寸所导致的。一般来说，这些影响对于大片玻璃如玻璃墙隔断来说是微不足道的。玻璃隔声量的大小取决于窗户的尺寸、形状，以及窗户是如何安装在窗户框内的。使用弹性密封材料（如氯丁橡胶密封条）可提高玻璃在低频处的隔声量3～5dB。

在较高频率处，实际测量的隔声量降到对应的质量曲线以下。实际测量隔声量的这种大幅度下降通常被称为"符合频率下垂"（coincidence dip）。导致符合频率下垂的原因是由玻璃板内的弯波造成的。

符合频率下垂发生的频率与玻璃的厚度成反比。2mm厚玻璃的符合频率下垂接近于500kHz，而18mm厚的玻璃的符合频率下垂发生在频率为50Hz处。从图5-5可见，由于符合频率下垂的作用，在频率500Hz处，18mm厚玻璃的隔声量事实上比4mm厚玻璃的隔声量要小。在频率200Hz以上，实际测量的18mm厚玻璃的隔声量远远小于用质量定律所表示的隔声量曲线。由于符合频率下垂的影响，仅仅靠增加玻璃厚度对单片玻璃的声透射系数的影响是十分有限的。

在符合下垂频率之上，夹胶玻璃的隔声量较之同等厚度的单片玻璃大得多。夹胶玻璃的隔声量曲线在符合下垂频率以上十分接近质量定律曲线。这种隔声量的改善显然是得益于玻璃之间的弹性胶片产生的阻尼（振动能耗散）。但必须注意，这种阻尼是温度的函数。在加拿大北部寒冷的冬天，夹层玻璃的隔声量的增加幅度会大幅度的下降。

2. 双玻中空玻璃

双玻中空玻璃的隔声量主要取决于两片玻璃之间的空气层厚度。图5-6描绘的曲线表示中空玻璃的隔声量随空气层的增加而增加。图中的曲线显示，中空玻璃空气层每增加2倍，其声透射系数就大约增加3。此外，该图还显示，声透射系数还随着玻璃的厚度增加而增加。

图5-6　透声系数和中空玻璃窗空气层间距之间的关系

如果两片玻璃之间的间隔小（小于25mm），则双层中空玻璃的声透射系数可能比相同厚度的单片玻璃的声透射系数仅仅高一点点（或事实上可能还要低一些）。之所以如此，是因为两层玻璃之间的空气像弹簧一样将振动能从一层玻璃传到另一层玻璃上，从而导致中空玻璃隔声量的大幅度减少，这种现象称为质量－空气－质量共振。中空玻璃的共振频率可由下列公式求出：$T = 1150(t_1 + t_2)^{1/2}/(t_1 t_2 d)^{1/2}$　　　　　　　　　　　　　　　　(5-12)

式中　　T——中空玻璃的共振频率；

　　　　t_1，t_2——分别表示两片玻璃的厚度（mm）；

　　　　d——空气层距离（mm）。

一般来说，在工厂中制作的密封中空玻璃的共振频率位于 $200\sim400Hz$ 之间。图5-7描绘的是这类中空玻璃共振频率的下降恰恰处于这一区间。天空中的飞机和路面上的交通车辆的绝大部分声能都处于该频率范围。通过增加空气层的厚度和使用较厚的玻璃，这类共振频率就可降低，从而改善对这种噪声源的隔声效果。

在质量－空气－质量共振频率以下，双层中空玻璃和相同厚度的单层玻璃的隔声量相同。在位于共振频率以上时，中空玻璃的隔声量较之其中单层玻璃的要大。当空气层每增加2倍时，其声透射系数的增加大约为3dB。

3. 三玻中空玻璃与双玻中空玻璃

尽管人们普遍认为在双玻中空基础上增加一层玻璃对隔声效果会起作用，但实际上除非中间空气层间隔相应地增加许多的话，否则三玻中空玻璃与双玻中空玻璃的隔声效果基本上是一致的。图5-8绘的是总厚度类似的双玻中空和三玻中空玻璃的隔声量比较曲线。图中的玻璃规格分别为双层中空玻璃：$3mm+12mm+3mm$，三层中空玻璃：$3mm+6mm+3mm$，两者的空气层总厚度同为12mm。

图5-7　小空气层对中空玻璃隔声量的影响

从图中可见，在低于质量－空气－质量的共振频率（约250Hz）时，三层中空玻璃的隔声量较三玻中空玻璃高3dB，这与质量定律所预测的相一致，因为从双玻到三玻，玻璃窗的质量增加了50%。在位于共振频率以上的位置，两条曲线几乎完全一致。因此，三玻和双玻的声透射级相同。

无论是双玻中空还是三玻中空，除非它们的空气层距离在25mm以上，否则三玻中空的隔声量与双玻中空的隔声量就十分近似。假定两个双玻中空玻璃，它们的质量相同，但其中一个的空腔很大，另一个较小。如果用后者替代前者中的一层玻璃的话，隔声量的增加是十分有限的。

4. 玻璃窗降噪设计

如果对门窗的降噪要求不是特别大，人们一般选用双玻中空窗。双玻中空窗的空气间隔必需相当大，才足以达到大量降噪的要求。

在双玻中空和三玻中空玻璃中采用非对称厚度的玻璃，其降噪效果较之相同厚度的玻璃的降噪量要大。图5-6中的双玻中空的玻璃厚为6mm。如果将其中的一片用3mm厚的玻璃

图 5-8　中空玻璃的隔声量曲线对比

来替代，其透声系数与之替代前相比，相同或更大一些。中空玻璃中采用不同厚度的玻璃来降噪，是十分有效的一种方法，原因是不同厚度的玻璃的声音共振频率是位于不同区间的。双层玻璃的厚度比为 1∶2 时，效果是最明显的。

从窗框中透射的声能会限制中空玻璃的降噪效果，特别对隔声量大的中空玻璃窗的影响更大。图 5-6 的隔声量数据取自安装在木质窗框上的中空玻璃，窗框的总厚度为 40mm。实验表明声音透过木窗框的能量是微不足道的，但对安装在重量轻的金属框的中空玻璃来说，隔声量是较低的，很明显是由于声音透过金属窗框导致其共振造成的。一般来说，应避免使用轻体的窗框材料。如果对降噪量要求很高的话，应使窗框从结构上看应分离，与墙体接触，从而避免声能通过窗框的传递。

影响降低噪声的因素包括：中空玻璃的安装、空气层内所充的气体、玻璃厚度、空气层距离、窗户边缘部的密封程度、玻璃种类（普通玻璃、夹层玻璃）、间隔条种类、边部的阻尼效果和窗框材料等。此外，需要记住的是，惰性气体和夹胶玻璃在中空玻璃内的使用，虽然在一定的意义上可以对降噪起到作用，但在使用时必须对应用的条件做具体分析，例如使用胶片夹层玻璃在寒冷的冬天条件下，由于阻尼作用的丧失，其降噪效果与同等厚度的单层玻璃是一样的。

5.7.4　空气声隔声性能的计算

建筑围护结构构件的隔声单指质量定律下空气声的隔绝。声音通过围护结构的传播有两种途径：一种是振动直接撞击围护结构，并使其成为声源，通过维护结构的构件作为媒介介质使振动沿固体构件传播，称为固体传声、撞击声或结构声；另一种是空气中的声源发声以后激发周围的空气振动，以空气为媒质，形成声波，传播至构件并激发构件振动，使小部分声音等透射传播到另一个空间，此种传播方式也叫空气传声或空气声。无论是固体传声还是空气传声，最后都通过空气这一媒质，传声入耳。门窗等结构工程，需要计算的是空气声隔声。

1. 隔声计算基本定律

质量定律是决定围护结构构件隔声量的基本规律：围护结构构件的隔声量与其表面密度（或单位面积的质量）的对数成正比，用公式可表示为

$$R = 20\lg(mf) - 43$$

式中　R——正入射隔声量；

　　　m——面密度；

　　　f——声波频率。

质量定律说明，当围护结构构件的材料已经决定后，为增加其隔声量，唯一的办法是增加它的厚度，厚度增加一倍，单位面积质量即增加一倍，隔声量增加 6dB；该定律还表明，低频的隔声比高频的隔声要困难。实际工程经验表明，靠增加厚度所能获得的隔声量的增加比理论值低，厚度加倍，隔声量大约只增加 4.5dB。

在实际隔声研究中最常用的是六个倍频程，中心频率分别是 125Hz、250Hz、500Hz、1000Hz、2000Hz、4000Hz，基本上代表了常用的声频范围。

2. 隔声量计算方法、公式的选择

隔声量的计算有多种方法，其中有：公式计算法、图线判断法、平台做图法、隔声指数法、实测图表法等。一些计算软件采用公式计算法进行计算。

所有的理论计算公式由于都是在许多不同假设条件下推导出来的，所以计算值偏差普遍偏大，并不符合实际工程情况，无法直接应用在工程实际中，而在工程中一般采用成组的经验公式，对于门窗等外围护结构我们使用国际、国内众多声学专家推荐并普遍采用的公式进行计算，相关公式汇总如下：

（1）计算单层玻璃构件时：

$$R = 13.5\lg m + 13 \tag{5-13}$$

式中　R——单层玻璃的隔声量；

　　　M——构件的面密度。

（2）计算中空或夹层玻璃构件时：

$$R = 13.5\lg(m_1 + m_2) + 13 + \Delta R_1 \tag{5-14}$$

式中　R——双层玻璃结构的隔声量；

　m_1，m_2——组成构件的面密度；

　　　ΔR_1——双层构件中间层的附加隔声量。

对于 PVB 膜，当膜厚为 0.38 时取 4dB；

当膜厚为 0.76 时取 5.5dB；

当膜厚为 1.14 时取 6dB；

当膜厚为 1.52 时取 7dB。

对空气层，按"瑞典技术大学"试验测定参数曲线选取，在空气层为 100mm 以下时，

附加隔声量近似等于空气层厚度的 0.1。

（3）计算中空＋夹层玻璃构件时：

$$R = 13.5\lg(m_1 + m_2 + m_3) + 13 + \Delta R_1 + \Delta R_2 \qquad (5 - 15)$$

式中　ΔR_1——构件空气层的附加隔声量；

　　　ΔR_2——构件 PVB 膜的附加隔声量。

其他参数可以参看双层玻璃构件。

（4）计算三片双中空玻璃构件时：

$$R = 13.5\lg(m_1 + m_2 + m_3) + 13 + \Delta R_1 + \Delta R_2 \qquad (5 - 16)$$

式中　ΔR_1——构件空气层 1 的附加隔声量；

　　　ΔR_2——构件空气层 2 的附加隔声量。

其他参数可以参看双层玻璃构件。

【示例】

结构组成（单位：mm）：中空玻璃，玻璃组成为 6＋12（空气层）＋6，计算玻璃构件隔声量。

依据上面的介绍，采用式（5 - 14）进行计算：

$$
\begin{aligned}
R &= 13.5\lg(m_1 + m_2) + 13 + \Delta R_1 \\
&= [13.5 \times \lg(2.56 \times (6 + 6)) + 13 + 1.2]\text{dB} \\
&= 34.28\text{dB}
\end{aligned}
$$

按《建筑门窗空气声隔声性能分级及其检测方法》（GB 8485—2008）空气隔声性能分级，构件隔声性能属于 3 级。

5.8　采光性能设计

采光性能指铝合金窗在漫射光照射下透过光的能力。以透光折减系数 T_r 作为分级指标。采光性能仅指外窗而言。采光性能分级及指标值 T_r 见表 5 - 33。

表 5 - 33　　　　　　　　　　　采 光 性 能 分 级

分级	1	2	3	4	5
分级指标值	$0.20 \leqslant T_r < 0.30$	$0.30 \leqslant T_r < 0.40$	$0.40 \leqslant T_r < 0.50$	$0.50 \leqslant T_r < 0.60$	$T_r \geqslant 0.60$

5.8.1　自然光的利用

昼光是巨大的照明能源，将适当的昼光通过窗户引进室内照明，并透过窗户观看室内景物，是提高居住舒适，提高工作效率的重要条件。建筑物充分利用昼光照明，不仅能够获得很好的视觉效果，而且可以有效地节约能源。多边的天然光又是建筑艺术造型、材料质感、渲染室内外环境气氛的重要手段。

为了提高建筑外窗的采光效率，在设计时要尽量选择采光性能好的外窗，采光性能好坏用透光折减系数 T_r 表示。T_r 为光通过窗户和采光材料及与窗相结合的挡光部件后减弱的系数。

5.8.2　采光性能设计

窗的首要功能是采光，其采光效率是影响采光效果的重要因素。《建筑采光设计标准》（GB/T 50033—2001）第 3.1.6 条规定：在采光设计中应选择采光性能好的窗作为建筑采光外窗，其透光折减系数 T_r 应大于 0.45。因此，对于有天然采光要求的外窗，其透光折减系数（T_r）应大于 0.45。

在进行外窗的采光设计时，应进行采光计算。外窗的透光折减系数 T_r 值的计算，可根据《建筑采光设计标准》（GB/T 50033—2013），按照各类建筑侧面采光系数 C_{min} 的要求，采用该标准相关侧面采光系数最低值 C_{min} 的计算公式，可得到侧面采光的总透射比，即是透光折减系数 T_r 值。

铝合金外窗的采光性能设计应满足建筑节能设计标准对外窗综合遮阳系数的要求。外窗采光最主要的部分是窗玻璃。昼光透过玻璃射入室内，同时也把太阳光中的辐射热带入室内空间。因此，选择窗玻璃不但要考虑透光比的大小、透射光的分布，还要考虑玻璃的热工性能。对于有空调设备的房间要减少玻璃的热辐射透过量，对于节能和节省空调运行费用有重要的作用。而利用太阳能取暖的房间，从玻璃透入的辐射热则越多越好。

建筑外窗天然采光性能影响到建筑节能。目前，既有建筑中大量使用的热反射镀膜玻璃，虽然有很好的遮阳效果，能将大部分太阳辐射热反射回去，但其可见光透射率太低（8%～40%），会严重影响室内采光，导致室内人工照明能耗增加。因此，窗户的遮阳和采光要兼顾，要综合满足节能效果。

表 5-34 为几种典型窗玻璃的光学性能。

可见光透射比是指透过透明材料的可见光光通量与投射在其表面上的可见光通量之比。

对于采光窗来说，在窗的结构确定情况下，窗玻璃最终决定采光效率和节能效果。在设计外窗选用玻璃时，应考虑选用透光性能好，传热系数低的透光材料。

表 5-34　　　　　几种典型窗玻璃的光学性能

玻璃类型		可见光		太　阳　辐　射			
		透射比	反射比	反射比	透射比	直接透射比	总透射比
透明玻璃	单层	0.87	0.08	0.07	0.13	0.80	0.84
	双层	0.76	—	0.12	0.24	0.64	0.73
吸热玻璃	茶褐色	0.50	—	0.12	0.51	0.44	0.60
	灰色	0.40	—	0.05	0.51	0.44	0.60
玻璃	茶褐色	0.33	0.34	0.29	0.38	0.33	0.45
	绿色	0.50	0.35	0.29	0.40	0.31	0.43

5.8.3　构造设计

建筑外窗采光性能构造设计宜采取下列措施：

（1）窗的立面设计尽可能减少窗的框架与整窗的面积比。减少窗的框、扇架构与整窗的面积比就是减小了窗结构的挡光折减系数。

（2）按门窗采光性能要求合理选配玻璃或设置遮阳窗帘。窗玻璃的可见光透射比应满足整窗的透光折减系数要求，选用容易清洗的玻璃有利于减小窗玻璃污染折减系数。

（3）窗立面分格的开启形式满足窗户日常清洗的方便性。窗立面分格的开启形式设计，应使整樘窗的可开启部分和固定部分都方便人们对窗户的日常清洗，不应有无法操作的"死角"。

5.9 安全设计

5.9.1 防雷设计

1. 铝合金门窗的防雷设计

雷云对地放电的频繁程度可用地面落雷密度 γ（次$/km^2 \cdot d$）表示，它与年平均雷电日 T_d（d/年）有关。T_d 值可查年平均雷电日数分布图及从有关气象资料中获取，γ 与 T_d 之间的关系可用经验公式近似计算：$\gamma = 0.024 T_d^{0.3}$。

当建筑物上各部位高低不平时，应沿其周边逐点算出最大扩展宽度，其等值受雷面积应根据每点最大扩展宽度外端的连线所包围的面积来计算。

铝合金门窗的防雷设计应符合国家标准《建筑防雷设计规范》（GB 50057—2010）的规定，即一类防雷建筑物其建筑高度在 30m 及以上的外门窗，二类防雷建筑物其建筑高度在 45m 及以上的外门窗，三类防雷建筑物其建筑高度在 60m 及以上的外门窗应采取防侧击雷和等电位保护措施，应与建筑物防雷系统可靠连接。

建筑物雷击有直雷击（就是直接打在楼顶的）和侧雷击（就是从侧面打来的）两种。因为一般建筑比较高，设置在屋顶的避雷带并不能完全保护住楼体，所以安装于建筑物侧立面的铝合金门窗需要加设防护侧击雷措施。

高层建筑铝合金门窗防侧击雷的通常施工方法是将铝合金门窗与主体建筑防侧击雷均压环可靠连接。

均压环是高层建筑物为防侧击雷而设计的环绕建筑物周边的水平避雷带。在建筑设计中当高度超过滚球半径（一类 30m，二类 45m，三类 60m）时，每隔 6m 设一均压环，其目的是便于将 6m 高度内上下两层的金属门窗与均压环连接。

2. 防雷构造设计应符合的规定

（1）门窗框与建筑主体结构防雷装置连接导体宜采用热浸镀锌处理的直径不小于 8mm 圆钢或截面积不小于 $48mm^2$、厚度不小于 4mm 的扁钢。

（2）门窗框与防雷连接件连接处，应先将其非导电的表面处理层（如电泳涂漆、粉末喷涂、氟碳喷涂）除去，再与防雷连接件连接。与铝合金不同的金属防雷连接件则应采取相应措施，防止双金属接触产生电化学腐蚀。

（3）防雷连接导体宜分别与门窗框防雷连接件和建筑物主体结构防雷装置（均压环）进行可靠的焊接连接，焊接长度不小于 100mm，焊接处并进行防腐处理。防雷装置连接的具体做法，可参照国家建筑标准设计图集《防雷与接地装置》中的相关内容。

3. 高层建筑铝合金门窗的防雷接地施工

铝合金门窗的防雷接地施工是高层建筑防雷工程中的重要组成部分。

(1) 施工原理。高层建筑铝合金门窗的防雷接地施工主要解决的问题，就是将位于滚球半径以上的铝合金门窗框通过防雷装置与建筑物钢筋骨架法拉第笼连接，把雷电流的巨大能量，通过建筑物的接地系统，迅速传送到地下，从而防止建筑物受雷击破坏。

(2) 施工工艺。铝合金门窗框防雷接地的施工要点就是将门窗框与建筑物主体引下线相连，对于面积较大的铝合金门窗，铝框两端均应做防雷接地处理。在门窗框安装之前，土建预留防雷接地施工有两种方式：外露式和内置式。外露式是采用圆钢与主体引下线主筋焊接，预留金属接地端子板与铝合金门窗防雷引线连接完成接地；内置式是在门窗预留洞口处墙体内预埋钢件（即接地端子板），该钢件与主体引下线主筋焊接，铝合金门窗防雷接地引下线与预埋件焊接。铝合金门窗防雷接地施工可根据土建等电位连接体引出方式来确定。引下线可采用圆钢或扁钢，宜优先采用圆钢，圆钢直径不应小于 8mm。扁钢截面积不应小于 $48mm^2$，其厚度不应小于 4mm。接地端子板宜采用 $80mm \times 80mm \times 4mm$ 的方形钢板。接地端子板与引下线之间、引下线与建筑物主筋之间的连接均采用焊接连接，焊接长度不得小于 100mm。铝合金门窗与接地端子板之间可采用镀锌钢、铜、铝等导体连接。各连接导体的最小截面积见表 5 - 35。

表 5 - 35   各种连接导体的最小截面积   （单位：mm^2）

材料	等电位连接带之间和等电位连接带与接地装置之间的连接导体，流过大于或等于25%总雷电流的等电位连接导体	内部金属装置与等电位连接带之间的连接导体，流过小于25%总雷电流的等电位连接导体
铜	16	6
铝	25	10
钢（铁）	50	16

软编织铜导线作为连接导体（图 5 - 9），一端通过镀锌扁钢与铝合金门窗框相连，另一端与接地端子板（图 5 - 10）相连。

图 5 - 9   软编织铜导线   图 5 - 10   连接件

铝合金型材表面通常有电泳涂漆、粉末喷涂、氟碳漆喷涂等几种非导电性处理方式，其表面被覆层厚度最大标准值为 $40\mu m$。因此，连接导体与铝框之间可直接采用 M6 螺栓连接，且采用 4 点连接。软编织导线与接地端子板之间也采用 M6 螺栓连接。这种连接方式较之焊接可以不对门窗框被覆层造成破坏，也可保证连接的稳定和可靠性。

（3）施工中常见问题及对策。

高层建筑铝合金门窗防雷接地施工是铝合金门窗安装工程质量控制的重要部分，也是整个建筑物防雷系统的重要部分。在施工过程中，必须严格按照相关规范并结合实际情况进行。高层建筑物中铝合金门窗工程实施合理的防雷接地技术能显著提高建筑物的防侧击雷的能力，可在很大程度上减少雷击引发的自然灾害，保护人身和财产安全。

1）不能正确判定建筑物的防雷类别，造成材料的浪费及成本的增加，或者造成设计不足而导致安全隐患。

在防雷设计阶段首先应该根据当地实际及建筑物的具体情况正确计算出年平均雷击次数，确定建筑物的防雷类别，只有位于滚球半径以上的铝合金门窗框才需要做防雷接地处理。

2）未严格按照防雷技术规范和防雷施工工艺进行施工，施工质量达不到要求，如铜编织导线总截面不够、连接件尺寸不足、门窗框上连接点不足 4 个，以及松动、漏装、未打磨接触面等。应严格按照防雷技术规范和有关施工工艺施工。

3）铝合金门窗框在安装过程中，为保护其喷涂或氧化层不被破坏，其表面包裹一层临时性保护塑料薄膜。在防雷施工时没有将该处薄膜去掉，影响导电线路的通畅。因此，在连接前首先应将防雷处的薄膜去除。

4）没有检测电路是否导通便被后续装饰工作隐蔽覆盖。在防雷施工完毕应当立即使用简易方法检测该处线路是否导通，只有检测电路导通后才能进行下一道工序，以避免日后返工。

5）遗漏现象。由于门窗框的安装和防雷施工通常由不同的专业班组完成，容易出现个别门窗框没有做防雷处理的情况。在施工过程中必须做好文字记录工作，避免出现遗漏。

（4）铝合金门窗防雷接地工程检测。铝合金门窗防雷接地工程检测分三部分：

1）铝合金门窗防雷接地施工前会同土建单位、工程监理部和质量管理部门对土建预留等电位体是否接通大地进行检测验收，及时消除不导通现象；也可直接同土建防雷施工单位办理工序合格移交手续，然后自检过程发现个别有问题等电位体时及时通知有关单位解决。

2）铝合金门窗预留防雷引线与土建留置等电位体金属片接通后应及时检测其是否导通，通常采用万能电表检测，及时消除不导通现象。

3）铝合金门窗防雷接地施工结束，应及时对门窗接地电阻值进行检测，确保接地电阻值在设计规定范围内。接地电阻的测量可采用接地电阻测量仪测量。

5.9.2 玻璃防热炸裂

1. 玻璃的热应力炸裂

（1）玻璃热应力破裂的本质。当玻璃自身受热不均匀，冷热区域之间形成温差，导致非均匀膨胀或收缩而形成的热应力大于玻璃的边缘抗拉强度时，玻璃就会发生破裂，这种破裂称为玻璃的"热应力破裂"或"热炸裂"，典型的热应力破裂具有以下特征：

1）裂纹从边缘开始，一组裂纹与边部只有一个交点，起端与玻璃边缘垂直。

2）在玻璃中区的破裂线多为弧形线，其后分成两支，无规则弯曲向外延伸。

3）边缘处裂口整齐，断口无破碎崩边现象。

对于边部存在微裂痕的玻璃，热应力破裂的纹路不具备上述特征。所有未作磨边处理的玻璃，其边部都存在肉眼看不到的微裂痕，这一点应引起充分的注意。

（2）导致玻璃热应力破裂的因素。

1）设计选择玻璃不当。镀膜玻璃（热反射玻璃或 Low-E 玻璃）在实际应用中有明显的节能效果，这是因为它能够有效地控制进入室内的阳光。建筑玻璃是热的不良导体，而镀膜玻璃的太阳能吸收率又比普通白玻璃高，因此，在同等受热不均匀的情况下，镀膜玻璃热应力破裂率高于白玻璃，这是镀膜玻璃本身特性决定的。

选择镀膜玻璃时不仅要考虑颜色、透光率、遮蔽效果等，更要考虑玻璃的热应力问题，必须按照《建筑玻璃应用技术规程》（JGJ 113—2009）对玻璃进行热应力计算。若计算结果不满足应力要求，则应采用钢化或半钢化镀膜玻璃，以增强玻璃的抗热冲击性，否则会在随后的使用过程中出现程度不同的热应力破裂。

除计算外，还可根据以下因素作出判断：

①玻璃的太阳能吸收率≥60％时。

②使用着色基片的镀膜玻璃。

③5mm 或 6mm 常规厚度，面积在 $2m^2$ 以上的，边长比大于 2 的玻璃。

④早晚温差大的寒带和温带地区朝东、朝南安装的镀膜玻璃。

⑤安装在阳光非均匀照射环境中的玻璃。例如：一半受太阳直射，另一半被遮阳棚、立柱、门廊等物体遮蔽；用作窗间墙的玻璃，即玻璃一半后部面靠墙或梁，而另一半后部是通透的房间等易造成温差不均匀的分割；如一端落地安装的或垂直边靠墙的玻璃。

⑥安装在冷、热风道口处的玻璃。

在上述情况下使用的玻璃，建议采用玻璃钢化或半钢化玻璃。

2）玻璃的切割、磨边质量不合格。在导致镀膜玻璃热应力破裂的诸多因素中，玻璃边缘的切割质量至关重要，它是影响玻璃破裂的重要原因。玻璃是脆性材料，其玻璃边部的抗张强度与玻璃边缘缺陷的关系极为密切，任何边部的缺陷都会导致边缘的抗张强度降低十几倍。因此，如果因切割质量不好，在玻璃的边缘存在边界凹凸不平整，崩边崩角的情况或有裂纹，玻璃在受热膨胀时，由于内部应力的作用，就极易在边缘有缺陷的点开始破裂。事实证明，多数的热应力破裂现象也与玻璃的边缘切割质量有关。因此，对所有镀膜玻璃产品，建议切割后必须进行磨边处理，否则将增大热应力破裂的概率。

3）安装不当。

①玻璃的安装必须依照《建筑玻璃应用技术规范》（JGJ 113—2009）规定，玻璃与金属框或其他金属物保持一定的距离，严禁玻璃边角在任何方向直接接触金属框体或保留的空隙过小，以保证玻璃有足够的膨胀空间。如果玻璃的某一个点接触到框架，将导致整块玻璃的受热及膨胀不均匀，就会导致玻璃破裂。

②玻璃窗的安装不平整也是导致玻璃破裂的一个很重要的原因。玻璃在安装时不平会产生弯曲变形，虽然还不一定会导致弯曲破裂，但因各种热应力因素的影响，就大大增加了玻璃发生热应力破裂的几率。

③安装玻璃的金属框体的热绝缘好坏也是影响玻璃热应力破裂的因素之一。在安装玻璃时，宜使用导热系数低的泡沫聚苯乙烯或泡沫氯丁橡胶制成的泡沫条作衬垫材料，将玻璃与导热性良好的金属框体或阴冷的墙体隔绝开来。一般来说，由于结构不同，明框幕墙和窗体的玻璃比隐框幕墙的玻璃更容易导致玻璃热应力破裂。

2. 玻璃防热炸裂设计

门窗玻璃的热炸裂是由于玻璃在太阳光照射下受热不均匀，面板中部受热温度升高，与边部的冷端之间形成温度梯度，造成非均匀膨胀或受到边部镶嵌的约束，形成热应力，使薄弱部位发生裂纹扩展，热应力超过玻璃边部的抗拉强度而产生的。普通退火玻璃边缘强度比较低，容易在其内部产生的热应力比较大时发生炸裂。因此，在进行铝合金门窗设计时应按照《建筑玻璃应用技术规程》(JGJ 113—2009) 的有关规定，进行玻璃防炸裂设计计算，并采取必要的措施防玻璃热炸裂。

门窗设计选用普通退火玻璃（主要是大板面玻璃和着色玻璃）时，应考虑玻璃品种（吸热率、边缘强度）、使用环境（玻璃朝向、遮挡阴影、环境温度、墙体导热）、玻璃边部装配约束（明框镶嵌、隐框胶结）等各种因素可能造成的玻璃热应力问题，以防止玻璃热炸裂产生。

当平板玻璃、着色玻璃、镀膜玻璃、压花玻璃和夹丝玻璃明框安装且位于阳面时，应进行热应力计算，且玻璃边部承受的最大应力值不应超过玻璃端面强度设计值。玻璃热炸裂是由于玻璃的热应力引起，玻璃热应力最大值位于板的边部，且热应力属于平面内应力，因此玻璃强度设计值取端面强度设计值。由于抗热冲击能力强，一般情况下没有热炸裂的可能，因此，半钢化玻璃、钢化玻璃则不必进行防热炸裂的热应力计算。

（1）玻璃端面强度设计值。玻璃中部强度是指荷载垂直玻璃表面时，玻璃中部的断裂强度。例如在风荷载等均布荷载作用下，四边支撑矩形玻璃板最大弯曲应力位于中部，玻璃所表现出的强度称为中部强度，是玻璃强度最大的位置。

边缘强度指荷载垂直玻璃表面时，玻璃边缘的断裂强度。例如在风荷载等均布荷载作用下，三边支撑或两对边支撑矩形玻璃板自由边位置，或单边支撑矩形玻璃支撑边位置，玻璃所表现出来的强度称为边缘强度。

玻璃端面强度荷载垂直玻璃表面时，玻璃端面的抗拉强度。端面指玻璃切割后的横断面，荷载垂直玻璃端面，玻璃端面的抗拉强度。例如在风荷载等均布荷载作用下，全玻璃幕墙的玻璃肋两边的位置；温差应力作用下，玻璃板边部位置，玻璃所表现出的强度称为端面强度。

玻璃端面强度设计值可按式（5-17）计算：

$$f_g = c_1 c_2 c_3 c_4 f_0 \tag{5-17}$$

式中　f_g——玻璃强度设计值；

　　　c_1——玻璃种类系数，按表 5-36 取值；

　　　c_2——玻璃强度位置系数，按表 5-37 取值；

　　　c_3——荷载类型系数，按表 5-38 取值；

　　　c_4——玻璃厚度系数，按表 5-39 取值；

f_0——短期荷载作用下，平板玻璃中部强度设计值，取 28MPa。

表 5 - 36　　　　　　　　　　　　玻 璃 种 类 系 数 c_1

玻璃种类	平板玻璃	半钢化玻璃	钢化玻璃	夹丝玻璃	压花玻璃
c_1	1.0	1.6～2.0	2.5～3.0	0.5	0.6

表 5 - 37　　　　　　　　　　　　玻 璃 强 度 位 置 系 数 c_2

强度位置	中部强度	边缘强度	端面强度
C_2	1.0	0.8	0.7

表 5 - 38　　　　　　　　　　　　荷 载 类 型 系 数 c_3

荷载类型	平板玻璃	半钢化玻璃	钢化玻璃
短期荷载 c_3	1.0	1.0	1.0
长期荷载 c_3	0.31	0.50	0.50

表 5 - 39　　　　　　　　　　　　玻 璃 厚 度 系 数 c_4

玻璃厚度	5～12mm	15～19mm	≥20mm
C_4	1.00	0.85	0.70

玻璃端面强度设计值也可按表 5 - 40 取值。

表 5 - 40　　　　　　　　　　　　玻璃端面强度设计值

玻 璃 品 种	厚　　度（mm）	端面设计值（N/mm²）
平板玻璃 着色玻璃 镀膜玻璃	3～12	20
	15～19	17
压花玻璃	6，8，10	12
夹丝玻璃	6，8，10	10

注：夹层玻璃、真空玻璃和中空玻璃端面强度设计值与单片玻璃相同。

（2）玻璃热应力计算。一般来说，玻璃的内部热应力的大小，不仅与玻璃的吸热系数、弹性模量、线膨胀系数有关，还与玻璃的安装情况及使用情况有关。

在日光照射下，建筑玻璃端面应力按下式计算：

$$\sigma_h = 0.74E\alpha\mu_1\mu_2\mu_3\mu_4(T_c - T_s) \tag{5-18}$$

式中　σ_h——玻璃端面应力（N/mm²）；

E——玻璃弹性模量，可按 $0.72 \times 10^5 \text{N/mm}^2$ 取值；

α——玻璃线膨胀系数，可按 $10^{-5}/℃$ 取值；

μ_1——阴影系数，按表 5 - 41 取值；

μ_2——窗帘系数，按表 5 - 42 取值；

μ_3——玻璃面积系数，按表 5 - 43 取值；

μ_4——边缘温度系数，按表 5-44 取值；

T_c——玻璃中部温度；

T_s——窗框温度。

玻璃表面的阴影使玻璃板温度分布发生变化，与无阴影的玻璃相比，热应力增加，两者之间的比值用阴影系数 μ_1 表示，见表 5-41。

表 5-41 阴 影 系 数

阴影形状				
系数	1.3	1.6	1.7	1.7
	适用于阴影宽度大于 100mm 情况，如门边立柱、门窗横挡或其他			树木、广告牌等在玻璃上形成三角阴影

在相同的日照量情况下，玻璃内侧装窗帘或百叶与未安装的场合相比，玻璃热应力增加，两者之间的比值用阴影系数 μ_2 表示，见表 5-42。

表 5-42 窗 帘 系 数

窗帘形式	薄 丝 制 品		厚 丝 制 品	百 叶 窗
窗帘与玻璃的距离（mm）	<100	$\geqslant100$	<100	$\geqslant100$
系数	1.3	1.1	1.5	1.3

在相同的温度下，不同板面玻璃的热应力值与 $1m^2$ 面积的玻璃的热应力的比值用面积系数 μ_3 表示，见表 5-43 所示。

表 5-43 玻 璃 面 积 系 数

面积（m^2）	0.5	1.0	1.5	2.0	2.5	3.0	4.0	5.0	6.0
系数	0.95	1.00	1.04	1.07	1.09	1.10	1.12	1.14	1.16

玻璃边缘温度系数由下式定义：

$$\mu_4 = \frac{T_c - T_e}{T_c - T_s} \tag{5-19}$$

式中　μ_4——边缘温度系数；

T_c——玻璃中部温度（℃）；

T_e——玻璃边缘温度（℃）；

T_s——窗框温度（℃）。

不同玻璃安装形式对应固定窗和开启窗的边缘温度系数见表 5-44。其对应的玻璃安装参考图 5-11。

表 5 - 44 　　　　　　　　　　　　边 缘 温 度 系 数

安装形式	固定窗	开启窗	安装形式	固定窗	开启窗
油灰、非结构密封胶	0.95	0.75	泡沫条＋弹性密封胶	0.65	0.50
实心条＋弹性密封胶	0.80	0.65	结构密封垫	0.55	0.48

图 5 - 11　边缘温度系数玻璃安装示意

（3）玻璃板中部温度和边框温度计算。

1）单片玻璃板中部温度计算：

$$T_c = 0.012I_0a + 0.65t_o + 0.35t_i \qquad (5-20)$$

式中　I_0——日照量（W/m²）；

　　　t_o——室外温度（℃）；

　　　t_i——室内温度（℃）；

　　　a——玻璃的吸收率。

2）夹层玻璃中心温度计算：

①当中间膜厚为 0.38mm 时：

$$T_{co} = I_0(3.32A_o + 3.28A_i) \times 10^{-3} + 0.654t_o + 0.346t_i \qquad (5-21)$$

$$T_{ci} = I_0(3.28A_o + 3.39A_i) \times 10^{-3} + 0.642t_o + 0.357t_i \qquad (5-22)$$

②当中间膜厚为 0.76mm 时：

$$T_{co} = I_0(3.36A_o + 3.25A_i) \times 10^{-3} + 0.658t_o + 0.342t_i \qquad (5-23)$$

$$T_{ci} = I_0(3.25A_o + 3.44A_i) \times 10^{-3} + 0.636t_o + 0.3645t_i \qquad (5-24)$$

③当中间膜厚为 1.52mm 时：

$$T_{co} = I_0(3.39A_o + 3.17A_i) \times 10^{-3} + 0.665t_o + 0.335t_i \qquad (5-25)$$

$$T_{ci} = I_0(3.17A_o + 3.58A_i) \times 10^{-3} + 0.622t_o + 0.378t_i \qquad (5-26)$$

上述公式中 A_o、A_i 按下式计算：

$$A_o = a_o \qquad (5-27)$$

$$A_i = \tau_o a_i \qquad (5-28)$$

式中　T_{co}——室外侧玻璃中部温度（℃）；

　　　T_{ci}——室内侧玻璃中部温度（℃）；

　　　A_o——室外侧玻璃总吸收率；

　　　A_i——室内侧玻璃总吸收率；

　　　a_o——室外侧玻璃的吸收率；

　　　a_i——室内侧玻璃的吸收率；

　　　τ_o——室外侧玻璃的透过率。

3）中空玻璃中部温度计算：

①当空气层厚度为 6mm 时：

$$T_{co} = I_0(4.11A_o + 2.01A_i) \times 10^{-3} + 0.788t_o + 0.212t_i \qquad (5-29)$$

$$T_{ci} = I_0(2.01A_o + 5.75A_i) \times 10^{-3} + 0.394t_o + 0.606t_i \qquad (5-30)$$

②当中间膜厚为 9mm 时：

$$T_{co} = I_0(4.08A_o + 1.89A_i) \times 10^{-3} + 0.801t_o + 0.199t_i \qquad (5-31)$$

$$T_{ci} = I_0(1.89A_o + 5.97A_i) \times 10^{-3} + 0.370t_o + 0.630t_i \qquad (5-32)$$

③当中间膜厚为 12mm 时：

$$T_{co} = I_0(4.17A_o + 1.74A_i) \times 10^{-3} + 0.817t_o + 0.183t_i \qquad (5-33)$$

$$T_{ci} = I_0(1.74A_o + 6.25A_i) \times 10^{-3} + 0.340t_o + 0.660t_i \qquad (5-34)$$

上述公式中 A_o、A_i 按下式计算：

$$A_o = a_o[1 + \tau_o r_i/(1 - r_o r_i)] \qquad (5-35)$$

$$A_i = a_i \tau_o/(1 - r_o r_i) \qquad (5-36)$$

式中　r_o——室外侧玻璃反射率；

　　　r_i——室内侧玻璃反射率。

4）边框温度计算

装配玻璃板边框温度 T_s 按下式计算：

$$T_s = 0.65t_o + 0.35t_i \qquad (5-37)$$

式中　t_o——室外温度（℃）；

　　　t_i——室内温度（℃）。

在上述计算玻璃中部温度和边框温度时，应根据门窗所在地选用合适的气象参数和根据门窗玻璃类型来选合适的玻璃参数。对于室外温度，夏季时应取 10 年内最低温度值，室内温度应取室内设定的温度值，可取冬季为 20℃，夏季为 25℃。玻璃的光学性能应根据所选玻璃产品确定。

3. 玻璃防热炸裂构造设计

玻璃构造设计时应采用下列措施以减少热炸裂：

（1）防止或减少玻璃局部升温。门窗的立面分格框架设计和窗口室内、外的遮阳设计应防止或减少玻璃局部升温造成的玻璃不同区域之间的温度差。

（2）对玻璃边部进行倒角磨边等加工处理，安装玻璃时不应造成边部缺陷。玻璃在裁切、运输、搬运过程中都容易在边部造成裂纹，这将极大地影响玻璃的端面设计强度，因此，安装于门窗上的玻璃的周边不应有易造成裂纹的缺陷，对于易发生热炸裂的玻璃，如面积大于 $1m^2$ 的大板面玻璃、颜色较深的玻璃和着色玻璃等，应对玻璃的边部进行倒角磨边等加工处理，安装玻璃时也要注意不要对玻璃周边造成人为的缺陷。

（3）玻璃的镶嵌应采用弹性良好的密封衬垫材料，这是因为弹性良好的密封材料可以防止玻璃与门窗玻璃镶嵌部位的硬性接触，减少玻璃的热应力。

（4）玻璃室内侧的卷帘、百叶及隔热窗帘等内遮阳措施，与窗玻璃之间的距离不应小于50mm。玻璃的使用和维护情况也直接影响到玻璃内部的热应力，窗帘等遮蔽物如果紧挨在玻璃上，将影响玻璃热量的散发，从而使玻璃温度升高，热应力加大。因此，为了防止玻璃的温度升高的太高或局部温差过大，易将玻璃内侧的窗帘等遮蔽物离开玻璃一定的距离。

5.9.3　其他安全性能

（1）开启门扇、固定门以及落地窗的玻璃，必须符合现行行业标准《建筑玻璃应用技术规程》（JGJ 113—2009）中的人体冲击安全规定。

（2）公共建筑出入口和门厅、幼儿园或其他儿童活动场所的门和落地窗，必须采用钢化玻璃或夹层玻璃等安全玻璃。

（3）推拉窗用于外墙时，必须有防止窗扇向室外脱落的装置。

（4）有防盗要求的外门窗，可采用夹层玻璃和可靠的门窗锁具，推拉门窗扇应有防止从室外侧拆卸的装置。

（5）为防止儿童或室内其他人员从窗户跌落室外，或者公共建筑管理需要，窗的开启扇应采用带钥匙的窗锁、执手等锁闭器具，或者采用铝合金花格窗、花格网、防护栏杆等防护措施。

（6）安装在易于受到人体或物体碰撞部位的玻璃应采取适当的防护措施。可采取警示（在视线高度设醒目标志）或防碰撞设施（设置护栏）等。对于碰撞后可能发生高处人体或玻璃坠落的情况，必须采用可靠的护栏。

（7）无室外阳台的外窗台距室内地面高度小于 0.9m 时，必须采用安全玻璃并加设可靠的防护措施。窗台高度低于 0.6m 的凸窗，其防护计算高度应从窗台面开始计算。

（8）建筑物中七层及七层以上的建筑外开窗、面积大于 $1.5m^2$ 的窗玻璃、玻璃底边离最终装饰面小于 500mm 的落地窗及倾斜安装的铝合金窗上所用玻璃应采用安全玻璃。

第6章

铝合金门窗结构设计

6.1 结构设计概述

铝合金门窗作为建筑外围护结构的组成部分，必须具备足够的刚度和承载能力承受自重以及直接作用于其上的风荷载、地震作用和温度作用。除此之外，铝合金门窗自身结构、铝合金门窗与建筑安装洞口连接之间，还须有一定变形能力，以适应主体结构的变位。当主体结构在外荷载作用下产生变形时，不应使门窗构件产生过大的内力和不能承受的变形。因此，铝合金门窗所用构件应根据受荷载情况和支承条件采用结构力学方法进行设计计算。

铝合金门窗面板玻璃为脆性材料，为了使门窗受力后产生过大挠度不致玻璃破损，同时也避免因杆件变形而影响门窗的使用性能如开关困难，水密性能、气密性能降低，或玻璃发生严重畸变等，因此对铝合金门窗受力杆件计算时需同时验算挠度和承载力。铝合金门窗受力杆件的挠度计算，应采用荷载标准值；铝合金门窗受力杆件和连接件的承载力计算，应采用荷载设计值（荷载标准值乘以荷载分项系数）。

铝合金门窗连接件根据不同受荷情况，需进行抗拉（压）、抗剪和承压强度验算。

根据《建筑结构可靠度设计统一标准》（GB 50068—2001）规定，对于承载能力极限状态，应采用下列表达式进行设计：

$$\gamma_0 S \leqslant R \tag{6-1}$$

式中　R——结构构件抗力的设计值；

　　　S——荷载效应组合的设计值；

　　　γ_0——结构重要性系数。

门窗构件的结构重要性系数（γ_0）与门窗的设计使用年限和安全等级有关。考虑门窗为重要的持久性非结构构件，因此，门窗的安全等级一般可定为二级或三级，其结构重要性系数（γ_0）可取 1.0。因此，将式（6-1）简化为

$$S \leqslant R$$

本承载力设计表达式具有通用意义，作用效应设计值 S 可以是内力或应力，抗力设计值 R 可以是构件的承载力设计值或材料强度设计值。

铝合金门窗玻璃的设计计算方法按现行行业标准《建筑玻璃应用技术规程》(JGJ 113—2009) 的规定执行。按此方法计算，门窗玻璃的安全系数 $K = 2.50$，此时对应的玻璃失效概率为 0.1%。

铝合金门窗构件在实际使用中，将承受自重以及直接作用于其上的风荷载、地震作用、温度作用等。在其所承受的这些荷载和作用中，风荷载是主要的作用，其数值可达 $(1.0 \sim 5.0) \text{kN/m}^2$。地震荷载方面，根据《建筑抗震设计规范》(GB 50011—2010) 规定，非结构构件的地震作用只考虑由自身重力产生的水平方向地震作用和支座间相对位移产生的附加作用，采用等效力方法计算。因为门窗自重较轻，即使按最大地震作用系数考虑，门窗的水平地震荷载在各种常用玻璃配置情况下的水平方向地震作用力一般处于 $(0.04 \sim 0.4) \text{kN/m}^2$ 的范围内，其相应的组合效应值仅为 0.26kN/m^2，远小于风压值。温度作用方面，对于温度变化引起的门窗杆件和玻璃的热胀冷缩，在构造上可以采取相应措施有效解决，避免因门窗构件间挤压产生温度应力造成门窗构件破坏，如门窗框、扇连接装配间隙，玻璃镶嵌预留间隙等。同时，多年的工程设计计算经验也表明，在正常的使用环境下，由玻璃中央部分与边缘部分存在温度差而产生的温度应力也不致使玻璃发生破损。因此，在进行铝合金门窗结构设计时仅计算主要作用效应重力荷载和风荷载，地震作用和温度作用效应不作计算，仅要求在结构构造上采取相应措施避免因地震作用和温度作用效应引起门窗构件破坏。

进行铝合金门窗构件的承载力计算时，当重力荷载对铝合金门窗构件的承载力不利时，重力荷载和风荷载作用的分项系数 (γ_G、γ_W) 应分别取 1.2 和 1.4，当重力荷载对铝合金门窗构件的承载力有利时，(γ_G、γ_W) 应分别取 1.0 和 1.4。

铝合金门窗年温度变化 ΔT 应按实际情况确定，当不能取得实际数据时可取 80℃。

当受到外界风荷载作用时，门窗玻璃最先承受风荷载，并传递给门窗受力杆件，门窗的连接件和五金件也是门窗结构中的主要承力构件。所以，在铝合金门窗结构受力分析计算时，应分别对门窗玻璃、受力杆件和连接件、五金件进行设计计算。对于隐框铝合金窗，还应对玻璃进行结构粘结的硅酮结构密封胶的粘结宽度和厚度进行设计计算。

6.2　材料的力学性能

1. 铝合金型材的强度设计值

铝合金型材的抗拉、抗压、抗弯强度设计值是根据材料的强度标准值除以材料性能分项系数取得的，按照《铝合金结构设计规范》(GB 50429—2007) 规定，铝合金材料性能分项系数 γ_f 取 1.2，因此相应的铝合金型材抗拉、抗压、抗弯强度设计值为

$$f_a = f_{ak}/\gamma_f = f_{ak}/1.2 \tag{6-2}$$

式中　f_a——铝合金型材强度设计值 (N)；

　　　f_{ak}——铝合金型材强度标准值 (N)；

　　　γ_f——铝合金型材性能分项系数。

抗剪强度设计值 $f_v = f_a/3^{1/2}$。

铝合金型材强度标准值 f_{ak} 一般取铝合金型材的规定非延伸强度 $R_{p0.2}$，$R_{p0.2}$ 可按国家标准《铝合金建筑型材》（GB 5237—2008）的规定取用。为便于设计应用，将计算得到的数值取 5 的整数倍，按照这一要求计算出铝合金门窗常用铝型材的强度设计值（表 6 - 1）。

表 6 - 1　　　　　　　　　铝合金型材的强度设计值 f_a　　　　　　　（单位：N/mm²）

铝合金牌号	状态		壁厚（mm）	强度设计值 f_a		
				抗拉、抗压强度	抗剪强度	局部承压强度
6005	T5		≤6.3	200	115	300
	T6	实心型材	≤5	185	105	310
		空心型材	≤5	175	100	295
6060	T5		≤5	100	55	185
	T6		≤3	125	70	220
6061	T4		所有	90	55	210
	T6		所有	200	115	305
6063	T5		所有	90	55	185
	T6		所有	150	85	240
6063A	T5		≤10	135	75	220
	T6		≤10	160	90	255
6463	T5		≤50	90	55	170
	T6		≤50	135	75	225
6463A	T5		≤12	90	55	170
	T6		≤3	140	80	240

2. 铝合金门窗常用钢材的强度设计值

铝合金门窗中钢材主要用于连接件如连接钢板、螺栓等，其计算和设计要求应按国家标准《钢结构设计规范》（GB 50017—2003）的规定进行。其常用钢材的强度设计值同样按 GB 50017—2003 的规定采用。铝合金门窗常用钢材的强度设计值见表 6 - 2。

表 6 - 2　　　　　　　　　钢材的强度设计值 f_s　　　　　　　　（单位：N/mm²）

钢材牌号	厚度或直径（mm）	抗拉、抗压、抗弯强度	抗剪强度	端面承压强度
Q235	$d ≤ 16$	215	125	325
	$16 < d ≤ 40$	205	120	
Q245	$d ≤ 16$	310	180	400
	$16 < d ≤ 35$	295	170	

注：表中厚度是指计算点的钢材厚度，对轴心受力构件是指截面中较厚板件的厚度。

3. 铝合金门窗用材料的弹性模量

材料在弹性变形阶段，其应力和应变成正比例关系（即符合胡克定律），其比例系数称为弹性模量。弹性模量可视为衡量材料产生弹性变形难易程度的指标，其值越大，使材料发生一定弹性变形的应力也越大，即材料刚度越大，也即在一定应力作用下，发生弹性变形越小。弹性模量 E 是指材料在外力作用下产生单位弹性变形所需要的应力。它是反映材料抵抗弹性变形能力的指标，相当于普通弹簧中的刚度。铝合金门窗用材料的弹性模量见表6-3。

4. 铝合金门窗用材料的泊松比

泊松比是材料在单向受拉或受压时，横向正应变与轴向正应变的绝对值的比值，也叫横向变形系数，它是反映材料横向变形的弹性常数。铝合金门窗用材料的弹性模量见表6-4。

表 6-3　　　　材料的弹性模量 E

（单位：N/mm²）

材　　料	E
玻　璃	0.72×10^5
铝合金	0.70×10^5
钢、不锈钢	2.06×10^5

表 6-4　　　　材料的泊松比 v

材　　料	v
玻　璃	0.20
铝合金	0.33
钢、不锈钢	0.30

5. 铝合金门窗用材料的线膨胀系数

铝合金门窗用材料的线膨胀系数按表6-5规定采用。

表 6-5　　　　　　　　　料的线膨胀系数 α（1/℃）

材料	α	材料	α
玻璃	1.00×10^{-5}	不锈钢材	1.80×10^{-5}
铝合金	2.35×10^{-5}	混凝土	1.00×10^{-5}
钢材	1.20×10^{-5}	砖混	0.50×10^{-5}

6. 铝合金门窗用材料的重力密度标准值

铝合金门窗常用材料的重力密度标准值见表6-6。

表 6-6　　　　　　　材料的重力密度标准值 γ_g　　　　　（单位：N/mm²）

材　　　料	γ_g	材　　　料	γ_g
普通玻璃、夹层玻璃、钢化玻璃、半钢化玻璃	25.6	钢材	78.5
夹丝玻璃	26.5	铝合金	28.0

7. 五金件、连接件的强度设计值

在铝合金门窗的实际使用中，失效概率最大的即为门窗的五金件、连接构件，如门窗锁紧装置、连接铰链和合页等。因此，受力的门窗五金件、连接构件其承载力须满足其产品标准的要求，对尚无产品标准的受力五金件、连接件须提供由专业检测机构出具的产品承载力的检测报告。

铝合金门窗五金件、连接件主要用于门窗窗扇与窗框的连接、锁固和门窗的连接，因此一旦出现失效，将影响窗扇的正常启闭，甚至导致窗扇的坠落，应具有较高的安全度。根据目前国内工程的经验，一般情况下，门窗五金件、连接构件的总安全系数可取 2.0，

故抗力分项系数 γ_R（或材料性能分项系数 γ_f）可取为 1.4。所以，当门窗五金件产品标准或检测报告提供了产品承载力标准值（产品正常使用极限状态所对应的承载力）时，其承载力设计值可按承载力标准值除以相应的抗力分项系数 γ_R（或材料性能分项系数 γ_f）1.4 确定。特殊情况下，可按总安全系数不小于 2.0 的原则通过分析确定相应的承载力设计值。

8. 常用紧固件和焊缝强度设计值

铝合金门窗计算常用紧固件材料强度设计值时所取的抗力分项系数 γ_R（或材料性能分项系数 γ_f）分别为

1）不锈钢螺栓、螺钉：总安全系数 $K=3$，抗拉：$\gamma_f=2.15$；抗剪：$\gamma_f=2.857$。

2）抽芯铆钉：总安全系数 $K=1.8$，$\gamma_R=1.286$。

（1）不锈钢螺栓、螺钉的强度设计值可按表 6-7 采用。

（2）抽芯铆钉的承载力设计值可按表 6-8 采用。

（3）焊缝材料强度设计值按现行国家标准《钢结构设计规范》（GB 50017—2003）的规定采用（表 6-9）。

表 6-7　　　　　　　　　　不锈钢螺栓、螺钉的强度设计值　　　　　　　（单位：N/mm²）

类　别	组　别	性能等级	σ_b	抗拉强度 f_t	抗剪强度 f_v
（A）奥氏体	A1、A2、A3、A4、A5	50	500	230	175
		70	700	320	245
		80	800	370	280
（C）马氏体	C1	50	500	230	175
		70	700	320	245
		110	1100	510	385
	C3	80	800	370	280
	C4	50	500	230	175
		70	700	320	245
（F）铁素体	F1	45	450	210	160
		60	600	275	210

表 6-8　　　　　　　　　　　　抽芯铆钉承载力设计值　　　　　　　　　　（单位：N）

性能等级	铆钉铆体材料种类	荷载	铆钉体直径（mm）				
			3	（3.2）	4	5	6
10	铝合金	抗剪	370	410	660	995	1455
		抗拉	460	520	790	1185	1580
11		抗剪	525	590	900	1440	2200
		抗拉	675	760	1210	1920	2890
30	碳素钢	抗剪	790	900	1280	2075	3140
		抗拉	950	1070	1625	2610	3900
50	不锈钢	抗剪	930	1450	2245	3300	5050
		抗拉	1050	1835	2835	4315	6865

表 6 - 9　　　　　　　　　　　　焊缝的强度设计值　　　　　　　　　（单位：N/mm²）

焊接方法和 焊条型号	构件钢材		对 接 焊 缝				角焊缝
	牌号	厚度或直径 d（mm）	抗压 f_c^w	抗拉和抗弯受拉 f_t^w		抗剪 f_v^w	抗拉、抗压和 抗剪 f_f^w
				一级、二级	三级		
自动焊、半自动焊和 E43 型焊条的手工焊	Q235	$d\leqslant16$	215	215	185	125	160
		$16<d\leqslant40$	205	205	175	120	160
自动焊、半自动焊和 E50 型焊条的手工焊	Q345	$d\leqslant16$	310	310	265	180	200
		$16<d\leqslant35$	295	295	250	170	200
自动焊、半自动焊和 E55 型焊条的手工焊	Q390	$d\leqslant16$	350	350	300	205	220
		$16<d\leqslant35$	335	335	285	190	220

注：1. 表中的一级、二级、三级是指焊缝质量等级，应符合现行国家标准《钢结构工程质量验收规范》（GB 50205—2001）的规定。厚度小于 8mm 钢材的对接焊缝，不宜采用超声波探伤确定焊缝质量等级。

　　2. 自动焊和半自动焊所采用的焊丝和焊剂，应保证其熔敷金属的力学性能不低于现行国家标准《埋弧焊用碳钢焊丝和焊剂》（GB 5293）和《埋弧焊用低合金钢焊丝和焊剂》（GB/T 12470）的相关规定。

　　3. 表中厚度是指计算点的钢材厚度，对轴心受力构件是指截面中较厚板件的厚度。

6.3　铝合金门窗受力杆件设计计算

6.3.1　截面特性

1. 杆件的基本受力形式

杆件的基本受力形式按其变形特点可归纳为以下五种：拉伸、压缩（柱）、弯曲（梁）、剪切（铆钉、焊缝）和扭转（转动轴）。它们分别对应于拉力、压力、弯矩、剪力和扭矩。有些情况或者说大多数情况下，杆件受两种或两种以上力的作用，产生两种或两种以上基本变形，称为组合变形。例如，偏心受压柱（弯压），雨篷梁（弯剪扭）等。一般在计算或者验算结构构件时，应从三个方面来计算或者验算，即杆件的强度、刚度和稳定性。

2. 强度

金属材料在外载荷的作用下抵抗塑形变形和断裂的能力称为强度。按外力作用的性质不同，主要有屈服强度、抗拉强度、抗压强度、抗弯强度等。

结构杆件在规定的荷载作用下，保证不因材料强度发生破坏的要求，称为强度要求。即必须保证杆件内的工作应力不超过杆件的许用应力，满足公式 $\sigma=N/A\leqslant[\sigma]$。

3. 刚度

刚度指结构或构件抵抗变形的能力，包括构件刚度和截面刚度。按受力状态不同可分为轴向刚度、弯曲刚度、剪变刚度和扭转刚度等。对于构件刚度，其值为施加于构件上的力（力矩）与它引起的线位移（角位移）之比。对于截面刚度，在弹性阶段，其值为材料弹性模量或剪变模量与截面面积或惯性矩的乘积。

剪变模量是材料在单向受剪且应力和应变呈线性关系时，截面上剪应力与对应的剪应变的比值：$G=\tau/\gamma$（τ 为剪应力，γ 为剪切角）。在弹性变形范围内，$G=E/2(1+\upsilon)$。

结构杆件在规定的荷载作用下，虽有足够的强度，但其变形不能过大，超过了允许的范围，也会影响正常的使用，限制过大变形的要求即为刚度要求，即必须保证杆件的工作变形不超过许用变形，满足公式 $u \leqslant [u]$。

4. 杆件的稳定性

在工程结构中，有些受压杆件比较细长，受力达到一定的数值时，杆件突然发生弯曲，以致引起整个结构的破坏，这种现象称为失稳，也称丧失稳定性。因此受压杆件要有稳定的要求。

对于铝合金门窗这类细长构件来说，受荷后起控制作用的首先是杆件的挠度，因此进行门窗工程计算时，可先按门窗杆件挠度计算选取合适的杆件，然后进行杆件强度的复核。

5. 杆件的截面特性

铝合金门窗的受力构件在材料、截面积和受荷状态确定的情况下，构件的承载能力主要取决于与截面形状有关的两个特性，即截面的惯性矩与抵抗矩。

惯性矩是用来计算或验算杆件强度、刚度的一个辅助量，量纲为长度的四次方。惯性矩与材料本身无关，只与截面几何形状、面积有关，无论是铁、铝，还是木材、塑料，只要截面积及几何形状相同，则它们的惯性矩相等。至于相同惯性矩而不同材料间的强度、刚度，则取决于材料的性质，即模量系数。

（1）截面的惯性矩（I），它与材料的弹性模量（E）共同决定着构件的挠度（u）。

（2）截面的抵抗矩（W_j），当荷载条件一定时，它决定构件应力的大小。

（3）弯曲刚度为材料的弹性模量与惯性矩的乘积。

（4）剪切刚度为剪切模量与截面面积的乘积。

（5）截面特性的确定。

当铝合金门窗用料采用标准型材时，其截面特性可在《材料手册》中查得。

当铝合金门窗用料采用非标准型材时，其截面特性需要通过计算来确定：

简单矩形截面的惯性矩 $I = bh^3/12$

截面的抵抗矩 $W_j = 2I/h$

计算铝合金隔热型材的挠度时，应按铝合金型材和隔热材料弹性组合后的等效惯性矩计算。铝合金隔热型材分为穿条式和浇注式，其等效惯性矩计算方法如下：

图 6-1　穿条式隔热型材截面

1）穿条式隔热型材的等效惯性矩计算。

穿条式隔热型材截面见图 6-1 所示，图中：

A_1——铝型材 1 区截面积（mm^2）；

A_2——铝型材 2 区截面积（mm^2）；

S_1——铝型材 1 区形心；

S_2——铝型材 2 区形心；

S——隔热型材形心；

I_1——1 区型材惯性矩（mm^4）；

I_2——2 区型材惯性矩（mm^4）；

a_1——1 区形心到隔热型材形心距离（mm）；

a_2——2 区形心到隔热型材形心距离（mm）。

穿条式隔热型材等效惯性矩 I_{ef} 按式（6-3）计算：

$$I_{ef} = \frac{I_s(1-\nu)}{(1-\nu\beta)} \qquad (6-3)$$

其中：
$$I_s = I_1 + I_2 + A_1\alpha_1^2 + A_2\alpha_2^2$$

$$\nu = \frac{A_1\alpha_1^2 + A_2\alpha_2^2}{I_s}$$

$$\beta = \frac{\lambda^2}{\pi^2 + \lambda^2}$$

$$\lambda^2 = \frac{c_1\alpha^2 L^2}{(EI_s)\nu(1-\nu)}$$

$$c_1 = \frac{\Delta F}{\Delta\delta \cdot l}$$

式中　I_{ef}——有效惯性矩（cm^4）；

　　　I_s——刚性惯性矩（cm^4）；

　　　ν——作用参数；

　　　β——组合参数；

　　　λ——几何形状参数；

　　　L——隔热型材的承载间距（mm）；

　　　α——1 区形心到 2 区形心的距离（mm）；

　　　E——组合弹性模量（N/mm^2）；

　　　c_1——组合弹性值，是在纵向抗剪试验中负载-位移曲线的弹性变形范围内的纵向剪切力增量 ΔF 与相对应的两侧铝合金型材出现的相对位移增量 $\Delta\delta$ 和试样长度 l 乘积的比值；

　　　ΔF——负荷-位移曲线上弹性变形范围内的纵向剪切力增量，单位为牛顿（N）；

　　　$\Delta\delta$——负荷-位移曲线上弹性变形范围内的纵向剪切力增量相对应的两侧铝合金型材的位移增量（mm）；

　　　l——试样长度（mm）。

从式可以看出，λ 取决于梁的跨度，因此隔热铝合金的有效惯性矩是跨度的函数。对于较大的跨度，λ 值则接近刚性值。

2）浇注式隔热型材的等效惯性矩计算。

穿条式隔热型材截面见图 6-2 所示，图中：

a_1、铝型材 1 区截面积（mm^2）；a_2、铝型材 2 区截面积（mm^2）；I_{01}、铝型材 1 区惯性矩（mm^4）；I_{02}、铝型材 2 区惯性矩（mm^4）；c_{11}、1 区形心轴线与型材表面的距离（mm）；c_{22}、2 区形心轴线与型材表面的距离（mm）；D_c、隔热槽最大宽度（mm）；T_w、铝型材加强轴边的厚度（mm）；D、两区形心轴线之间距离（mm）；b、隔热胶平均厚度（mm）；g、隔热槽两个凸点间距（mm）；h、铝型材截面宽度（mm）。

等效惯性矩结合值 I_c（mm^4），按公式（6-4）计算：

$$I_c = \frac{a_1 a_2 D^2}{a_1 + a_2} \qquad (6-4)$$

图 6-2 浇注式隔热型材截面

等效惯性矩下限值 I_0（mm^4），按公式（6-5）计算：

$$I_0 = I_{01} + I_{02} \qquad (6-5)$$

等效惯性矩上限值 I（mm^4），按公式（6-6）计算：

$$I = I_c + I_0 \qquad (6-6)$$

复合结构几何参数 G_P（N），按公式（6-7）计算：

$$G_P = \frac{IbD^2 G_c}{I_c D_c} \qquad (6-7)$$

式中　G_c——隔热胶的剪切模量（N/mm^2）（值为 552 N/mm^2）。

参分值 c_2（mm^{-2}）：$c_2 = \dfrac{G_p}{EI_0} \qquad (6-8)$

式中　E——铝合金的弹性模量（N/mm^2）（值为 70000 N/mm^2）。

施加荷载引起的变形量 y（mm）：

$$y''' - c_2 y'' = \frac{-c_2 M}{EI} + \frac{V'}{EI_0} \qquad (6-9)$$

式中　M——铝合金复合梁的弯曲力矩（N·mm）；

　　　V——梁的剪切力（N）。

集中荷载引起的变形量 y（mm），按公式（6-10）计算：

$$y = \frac{PL^3}{90EI} - \frac{PLI_e}{4G_p I} - \frac{PL^3}{32EI} + \frac{PI_e e^p}{2G_p I \sqrt{c_2}(e^r + e^{-r})} - \frac{PI_e}{2G_p I \sqrt{c_2}(e^r + e^{-r})e^p} \qquad (6-10)$$

$$r = \frac{L\sqrt{c_2}}{2}$$

式中　P——外加荷载（N）；

　　　L——跨距（mm）；

　　　e——自然常数（其值约为 2.71828）。

预估等效惯性矩 I_e（mm^4），按公式（6-11）计算：$I_e = \dfrac{PL^3}{48Ey} \qquad (6-11)$

式中　P——外加荷载（N）；

　　　L——跨距（mm）。

考虑复合梁的两个铝材截面受到外部荷载作用时有形变的发生，校正后的等效惯性矩 I'_e（mm^4），按公式（6-12）计算：$I'_e = \dfrac{I_c}{1 + \dfrac{32I_c}{L^2 A}} \qquad (6-12)$

式中　L——跨距（mm）；

　　　A——铝合金的截面面积（mm^2）。

6. 铝木复合门窗杆件设计计算方法

铝木复合门窗按铝木复合型材的复合方式分为铝合金型材为主要受力杆件的铝木复合（木包铝）门窗和木型材为主要受力杆件的铝木复合（铝包木）门窗。

以铝合金型材为主要受力杆件的铝木复合门窗，按铝合金型材结构受力设计计算。

以木型材为主要受力杆件的铝木复合门窗，按木型材的结构受力设计计算。

【示例】

铝合金隔热型材断面如图 6-3 所示。图中经计算得到：

$A_1 = 255\text{mm}^2$　$I_1 = 47\ 162\text{mm}^4$　$\alpha_1 = 13.9\text{mm}$

$A_2 = 158\text{mm}^2$　$I_2 = 1584\text{mm}^4$　$\alpha_2 = 18.7\text{mm}$

$E = 70\ 000\text{N/mm}^2$　$l = 1500\text{mm}$　$c_1 = 80\text{N/mm}^2$

图 6-3　型材断面示意图（单位：mm）

$$I_s = I_1 + I_2 + A_1\alpha_1^2 + A_2\alpha_2^2$$
$$= 47\ 162 + 1584 + 255 \times 13.9^2 + 158 \times 18.7^2$$
$$= 153\ 265.57\text{mm}^4$$

$$\nu = (A_1\alpha_1^2 + A_2\alpha_2^2)I_s$$
$$= (255 \times 13.9^2 + 158 \times 18.7^2)/153\ 265.57$$
$$= 0.682$$

$$\lambda^2 = \frac{c_1\alpha^2 l^2}{(EI_s)\nu(1-\nu)} = 82.21$$

$$\beta = \lambda^2/(\pi^2 + \lambda^2) = 82.21/(3.142 + 82.21) = 0.8928$$

则隔热型材的有效惯性矩

$$I_{ef} = I_s(1-\nu)/(1-\nu\beta) = 153\ 265.57 \times (1-0.682)/(1-0.682 \times 0.8928)$$
$$= 124\ 615.58\text{mm}^4$$

6.3.2　荷载分布与计算

1. 荷载分布

铝合金门窗在风荷载作用下，承受与外窗平面垂直的横向水平力。门窗各框料间构成的受荷单元可视为四边铰接的简支板。在每个受荷单元的四角各作 45° 斜线，使其与平行于长边的中线相交。这些线把受荷单元分成四块，每块面积所承受的风荷载传给其相邻的构件，并按等弯矩原则化为等效线荷载，见图 6-3～图 6-7（a）荷载传递。

图 6-3　单扇门窗荷载传递

图 6-4　带上亮门窗荷载传递

（a）荷载传递；（b）计算示意

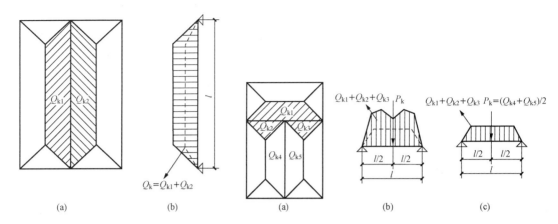

图 6-5 双扇门窗荷载传递　　　　图 6-6 带上亮双扇门窗荷载传递
(a) 荷载传递；(b) 计算示意　　(a) 荷载传递；(b) 荷载分布；(c) 计算示意

　　门窗受力杆件所受荷载应为其承担的各部分分布荷载和集中荷载的叠加代数和，见图 6-6 (b) ～图 6-7 (b) 荷载分布。

　　铝合金门窗受风荷载作用时，其受力杆件一般情况下可简化为矩形、梯形、三角形分布荷载和集中荷载的简支梁，见图 6-3～图 6-7 (c) 计算示意。

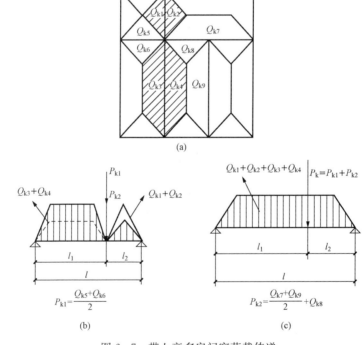

图 6-7 带上亮多扇门窗荷载传递
(a) 荷载传递；(b) 荷载分布；(c) 计算示意

　　当铝合金门窗的开启扇受风压作用时，其门窗框的锁固配件安装边框受荷情况可按锁固配件处有集中荷载作用的简支梁计算。门窗扇边梃受荷情况按锁固配件处为固端的悬臂梁上承受矩形分布荷载计算，见图 6-8。

2. 荷载计算

铝合金门窗在风荷载作用下，受力杆件上的风荷载标准值（Q_k）为该杆件所承受风荷载的受荷面积（A）与风荷载标准值（W_k）之乘积，按式（6-4）计算：$Q_k = A W_k$　　　　　　（6-4）

图 6-8　悬臂梁承受矩形分布荷载

式中　Q_k——受力杆件所承受的风荷载标准值（kN）；

　　　　A——受力构件所承受的受荷面积（m^2）；

　　　　W_k——风荷载标准值（kN/m^2）。

6.3.3　杆件计算

1. 铝合金门窗杆件计算力学模型

铝合金门窗框、扇主要受力杆件的力学模型，应根据门窗立面的分格情况、开启形式、框扇连接锁固方式等，按照《建筑结构静力学计算手册》计算方法，分别简化为承受各类分布荷载或集中荷载的简支梁和悬臂梁等来进行计算。为了方便计算，下面将铝合金门窗常见的几种简支梁分布荷载计算力学模型列出，仅供参考。

铝合金门窗受力杆件在风荷载和玻璃重力荷载共同作用下，其所受荷载经简化可分为下列形式：

（1）简支梁上呈矩形、梯形或三角形的分布荷载，如图 6-9 所示。

（2）简支梁上承受集中荷载，如图 6-10 所示。

（3）悬臂梁上承受矩形分布荷载，如图 6-11 所示。

(a)　　　　　　　　(b)　　　　　　　　(c)

图 6-9　简支梁分布荷载图

（a）矩形分布荷载；（b）梯形分布荷载；（c）三角形分布荷载

(a)　　　　　　　　(b)

图 6-10　简支梁集中荷载分布图　　　　　图 6-11　悬臂梁矩形

（a）集中荷载作用于跨中；（b）集中荷载作用于任意点　　　分布荷载

2. 铝合金门窗杆件挠度计算

铝合金门窗主要受力杆件在风荷载或重力荷载标准值作用下其挠度限值应符合下列规定：

197

(1) 铝合金门窗主要受力杆件在风荷载标准值作用下产生的最大挠度应符合下列公式规定，并应同时满足绝对挠度值不大于 20mm。

门窗镶嵌单层玻璃、夹层玻璃时：$u \leqslant l/100$ (6-5)

门窗镶嵌中空玻璃时：$u \leqslant l/150$ (6-6)

式中 u——在荷载标准值作用下杆件弯曲挠度值（mm）；

      l——杆件的跨度（mm），悬臂杆件可取悬臂长度的 2 倍。

(2) 承受玻璃重量的中横框型材在重力荷载标准值作用下，其平行于玻璃平面方向的挠度不应影响玻璃的正常镶嵌和使用。门窗中横框型材受力形式是双弯杆件，当门窗垂直安装时，中横框型材水平方向承受风荷载作用力，垂直方向承受玻璃的重力。为使中横框型材下面框架内的玻璃镶嵌安装和使用不受影响，需要验算在承受重力荷载作用下中横框型材平行于玻璃平面方向的挠度值。

(3) 铝合金门窗受力杆件在同一方向有分布荷载和集中荷载同时作用时，其挠度应为它们各自产生挠度的代数和。

简支梁受力杆件承受矩形、梯形或三角形的分布荷载和集中荷载时，其挠度（u）的计算公式可按表 6-10 选用。

悬臂梁受力杆件承受矩形分布荷载作用时，其挠度（u）的计算公式可按表 6-11 选用。

3. 铝合金门窗杆件强度计算

(1) 弯矩计算。简支梁受力杆件承受矩形、梯形或三角形的分布荷载和集中荷载时，其弯矩（M）的计算公式可按表 6-10 选用。

悬臂梁受力杆件承受矩形分布荷载作用时，其弯矩（M）的计算公式可按表 6-11 选用。

表 6-10　　　　　　　　　　　简支梁挠度 u 和弯矩 M 的计算公式

荷 载 形 式	挠度 u	弯矩 M
矩形荷载	$u = \dfrac{5Q_k \cdot l^3}{384E \cdot I}$	$M = \dfrac{Q \cdot l}{8}$
梯形荷载	$u = \dfrac{(1.25 - \alpha^2)^2 Q_k \cdot l^3}{120(1-\alpha)E \cdot I}$	$M = \dfrac{(3 - 4\alpha^2)Q \cdot l}{24(1-\alpha)}$
三角形荷载	$u = \dfrac{Q_k \cdot l^3}{60E \cdot I}$	$M = \dfrac{Q \cdot l}{6}$
集中荷载 （作用于跨中时）	$u = \dfrac{P_k \cdot l^3}{48E \cdot I}$	$M = \dfrac{P \cdot l}{4}$
集中荷载 （作用于任意点时）	$u = \dfrac{P_k \cdot l_1 \cdot l_2 \cdot (l + l_2)\ \sqrt{3l_1(l+l_2)}}{27E \cdot I \cdot l}$	$M = \dfrac{P \cdot l_1 \cdot l_2}{l}$

注：E 为材料的弹性模量 E（N/mm²）；I 为截面惯性矩（mm⁴）；M 为受力杆件承受的最大弯矩（N·mm）；Q、P 为受力杆件所承受的荷载设计值（kN）；Q_k、P_k 为受力杆件所承受的荷载标准值（kN）；α 为梯形荷载系数 $\alpha = a/l$；l 为杆件长度（mm）；u 为受力杆件弯曲挠度值（mm）。

表 6-11　　　　　　　　　　　悬臂梁挠度 u 和弯矩 M 的计算公式

荷 载 形 式	挠度 u	弯矩 M
矩形荷载	$u = \dfrac{Q_k l^3}{8EI}$	$M = \dfrac{Q l}{2}$

　　当铝合金门窗受力杆件上有分布荷载和集中荷载同时作用时，其挠度和弯矩应为它们各自产生挠度和弯矩的代数和。

　　（2）弯曲应力计算。门窗型材细长杆件受弯后其最大弯曲正应力远大于最大弯曲剪应力，所以在对门窗杆件进行强度复核时可仅进行最大弯曲正应力的验算。同时，因铝合金门窗自重较轻，其在竖框杆件中产生的轴力通常情况下都很小，可以忽略不计。

　　受力杆件截面抗弯承载力应符合下式要求：

$$\sigma = \frac{M_x}{\gamma W_x} + \frac{M_y}{\gamma W_y} \leqslant f \tag{6-7}$$

式中　M_x——杆件绕 x 轴（门窗平面内方向）的弯矩设计值（N·mm）；

　　　　M_y——杆件绕 y 轴（垂直于门窗平面方向）的弯矩设计值（N·mm）；

　　　　W_x——杆件截面绕 x 轴（门窗平面内方向）的弹性截面模量（mm³）；

　　　　W_y——杆件截面绕 y 轴（垂直于门窗平面方向）的弹性截面模量（mm³）；

　　　　γ——塑性发展系数，可取 1.00；

　　　　f——型材的抗弯强度设计值 f（N/mm²）；

　　　　σ——型材的抗弯承载力（N/mm²）。

　　在进行受力杆件截面抗弯承载力验算时，铝型材的抗弯强度设计值 f 可按表 6-1 的规定采用 f_a。从表 6-1 中可以看出，不同合金牌号和热处理状态的铝合金型材的强度设计值是不同的，在设计时可按需要选用。当铝型材中有加钢芯时，其钢芯的抗弯强度设计值 f 可按表 6-2 的规定采用 f_s。

　　对于塑性发展系数 γ，按《铝合金结构设计规范》（GB 50429—2007）规定，铝合金型材截面塑性发展系数 γ，当采用强硬化（T4、T5 状态）型材时取 1.00；当采用弱硬化（T6 状态）型材时根据不同的截面形状分别取 1.00 或 1.05，而对于铝合金门窗常用截面形状，大部分都取 $\gamma=1.00$。因此，为方便计算，在进行铝合金门窗受力杆件截面抗弯承载力验算时统一取 $\gamma=1.00$。

　　式（6-7）中，杆件截面的弹性截面模量 W：

$$W = I/C \tag{6-8}$$

式中　I——型材的截面惯性矩（mm⁴）；

　　　　C——中和轴到截面边缘的最大距离（mm）。

　　（3）剪力 Q' 的计算。在图 6-9、图 6-10 和图 6-11 所示荷载分别作用下，剪力 Q' 计算公式按表 6-12 选用。

表 6-12　　　　　　　　　不同荷载作用下剪力 Q' 计算公式

荷载形式	剪力 Q'	荷载形式	剪力 Q'
矩形荷载	$Q'=\pm Q/2$	集中荷载（作用于跨中时）	$Q'=\pm P/2$
梯形荷载	$Q'=\pm Q(1-a/L)/2$	集中荷载（作用于任意点时）	$Q'=(P \cdot l_2)/l$；$Q'=-(P \cdot l_1)/l$
三角形荷载	$Q'=\pm Q/4$	悬臂梁矩形荷载	$Q'=-Q$

　　注：1. Q、P——受力杆件所承受的荷载设计值（kN）；

　　　　2. 当铝合金门窗受力杆件上有分布荷载和集中荷载同时作用时，其剪力应为它们各自产生剪力的代数和。

（4）剪切应力 $[\tau]$ 计算：

$$\tau_{\max}=\frac{Q'S}{I\delta}\leqslant[\tau] \tag{6-9}$$

式中　Q'——计算截面所承受的剪力（N）；

S——计算剪切应力处以上毛截面对中和轴的面积矩（mm³）；

I——毛截面的惯性矩（mm⁴）；

δ——腹板的厚度（mm）；

$[\tau]$——材料的抗剪允许应力（MPa）。

6.4　铝合金门窗玻璃设计计算

在铝合金门窗设计中，玻璃的抗风压设计计算是十分重要的一环。当铝合金门窗用于建筑物立面时，作用在玻璃上的荷载主要是风荷载。玻璃承受的风荷载作用可视作垂直于玻璃面板上的均布荷载。门窗玻璃抗风压设计计算可依据《建筑玻璃应用技术规程》（JGJ 113—2009）之规定进行。

铝合金外门窗用玻璃的抗风压设计应同时满足承载力极限状态和正常使用极限状态的要求。

承载能力极限状态为结构或构件达到最大承载能力或达到不适于继续承载的变形的极限状态。对于门窗玻璃来说，超过承载力极限状态主要由于玻璃构件因强度超过极限值而发生破坏。

正常使用极限状态为结构或构件达到正常使用（变形或耐久性能）的某项规定限值的极限状态。

6.4.1　风荷载计算

1. 风荷载设计值

作用在建筑玻璃上的风荷载设计值：$w=\gamma_w w_k$ （6-10）

式中　w——风荷载设计值（kPa）；

w_k——风荷载标准值（kPa）；

γ_w——风荷载分项系数，取 1.4。

在风荷载的计算时，当风荷载标准值的计算结果小于 1.0kPa 时，应按 1.0kPa 取值。

2. 中空玻璃风荷载计算

中空玻璃两片玻璃之间的传力是靠间隔层的气体，对于风荷载这种瞬时荷载，气体也会在一定程度上被压缩。直接承受荷载的正面玻璃的挠度一般略大于间接承受荷载的背面玻璃的挠度，分配的荷载相应也略大一些。

作用在中空玻璃上的风荷载可按荷载分配系数分配到每片玻璃上，荷载分配系数可按下列方法计算：

（1）直接承受风荷载作用的单片玻璃：$\xi_1=1.1\times\dfrac{t_1^3}{t_1^3+t_2^3}$ （6-11）

（2）不直接承受风荷载作用的单片玻璃：$\xi_2 = \dfrac{t_2^3}{t_1^3 + t_2^3}$　　　　　　　（6 - 12）

式中　ξ_1、ξ_2——荷载分配系数；

　　　　t_1——外片玻璃厚度（mm）；

　　　　t_2——内片玻璃厚度（mm）。

因此，根据式（6 - 11）和式（6 - 12）可求出作用在中空玻璃每一单片玻璃上风荷载标准值为：

（1）直接承受风荷载作用的单片玻璃：$w_{k1} = \xi_1 w_k$　　　　　　　　　（6 - 13）

（2）不直接承受风荷载作用的单片玻璃：$w_{k2} = \xi_2 w_k$　　　　　　　（6 - 14）

6.4.2　玻璃强度计算

根据荷载方向和最大应力位置将玻璃强度分为中部强度、边缘强度和端面强度。这三种强度数值不同，因此应用时应注意正确选用。同时玻璃在长期荷载和短期荷载作用下强度值也不同，玻璃种类和厚度都影响玻璃强度值，使用时应注意区分。

1. 玻璃强度设计值

玻璃强度设计值可按下式计算：$f_g = c_1 c_2 c_3 c_4 f_0$　　　　　　　　　　（6 - 15）

式中　f_g——玻璃强度设计值；

　　　　c_1——玻璃种类系数，按表 6 - 13 取值；

　　　　c_2——玻璃强度位置系数，按表 6 - 14 取值；

　　　　c_3——荷载类型系数，按表 6 - 15 取值；

　　　　c_4——玻璃厚度系数，按表 6 - 16 取值；

　　　　f_0——短期荷载作用下，平板玻璃中部强度设计值，取 28MPa。

玻璃强度与玻璃种类有关，目前世界各国均采用玻璃种类调整系数的处理方式，玻璃种类调整系数 c_1 见表 6 - 13。

表 6 - 13　　　　　　　　　　　　玻 璃 种 类 系 数 c_1

玻璃种类	平板玻璃	半钢化玻璃	钢化玻璃	夹丝玻璃	压花玻璃
c_1	1.0	1.6～2.0	2.5～3.0	0.5	0.6

玻璃是脆性材料，在其表面存在大量微裂纹，玻璃强度与微裂纹尺寸、形状和密度有关，通常玻璃边部裂纹尺寸大、密度大，所以玻璃缘部强度低。通常玻璃边缘强度取中部强度的 80%，端部强度取中部强度的 70%。玻璃强度位置系数 c_2 见表 6 - 14。

表 6 - 14　　　　　　　　　　　　玻璃强度位置系数 c_2

强度位置	中部强度	边缘强度	端部强度
c_2	1.0	0.8	0.7

作用在玻璃上的荷载分短期荷载和长期荷载，风荷载和地震作用为短期荷载，而重力荷载等为长期荷载。短期荷载对玻璃强度没有影响，而长期荷载将使玻璃强度下降，原因是长

期荷载将加速玻璃表面微裂纹扩展，因而其强度下降。钢化玻璃表面存在压应力层，将起到抑制表面微裂纹扩张的作用，因此在长期荷载作用下，平板玻璃、钢化玻璃、半钢化玻璃强度下降值是不同的。通常钢化玻璃、半钢化玻璃在长期荷载作用下，其强度下降到原值的50%左右，而平板玻璃将下降到原值的30%左右。玻璃荷载类型系数 c_3 见表 6-15。

表 6-15　　　　　　　　　　　荷 载 类 型 系 数 c_3

荷载类型	平板玻璃	半钢化玻璃	钢化玻璃
短期荷载 c_3	1.0	1.0	1.0
长期荷载 c_3	0.31	0.50	0.50

实验结果表明，玻璃越厚，其强度越低。玻璃厚度系数 c_4 见表 6-16。

表 6-16　　　　　　　　　　　玻 璃 厚 度 系 数 c_4

玻璃厚度	5～12mm	15～19mm	≥20mm
c_4	1.00	0.85	0.70

在短期荷载和长期荷载作用下，平板玻璃、半钢化玻璃和钢化玻璃强度设计值分别按表6-17 和表 6-18 取值。

表 6-17　　　　　　短期荷载下玻璃强度设计值 f_g　　　　　（单位：N/mm²）

玻璃种类	厚度（mm）	中部强度	边缘强度	端部强度
平板玻璃	5～12	28	22	20
	15～19	24	19	17
	≥20	20	16	14
半钢化玻璃	5～12	56	44	40
	15～19	48	38	34
	≥20	40	32	28
钢化玻璃	5～12	84	67	59
	15～19	72	58	51
	≥20	59	47	42

表 6-18　　　　　　长期荷载下玻璃强度设计值 f_g　　　　　（单位：N/mm²）

玻璃种类	厚度（mm）	中部强度	边缘强度	端部强度
平板玻璃	5～12	9	7	6
	15～19	7	6	5
	≥20	6	5	4
半钢化玻璃	5～12	28	22	20
	15～19	24	19	17
	≥20	20	16	14

续表

玻璃种类	厚度（mm）	中部强度	边缘强度	端部强度
钢化玻璃	5～12	42	34	30
	15～19	36	29	26
	≥20	30	24	21

注：1. 钢化玻璃强度设计值可达平板玻璃强度设计值的 2.5～3.0 倍，表中数值是按 3 倍取值的；如达不到 3 倍，可按 2.5 倍取值，也可根据实测结果予以调整。

2. 半钢化玻璃强度设计值可达平板玻璃强度设计值的 1.6～2.0 倍，表中数值是按 2 倍取值的；如达不到 2 倍，可按 1.6 倍取值，也可根据实测结果予以调整。

夹层玻璃和中空玻璃强度设计值应按所采用玻璃的类型确定。构成夹层玻璃和中空玻璃的玻璃板通常称其为原片，夹层玻璃和中空玻璃的强度设计值应按构成其原片玻璃强度设计值取值。

2. 最大许用跨度计算

建筑玻璃在风荷载作用下的变形非常大，已远远超出弹性力学范围，应考虑几何非线性。由于风荷载是短期荷载，所以玻璃强度值应按短期荷载强度值采用。矩形玻璃是铝合金门窗用量最大的，不同长宽比的矩形玻璃，其承载力是不同的。

铝合金门窗玻璃承载力极限状态设计（中空玻璃除外），可采用考虑几何非线性的有限元法进行计算，且最大应力设计值不应超过短期荷载作用下玻璃强度设计值。

（1）最大许用跨度计算：

$$L = k_1(w + k_2)^{k_3} + k_4 \qquad (6-16)$$

式中　　　w——风荷载设计值（kPa）；

　　　　　L——玻璃最大许用跨度（mm）；

k_1、k_2、k_3、k_4——常数，根据玻璃的长宽比进行取值。

（2）k_1、k_2、k_3、k_4 的取值应符合下列规定：

1）对于四边支承和两对边支承的单片矩形平板玻璃、单片矩形钢化玻璃、单片矩形半钢化玻璃和普通矩形夹层玻璃，其 k_1、k_2、k_3、k_4 可分别按表 6-19、表 6-20～表 6-22 取值。夹层玻璃的厚度为除去中间胶片后玻璃净厚度和。三边支承玻璃可按两对边支承取值。

2）对于夹丝玻璃和压花玻璃，其 k_1、k_2、k_3、k_4 可按表 6-19 中平板玻璃的 k_1、k_2、k_3、k_4 取值。在按式（6-16）计算玻璃最大许用跨度时，风荷载设计值应以式（6-10）的计算值除以玻璃种类系数取值，玻璃种类系数见表 6-13。

3）对于真空玻璃，其 k_1、k_2、k_3、k_4 可按表 6-22 中的普通夹层玻璃的 k_1、k_2、k_3、k_4 取值。

4）对于半钢化夹层玻璃和钢化夹层玻璃，其 k_1、k_2、k_3、k_4 可按表 6-22 中普通夹层玻璃的 k_1、k_2、k_3、k_4 取值。在按式（6-16）计算玻璃最大许用跨度时，风荷载设计值应以式（6-10）的计算值除以玻璃种类系数取值，玻璃种类系数见表 6-13。

5）当玻璃的长宽比超过 5 时，玻璃的 k_1、k_2、k_3、k_4 应按长宽比等于 5 进行取值。

6）当玻璃的长宽比不包括在表 6-19～表 6-22 中时，可先分别计算玻璃相邻两长宽比条件下的最大许用跨度，再采用线性插值法计算其最大许用跨度。

（3）中空玻璃的承载力极限状态设计，可根据分配到每片玻璃上的风荷载，采用上面给出的方法进行计算。

表 6 - 19　　　　　　　　　　　单片矩形平板玻璃的抗风压设计计算参数

t (mm)	常数	四边支撑：b/a								两边支撑
		1.00	1.25	1.50	1.75	2.00	2.25	3.00	5.00	
3	k_1	1558.4	1373.2	1313.4	1343.4	1381.9	1184.5	667.6	655.7	585.6
	k_2	0.25	0.20	0.20	0.30	0.40	0.30	−0.30	0	0
	k_3	−0.6124	−0.6071	−0.6423	−0.7112	−0.7642	−0.7255	−0.4881	−0.5000	−0.5
	k_4	4.20	−1.40	−22.68	−12.68	−11.20	2.80	−8.40	0	0
4	k_1	2050.7	1807.5	1725.7	1758.9	1804.6	1549.8	884.0	867.8	774.9
	k_2	0.237 712	0.190 170	0.190 170	0.285 254	0.380 339	0.285 254	−0.285 25	0	0
	k_3	−0.6124	−0.6071	−0.6423	−0.7112	−0.7642	−0.7255	−0.4881	−0.5000	−0.5
	k_4	5.70	−1.90	−30.78	−17.10	−15.20	3.80	−11.40	0	0
5	k_1	2527.1	2227.9	2124.1	2159.0	2210.3	1901.2	1094.8	1074.2	959.3
	k_2	0.228 312	0.182 649	0.182 649	0.273 974	0.365 299	0.273 974	−0.273 97	0	0
	k_3	−0.6124	−0.6071	−0.6423	−0.7112	−0.7642	−0.7255	−0.4881	−0.5000	−0.5
	k_4	7.20	−2.40	−38.88	−21.60	−19.20	4.80	−14.40	0	0
6	k_1	2990.8	2637.2	2511.3	2546.6	2602.4	2241.4	1301.2	1276.2	1139.7
	k_2	0.220 697	0.176 558	0.176 558	0.264 836	0.353 115	0.264 836	−0.264 84	0	0
	k_3	−0.6124	−0.6071	−0.6423	−0.7112	−0.7642	−0.7255	−0.4881	−0.5000	−0.5
	k_4	8.70	−2.90	−46.98	−26.10	−23.20	5.80	−17.40	0	0
8	k_1	3843.7	3390.2	3222.3	3255.6	3317.7	2863.4	1683.3	1649.9	1473.4
	k_2	0.209 295	0.167 436	0.167 436	0.251 154	0.334 872	0.251 154	−0.251 15	0	0
	k_3	−0.6124	−0.6071	−0.6423	−0.7112	−0.7642	−0.7255	−0.4881	−0.5000	−0.5
	k_4	11.55	−3.85	−62.37	−34.65	−30.8	7.7	−23.1	0	0
10	k_1	4709.2	4154.6	3942.6	3970.9	4036.8	3490.2	2074.0	2031.8	1814.4
	k_2	0.200 004	0.160 003	0.160 003	0.240 005	0.320 006	0.240 005	−0.240 00	0	0
	k_3	−0.6124	−0.6071	−0.6423	−0.7112	−0.7642	−0.7255	−0.4881	−0.5000	−0.5
	k_4	14.55	−4.85	−78.57	−43.65	−38.8	9.7	−29.1	0	0
12	k_1	5548.0	4895.6	4639.5	4660.5	4728.2	4094.0	2455.2	2404.1	2146.9
	k_2	0.192 461	0.153 969	0.153 969	0.230 953	0.307 937	0.230 953	−0.230 95	0	0
	k_3	−0.6124	−0.6071	−0.6423	−0.7112	−0.7642	−0.7255	−0.4881	−0.5000	−0.5
	k_4	17.55	−5.85	−94.77	−52.65	−46.80	11.70	−35.10	0	0
15	k_1	6685.2	5900.5	5582.8	5590.3	5657.8	4907.6	2975.3	2911.9	2600.3
	k_2	0.183 827	0.147 062	0.147 062	0.220 593	0.294 124	0.220 593	−0.220 59	0	0
	k_3	−0.6124	−0.6071	−0.6423	−0.7112	−0.7642	−0.7255	−0.4881	−0.5000	−0.5
	k_4	21.75	−7.25	−117.45	−65.25	−58.00	14.50	−43.50	0	0
19	k_1	8056.1	7112.3	6717.8	6704.5	6768.0	5881.7	3607.1	3528.2	3150.6
	k_2	0.175 127	0.140 102	0.140 102	0.210 152	0.280 203	0.210 152	−0.210 15	0	0
	k_3	−0.6124	−0.6071	−0.6423	−0.7112	−0.7642	−0.7255	−0.4881	−0.5000	−0.5
	k_4	27.0	−9.0	−145.8	−81.0	−72.0	18.0	−54.0	0	0

续表

t (mm)	常数	四边支撑：b/a								两边支撑
		1.00	1.25	1.50	1.75	2.00	2.25	3.00	5.00	
25	k_1	10 118.2	8935.8	8421.5	8368.2	8419.2	7334.6	4566.2	4462.9	3985.3
	k_2	0.164 398	0.131 519	0.131 519	0.197 278	0.263 037	0.197 278	−0.197 28	0	0
	k_3	−0.6124	−0.6071	−0.6423	−0.7112	−0.7642	−0.7255	−0.4881	−0.5000	−0.5
	k_4	35.25	−11.75	−190.35	−105.75	−94.00	23.50	−70.50	0	0

表 6 - 20　　　　单片矩形钢化玻璃的抗风压设计计算参数

t (mm)	常数	四边支撑：b/a								两边支撑
		1.00	1.25	1.50	1.75	2.00	2.25	3.00	5.00	
4	k_1	3594.2	3152.6	3108.6	3374.9	3634.8	3102.9	1382.5	1372.1	1225.3
	k_2	0.594 280	0.475 424	0.475 424	0.713 136	0.950 848	0.713 136	−0.100 00	0	0
	k_3	−0.6124	−0.6071	−0.6423	−0.7112	−0.7642	−0.7255	−0.4881	−0.5000	−0.5
	k_4	5.70	−1.90	−30.78	−17.10	−15.20	3.80	−11.40	0	0
5	k_1	4429.2	3885.9	3826.2	4142.5	4452.0	3696.0	1712.3	1698.5	1516.8
	k_2	0.570 780	0.456 624	0.456 624	0.684 935	0.913 247	0.684 935	−0.100 00	0	0
	k_3	−0.6124	−0.6071	−0.6423	−0.7112	−0.7642	−0.7255	−0.4881	−0.5000	−0.5
	k_4	7.20	−2.40	−38.88	−21.60	−19.20	4.80	−14.40	0	0
6	k_1	5241.9	4599.7	4523.7	4886.2	5421.8	4537.5	2035.1	2017.9	1801.9
	k_2	0.551 743	0.441 394	0.441 394	0.662 091	0.882 788	0.662 091	−0.100 00	0	0
	k_3	−0.6124	−0.6071	−0.6423	−0.7112	−0.7642	−0.7255	−0.4881	−0.5000	−0.5
	k_4	8.70	−2.90	−46.98	−26.10	−23.20	5.80	−17.40	0	0
8	k_1	6736.6	5913.0	5804.5	6246.7	6682.5	5566.5	2632.7	2608.8	2329.6
	k_2	0.523 238	0.418 590	0.418 590	0.627 885	0.837 180	0.627 885	−0.100 00	0	0
	k_3	−0.6124	−0.6071	−0.6423	−0.7112	−0.7642	−0.7255	−0.4881	−0.5000	−0.5
	k_4	11.55	−3.85	−62.37	−34.65	−30.8	7.7	−23.1	0	0
10	k_1	8253.7	7246.3	7101.9	7619.1	8131.1	6785.1	3243.8	3212.6	2868.8
	k_2	0.500 010	0.400 008	0.400 008	0.600 012	0.800 016	0.600 012	−0.100 00	0	0
	k_3	−0.6124	−0.6071	−0.6423	−0.7112	−0.7642	−0.7255	−0.4881	−0.5000	−0.5
	k_4	14.55	−4.85	−78.57	−43.65	−38.8	9.7	−29.1	0	0
12	k_1	9723.8	8538.8	8357.3	8942.2	9523.6	7959.0	3839.9	3801.2	3394.5
	k_2	0.481 152	0.384 922	0.384 922	0.577 382	0.769 843	0.577 382	−0.100 00	0	0
	k_3	−0.6124	−0.6071	−0.6423	−0.7112	−0.7642	−0.7255	−0.4881	−0.5000	−0.5
	k_4	17.55	−5.85	−94.77	−52.65	−46.80	11.70	−35.10	0	0
15	k_1	11 716.9	10 291.5	10 056.5	10 726.3	11 396.0	9540.7	4653.4	4604.1	4111.4
	k_2	0.459 568	0.367 655	0.367 655	0.551 482	0.735 309	0.551 482	−0.100 00	0	0
	k_3	−0.6124	−0.6071	−0.6423	−0.7112	−0.7642	−0.7255	−0.4881	−0.5000	−0.5
	k_4	21.75	−7.25	−117.45	−65.25	−58.00	14.50	−43.50	0	0

t (mm)	常数	四边支撑：b/a								两边支撑
		1.00	1.25	1.50	1.75	2.00	2.25	3.00	5.00	
19	k_1	14 119.6	12 405.0	12 101.1	12 864.1	13 632.2	11 434.2	5641.5	5578.5	4981.6
	k_2	0.437 817	0.350 254	0.350 254	0.525 381	0.700 508	0.525 381	−0.100 00	0	0
	k_3	−0.6124	−0.6071	−0.6423	−0.7112	−0.7642	−0.7255	−0.4881	−0.5000	−0.5
	k_4	27.0	−9.0	−145.8	−81.0	−72.0	18.0	−54.0	0	0
25	k_1	17 733.9	15 585.7	15 170.0	16 056.4	16 958.2	14 258.8	7141.5	7056.4	6301.3
	k_2	0.410 996	0.328 797	0.328 797	0.493 195	0.657 594	0.493 195	−0.100 00	0	0
	k_3	−0.6124	−0.6071	−0.6423	−0.7112	−0.7642	−0.7255	−0.4881	−0.5000	−0.5
	k_4	35.25	−11.75	−190.35	−105.75	−94.00	23.50	−70.50	0	0

表 6-21　　　　　　单片矩形半钢化玻璃的抗风压设计计算参数

t (mm)	常数	四边支撑：b/a								两边支撑
		1.00	1.25	1.50	1.75	2.00	2.25	3.00	5.00	
3	k_1	2078.2	1826.7	1776.3	1876.6	1979.1	1665.8	839.7	829.4	740.7
	k_2	0.40	0.32	0.32	0.48	0.64	0.48	−0.10	0	0
	k_3	−0.6124	−0.6071	−0.6423	−0.7112	−0.7642	−0.7255	−0.4881	−0.5000	−0.5
	k_4	4.20	−1.40	−22.68	−12.68	−11.20	2.80	−8.40	0	0
4	k_1	2734.6	2404.4	2333.9	2457.1	2584.4	2179.6	1111.9	1097.7	980.2
	k_2	0.380 339	0.304 271	0.304 271	0.456 407	0.608 543	0.456 407	−0.100 00	0	0
	k_3	−0.6124	−0.6071	−0.6423	−0.7112	−0.7642	−0.7255	−0.4881	−0.5000	−0.5
	k_4	5.70	−1.90	−30.78	−17.10	−15.20	3.80	−11.40	0	0
5	k_1	3370.0	2963.6	2872.6	3015.9	3165.4	2673.7	1377.1	1358.8	1213.4
	k_2	0.365 299	0.292 239	0.292 239	0.438 359	0.584 478	0.438 359	−0.100 00	0	0
	k_3	−0.6124	−0.6071	−0.6423	−0.7112	−0.7642	−0.7255	−0.4881	−0.5000	−0.5
	k_4	7.20	−2.40	−38.88	−21.60	−19.20	4.80	−14.40	0	0
6	k_1	3988.4	3508.0	3396.3	3557.3	3727.0	3152.2	1636.7	1614.3	1441.6
	k_2	0.353 115	0.282 492	0.282 492	0.423 738	0.564 985	0.423 738	−0.100 00	0	0
	k_3	−0.6124	−0.6071	−0.6423	−0.7112	−0.7642	−0.7255	−0.4881	−0.5000	−0.5
	k_4	8.70	−2.90	−46.98	−26.10	−23.20	5.80	−17.40	0	0
8	k_1	5125.6	4509.6	4357.8	4547.8	4751.4	4026.9	2117.3	2087.0	1863.7
	k_2	0.334 872	0.267 898	0.267 898	0.401 847	0.535 796	0.401 847	−0.100 00	0	0
	k_3	−0.6124	−0.6071	−0.6423	−0.7112	−0.7642	−0.7255	−0.4881	−0.5000	−0.5
	k_4	11.55	−3.85	−62.37	−34.65	−30.8	7.7	−23.1	0	0
10	k_1	6279.9	5526.5	5331.9	5547.0	5718.4	4908.4	2608.8	2570.1	2295.1
	k_2	0.320 006	0.256 005	0.256 005	0.384 008	0.512 01	0.384 008	−0.100 00	0	0
	k_3	−0.6124	−0.6071	−0.6423	−0.7112	−0.7642	−0.7255	−0.4881	−0.5000	−0.5
	k_4	14.55	−4.85	−78.57	−43.65	−38.8	9.7	−29.1	0	0

t (mm)	常数	四边支撑：b/a								两边支撑
		1.00	1.25	1.50	1.75	2.00	2.25	3.00	5.00	
12	k_1	7398.5	6512.2	6274.4	6510.3	6771.5	5757.6	3088.2	3041.0	2715.6
	k_2	0.307 937	0.246 35	0.246 35	0.369 525	0.4927	0.369 525	−0.100 00	0	0
	k_3	−0.6124	−0.6071	−0.6423	−0.7112	−0.7642	−0.7255	−0.4881	−0.5000	−0.5
	k_4	17.55	−5.85	−94.77	−52.65	−46.80	11.70	−35.10	0	0

表 6 - 22　　　　　普通矩形夹层玻璃的抗风压设计计算参数

t (mm)	常数	四边支撑：b/a								两边支撑
		1.00	1.25	1.50	1.75	2.00	2.25	3.00	5.00	
6	k_1	2899.0	2556.1	2434.7	2469.9	2524.9	2174.2	1260.2	1263.1	1103.9
	k_2	0.222 109	0.177 687	0.177 687	0.266 531	0.355 375	0.266 531	−0.266 53	0	0
	k_3	−0.6124	−0.6071	−0.6423	−0.7112	−0.7642	−0.7255	−0.4881	−0.5000	−0.5
	k_4	8.40	−2.80	−45.36	−25.20	−22.40	5.60	−16.80	0	0
8	k_1	3799.6	3351.2	3185.6	3219.1	3280.9	2831.3	1663.5	1630.6	1456.1
	k_2	0.209 821	0.167 857	0.167 857	0.251 785	0.335 714	0.251 785	−0.251 79	0	0
	k_3	−0.6124	−0.6071	−0.6423	−0.7112	−0.7642	−0.7255	−0.4881	−0.5000	−0.5
	k_4	11.40	−3.80	−61.56	−34.20	−30.40	7.60	−22.80	0	0
10	k_1	4666.6	4117.0	3907.1	3935.8	4001.6	3459.4	2054.7	2031.0	1797.6
	k_2	0.200 421	0.160 337	0.160 337	0.240 505	0.320 673	0.240 505	−0.240 51	0	0
	k_3	−0.6124	−0.6071	−0.6423	−0.7112	−0.7642	−0.7255	−0.4881	−0.5000	−0.5
	k_4	14.40	−4.80	−77.76	−43.20	−38.40	9.60	−28.80	0	0
12	k_1	5506.6	4859.1	4605.1	4626.5	4694.2	4064.3	2436.3	2385.7	2130.4
	k_2	0.192 806	0.154 245	0.154 245	0.231 367	0.308 49	0.231 367	−0.231 37	0	0
	k_3	−0.6124	−0.6071	−0.6423	−0.7112	−0.7642	−0.7255	−0.4881	−0.5000	−0.5
	k_4	17.40	−5.80	−93.96	−52.20	−46.40	11.60	−34.80	0	0
16	k_1	7042.7	6216.4	5879.0	5881.5	5948.3	5162.3	3139.6	3072.2	2743.4
	k_2	0.181 404	0.145 123	0.145 123	0.217 685	0.290 247	0.217 685	−0.217 69	0	0
	k_3	−0.6124	−0.6071	−0.6423	−0.7112	−0.7642	−0.7255	−0.4881	−0.5000	−0.5
	k_4	23.10	−7.70	−124.74	−69.30	−61.60	15.40	−46.20	0	0
20	k_1	8590.8	7585.1	7160.0	7137.2	7198.3	6259.9	3854.9	3769.7	3366.3
	k_2	0.172 113	0.137 69	0.137 69	0.206 536	0.275 381	0.206 536	−0.206 54	0	0
	k_3	−0.6124	−0.6071	−0.6423	−0.7112	−0.7642	−0.7255	−0.4881	−0.5000	−0.5
	k_4	29.10	−9.70	−157.14	−87.30	−77.60	19.40	−58.20	0	0
24	k_1	10 081.6	8903.5	8391.3	8338.5	8390.1	7308.9	4549.1	4446.2	3970.4
	k_2	0.164 57	0.131 656	0.131 656	0.197 484	0.263 312	0.197 484	−0.197 48	0	0
	k_3	−0.6124	−0.6071	−0.6423	−0.7112	−0.7642	−0.7255	−0.4881	−0.5000	−0.5
	k_4	35.10	−11.70	−189.54	−105.30	−93.60	23.40	−70.20	0	0

6.4.3 玻璃挠度计算

铝合金门窗玻璃正常使用极限状态设计（中空玻璃除外），可采用考虑几何非线性的有限元法进行计算，且挠度最大值应小于跨度 a 的 $1/60$。四边支承和两对边支承矩形玻璃正常使用极限状态也可按下列规定设计：

（1）四边支承和两对边支承矩形玻璃单位厚度跨度限值应按下式计算：

$$\left[\frac{L}{t}\right] = k_5(w_k + k_6)^{k_7} + k_8 \tag{6-17}$$

式中　　$\left[\dfrac{L}{t}\right]$——玻璃单位厚度跨度限值；

　　　　w_k——风荷载标准值（kPa）；

k_5、k_6、k_7、k_8——常数，可按表 6-23 取值。

（2）设计玻璃跨度 a 除以玻璃厚度 t，不应大于玻璃单位厚度跨度限值 $\left[\dfrac{L}{t}\right]$。如果大于 $\left[\dfrac{L}{t}\right]$，就增加玻璃厚度，直至小于 $\left[\dfrac{L}{t}\right]$。

（3）中空玻璃的正常使用极限状态设计，可根据分配到每片玻璃上的风荷载，采用上面给出的方法进行计算。

表 6-23　　　　　　　　　　建筑玻璃的抗风压设计计算参数

常数	四边支撑：b/a								两边支撑
	1.00	1.25	1.50	1.75	2.00	2.25	3.00	5.00	
k_5	603.79	459.45	350.14	291.45	261.60	222.19	204.68	197.89	195.45
k_6	−0.10	−0.10	−0.15	−0.15	−0.10	−0.10	−0.10	0	0
k_7	−0.5247	−0.5022	−0.4503	−0.4149	−0.3970	−0.3556	−0.3335	−0.3320	−0.3333
k_8	1.64	2.06	1.29	0.95	1.10	0.29	−0.05	0.03	0

6.4.4 玻璃镶嵌构造设计

铝型材玻璃镶嵌构造设计应符合下列规定：

（1）单片玻璃、夹层玻璃、真空玻璃最小安装尺寸应符合表 6-24 的规定，安装示意见图 6-12。

表 6-24　　　　　　单片玻璃、夹层玻璃和真空玻璃最小安装尺寸　　　　　（单位：mm）

玻璃厚度	前、后余隙 a		嵌入深度 b	边缘余隙 c
	密封胶装配	胶条装配		
≤6	3	3	8	4
≥8	5	3	10	5

注：夹层玻璃、真空玻璃可按玻璃叠加厚度之和在表中选取。

（2）中空玻璃最小安装尺寸应符合表 6-25 的规定，安装示意见图 6-13。

表 6 - 25　　　　　　　　　　　中空玻璃最小安装尺寸　　　　　　　　　（单位：mm）

玻璃厚度	前、后余隙 a		嵌入深度 b	边缘余隙 c
	密封胶装配	胶条装配		
4+A+4	5	3	15	5
5+A+5				
6+A+6				
8+A+8	7	5	17	7
10+A+10				

图 6 - 12　单片玻璃、夹层玻璃、
真空玻璃最小安装尺寸
a—玻璃前部余隙或后部余隙；
b—玻璃嵌入深度；c—玻璃边缘余隙

图 6 - 13　中空玻璃最小安装尺寸
a—前部余隙或后部余隙；b—嵌入深度；
c—边缘余隙；A—空气层厚度

6.5 连接设计

6.5.1　铝合金门窗连接件设计

铝合金门窗构件的端部连接节点、窗扇连接铰链、合页和锁紧装置等门窗五金件和连接件的连接点，在门窗结构受力体系中相当于受力杆件简支梁和悬臂梁的支座，应有足够的连接强度和承载力，以保证门窗结构体系的受力和传力。在我国多年的铝合金门窗实际工程经验中，实际使用中损坏和在风压作用下发生的损毁，很多情况下都是由于五金件和连接件本身承载力不足或连接螺钉、铆钉拉脱而导致连接失效所引起。因此，在铝合金门窗工程设计中，应高度注意门窗五金件和连接件承载力校核和连接件可靠性设计，应按荷载和作用的分布和传递，正确设计、计算门窗连接节点，根据连接形式和承载情况，进行五金件、连接件及紧固件的抗拉（压）、抗剪切和抗挤压等强度校核计算。

在进行铝合金门窗五金件和连接件强度计算时，根据不同连接情况，可分别采用应力表达式或承载力表达式进行计算。

$$\sigma \leqslant f \qquad\qquad (6 - 18)$$

式中　σ——五金件和连接件截面在荷载作用下产生的最大应力设计值（N/mm²）；

　　　f——五金件和连接件材料强度设计值（N/mm²）。

承载力表达式：$$S \leqslant R \qquad (6-19)$$

式中 S——五金件和连接件荷载设计值（N）；

R——五金件和连接承载力设计值（N）。

通常情况下，进行连接件强度计算时，一般可采用应力表达式进行计算。但门窗五金件产品或产品检测报告所提供的一般为产品承载力，在此情况下，采用承载力表达式进行计算将会较为直观、简单。

铝合金门窗与洞口应可靠连接，连接的锚固承载力应大于连接件本身的承载力设计值，铝合金门窗与金属附框的连接应通过计算或试验确定承载能力。

铝合金门窗五金件与框、扇间应可靠连接，并通过计算或试验确定承载能力。铝合金门窗各构件之间应通过角码或接插件进行连接，连接件应能承受构件的剪力。构件连接处的连接件、螺栓、螺钉和铆钉设计，应符合现行国家标准《铝合金结构设计规范》（GB 50429—2007）的相关规定。

不同金属相互接触处容易产生双金属腐蚀，所以当与铝合金型材接触的连接件采用与铝合金型材容易产生双金属腐蚀的金属材料时，应采用有效措施防止发生双金属腐蚀。可设置绝缘垫片或采取其他防腐措施。在正常情况下，铝合金型材与不锈钢材料接触不易发生双金属腐蚀，一般可不设置绝缘垫片。与铝合金型材相连的螺栓、螺钉其材质应采用奥氏体不锈钢。

重要受力螺栓、螺钉应通过计算确定承载能力。连接螺栓、螺钉的中心距和中心至构件边缘的距离，均应满足构件受剪面承载能力的需要。一般其中心距不得小于 $2.5d$；中心至构件边缘的距离在顺内力方向不得小于 $2d$，在垂直内力方向对切割边不得小于 $1.5d$，对轧制边不得小于 $1.2d$。如果连接确有困难不能满足上述要求时，则应对构件受剪面进行验算。同时，当螺钉直接通过型材孔壁螺纹受力连接时，应验算螺纹承载力。必要时，应采取相应的补救措施，如采取加衬板或采用铆螺帽的方式等，或改变连接方式。

门窗常用普通螺栓和铆钉应按下列规定计算。

（1）在普通螺栓和铆钉受剪的连接中，每个普通螺栓和铆钉的承载力设计值应取受剪和承压承载力设计值中的较小者。

受剪承载力设计值：

普通螺栓 $$N_v^b = n_v \frac{\pi d^2}{4} f_v^b \qquad (6-20)$$

铆钉 $$N_v^r = n_v \frac{\pi d_0^2}{4} f_v^r \qquad (6-21)$$

承压承载力设计值：

普通螺栓 $$N_c^b = d \sum t \, f_c^b \qquad (6-22)$$

铆钉 $$N_c^r = d \sum t \, f_c^r \qquad (6-23)$$

式中 n_v——受剪面数目；

d——螺栓杆直径；

d_0——铆钉孔直径；

　　$\sum t$——在同一受力方向的承压构件的较小总厚度；

　　f_v^b、f_c^b——螺栓的抗剪和承压强度设计值；

　　f_v^r、f_c^r——铆钉的抗剪和承压强度设计值。

　　(2) 在普通螺栓和铆钉杆轴方向受拉的连接中，每个普通螺栓和铆钉的承载力设计值应按下列公式计算：

普通螺栓
$$N_t^b = \frac{\pi d_e^2}{4} f_t^b \tag{6-24}$$

铆钉
$$N_t^r = \frac{\pi d_0^2}{4} f_t^r \tag{6-25}$$

式中　d_e——普通螺栓在螺纹处的有效直径；

　　f_t^b、f_t^r——普通螺栓和铆钉的抗拉压强度设计值。

　　(3) 同时承受剪力和杆轴方向拉力的普通螺栓和铆钉，应分别符合下列公式的要求：

普通螺栓
$$\sqrt{\left(\frac{N_v}{N_v^b}\right)^2 + \left(\frac{N_t}{N_t^b}\right)^2} \leqslant 1 \tag{6-26}$$
$$N_v \leqslant N_c^b$$

铆钉
$$\sqrt{\left(\frac{N_v}{N_v^r}\right)^2 + \left(\frac{N_t}{N_t^r}\right)^2} \leqslant 1 \tag{6-27}$$
$$N_v \leqslant N_c^r$$

式中　N_v、N_t——每个普通螺栓或铆钉所承受的剪力和拉力；

　　N_v^b、N_t^b、N_c^b——每个普通螺栓的受剪、受拉和承压承载力设计值；

　　N_v^r、N_t^r、N_c^r——每个铆钉的受剪、受拉和承压承载力设计值。

6.5.2　铝合金门窗五金件设计

　　铝合金门窗五金件的设计和选用应根据门窗扇的重量、开启尺寸及扇的宽高比进行，并便于调整和更换。

　　1. 内平开下悬五金件系统的设计

　　(1) 铝合金门窗内平开下悬五金件系统设计应符合表 6-26 的规定。

表 6-26　　　　　　　　　　　内平开下悬五金件系统设计

产品	附件承载重量（kg）	扇宽（mm）	扇宽高比
窗	≤130	≤1300	＜1.08（1300：1200）
	≥130	≤1550	＜1.11（1550：1400）
门	—	≤900	＜0.39（900：2300）

　　(2) 锁点个数的选择及分布可根据门窗所需达到的物理性能进行确定。

　　2. 平开、推拉、上（下）悬门窗五金附件设计

　　(1) 单个旋压执手应用于扇对角线不大于 700mm 的窗。

　　(2) 合页（铰链）适用于内平开窗、平开门，合页设计选用时应符合表 6-27 的规定。

表 6-27   合页（铰链）设计

产品	附件承载重量（kg）	扇宽（mm）	扇宽高比
窗	≤130	≤1300	<1.08（1300：1200）
	≥130	≤1550	<1.11（1550：1400）
门	—	≤900	<0.39（900：2300）

（3）外平开窗使用滑撑时，窗扇宽度应小于 750mm。

（4）外开上悬窗使用的滑撑，当窗扇的高大于 700mm 时，应使用摩擦式撑挡，扇开启距离极限大于 300mm 时，扇高应小于 1200mm。

（5）单组锁闭部件的承载力设计值应为 800N。

3. 门控五金设计

门控五金设计应符合下列规定：

（1）地弹簧在高使用频率场所地弹簧开启次数不应小于 100 万次，中使用频率场所开启次数不应小于 50 万次，低使用频率场所开启次数不应小于 20 万次。

（2）公共场所及风压较大的地方宜使用可调力度地弹簧或带缓冲的延时地弹簧。

（3）铝合金门的开、关需要受到控制时，可以安装闭门器，闭门器应符合标准《闭门器》（QB/T 2698）的规定，高使用频率场所闭门器的使用次数不应小于 100 万次，中使用频率场所的使用次数不应小于 50 万次，低使用频率场所的使用次数不应小于 20 万次。

（4）在公共建筑宜使用可调力度的闭门器或带缓冲的延时闭门器。

（5）残障人通道使用的门，宜使用带延时闭门功能的闭门器。

6.6 隐框窗硅酮结构密封胶设计

铝合金型材框、扇杆件完全不显露于窗玻璃外表面，窗玻璃用硅酮结构密封胶粘结固定在铝合金副框上，副框再用机械夹持的方法固定到窗框、扇构架上的铝合金窗称为铝合金隐框窗。

铝合金隐框窗中硅酮结构密封胶的设计、计算应按照《玻璃幕墙工程技术规范》（JGJ 102—2003）中对隐框玻璃幕墙用硅酮结构密封胶的设计要求进行。

在隐框窗结构中，硅酮结构密封胶是重要的受力结构构件，隐框窗结构硅酮密封胶的设计应通过结构胶的受力计算来确定胶缝的结构尺寸。在现行国家标准《建筑用硅酮结构密封胶》（GB 16776—2005）中，规定了硅酮结构密封胶的拉伸强度值不低于 0.6N/mm²。在风荷载（短期荷载）作用下，取材料的分项系数为 3.0，则硅酮结构密封胶的强度设计值为 0.2N/mm²。在重力荷载（永久荷载）作用下，硅酮结构密封胶的强度设计值 f_2 取为风荷载作用下强度设计值的 1/20，即为 0.01N/mm²。因此，结构胶胶缝宽度尺寸计算时应按结构胶所承受的短期荷载（风荷载）和长期荷载（重力荷载）分别进行计算，并符合下列条件：

$$\sigma_1 \text{ 或 } \tau_1 \leqslant f_1 \qquad\qquad (6-28)$$

$$\sigma_2 \text{ 或 } \tau_2 \leqslant f_2 \qquad\qquad (6-29)$$

式中　σ_1、τ_1——短期荷载作用在硅酮结构密封胶产生的拉应力或剪应力设计值（N/mm²）；

σ_2、τ_2——长期荷载在硅酮结构密封胶中产生的拉应力或剪应力设计值（N/mm²）；

　　　f_1——硅酮结构密封胶短期强度允许值，按 0.2N/mm² 采用；

　　　f_2——硅酮结构密封胶长期强度允许值，按 0.01N/mm² 采用。

硅酮结构密封胶承受荷载和作用产生的应力大小，关系到隐框窗构件的安全对结构胶必须进行承载力验算，而且保证最小的粘结宽度和厚度。

根据标准《玻璃幕墙工程技术规范》（JGJ 102—2003）之规定，隐框窗硅酮结构密封胶的粘结宽度不应小于 7mm，粘结厚度不应小于 6mm，且粘结宽度宜大于厚度，但不宜大于厚度的 2 倍。硅酮结构密封胶的粘结厚度不应大于 12mm。

1. 结构胶粘结宽度 C_s 的计算

隐框窗玻璃与铝合金框之间硅酮结构密封胶的宽度 C_s 应分别按结构胶承受短期荷载（风荷载）和长期荷载（重力荷载）两种情况计算，并取两者较大值。

(1) 短期荷载（风荷载）。隐框窗的玻璃面板四周边通过结构胶胶缝固定在铝附框上，玻璃面板在风荷载作用下的受力状态相当于承受均布风力的双向板，在玻璃面板上取 1m 宽板带（图 6 - 14），其受力面积为 $1 \times a/2$，承受的风荷载为 $w \times 1 \times a/2$，这部分风荷载由 1m 长、C_s 宽的胶缝传递给铝合金附框，则胶缝的传力面积为 $1 \times C_s$，胶缝设计强度为 f_1，因此，1m 长胶缝可传递风荷载的设计强度为：$f_1 \times 1 \times C_s$。当 $f_1 \times 1 \times C_s = w \times 1 \times a/2$ 时，达到极限状态。也即玻璃面板支承边缘的最大线均布拉力为 $wa/2$，由结构胶的粘结力承受，即：$f_1 C_s = wa/2$　　　　　　　　　　　　　　　　　　　　　　　(6 - 30)

则在风荷载作用下，硅酮结构密封胶的粘结宽度：$C_s = wa/2f_1$　　　　　　　(6 - 31)

式中　f_1——硅酮结构密封胶的短期强度允许值（N/mm²）；

　　　w——风荷载设计值（N/mm²）。

习惯上，风荷载设计值常采用 kN/m² 为单位，则上述公式换算为：

$$C_s = wa/2000f_1 \qquad\qquad (6 - 32)$$

式中　C_s——硅酮结构密封胶粘结宽度（mm）；

　　　w——风荷载设计值（kN/m²）；

　　　a——玻璃短边长度（mm）；

　　　f_1——硅酮结构密封胶的短期强度允许值（N/mm²）。

(2) 玻璃自重。在玻璃自重作用下，结构胶缝承受长期剪应力（图 6 - 15），平均剪应力 τ_2 为：

$$\tau_2 = \frac{q_G ab}{2(a+b)C_s} \leqslant f_2 \qquad\qquad (6 - 33)$$

式中　f_2——硅酮结构密封胶的长短期强度允许值（N/mm²）；

　　　q_G——玻璃单位面积重力荷载设计值（N/mm²）。

习惯上，玻璃重力荷载设计值常采用 kN/m² 为单位，则在玻璃自重作用下，硅酮结构密封胶的粘结宽度 C_s 应按计算：$C_s = \dfrac{q_G ab}{2000(a+b)f_2}$　　　　　　　(6 - 34)

式中　C_s——硅酮结构密封胶粘结宽度（mm）；

q_G——玻璃单位面积重力荷载设计值（kN/m^2）；

a、b——玻璃的短边和长边长度（mm）；

f_2——硅酮结构密封胶的长短期强度允许值（N/mm^2）。

图 6-14　玻璃上的荷载传递示意　　　　图 6-15　重力荷载下胶缝的受力

2. 结构胶粘结厚度 t_s 计算

隐框窗结构胶胶缝属对接胶缝，结构胶胶缝厚度 t_s 由风荷载作用下建筑物平面内变形 u_s 和结构胶允许伸长率 δ 决定。

当建筑物在风荷载作用下，产生平面内变形时，结构胶胶缝发生错位，此时结构胶胶缝

图 6-16　硅酮结构密封胶粘结厚度示意

1—玻璃；2—垫条；3—硅酮结构密封胶；
4—铝合金框

厚度由 t_s 变为 t_s'，伸长了（$t_s'-t_s$），结构胶胶缝变位承受能力 $\delta=(t_s'-t_s)/t_s$（图 6-16），δ 取结构胶对应于拉应力为 $0.14N/mm^2$ 时的伸长率，不同牌号的结构胶取值不一样，应由结构胶生产厂家提供。

图 6-16 中，t_s' 为变形产生的三角形斜边，由直角三角形关系和结构胶延伸率关系得出：

$$t_s'^2 = u_s^2 + t_s^2, \quad t_s'^2 = (1+\delta)^2 t_s^2$$

进一步导出：$(\delta^2 + 2\delta)t_s^2 = u_s^2$

则硅酮结构密封胶的粘结厚度：
$$t_s \geqslant \frac{u_s}{\sqrt{\delta(2+\delta)}} \tag{6-35}$$

其中
$$u_s = \theta h_g \tag{6-36}$$

式中　u_s——玻璃相对于铝框的位移（mm）；

h_g——玻璃面板的高度，取其边长 a 或 b；

δ——硅酮结构密封胶的变位承受能力，取对应于其受拉应力为 $0.14N/mm^2$ 时的伸长率；

θ——风荷载标准值作用下主体结构的楼层弹性层间位移角限制（rad），其值见表6-28。

表 6-28　　　　　　　　　　　水平风荷载作用下楼层弹性位移角限值 θ

结　构　类　型		弹性位移角限值（rad）
混凝土框架	轻质隔墙	1/450
	砌体充填墙	1/500

结 构 类 型		弹性位移角限值（rad）
混凝土框架-剪力墙，混凝土框架-筒体	较高装修标准	1/900
混凝土筒中筒	较高装修标准	1/950
混凝土剪力墙	较高装修标准	1/1100
高层民用钢结构		1/400

注：以混凝土筒结构为主要抗力构件的高层钢结构的位移，按混凝土结构的规定。

3. 硅酮结构密封胶的构造设计

（1）硅酮结构密封胶在施工前，应进行与玻璃、型材的剥离试验，以及相接触的有机材料的相容性试验，合格后方能使用。如果硅酮结构密封胶与接触材料不相容，会导致结构胶粘结力下降或丧失，从而留下严重的安全隐患。

（2）硅酮结构密封胶承受永久荷载的能力较低，其在永久荷载作用下的强度设计值仅为 $0.01N/mm^2$，而且始终处于受力状态。所以，在结构胶长期承受重力的隐框窗玻璃下端，宜设置两个铝合金或不锈钢托板，托板设计应能承受该分格玻璃的重力荷载作用，且其长度不应小于 50mm、厚度不应小于 2mm、高度不宜超出玻璃外表面。托板上应设置与结构密封胶相容的柔性衬垫。

【示例】　某建筑物隐框窗，计算得 w_k＝2000Pa，玻璃尺寸 900mm×1100mm，采用 6＋12A＋6 中空玻璃，结构类型为混凝土框架（轻质隔墙），采用 SS621 胶，计算结构胶胶缝宽度、厚度。

解：1. 胶缝宽度计算

在风荷载作用下，硅酮结构密封胶的粘结宽度由式（6-32）得：

$$C_{s1} = wa/2000f_1 = 1.4 \times 2.0 \times 900/(2000 \times 0.2) = 6.3(mm)$$

在玻璃自重荷载作用下，硅酮结构密封胶的粘结宽度由式（6-34）得：

$$C_{s2} = \frac{q_G\,ab}{2000(a+b)f_2} = 0.369 \times 900 \times 1100/[2000 \times (900+1100) \times 0.01]$$
$$= 9.13(mm)$$

由 C_{s1} 和 C_{s2} 比较按较大值 C_{s2} 取值，取整 C_s＝10mm。

2. 硅酮结构密封胶粘结厚度计算

玻璃相对于铝框的位移按式（6-36）求得：$u_s = \theta h_g = 1100 \times 1/450 = 2.44(mm)$

SS621 硅酮结构密封胶变位承受能力取 0.15，按式（6-35）求得结构密封胶粘结厚度为：$t_s = \dfrac{u_s}{\sqrt{\delta(2+\delta)}} = 2.44/[0.15 \times (2+0.15)]^{1/2} = 4.3mm$，取 6mm。

6.7　抗风压计算示例

（1）基本条件

某铝合金窗设计窗型如图 6-17（a）所示，铝合金内平开窗，分格尺寸如图标示。

窗的最大安装高度 40m，建筑物所在地区基本风压 $W_0=0.45\text{kN/m}^2$，C 类地区。

选用玻璃为 6mm＋(12)mm＋6mm 浮法中空玻璃。

铝合金型材截面特性：

选用型材号：6063，T5；铝合金型材弹性模量：$E=70\,000.00\text{N/mm}^2$；隔热型材等效惯性矩：$I_x=110.621\text{cm}^4$；隔热型材 X 轴抵抗矩：$W_x=15.092\text{cm}^3$；型材强度设计值 $f_a=90\text{N/mm}^2$

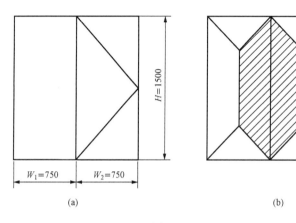

图 6 - 17

（2）风荷载计算

已知条件：

$W_0=0.45\text{kN/m}^2$；β_{gz}：40m 高处阵风系数，查表 5 - 5，β_{gz} 取 1.77；μ_z：40m 高处风压高度变化系数，查表 5 - 6，μ_z 取 1.13；μ_s：风荷载体型系数，μ_s 取 1.2

则风荷载标准值：$W_k=\beta_{gz}\mu_z\mu_s W_0=1.77\times1.13\times1.2\times0.450\text{kN/m}^2=1.08\text{kN/m}^2$

风荷载设计值：$W=1.4W_k=1.512\text{kN/m}^2$

（3）玻璃的抗风压计算

选用玻璃种类为：浮法中空玻璃6mm＋(12)mm＋6mm

1）玻璃荷载计算。依式（6 - 13）及式（6 - 14）可知：

作用在中空玻璃外片上的风荷载设计值为：$w_{外}=w\times1.1\times1/2\text{kN/m}^2=0.8316\text{kN/m}^2$

作用在中空玻璃内片上的风荷载设计值为：$w_{内}=w\times1/2=0.756\text{kN/m}^2$

由于选用的中空玻璃内外片厚度相同，均为 6mm 厚的浮法平板玻璃，外片玻璃承受的风荷载大于内片玻璃，本例只验算外片玻璃。

2）承载力极限状态设计。

由图 6 - 17 可知，玻璃最大尺寸为 750mm×1500mm，玻璃 $b/a=2.0$，四边支承。由表 6 - 19 查得：6mm 玻璃对应的 $k_1=2602.4$，$k_2=0.353\,115$，$k_3=-0.7642$，$k_4=-23.20$

依式（6 - 16）计算该铝合金窗用中空玻璃外片玻璃最大许用跨度 $L=2061\text{mm}$，由于 $a=750\text{mm}$ 小于 L。因此，6mm 厚外片玻璃满足承载力极限状态设计要求。

3）正常使用极限状态设计。

根据玻璃 $b/a=2.0$，表 6 - 24 查得：$k_5=261.60$，$k_6=-0.10$，$k_7=-0.3970$，$k_8=1.10$

依式（6-17）计算得：$\left[\dfrac{L}{l}\right]=347$，由于 $a/t=750/6=125$，小于 $\left[\dfrac{L}{l}\right]$。因此，6mm 厚玻璃满足正常使用极限状态设计要求。

（4）门窗受力构件挠度计算

1）受力构件荷载的计算。

W_k：风荷载标准值 1.08kN/m^2

H：受力杆件受荷单元高：1.500（m）

W_1，W_2：受力构件第一、第二受荷单元宽 0.750（m）

A_1，A_2：受力构件在第一、第二受荷单元作用下的受荷面积（m^2）

q_1：受力杆件第一受荷单元在风荷载标准值作用下承受的荷载（kN）

q_2：受力杆件第二受荷单元在风荷载标准值作用下承受的荷载（kN）

$$A_1=A_2=(1.50-2\times0.750/2+1.50)\times0.750/2/2\text{m}^2=0.422\text{m}^2$$
$$q_1=q_2=W_k A_1=1.08\times0.422\text{kN}=0.456\text{kN}$$

2）杆件挠度的计算。校核依据：$u_{\max}\leqslant20\text{mm}$ 且采用中空玻璃时 $u_{\max}/L\leqslant1/150$

u：杆件最大挠度（mm）

依表 6-10 知：

$$u=(QL^3)/(64EI)=(q_1+q_2)\times1500^3/(64\times70\,000\times110.621)=6.2(\text{mm})$$
$$u<u_{\max}=20\text{mm}$$

$u<L/150$，采用中空玻璃，挠度可以满足要求。

（5）门窗受力构件强挠度复核

W：风荷载设计值 1.512kN/m^2

Q_1：受力杆件第一受荷单元在风荷载设计值作用下承受的荷载（kN）

Q_2：受力杆件第二受荷单元在风荷载设计值作用下承受的荷载（kN）

1）受力杆件荷载的计算

$$Q_1=Q_2=WA_1=1.512\times0.422\text{kN}=0.638\text{kN}$$

2）受力杆件弯矩的计算。依表 6-10 知：

$$M=QL/6.55=(Q_1+Q_2)\times1.5/6.55=0.292(\text{kN}\cdot\text{m})$$

3）受力杆件弯曲应力计算。依式（6-7）知：

$$\sigma=M/W_x=0.292\times10^3/15.092\text{N/mm}^2=19.36\text{N/mm}^2$$
$$19.36\text{N/mm}^2<f_a=90\text{N/mm}^2$$

杆件强度可以满足。

第7章 铝合金门窗节能设计

我国是能源消耗大国，其中建筑能源消耗占 25% 以上。为了降低能源消耗，国家进行了三次节能改革。第一次将建筑节能提高到 35%，第二次节能将建筑节能由 35% 提高到 50%，第三次是将建筑节能由 50% 提高到 65%。在建筑围护结构传热耗热量中窗户占 25%～28%，建筑门、窗的传热耗热量与空气渗透耗热量合计约占全部建筑耗热量的58%～60%。尽管门窗面积仅占建筑外围护结构面积的 1/4～1/5 左右，但在多数建筑中通过门窗损失的热能却占到建筑围护结构能耗的 50% 以上。铝合金门窗的节能设计应根据建筑物所处气候分区对热工性能要求以及国家建筑节能设计标准的有关规定合理的确定所设计门窗的热工性能指标。

7.1 建筑节能对铝合金门窗的要求

保温性能是指门窗阻止室内的远红外长波辐射热向室外传递的能力，以门窗的传热系数为指标。隔热性能则主要是指窗户阻隔室外太阳的短波辐射热进入室内的能力，以窗玻璃的遮阳系数为指标。

节能铝合金门窗，不只是单一的采用隔热铝型材或采用 Low-E 中空玻璃就是节能门窗，它是一个系统的完美组合，各环节性能的综合结果，缺一不可。

衡量建筑门窗是否节能应该主要考虑三个要素，即热量的对流以及热量的传导和辐射。

（1）对流是通过门窗的密封间隙使热冷空气循环流动，通过气体对流使得热量交换，导致热量流失。

（2）传导则是由门窗使用的材料本身因分子运动而进行的热量传递，通过材料本身的一个面传递到另一个面，导致热流失。

（3）辐射主要是以射线形式直接传递，导致能耗损失。

从以上三个要素来看，生产节能铝合金门窗要注意以下几个方面：

1. 型材的选择与设计

（1）选择不同材料的型材，它们的性能不同，主要是传热系数不同。由于普通铝合金型材的导热系数非常大，热传导很快。北方寒冷地区，冬季室内出现结霜、结露、结冰以及淌水等现象。而在南方这种现象虽然肉眼看不到，但对空调能耗消耗很大。

（2）隔热多腔体铝合金型材阻止了铝合金型材的快速热传导，从而实现节能，可是在整窗的设计上往往忽略细节：比如门窗整体设计的热密线（热密线是阻止热量传递的一条密封线，也可以叫做"等温线"），构造上通过 EPDM 胶条、隔热条和发泡材料等实现，将等压腔（固定腔、开启腔）分割成内外两个腔体。腔体称为"冷热腔"，也可称做"双腔"。其有效避免了腔体内冷端型材和热端型材间的对流传热，使门窗的中空玻璃、隔热条、热密线，再到隔热条能够形成一条连续的等温线，较好实现隔热作用。热密线还可以提高腔体的气密性和水密性。

（3）门窗能否达到节能的效果跟门窗的开启形式选择也有关系，比如平开的铝合金门窗，采用隔热断桥铝合金型材时节能效果比较明显。推拉铝合金门窗，即使采用隔热断桥铝型材也难达到很好的节能效果。

2. 玻璃的选择

夏热冬暖地区，高温周期较长，在玻璃的选择上面就不能像严寒地区选择采光性好的玻璃，应该选择热反射低的如热反射镀膜中空玻璃以及 Low-E 中空玻璃等。应根据不同地区建筑节能的需求，选择相应传热系数和遮阳系数的玻璃。

3. 五金配件

五金配件在节能门窗里面所起的作用非同小可，节能门窗的五金配件应从材质、性能、承载力及配置等方面考虑。

7.2 热工性能计算方法

在节能型铝合金门窗的生产中很多人认为只要选择隔热型材及选择中空玻璃，生产出来的铝合金门窗就一定是节能门窗，这是一个错误的认识。

首先，铝合金门窗的节能性能因建筑物所处气候分区不同所要求的热工性能不同。如在严寒、寒冷地区节能性能对铝合金门窗的保温性能要求较高，对遮阳性能要求较低甚至不要求。如果将满足严寒、寒冷地区的节能门窗应用于夏热冬暖地区则不能满足对太阳辐射热有较高隔热要求的节能要求。

其次，铝合金门窗的节能性能应根据实际检测确定。不同规格、型号的铝合金型材因隔热条的宽度及材质不同、型材的腔室不同，最终型材的传热系数也不同；不同规格、型号的中空玻璃，因中空层的厚度不同、采用的玻璃不同、中空层所充气体不同、中空玻璃隔条材质不同及生产工艺的不同而使中空玻璃最终的传热系数不同；铝合金门窗窗型设计不同、生产工艺不同而使得整体门窗的线传热系数不同；因实际生产的铝合金门窗的气密性能不同而使得因对流产生的影响保温性能不同等。因此铝合金门窗的实际节能性能如何，应通过实际检测来确定。

为了防止产品因大批量生产而造成不必要的浪费，在进行产品的设计时应依据《建筑门窗玻璃幕墙热工计算规程》（JGJ/T 151—2008）对铝合金门窗的热工性能进行理论计算。只有在计算结果满足设计要求的情况下，才可以进行产品的试生产，并将试生产的样品送到检测机构进行热工性能检测，在检测结果满足设计要求时，方可进行工程门窗的批量生产。

7.2.1 计算边界条件

《建筑门窗玻璃幕墙热工计算规程》（JGJ/T 151—2008）主要参照了国际 ISO 系列标准 ISO 15099、ISO 10077-1、ISO 10077-2、ISO 10292 及 ISO 9050，并结合我国的有关节能标准而建立的热工理论计算体系。门窗的热惰性不大，采用稳态的方法进行计算。由于气密性能与门窗的质量有关，一般在计算中很难知道渗漏的部位，因此，在热工计算中不考虑气密性能对门窗传热和结露性能的影响。

我国建筑节能标准对门窗热工性能的要求见本书第 5 章有关内容。

计算实际工程所用的铝合金门窗热工性能所采用的边界条件应符合相应的建筑设计或节能设计标准，如《民用建筑热工设计规范》、《公共建筑节能设计标准》等。

设计或评价铝合金门窗定型产品的热工参数时，所采用的环境边界条件应统一采用标准规定的计算条件。

1. 计算环境边界条件

光谱：计算光学性能有关的光谱采用 ISO 系列标准所采用的光谱

S_λ：标准太阳辐射光谱函数（ISO 9845-1）

D_λ：标准光源光谱函数（CIED 65，ISO 10526）

$V(\lambda)$：视见函数（ISO/CIE 10527）

（1）冬季标准计算环境条件：用于铝合金门窗产品设计、性能评价的冬季热工计算环境条件。

室内空气温度 $T_{in}=20℃$

室外空气温度 $T_{out}=-20℃$

室内对流换热系数 $h_{c,in}=3.6W/(m^2 \cdot K)$

室外对流换热系数 $h_{c,out}=16W/(m^2 \cdot K)$

室内平均辐射温度 $T_{rm,in}=T_{in}$

室外平均辐射温度 $T_{rm,out}=T_{out}$

太阳辐射照度 $I_s=300W/m^2$

（2）夏季标准计算环境条件：用于铝合金门窗产品设计、性能评价的夏季热工计算环境条件。

室内空气温度 $T_{in}=25℃$

室外空气温度 $T_{out}=30℃$

室内对流换热系数 $h_{c,in}=2.5W/(m^2 \cdot K)$

室外对流换热系数 $h_{c,out}=16W/(m^2 \cdot K)$

室内平均辐射温度 $T_{rm,in}=T_{in}$

室外平均辐射温度 $T_{rm,out}=T_{out}$

太阳辐射照度 $I_s=500W/m^2$

（3）结露性能评价与计算的标准条件：

室内环境温度：20℃

室外环境温度：0℃，—10℃，—20℃

室内环境湿度：30%，60%

室外对流换热系数：20W/(m²·K)。

铝合金门窗的传热系数指两侧环境温度差为 1K（℃）时，在单位时间内通过单位面积铝合金门窗的热量。

面板传热系数指面板中部区域的传热系数，不考虑边缘的影响。如玻璃传热系数是指玻璃面板中部区域的传热系数。

线传热系数表示铝合金门窗玻璃（或其他镶嵌板）边缘与框的组合传热效应所产生附加传热量的参数，简称"线传热系数"。

传热系数计算时应采用冬季计算标准条件，并取 $I_s=0$。这是因为传热系数对于冬季节能计算很重要，夏季传热系数虽然与冬季不同，但传热系数随计算条件的变化不是很大，对夏季的节能和负荷计算所带来的影响也不大。

门窗周边框的室外对流换热系数 $h_{c,out}$ 取 8W/(m²·K)，周边框附近玻璃边缘（65mm内）的室外对流换热系数 $h_{c,out}$ 取 12W/(m²·K)。

遮阳系数、太阳能总透射比的计算采用夏季计算标准条件。这是由于遮阳系数对于夏季节能和空调负荷的计算非常重要，冬季的遮阳系数不同对采暖负荷所带来的变化不大。

2. 对流换热

对流换热是由于在门窗的两侧具有温度差，造成空气在冷的一面下降在热的一面上升，从而产生空气的对流造成能量的流失。

当室内气流速度足够小（小于 0.3m/s 时），内表面的对流换热按自然对流换热计算；当气流速度大于 0.3m/s 时，则按强迫对流和混合对流计算。

在设计或评价铝合金门窗定型产品的热工性能时，门窗室内表面的对流换热系数应符合前面"计算环境边界条件"的规定。

（1）当内表面的对流换热按自然对流计算时。

1）自然对流换热系数 $h_{c,in}$ 按式（7-1）计算：

$$h_{c,in} = Nu\left(\frac{\lambda}{H}\right) \tag{7-1}$$

式中　λ——空气导热系数 [W/(m·K)]；

　　H——自然对流特征高度（m）；

　　Nu——努谢尔特数（Nusselt number）。

2）努塞尔特数 Nu 是基于门窗高 H 的瑞利数 Ra_H 的函数，瑞利数 Ra_H 按式（7-2a）和式（7-2b）计算：

$$Ra_H = \frac{\gamma^2 H^3 G c_p |T_{b,n} - T_{in}|}{T_{in,f}\,\mu\,\lambda} \tag{7-2a}$$

$$T_{in,f} = T_{in} + \frac{1}{4}(T_{b,n} - T_{in}) \tag{7-2b}$$

式中　$T_{b,n}$——门窗内表面温度；

T_{in}——室内空气温度（℃）；

γ——空气密度（kg/m^3）；

c_p——空气的比热容 [$J/(kg \cdot K)$]；

G——重力加速度（m/s^2），可取 $9.8m/s^2$；

μ——空气运动黏度 [$kg/(m \cdot s)$]；

$T_{in,f}$——内表面平均气流温度。

3）努塞尔特数 Nu 的值应是表面倾斜角度 θ 的函数，当室内空气温度高于门窗内表面温度（即 $T_{in} > T_{b,n}$）时，内表面的努塞尔特数 Nu_{in} 按式（7-3）～式（7-7）计算：

①表面倾角 $0° \leqslant \theta < 15°$：

$$Nu_{in} = 0.13 Ra_H^{\frac{1}{3}} \tag{7-3}$$

②表面倾角 $15° \leqslant \theta < 90°$：

$$Ra_c = 2.5 \times 10^5 \left(\frac{e^{0.72\theta}}{\sin\theta} \right)^{\frac{1}{5}} \tag{7-4}$$

$$Nu_{in} = 0.56 (Ra_H \sin\theta)^{\frac{1}{4}}, Ra_H \leqslant Ra_c \tag{7-5a}$$

$$Nu_{in} = 0.13 (Ra_H^{\frac{1}{3}} - Ra_c^{\frac{1}{3}}) + 0.56 (Ra_H \sin\theta)^{\frac{1}{4}}, Ra_H \geqslant Ra_c \tag{7-5b}$$

③表面倾角 $90° \leqslant \theta < 179°$：

$$Nu_{in} = 0.56 (Ra_H \sin\theta)^{\frac{1}{4}}, 10^5 \leqslant Ra_H \sin\theta < 10^{11} \tag{7-6}$$

④表面倾角 $179° \leqslant \theta < 180°$：

$$Nu_{in} = 0.58 Ra_H^{\frac{1}{3}}, Ra_H \leqslant 10^{11} \tag{7-7}$$

当室内空气温度低于门窗内表面温度（即 $T_{in} < T_{b,n}$）时，应以（$180° - \theta$）代替 θ，内表面的努塞尔特数 Nu_{in} 按以上公式计算。

（2）在实际工程中，当内表面有较高速度气流时，室内对流换热按强制对流计算。门窗内表面对流换热系数按下式计算：

$$h_{c,in} = 4 + 4V_s \tag{7-8}$$

式中 V_s——门窗内表面附近的气流速度（m/s）。

外表面对流换热按强制对流换热计算。设计或评价铝合金门窗定型产品的热工性能时，室外表面的对流换热系数应符合前面"计算环境边界条件"的规定。

（3）当进行工程设计或评价设计工程用铝合金门窗产品性能计算时，外表面对流换热系数按下式计算：

$$h_{c,out} = 4 + 4V_s \tag{7-9}$$

式中 V_s——门窗外表面附近的气流速度（m/s）。

（4）当进行建筑的全年能耗计算时，铝合金门窗构件外表面对流换热系数应用下列关系式计算：

$$h_{c,out} = 4.7 + 7.6V_s \tag{7-10a}$$

式中铝合金门窗附近的风速应按照门窗的朝向和吹向建筑的风向和风速确定。

1）当铝合金门窗外表面迎风时，V_s 按下式计算：

$$V_s = 0.25V \qquad V > 2 \tag{7-10b}$$

$$V_s = 0.50 \qquad V \leqslant 2 \tag{7-10c}$$

式中　V——在开阔地上测出的风度（m/s）。

2）当铝合金门窗外表面背风时，V_s 按下式计算：

$$V_s = 0.3 + 0.05V \tag{7-10d}$$

3）确定表面是迎风还是背风，应按下式计算相对于铝合金门窗外表面的风向 γ（图 7-1）：

$$\gamma = \varepsilon + 180° - \theta \tag{7-10e}$$

式中　θ——风向（由北朝顺时针方向测量的角度，图 7-1）；

ε——墙的方位（由南向西为正，反之为负，图 7-1）。

当 $|\gamma| > 180°$ 时，$\gamma = 360° - |\gamma|$；

当 $-45° \leqslant |\gamma| \leqslant 45°$ 时，表面为迎风向，否则表面为背风向。

图 7-1　确定风向和墙的方位示意

n—墙的法向方向；

N—北向；S—南向

（5）当外表面风速较低时，外表面自然对流换热系数按下式来确定：

$$h_{c,out} = Nu \cdot \frac{\lambda}{H} \tag{7-10f}$$

式中　λ——空气导热系数 $[W/(m \cdot K)]$；

H——表面的特征高度（m）。

努塞尔特数 Nu 是瑞利数 Ra_H 特征高 H 的函数，瑞利数 Ra_H 按下式计算：

$$Ra_H = \frac{\gamma^2 H^3 G c_p \mid T_{s,out} - T_{out} \mid}{T_{m,f} \mu \lambda} \tag{7-10g}$$

$$T_{m,f} = T_{out} + \frac{1}{4}(T_{s,out} - T_{out}) \tag{7-10h}$$

式中　γ——空气密度（kg/m³）；

c_p——空气的比热容 $[J/(kg \cdot K)]$；

G——重力加速度（m/s²），可取 9.80m/s²；

μ——空气运动黏度 $[kg/(m \cdot s)]$；

$T_{s,out}$——门窗外表面温度（℃）；

T_{out}——室外空气温度（℃）；

$T_{m,f}$——外表面平均气流温度（℃）。

努塞尔特数的计算应与前述内表面计算相同，只是其中的倾角 θ 以 $(180° - \theta)$ 代替。

3. 长波辐射换热

（1）室外平均辐射温度的取值分别为下列两种条件：

1）实际工程条件。

2）用于定型产品性能设计或评价的计算标准条件。

（2）对于实际工程计算条件，室外辐射照度 G_{out} 按下列公式计算：

$$G_{out} = \sigma T_{rm,out}^4 \tag{7-11a}$$

$$T_{\mathrm{rm,out}} = \left\{ \frac{\left[F_{\mathrm{grd}} + (1 - f_{\mathrm{clr}}) F_{\mathrm{sky}} \right] \sigma T_{\mathrm{out}}^4 + f_{\mathrm{clr}} F_{\mathrm{sky}} J_{\mathrm{sky}}}{\sigma} \right\}^{\frac{1}{4}} \qquad (7\text{-}11\mathrm{b})$$

式中 $T_{\mathrm{rm,out}}$——室外平均辐射温度（℃）；

$\quad F_{\mathrm{grd}}$、F_{sky}——铝合金门窗系统相对地面（即水平线以下区域）和天空的角系数；

$\quad f_{\mathrm{clr}}$——晴空的比例系数。

1）铝合金门窗相对地面、天空的角系数、晴空的比例系数按下列公式计算：

$$F_{\mathrm{grd}} = 1 - F_{\mathrm{sky}} \qquad (7\text{-}11\mathrm{c})$$

$$F_{\mathrm{sky}} = \frac{1 + \cos\theta}{2} \qquad (7\text{-}11\mathrm{d})$$

式中 θ——铝合金门窗系统对地面的倾斜角度。

2）当已知晴空辐射照度 J_{sky} 时，可直接按下列公式计算：

$$J_{\mathrm{sky}} = \varepsilon_{\mathrm{sky}} \sigma T_{\mathrm{out}}^4 \qquad (7\text{-}11\mathrm{e})$$

$$\varepsilon_{\mathrm{sky}} = \frac{R_{\mathrm{sky}}}{\sigma T_{\mathrm{out}}^4} \qquad (7\text{-}11\mathrm{f})$$

$$R_{\mathrm{sky}} = 5.31 \times 10^{-13} T^6 \qquad (7\text{-}11\mathrm{g})$$

（3）室内辐射照度：

$$G_{\mathrm{in}} = \sigma T_{\mathrm{rm,in}}^4 \qquad (7\text{-}11\mathrm{h})$$

铝合金门窗内表面可认为仅受到室内建筑表面的辐射，墙壁和楼板可作为在室内温度中的大平面。

（4）内表面计算时，应按下列公式简化计算玻璃部分和框部分辐射热传递：

$$q_{\mathrm{r,in}} = h_{\mathrm{r,in}} (T_{\mathrm{s,in}} - T_{\mathrm{rm,in}}) \qquad (7\text{-}12)$$

$$h_{\mathrm{r,in}} = \frac{\varepsilon_{\mathrm{s}} \sigma (T_{\mathrm{s,in}}^4 - T_{\mathrm{rm,in}}^4)}{T_{\mathrm{s,in}} - T_{\mathrm{rm,in}}} \qquad (7\text{-}13)$$

$$\varepsilon_{\mathrm{s}} = \frac{1}{\dfrac{1}{\varepsilon_{\mathrm{surf}}} + \dfrac{1}{\varepsilon_{\mathrm{in}}} - 1} \qquad (7\text{-}14)$$

式中 $T_{\mathrm{rm,in}}$——室内辐射温度（K）；

$\quad T_{\mathrm{s,in}}$——室内玻璃面或框表面温度（K）；

$\quad \varepsilon_{\mathrm{surf}}$——玻璃面或框材料室内表面发射率；

$\quad \varepsilon_{\mathrm{in}}$——室内环境材料的平均发射率，一般可取 0.9。

设计或评价铝合金门窗定型产品的热工性能时，门窗室内表面的辐射换热系数按下式计算：

$$h_{\mathrm{r,in}} = \frac{4.4 \varepsilon_{\mathrm{s}}}{0.837} \qquad (7\text{-}15)$$

（5）进行外表面计算时，应按下列公式简化玻璃面上和框表面上的辐射传热计算：

$$q_{\mathrm{r,out}} = h_{\mathrm{r,out}} (T_{\mathrm{s,out}} - T_{\mathrm{rm,out}}) \qquad (7\text{-}16)$$

$$h_{\mathrm{r,out}} = \frac{\varepsilon_{\mathrm{s,out}} \sigma (T_{\mathrm{s,out}}^4 - T_{\mathrm{rm,out}}^4)}{T_{\mathrm{s,out}} - T_{\mathrm{rm,out}}} \qquad (7\text{-}17)$$

式中 $T_{\mathrm{rm,out}}$——室外辐射温度（K）；

$T_{s,out}$——室外玻璃面或框表面温度（K）；

$\varepsilon_{s,out}$——玻璃面或框材料室外表面半球发射率。

设计或评价铝合金门窗定型产品的热工性能时，门窗室外表面的辐射换热系数按下式计算：

$$h_{r,out} = \frac{3.9\varepsilon_{s,out}}{0.837} \qquad (7-18)$$

4. 综合对流和辐射换热

（1）外表面和内表面的换热应按下式计算：

$$q = h(T_s - T_n) \qquad (7-19)$$

$$h = h_r + h_c \qquad (7-20)$$

$$T_n = \frac{T_{air}h_c + T_{rm}h_r}{h_c + h_r} \qquad (7-21)$$

式中　h_r——辐射换热系数；

　　　h_c——对流换热系数；

　　　T_n——表面温度（K）；

　　　T_s——环境温度（K）。

（2）对于在计算中进行了近似简化的表面，其表面换热系数应根据面积按下式计算修正：

$$h_{adjusted} = \frac{A_{real}}{A_{approximated}}h \qquad (7-22)$$

式中　$h_{adjusted}$——修正后表面换热系数；

　　　A_{real}——实际的表面积；

　　　$A_{approximated}$——近似后的表面积。

7.2.2　玻璃热工性能计算

太阳光总透射比：通过玻璃、门窗成为室内得热量的太阳辐射部分与投射到玻璃、门窗上的太阳辐射照度的比值。成为室内得热量的太阳辐射部分包括太阳辐射通过辐射透射的得热量和太阳辐射被构件吸收再传入室内的得热量两部分。

可见光透射比：采用人眼视见函数进行加权，标准光源透过玻璃、门窗成为室内的可见光通量与投射到玻璃、门窗上的可见光通量的比值。

遮阳系数：在给定条件下，玻璃、门窗的太阳光总透射比与相同条件下相同面积的标准玻璃（3mm 厚透明玻璃）的太阳光总透射比的比值。

1. 单片玻璃的光学热工性能计算

单片玻璃的光学、热工性能计算是按照 ISO 9050 的有关规定进行。单片玻璃的光学、热工性能应根据单片玻璃的测定光谱数据进行计算。单片玻璃的光谱数据应包括透射率、前反射比和后反射比，并至少包括 300～2500nm 波长范围，其中 300～400nm 的波长间隔不应超过5nm，400～1000nm 的波长间隔不应超过 10nm，1000～2500nm 的波长间隔不应超过 50nm。

（1）单片玻璃的可见光透射比 τ_v 按下式计算：

$$\tau_v = \frac{\int_{380}^{780} D_\lambda \tau(\lambda) V(\lambda) \mathrm{d}\lambda}{\int_{380}^{780} D_\lambda V(\lambda) \mathrm{d}\lambda} \approx \frac{\sum_{\lambda=380}^{780} D_\lambda \tau(\lambda) V(\lambda) \Delta\lambda}{\sum_{\lambda=380}^{780} D_\lambda V(\lambda) \Delta\lambda} \qquad (7-23)$$

式中 D_λ——D65 标准光源的相对光谱功率分布，见表 7-1；

  $\tau(\lambda)$——玻璃透射比的光谱数据；

  $V(\lambda)$——人眼的视见函数，见表 7-1。

（2）单片玻璃的可见光反射比 ρ_v 按下式计算：

$$\rho_v = \frac{\int_{380}^{780} D_\lambda \rho(\lambda) V(\lambda) \mathrm{d}\lambda}{\int_{380}^{780} D_\lambda V(\lambda) \mathrm{d}\lambda} \approx \frac{\sum_{\lambda=380}^{780} D_\lambda \rho(\lambda) V(\lambda) \Delta\lambda}{\sum_{\lambda=380}^{780} D_\lambda V(\lambda) \Delta\lambda} \qquad (7-24)$$

式中 $\rho(\lambda)$——玻璃反射比的光谱数据。

表 7-1　　　　　　　　　　　D65 标准光源、视见函数、光谱间隔乘积

$\lambda(nm)$	$D_\lambda V(\lambda) \Delta\lambda \times 10^2$	$\lambda(nm)$	$D_\lambda V(\lambda) \Delta\lambda \times 10^2$
380	0.0000	590	6.3306
390	0.0005	600	5.3542
400	0.0030	610	4.2491
410	0.0103	620	3.1502
420	0.0352	630	2.0812
430	0.0948	640	1.3810
440	0.2274	650	0.8070
450	0.4192	660	0.4612
460	0.6663	670	0.2485
470	0.9850	680	0.1255
480	1.5189	690	0.0536
490	2.1336	700	0.0276
500	3.3491	710	0.0146
510	5.1393	720	0.0057
520	7.0523	730	0.0035
530	8.7990	740	0.0021
540	9.4457	750	0.0008
550	9.8077	760	0.0001
560	9.4306	770	0.0000
570	8.6891	780	0.0000
580	7.8994		

注：表中按波长给出了 D65 标准光源 D_λ、视见函数 $V(\lambda)$、光谱间隔 $\Delta\lambda$ 三者的乘积，可用于材料的有关可见光反射、透射、吸收等性能计算。

（3）单片玻璃的太阳光直接透射比 τ_s 按下式计算：

$$\tau_s = \frac{\int_{300}^{2500} \tau(\lambda) S_\lambda \mathrm{d}\lambda}{\int_{300}^{2500} S_\lambda \mathrm{d}\lambda} \approx \frac{\sum_{\lambda=300}^{2500} \tau(\lambda) S_\lambda \Delta\lambda}{\sum_{\lambda=300}^{2500} S_\lambda \Delta\lambda} \qquad (7-25)$$

式中　$\tau(\lambda)$——玻璃透射比的光谱数据；

　　　S_λ——标准太阳光谱，见表 7-2。

表 7-2　　　　　　　　　　　地面上标准的太阳光相对光谱分布

λ (nm)	$S_\lambda \Delta\lambda$	λ (nm)	$S_\lambda \Delta\lambda$	λ (nm)	$S_\lambda \Delta\lambda$
300	0	520	0.015 357	1000	0.036 097
305	0.000 057	530	0.015 867	1050	0.034 110
310	0.000 236	540	0.015 827	1100	0.018 861
315	0.000 554	550	0.015 844	1150	0.013 228
320	0.000 916	560	0.015 590	1200	0.022 551
325	0.001 309	570	0.015 256	1250	0.023 376
330	0.001 914	580	0.014 745	1300	0.017 756
335	0.002 018	590	0.014 330	1350	0.003 743
340	0.002 189	600	0.014 663	1400	0.000 741
345	0.002 260	610	0.015 030	1450	0.003 792
350	0.002 445	620	0.014 859	1500	0.009 693
355	0.002 555	630	0.014 622	1550	0.013 693
360	0.002 683	640	0.014 526	1600	0.012 203
365	0.003 020	650	0.014 445	1650	0.010 615
370	0.003 359	660	0.014 313	1700	0.007 256
375	0.003 509	670	0.014 023	1750	0.007 183
380	0.003 600	680	0.012 838	1800	0.002 157
385	0.003 529	690	0.011 788	1850	0.000 398
390	0.003 551	700	0.012 453	1900	0.000 082
395	0.004 294	710	0.012 798	1950	0.001 087
400	0.007 812	720	0.010 589	2000	0.003 024
410	0.011 638	730	0.011 233	2050	0.003 988
420	0.011 877	740	0.012 175	2100	0.004 229
430	0.011 347	750	0.012 181	2150	0.004 142
440	0.013 246	760	0.009 515	2200	0.003 690

续表

λ (nm)	$S_\lambda \Delta \lambda$	λ (nm)	$S_\lambda \Delta \lambda$	λ (nm)	$S_\lambda \Delta \lambda$
450	0.015 343	770	0.010 479	2250	0.003 592
460	0.016 166	780	0.011 381	2300	0.003 436
470	0.016 178	790	0.011 262	2350	0.003 163
480	0.016 402	800	0.028 718	2400	0.002 233
490	0.015 794	850	0.048 240	2450	0.001 202
500	0.015 801	900	0.040 297	2500	0.000 475
510	0.015 973	950	0.021 384		

注：1. 表中按波长给出了太阳辐射、光谱间隔的乘积，可用于材料的有关太阳辐射、透射、吸收等性能的计算；

2. 空气质量为 1.5 时地面上标准的太阳光（直射＋散光）相对光谱分布出自 ISO 9845—1：1992。

（4）单片玻璃的太阳光直接反射比 ρ_s 按下式计算：

$$\rho_s = \frac{\int_{300}^{2500} \rho(\lambda) S_\lambda \mathrm{d}\lambda}{\int_{300}^{2500} S_\lambda \mathrm{d}\lambda} \approx \frac{\sum_{\lambda=300}^{2500} \rho(\lambda) S_\lambda \Delta\lambda}{\sum_{\lambda=300}^{2500} S_\lambda \Delta\lambda} \qquad (7\text{-}26)$$

式中　$\rho(\lambda)$——玻璃反射比的光谱数据。

（5）单片玻璃的太阳光总透射比 g 按照下式计算：

$$g = \tau_s + \frac{A_s h_{in}}{h_{in} + h_{out}} \qquad (7\text{-}27)$$

式中　h_{in}——玻璃室内表面换热系数［W/(m²·K)］；

　　　h_{out}——玻璃室外表面换热系数［W/(m²·K)］；

　　　A_s——单片玻璃的太阳光直接吸收比。

（6）单片玻璃的太阳光总吸收比 A_s 按照下式计算：

$$A_s = 1 - \tau_s - \rho_s \qquad (7\text{-}28)$$

式中　τ_s——单片玻璃的太阳光直接透射比；

　　　ρ_s——单片玻璃的太阳光直接反射比。

（7）单片玻璃的遮阳系数 SC_{cg} 按下式计算：

$$SC_{cg} = \frac{g}{0.87} \qquad (7\text{-}29)$$

式中　g——单片玻璃的太阳光总透射比。

2. 多层玻璃的光学热工性能计算

多层玻璃的光学热工性能计算是按照 ISO 15099 的通用方法进行计算的。太阳光透过多层玻璃系统的计算采用计算模型见图 7-2。图 7-2 表示一个具有 n 层玻璃的系统，系统分为 $n+1$ 个气体间层，最外层为室外环境（$i=1$），最内

图 7-2　玻璃层的吸收率和太阳光透射比

层为室内环境（$i=n+1$）。对于波长 λ 的太阳光，系统的光学分析应以第 $i-1$ 层和第 i 层玻璃之间辐射能量 $I_i^+(\lambda)$ 和 $I_i^-(\lambda)$ 建立能量平衡方程，其中角标"＋"和"－"分别表示辐射流向室外和流向室内（图 7-3）。

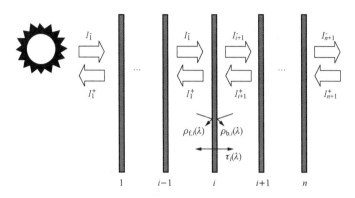

图 7-3 多层玻璃体系中太阳辐射热的分析

设定室外只有太阳的辐射，室外和室内环境的对太阳辐射的反射比为零，即：

$$\rho_{f,n+1}(\lambda) = 0 \tag{7-30a}$$

当 $i=1$ 时：

$$I_1^+(\lambda) = \tau_1(\lambda)I_2^+(\lambda) + \rho_{f,1}(\lambda)I_s(\lambda) \tag{7-30b}$$

$$I_1^-(\lambda) = I_s(\lambda) \tag{7-30c}$$

当 $i=n+1$ 时：

$$I_{n+1}^-(\lambda) = \tau_n(\lambda)I_n^-(\lambda) \tag{7-30d}$$

$$I_{n+1}^+(\lambda) = 0 \tag{7-30e}$$

当 $i=2\sim n$ 时：

$$I_i^+(\lambda) = \tau_i(\lambda)I_{i+1}^+(\lambda) + \rho_{f,i}(\lambda)I_i^-(\lambda) \tag{7-30f}$$

$$I_i^+(\lambda) = \tau_i(\lambda)I_{i+1}^+(\lambda) + \rho_{f,i}(\lambda)I_i^-(\lambda) \tag{7-30g}$$

利用解线性方程组的方法计算所有各个气体层的 $I_i^+(\lambda)$ 和 $I_i^-(\lambda)$ 的值。传向室内的直接透射比按下式计算：

$$\tau(\lambda)I_s(\lambda) = I_{n+1}^-(\lambda) \tag{7-30h}$$

反射到室外的直接反射比由下式计算：

$$\rho(\lambda)I_s(\lambda) = I_1^+(\lambda) \tag{7-30i}$$

第 i 层玻璃的太阳辐射吸收比 $A_i(\lambda)$ 采用下式计算：

$$A_i(\lambda) = \frac{I_i^-(\lambda) - I_i^+(\lambda) + I_{i+1}^+(\lambda) - I_{i+1}^-(\lambda)}{I_s(\lambda)} \tag{7-30j}$$

对整个太阳光谱进行数值积分，则通过下面公式可计算得到第 i 层玻璃吸收的太阳辐射热流密度 S_i：

$$S_i = A_i I_s \tag{7-30k}$$

$$A_i = \frac{\int_{300}^{2500} A_i(\lambda)S_\lambda \, d\lambda}{\int_{300}^{2500} S_\lambda \, d\lambda} \approx \frac{\sum_{\lambda=300}^{2500} A_i(\lambda)S_\lambda \Delta\lambda}{\sum_{\lambda=300}^{2500} S_\lambda \Delta\lambda} \tag{7-30m}$$

式中　A_i——太阳辐射照射到玻璃系统时，第 i 层玻璃的太阳辐射吸收比。

多层玻璃的可见光透射比按式（7-23）计算，可见光反射比按式（7-24）计算。多层玻璃的太阳光直接透射比按式（7-25）计算，太阳光直接反射比按式（7-26）计算。

3. 玻璃气体间层的热传递

（1）玻璃气体层间的能量平衡可用基本的关系式表达如下（图7-4）：

$$q_i = h_{c,i}(T_{f,i} - T_{b,i-1}) + J_{f,i} - J_{b,i-1} \tag{7-31}$$

式中　$T_{f,i}$——第 i 层玻璃前表面温度（K）；

$T_{b,i-1}$——第 $i-1$ 层玻璃后表面温度（K）；

$J_{f,i}$——第 i 层玻璃前表面辐射热（W/m²）；

$J_{b,i-1}$——第 $i-1$ 层玻璃后表面辐射热（W/m²）。

1）在每一层气体间层中，按下列公式进行计算：

$$q_i = S_i + q_{i+1} \tag{7-32a}$$

$$J_{f,i} = \varepsilon_{f,i}\sigma T_{f,i}^4 + \tau_i J_{f,i+1} + \rho_{f,i} J_{b,i-1} \tag{7-32b}$$

$$J_{b,i} = \varepsilon_{b,i}\sigma T_{b,i}^4 + \tau_i J_{b,i-1} + \rho_{b,i} J_{f,i+1} \tag{7-32c}$$

$$T_{b,i} - T_{f,i} = \frac{t_{g,i}}{2\lambda_{g,i}}(2q_{i+1} + S_i) \tag{7-32d}$$

式中　$t_{g,i}$——第 i 层玻璃的厚度（m）；

S_i——第 i 层玻璃吸收的太阳辐射热（W/m²）；

τ_i——第 i 层玻璃的远红外透射比；

$\rho_{f,i}$——第 i 层前玻璃的远红外反射比；

$\rho_{b,i}$——第 i 层后玻璃的远红外反射比；

$\varepsilon_{f,i}$——第 i 层前表面半球发射率；

$\varepsilon_{b,i}$——第 i 层后表面半球发射率；

$\lambda_{g,i}$——第 i 层玻璃的导热系数 [W/(m·K)]。

2）在计算传热系数时，应设定太阳辐射 $I_s=0$。在每层材料均为玻璃的系统中，可以采用如下热平衡方程计算气体间层的传热：

$$q_i = h_{c,i}(T_{f,i} - T_{b,i-1}) + h_{r,i}(T_{f,i} - T_{b,i-1}) \tag{7-33a}$$

式中　$h_{c,i}$——第 i 层气体层的辐射换热系数；

玻璃层=$i-1$ 　　i 　　$i+1$

计算实体

图7-4　第 i 层玻璃的能量平衡

$h_{r,i}$——第 i 层气体层的对流换热系数。

（2）玻璃层间气体间层的对流换热系数可由无量纲的努塞尔特数 Nu_i 确定：

$$h_{c,i} = Nu_i\left(\frac{\lambda_{g,i}}{d_{g,i}}\right) \tag{7-33b}$$

式中　$d_{g,i}$——气体间层 i 的厚度（m）；

$\lambda_{g,i}$——所充气体的导热系数 [W/(m·K)]；

Nu_i——努塞尔特数，是瑞利数 Ra_i、气体间层高厚比和气体间层倾角 θ 的函数。

在计算高厚比较大的气体间层时，应考虑玻璃发生弯曲对厚度的影响。发生弯曲的原因包括：空腔平均温度、空气湿度含量的变化、干燥剂对氮气的吸收、充氮气过程中由于海拔高度和天气变化造成压力的改变等因素。

（3）玻璃层间气体间层的瑞利数可按下列公式计算：

$$Ra = \frac{\gamma^2 d^3 G\beta c_p \Delta T}{\mu\lambda} \tag{7-33c}$$

$$\beta = \frac{1}{T_m} \tag{7-33d}$$

$$A_{g,i} = \frac{H}{d_{g,i}} \tag{7-33e}$$

式中　Ra——瑞利数；

γ——气体密度（kg/m³）；

G——重力加速度（m/s²），可取 9.80；

β——将填充气体作理想气体处理时的气体热膨胀系数；

c_p——常压下空气比热容 [J/(kg·K)]；

μ——常压下气体的黏度 [kg/(m·s)]；

λ——常压下气体的导热系数 [W/(m·K)]；

ΔT——气体间层前后玻璃表面的温度差（K）；

T_m——填充气体的平均温度（K）；

$A_{g,i}$——第 i 层气体间层的高厚比；

H——气体间层顶部到底部的距离（m），通常和窗的透光区域高度相同。

（4）在实际计算中，应对应于不同的倾角 θ 值或范围，定量计算通过玻璃气体间层的对流热传递。下面计算假设空腔从室内加热（即 $T_{f,i} > T_{b,i-1}$），如果实际室外温度高于室内（即 $T_{f,i} < T_{b,i-1}$），则要用（180°$-\theta$）代替 θ。

空腔的努塞尔特数 Nu_i 应按下列公式计算：

1）当 $0 < \theta \leqslant 60°$ 时：

$$Nu_i = 1 + 1.44\left[1 - \frac{1078}{Ra\cos\theta}\right]^* \left[1 - \frac{1078\sin^{1.6}(1.8\theta)}{Ra\cos\theta}\right] + \left[\left(\frac{Ra\cos\theta}{5830}\right)^{\frac{1}{3}} - 1\right]^* \tag{7-34}$$

其中：$[x]^* = \dfrac{x + |x|}{2}$，$Ra < 10^5$，且 $A_{g,i} > 20$

2）当 $\theta = 60°$ 时：

$$Nu = (Nu_1, Nu_2)_{\max} \tag{7-35}$$

其中：

$$Nu_1 = \left[1 + \left(\frac{0.0936Ra^{0.314}}{1 + G_N}\right)^7\right]^{\frac{1}{7}};$$

$$G_N = \frac{0.5}{\left[1 + \left(\dfrac{Ra}{3160}\right)^{20.6}\right]^{0.1}};$$

$$Nu_2 = \left[0.104 + \frac{0.175}{A_{g,i}} \right] Ra^{0.283} 。$$

3）当 $\theta = 90°$，即垂直气体间层时：

$$Nu = (Nu_1, Nu_2)_{max} \qquad (7-36)$$

其中：

当 $Ra > 5 \times 10^4$ 时：$Nu_1 = 0.067\ 383\ 8 Ra^{\frac{1}{3}}$；

当 $10^4 < Ra \leqslant 5 \times 10^4$ 时：$Nu_1 = 0.028\ 154 Ra^{0.4134}$；

当 $Ra \leqslant 10^4$ 时：$Nu_1 = 1 + 1.759\ 667\ 8 \times 10^{-10} Ra^{2.298\ 475\ 5}$；

$$Nu_2 = 0.242 \left(\frac{Ra}{A_{g,i}} \right)^{0.272} 。$$

4）当 $60° < \theta < 90°$ 时，可根据 $\theta = 60°$ 和 $\theta = 90°$ 时的计算结果按倾角 θ 作线性插值。以上公式适用于 $10^2 < Ra < 2 \times 10^7$ 且 $5 < A_{g,i} < 100$ 的情况。

5）当 $90° < \theta < 180°$ 时：

$$Nu = 1 + (Nu_v - 1) \sin\theta \qquad (7-37)$$

式中　Nu_v——按 $\theta = 90°$ 计算的垂直气体间层的努塞尔特数。

（5）填充气体的密度应按理想气体定律计算：

$$\gamma = \frac{p\hat{M}}{\mathscr{R} T_m} \qquad (7-38)$$

式中　p——气体压力，标准状态下 $p = 101\ 300 Pa$；

　　　γ——气体密度（kg/m³）；

　　　T_m——气体的温度，标准状态下 $T_m = 293K$；

　　　$\mathscr{R}$——气体常数 $[J/(kmol \cdot K)]$；

　　　$\hat{M}$——气体的摩尔质量（kg/mol）。

气体的定压比热容 c_p、导热系数 λ、运动黏度 μ 是温度的线性函数，典型气体的参数可按表 7-3、表 7-4、表 7-5 及表 7-6 给出的公式和相关参数计算。

表 7-3　　　　　　　　　　　　气 体 的 导 热 系 数

气　体	系数 a	系数 b	λ（273K 时） $[W/(m \cdot K)]$	λ（283K 时） $[W/(m \cdot K)]$
空气	2.873×10^{-3}	7.760×10^{-5}	0.0241	0.0249
氩气	2.285×10^{-3}	5.149×10^{-5}	0.0163	0.0168
氪气	9.443×10^{-4}	2.286×10^{-5}	0.0087	0.0090
氙气	4.538×10^{-4}	1.723×10^{-5}	0.0052	0.0053

注：$\lambda = a + bT [W/(m \cdot K)]$。

表 7-4　　　　　　　　　　　　气 体 的 运 动 黏 度

气　体	系数 a	系数 b	μ（273K 时） $[kg/(m \cdot s)]$	μ（283K 时） $[kg/(m \cdot s)]$
空气	3.723×10^{-6}	4.940×10^{-8}	1.722×10^{-5}	1.721×10^{-5}

气　体	系数 a	系数 b	μ（273K 时） [kg/(m・s)]	μ（283K 时） [kg/(m・s)]
氩气	3.379×10^{-6}	6.451×10^{-8}	2.100×10^{-5}	2.165×10^{-5}
氪气	2.213×10^{-6}	7.777×10^{-8}	2.346×10^{-5}	2.423×10^{-5}
氙气	1.069×10^{-6}	7.414×10^{-8}	2.132×10^{-5}	2.206×10^{-5}

注：$\mu=a+b$ [kg/(m・s)]。

表 7 - 3 给出的线性公式及系数可以用于计算填充空气、氩气、氪气、氙气四种气体空气层的导热系数、运动黏度和常压比热容。传热计算时，假设所充气体是不发射辐射或吸收辐射的气体。

表 7 - 5　　气 体 的 常 压 比 热 容

气　体	系数 a	系数 b	c_p（273K 时） [J/(kg・K)]	c_p（283K 时） [J/(kg・K)]
空气	1002.7370	1.2324×10^{-2}	1006.1034	1006.2266
氩气	521.9285	0	521.9285	521.9285
氪气	248.0907	0	248.0917	248.0917
氙气	158.3397	0	158.3397	158.3397

注：$C_p=a+bT$ [J/(kg・K)]。

表 7 - 6　　气 体 的 摩 尔 质 量

气　体	摩尔质量（kg/kmol）	气体	摩尔质量（kg/kmol）
空气	28.97	氪气	83.80
氩气	39.948	氙气	131.30

（6）混合气体的密度、导热系数、运动黏度和比热容是各气体相应比例的函数，应按下列公式和规定计算。

1）摩尔质量：

$$\hat{M}_{mix}=\sum_{i=1}^{v}x_i\cdot\hat{M}_i \qquad (7-39)$$

式中　x_i——混合气体中某一气体的摩尔质量。

2）比热容：

$$c_{p,mix}=\frac{\hat{c}_{p,mix}}{\hat{M}_{mix}} \qquad (7-40)$$

$$\hat{c}_{p,mix}=\sum_{i=1}^{v}x_i\cdot\hat{c}_{p,i} \qquad (7-41)$$

$$\hat{c}_{p,i}=c_{p,i}\hat{M}_i \qquad (7-42)$$

3）密度：

$$\gamma_{mix}=\frac{p\hat{M}_{mix}}{\mathscr{R}T_m} \qquad (7-43)$$

4）运动黏度：

$$\mu_{mix} = \sum_{i=1}^{v} \frac{\mu_i}{\left[1 + \sum_{\substack{j=1 \\ j \neq i}}^{v} \left(\phi_{i,j}^{\mu} \cdot \frac{x_j}{x_i}\right)\right]} \tag{7-44}$$

$$\phi_{i,j}^{\mu} = \frac{\left[1 + \left(\frac{\mu_i}{\mu_j}\right)^{\frac{1}{2}} \left(\frac{\hat{M}_j}{\hat{M}_i}\right)^{\frac{1}{4}}\right]^2}{2\sqrt{2}\left[1 + \left(\frac{\hat{M}_i}{\hat{M}_j}\right)\right]^{\frac{1}{2}}}$$

5）导热系数：

$$\lambda_{mix} = \lambda'_{mix} + \lambda''_{mix} \tag{7-45}$$

$$\lambda'_{mix} = \sum_{i=1}^{v} \frac{\lambda'_i}{1 + \sum_{\substack{j=1 \\ j \neq i}}^{v} \left(\Psi_{i,j} \frac{x_j}{x_i}\right)}$$

$$\psi_{i,j} = \frac{\left[1 + \left(\frac{\lambda'_i}{\lambda'_j}\right)^{\frac{1}{2}} \left(\frac{\hat{M}_i}{\hat{M}_j}\right)^{\frac{1}{4}}\right]^2}{2\sqrt{2}\left[1 + \left(\frac{\hat{M}_i}{\hat{M}_j}\right)\right]^{\frac{1}{2}}}\left[1 + 2.41\frac{(\hat{M}_i - \hat{M}_j)(\hat{M}_i - 0.142\hat{M}_j)}{(\hat{M}_i + \hat{M}_j)^2}\right]$$

$$\lambda''_{mix} = \sum_{i=1}^{v} \frac{\lambda''_i}{1 + \sum_{\substack{j=1 \\ j \neq i}}^{v} \left(\Psi_{i,j}^{\lambda} \frac{x_j}{x_i}\right)}$$

$$\psi_{i,j}^{\lambda} = \frac{\left[1 + \left(\frac{\lambda'_i}{\lambda'_j}\right)^{\frac{1}{2}} \left(\frac{\hat{M}_i}{\hat{M}_j}\right)^{\frac{1}{4}}\right]^2}{2\sqrt{2}\left[1 + \left(\frac{\hat{M}_i}{\hat{M}_j}\right)\right]^{\frac{1}{2}}}$$

式中　λ'_i——单原子气体的导热系数［W/(m·K)］；

λ''——多原子气体由于内能的散发所产生运动的附加导热系数［W/(m·K)］。

可按以下步骤求取 λ_{mix}：

①计算 λ'_i：

$$\lambda'_i = \frac{15}{4} \times \frac{\mathscr{R}}{\hat{M}_i}\mu_i$$

②计算 λ''_i：

$$\lambda''_i = \lambda_i - \lambda'_i$$

式中　λ_i——第 i 种填充气体的导热系数［W/(m·K)］。

③用 λ'_i 计算 λ'_{mix}。

④用 λ''_i 计算 λ''_{mix}。

⑤取 $\lambda_{mix} = \lambda'_{mix} + \lambda''_{mix}$。

（7）玻璃（或其他远红外辐射透射比为零的板材），气体间层两侧玻璃的辐射换热系数 h_r 按下列公式计算：

$$h_r = 4\sigma\left(\frac{1}{\varepsilon_1} + \frac{1}{\varepsilon_2} - 1\right)^{-1} \times T_m^3 \tag{7-46}$$

式中　σ——斯蒂芬-玻尔兹曼常数；

　　T_m——气体间层中两个表面的平均绝对温度（K）；

　ε_1、ε_2——气体间层中的两个玻璃表面在平均绝对温度下 T_m 的半球发射率。

4. 玻璃系统的热工参数

（1）玻璃传热系数计算。在计算玻璃系统的传热系数时，可采用简单的模拟环境条件，仅考虑室内外温差，没有太阳辐射，按下列公式计算：

$$U_g = \frac{q_{in}(I_s = 0)}{T_{ni} - T_{ne}} \qquad (7\text{-}47a)$$

$$U_g = \frac{1}{R_t} \qquad (7\text{-}47b)$$

式中　$q_{in}(I_s = 0)$——没有太阳辐射热时，通过玻璃系统传向室内的净热流（W/m²）；

　　　　T_{ne}——室外环境温度（K）；

　　　　T_{ni}——室内环境温度（K）。

1）玻璃系统的传热阻 R_t 为各层玻璃、气体间层、内外表面换热阻之和，可按下列公式计算：

$$R_t = \frac{1}{h_{out}} + \sum_{i=2}^{n} R_i + \sum_{i=1}^{n} R_{g,i} + \frac{1}{h_{in}} \qquad (7\text{-}48)$$

$$R_i = \frac{T_{f,i} - T_{b,i-1}}{q_i} \quad (i = 2 \sim n)$$

式中　　$R_{g,i}$——第 i 层玻璃的固体热阻（m²·K/W）；

　　　　R_i——第 i 层气体间层的热阻（m²·K/W）；

　$T_{f,i}$、$T_{b,i-1}$——第 i 层气体间层的外表面和内表面温度（K）；

　　　　q_i——第 i 层气体间层的热流密度。

在上面公式中，玻璃的排列顺序为第 1 层气体间层为室外，最后一层气体间层（$n+1$）为室内。

2）环境温度是周围空气温度 T_{air} 和平均辐射温度 T_{rm} 的加权平均值，按下列公式计算：

$$T_n = \frac{h_c T_{air} + h_r T_{rm}}{h_c + h_r} \qquad (7\text{-}49)$$

其中，h_c、h_r 可按照第 7.2.1 节的规定计算。

（2）玻璃遮阳系数计算。玻璃系统的遮阳系数的计算应符合下面规定：

1）各层玻璃室外侧方向的热阻按下式计算：

$$R_{out,i} = \frac{1}{h_{out}} + \sum_{k=2}^{i} R_k + \sum_{k=1}^{i-1} R_{g,k} + \frac{1}{2} R_{g,i} \qquad (7\text{-}50)$$

式中　$R_{g,k}$——第 k 层玻璃的固体热阻（m²·K/W）；

　　　$R_{g,i}$——第 i 层玻璃的固体热阻（m²·K/W）；

　　　R_k——第 k 层气体间层的热阻（m²·K/W）。

2）各层玻璃向室内的二次传热按下式计算：

$$q_{in,i} = \frac{A_{s,i} R_{out,i}}{R_t} \qquad (7\text{-}51)$$

3）玻璃系统的太阳光总透射比按下式计算：

$$g = \tau_s + \sum_{i=1}^{n} q_{in,i} \qquad (7-52)$$

4）玻璃系统的遮阳系数按下式计算：

$$SC = \frac{g}{0.87} \qquad (7-53)$$

5. 典型玻璃系统的光学热工参数

铝合金门窗玻璃（或其他透明材料）的传热系数、太阳光总透射比、可见光透射比应按本节的规定进行计算。在没有精确计算的情况下，可以表 7-7 中的数据作为玻璃系统光学热工参数的近似值。

表 7-7 典型玻璃系统的光学热工参数

玻璃品种		可见光透射比 τ_v	太阳光总透射比 g_g	遮阳系数 SC	传热系数 U_g
透明玻璃	3mm 透明玻璃	0.83	0.87	1.00	5.8
	6mm 透明玻璃	0.77	0.82	0.93	5.7
	12mm 透明玻璃	0.65	0.74	0.84	5.5
吸热玻璃	5mm 绿色吸热玻璃	0.77	0.64	0.76	5.7
	5mm 蓝色吸热玻璃	0.54	0.62	0.72	5.7
	5mm 茶色吸热玻璃	0.50	0.62	0.72	5.7
	5mm 灰色吸热玻璃	0.42	0.60	0.69	5.7
热反射玻璃	6mm 高透光热反射玻璃	0.56	0.56	0.64	5.7
	6mm 中等透光热反射玻璃	0.40	0.43	0.49	5.4
	6mm 低透光热反射玻璃	0.15	0.26	0.30	4.6
	6mm 特低透光热反射玻璃	0.11	0.25	0.29	4.6
单片 Low-E 玻璃	6mm 高透光 Low-E 玻璃	0.61	0.51	0.58	3.6
	6mm 中等透光型 Low-E 玻璃	0.55	0.44	0.51	3.5
中空玻璃	6 透明＋12 空气＋6 透明	0.71	0.75	0.86	2.8
	6 绿色吸热＋12 空气＋6 透明	0.66	0.47	0.54	2.8
	6 灰色吸热＋12 空气＋6 透明	0.38	0.45	0.51	2.8
	6 中等透光热反射＋12 空气＋6 透明	0.28	0.29	0.34	2.4
	6 低透光热反射＋12 空气＋6 透明	0.16	0.16	0.18	2.3
	6 高透光 Low-E＋12 空气＋6 透明	0.72	0.47	0.62	1.9
	6 中透光 Low-E＋12 空气＋6 透明	0.62	0.37	0.50	1.8
	6 较低透光 Low-E＋12 空气＋6 透明	0.48	0.28	0.38	1.8
	6 低透光 Low-E＋12 空气＋6 透明	0.35	0.20	0.30	1.8
	6 高透光 Low-E＋12 氩气＋6 透明	0.72	0.47	0.62	1.5
	6 中透光 Low-E＋12 氩气＋6 透明	0.62	0.37	0.50	1.4

7.2.3　框的传热计算

铝合金门窗框的传热计算与门窗的计算有关。我国的相关标准主要参照 ISO 10077 的有关约定进行，这些约定要求框的计算应得到框的传热系数和框与玻璃或其他面板结合的附加线传热系数。

1. 整樘窗的几何描述

窗由多个部分组成，窗框、玻璃（或其他面板）等部分的光学性能和传热性能各不一样。因此，整樘窗在进行热工计算时应按图 7-5 的规定进行面积划分。

（1）窗框面积。

窗框室内侧投影面积 $A_{f,i}$：指框从室内侧投影到与玻璃（或其他镶嵌板）平行的平面上得到的可视框的投影面积。

窗框室外侧投影面积 $A_{f,e}$：指框从室外侧投影到与玻璃（或其他镶嵌板）平行的平面上得到的可视框的投影面积。

窗框室内暴露面积 $A_{d,i}$：指从室内侧看到的框与室内空气接触的面积。

窗框室外暴露面积 $A_{d,e}$：指从室外侧看到的框与室外空气接触的面积。

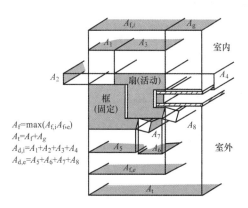

$$A_f = \max(A_{f,i}, A_{f,e})$$
$$A_t = A_f + A_g$$
$$A_{d,i} = A_1 + A_2 + A_3 + A_4$$
$$A_{d,e} = A_5 + A_6 + A_7 + A_8$$

图 7-5　窗各部件面积划分示意

窗框投影面积 A_f：取框室内侧投影面积 $A_{f,i}$ 和框室外侧投影面积 $A_{f,e}$ 两者中的较大者，简称"窗框面积"。

（2）玻璃面积。玻璃投影面积 A_g（或其他镶嵌板的投影面积 A_p）：指从室内、室外侧可见玻璃（或其他镶嵌板）边缘围合面积的较小值，简称"玻璃面积"（或"镶嵌板面积"）。当玻璃与框相接处胶条能被见到时，所见的胶条覆盖部分也应计入"玻璃面积"。

（3）玻璃（或其他镶嵌板）的边缘长度。玻璃的边缘长度 l_ψ（或其他镶嵌板 l_P）：玻璃（或其他镶嵌板）与窗框接缝的长度，并取室内、室外长度值中的较大值，见图 7-6。

（4）窗面积。整樘窗总投影面积 A_t：窗框面积 A_f 与窗玻璃面积 A_g（或其他镶嵌板面积 A_p）之和，简称"窗面积"。

2. 框的传热系数和框与面板接缝的线传热系数

框的传热系数和框与面板接缝的线传热系数采用了 ISO 10077 给出的计算方法进行计算。在进行框的传热计算时应采用二维稳态热传导计算软件进行计算。

图 7-6　窗玻璃区域周长示意

（1）框的传热系数 U_f 计算。框的传热系数 U_f 是在计算窗的某一截面部分的二维热传导的基础上获得。

在图 7-7 所示的框截面中，用一块导热系数 $\lambda = 0.03\text{W}/(\text{m} \cdot \text{K})$ 的板材替代实际的玻璃（或其他镶嵌板）。框部分的形状、尺寸、构造和材料都应与实际情况完全一致。板材的厚度等于所替代的玻璃系统（或其他镶嵌板）的厚度，嵌入框的深度按照面板嵌入的实际尺寸，可见部分的板材宽度 b_p 不应小于 200mm。

图 7-7 框传热系数计算模型示意

稳态二维热传导计算应采用认可的软件工具。软件中的计算程序应包括复杂灰色体漫反射模型和玻璃气体间层内以及框空腔内的对流换热计算模型。

在室内、外标准条件下，用二维热传导计算程序计算流过图示截面的热流 q_w，q_w 应按式（7-54）整理：

$$q_w = \frac{(U_f\,b_f\,U_p\,b_p)(T_{n,in} - T_{n,out})}{b_f + b_p} \tag{7-54}$$

框截面的线传热系数：

$$L_f^{2D} = \frac{q_w(b_f + b_p)}{T_{n,in} + T_{n,out}} \tag{7-55}$$

框的传热系数：

$$U_f = \frac{L_f^{2D} - U_p\,b_p}{b_f} \tag{7-56}$$

式中 U_f——框的传热系数 $[\text{W}/(\text{m}^2 \cdot \text{K})]$；

$\quad\quad L_f^{2D}$——框截面整体的线传热系数 $[\text{W}/(\text{m} \cdot \text{K})]$；

$\quad\quad U_p$——板材的传热系数 $[\text{W}/(\text{m}^2 \cdot \text{K})]$；

$\quad\quad b_f$——框的投影宽度 （m）；

$\quad\quad b_p$——板材可见部分的宽度 （m）；

$\quad\quad T_{n,in}$——室内环境温度 （K）；

$\quad\quad T_{n,out}$——室外环境温度 （K）。

（2）框与玻璃系统（或其他镶嵌板）接缝的线传热系数 ψ 的计算。窗框与玻璃（或其他镶嵌板）结合处的线传热系数主要描述了在窗框、玻璃和间隔层之间相互作用下附加的热传递，附加线传热系数主要受玻璃间隔层材料导热系数的影响。

在图 7-7 所示的计算模型中，用实际的玻璃系统（或其他镶嵌板）替代导热系数 $\lambda = 0.03\text{W}/(\text{m} \cdot \text{K})$ 的板材。所得到的计算模型如图 7-8。

图 7-8 框与面板接缝线传热
系数计算模型示意

用二维热传导计算程序，计算在室内、外标准条件下流过图示截面的热流 q_ψ，q_ψ 应按下列方程整理：

$$q_\psi = \frac{(U_fb_f + U_gb_g + \psi)(T_{n,in} - T_{n,out})}{b_f + b_g} \tag{7-57}$$

截面的线传热系数为：

$$L_\psi^{2D} = \frac{q_\psi(b_f + b_g)}{T_{n,in} + T_{n,out}} \tag{7-58}$$

框与面板接缝的线传热系数：

$$\psi = L_\psi^{2D} - U_f b_f - U_f b_g \tag{7-59}$$

式中　ψ——框与玻璃（或其他镶嵌板）接缝的线传热系数 $[W/(m \cdot K)]$；

　　　L_ψ^{2D}——框截面整体线传热系数 $[W/(m \cdot K)]$；

　　　U_g——玻璃的传热系数 $[W/(m^2 \cdot K)]$；

　　　b_g——玻璃可见部分的宽度 (m)；

　　　$T_{n,in}$——室内环境温度 (K)；

　　　$T_{n,out}$——室外环境温度 (K)。

3. 传热控制方程

窗框（包括固体材料、空腔和缝隙）的计算所采用的稳态二维热传导计算程序应依据热传递的基本方程：

$$\frac{\partial^2 T}{\partial x^2} + \frac{\partial^2 T}{\partial y^2} = 0 \tag{7-60}$$

窗框内部任意两种材料相接表面的热流密度 q 用式（7-61）计算：

$$q = -\lambda\left(\frac{\partial T}{\partial x}e_x + \frac{\partial T}{\partial y}e_y\right) \tag{7-61}$$

式中　λ——材料的导热系数；

　　　e_x、e_y——两种材料交界面单位法向量在 x 和 y 方向的分量。

在窗框的外表面，热流密度 q 为

$$q = q_c + q_r \tag{7-62}$$

式中　q_c——热流密度对流换热部分；

　　　q_r——热流密度的辐射换热部分。

采用二维稳态热传导方程求解框截面的温度和热流分布时，截面的网格划分原则应符合下列规定：

(1) 任何一个网格内部只能含有一种材料。

(2) 网格的疏密程度应根据温度分布变化的剧烈程度而定，应根据经验判断，温度变化剧烈的地方网格应密些，温度变化平缓的地方网格可稀疏一些。

(3) 当进一步细分网格，流经窗框横截面边界的热流不再发生明显变化时，该网格的疏密程度可认为是适当的。

(4) 可用若干段折线近似代替实际的曲线。

固体材料的导热系数可选用表 7-8 的数值，也可直接采用检测的结果。在求解二维稳态传热方程时，应假定所有材料导热系数均不随温度变化。

对远红外线不透明镀膜表面固体材料表面的标准发射率 ε_n 的计算，应在接近正入射状况下利用红外谱仪测出其谱线的反射系数曲线，并按照下列步骤计算：

表 7-8　　　　　　　　　　　　　　常用材料的热工计算参数

用途	材　料	密度 (kg/m³)	导热系数 [W/(m·K)]	表面发射率	
框	铝	2700	237.00	涂漆	0.90
				阳极氧化	0.20~0.80
	铝合金	2800	160.00	涂漆	0.90
				阳极氧化	0.20~0.80
	铁	7800	50.00	镀锌	0.20
				氧化	0.80
	不锈钢	7900	17.00	浅黄	0.20
				氧化	0.80
	PVC	1390	0.17	0.90	
	玻璃钢（UP 树脂）	1900	0.40	0.90	
透明材料	建筑玻璃	2500	1.00	玻璃面	0.84
				镀膜面	0.03~0.80
	丙烯酸（树脂玻璃）	1050	0.20	0.90	
	PMMA（有机玻璃）	1180	0.18	0.90	
	聚碳酸酯	1200	0.20	0.90	
隔热	聚酰氨（尼龙）	1150	0.25	0.90	
	尼龙 66+25％玻璃纤维	1450	0.30	0.90	
	高密度聚乙烯 HD	980	0.52	0.90	
	低密度聚乙烯 LD	920	0.33	0.90	
	固体聚丙烯	910	0.22	0.90	
	带有 25％玻璃纤维的聚丙烯	1200	0.25	0.90	
	PU（聚亚氨酯树脂）	1200	0.25	0.90	
	刚性 PVC	1390	0.17	0.90	
防水密封条	氯丁橡胶（PCP）	1240	0.23	0.90	
	EDPM（三元已丙）	1150	0.25	0.90	
	纯硅胶	1200	0.35	0.90	
	柔性 PVC	1200	0.14	0.90	
	聚酯马海毛	—	0.14	0.90	
	柔性人造橡胶泡沫	60~80	0.05	0.90	

用途	材　料	密度 （kg/m³）	导热系数 [W/(m·K)]	表面发射率
密封剂	PU（刚性聚氨酯）	1200	0.25	0.90
	固体/热融异丁烯	1200	0.24	0.90
	聚硫胶	1200	0.40	0.90
	纯硅胶	1200	0.35	0.90
	聚异丁烯	930	0.20	0.90
	聚氨树脂	1400	0.19	0.90
	硅胶（干燥剂）	720	0.13	0.90
	分子筛	650～750	0.10	0.90
	低密度硅胶泡沫	750	0.12	0.90
	中密度硅胶泡沫	820	0.17	0.90

（1）按照表 7-9 给出的 30 个波长值，测定相应的反射系数 $R_n(\lambda_i)$ 曲线，取其数学平均值，得到 283K 温度下的常规反射系数。

$$R_n = \frac{1}{30} \sum_{i=1}^{30} R_n(\lambda_i) \tag{7-63}$$

表 7-9　　　　　　　用于测定 283K 下标准发射系数 R_n 的波长　　　　　　（单位：μm）

序　号	波　长	序　号	波　长
1	5.5	16	14.8
2	6.7	17	15.6
3	7.4	18	16.3
4	8.1	19	17.2
5	8.6	20	18.1
6	9.2	21	19.2
7	9.7	22	20.3
8	10.2	23	21.7
9	10.7	24	23.3
10	11.3	25	25.2
11	11.8	26	27.7
12	12.4	27	30.9
13	12.9	28	35.7
14	13.5	29	43.9
15	14.2	30	50.0

注：当测试的波长仅达到 25μm 时，25μm 以上波长的反射系数可用 25μm 波长的发射系数替代。

（2）在 283K 温度下的标准发射率由下式求得：

$$\varepsilon_n = 1 - R_n \tag{7-64}$$

校正发射率 ε 用表 7-10 给出的系数乘以标准发射率 ε_n 即得。

表 7-10　　　　　　　　　　校正发射率与标准发射率之间关系表

标准发射率 ε_n	系数 $\varepsilon/\varepsilon_n$	标准发射率 ε_n	系数 $\varepsilon/\varepsilon_n$
0.03	1.22	0.5	1.00
0.05	1.18	0.6	0.98
0.1	1.14	0.7	0.96
0.2	1.10	0.8	0.95
0.3	1.06	0.89	0.94
0.4	1.03		

注：其他值可以通过线性插值或外推获得。

如果固体材料得表面发射率为固定值，可直接采用表 7-8 中得数值。

当有如螺钉、螺栓等热桥存在时，按照下列公式计算热桥部位固体得当量导热系数：

$$\lambda_{eff} = F_b\lambda_b + (1 - F_b)\lambda_n \tag{7-65}$$

$$F_b = \frac{S}{A_d}$$

式中　S——热桥元件的面积（如螺栓的面积）（m^2）；

　　　A_d——热桥元件的间距范围内材料的总面积（m^2）；

　　　λ_b——热桥材料导热系数 $[W/(m \cdot K)]$；

　　　λ_n——无热桥材料时材料的导热系数 $[W/(m \cdot K)]$。

当有热桥存在时，并不是总是考虑热桥的影响。在实际计算时，是否考虑热桥影响的原则应符合下列规定：

(1) 当 $F_b \leqslant 1\%$ 时，忽略热桥影响。

(2) 当 $1\% < F_b \leqslant 5\%$，且 $\lambda_b > 10\lambda_n$ 时，则按上式计算热桥的影响。

(3) 当 $F_b > 5\%$ 时，必须按上式计算热桥的影响。

4. 玻璃气体间层的传热

在计算框与玻璃系统（或其他镶嵌板）接缝处的线传热系数 ψ 时，须考虑玻璃空气间层的传热。此时，可将玻璃的空气间层当作为一种不透明的固体材料，导热系数可采用当量导热系数代替，则第 i 个空气间层的当量导热系数应用下式确定：

$$\lambda_{eff,i} = q_i\left(\frac{d_{g,i}}{T_{f,i} - T_{b,i-1}}\right) \tag{7-66}$$

式中　　　　$d_{g,i}$——第 i 个气体间层的厚度（m）；

q_i、$T_{f,i}$、$T_{b,i-1}$——按 11.2.2 节计算。

5. 封闭空腔的传热

处理框内部封闭空腔的传热应采用当量导热系数的方法，即将封闭空腔当作一种不透明的固体材料，其当量导热系数应考虑空腔内的辐射和对流传热，由式（7-67）确定：

$$\lambda_{\mathrm{eff}} = (h_{\mathrm{c}} + h_{\mathrm{r}})d \tag{7-67}$$

$$h_{\mathrm{c}} = Nu\frac{\lambda_{\mathrm{air}}}{d}$$

式中　λ_{eff}——封闭空腔的当量导热系数 $[\mathrm{W/(m \cdot K)}]$；

　　　h_{c}——封闭空腔内空气对流换热系数 $[\mathrm{W/(m^2 \cdot K)}]$；

　　　h_{r}——封闭空腔内辐射换热系数 $[\mathrm{W/(m^2 \cdot K)}]$；

　　　d——封闭空腔在热流方向的厚度（m）；

　　　Nu——努塞尔特数；

　　　λ_{air}——空气的导热系数 $[\mathrm{W/(m \cdot K)}]$。

对于封闭空腔的辐射传热系数 h_{r}，当热流为水平方向时，由式（7-68）计算：

$$h_{\mathrm{r}} = \cfrac{4\sigma T_{\mathrm{ave}}^{3}}{\cfrac{1}{\varepsilon_{\mathrm{cold}}} + \cfrac{1}{\varepsilon_{\mathrm{hot}}} - 2 + \cfrac{1}{\cfrac{1}{2}\left\{\left[1+\left(\cfrac{L_{\mathrm{h}}}{L_{\mathrm{v}}}\right)^{2}\right]^{0.5} - \cfrac{L_{\mathrm{h}}}{L_{\mathrm{v}}} + 1\right\}}} \tag{7-68}$$

$$T_{\mathrm{ave}} = \frac{T_{\mathrm{cold}} + T_{\mathrm{hot}}}{2}$$

式中　T_{ave}——冷、热两个表面的平均温度（K）；

　　　$\varepsilon_{\mathrm{cold}}$——冷表面的发射率；

　　　$\varepsilon_{\mathrm{hot}}$——热表面的发射率。

当热流为垂直方向时，将上式中的宽高比 $L_{\mathrm{h}}/L_{\mathrm{v}}$ 改为高宽比 $L_{\mathrm{v}}/L_{\mathrm{h}}$。

对流换热系数 h_{c} 应根据努塞尔特数 Nu 来计算。努塞尔特数应依据热流方向是朝上、朝下或水平分三种不同情况考虑。

（1）热流朝下的矩形封闭空腔（图 7-9）时，努塞尔特数 $Nu=1.0$。

（2）热流朝上的矩形封闭空腔（图 7-10）时的努塞尔特数取决于空腔的高宽比 $L_{\mathrm{v}}/L_{\mathrm{h}}$，其中 L_{v} 和 L_{h} 为空腔垂直和水平方向的尺寸。

图 7-9　热流朝下的空腔热流示意

图 7-10　热流朝上的空腔热流示意

当 $L_{\mathrm{v}}/L_{\mathrm{h}} \leqslant 1$ 时，$Nu=1.0$。

当 $1 < L_{\mathrm{v}}/L_{\mathrm{h}} \leqslant 5$ 时：

$$Nu = 1 + \left(1 - \frac{Ra_{\mathrm{crit}}}{Ra}\right)(k_1 + 2k_2^{1-\ln k2}) + \left[\left(\frac{Ra}{5380}\right)^{\frac{1}{3}} - 1\right]^{*}\left\{1 - \mathrm{e}^{-0.95\left[\left(\frac{Ra_{\mathrm{crit}}}{Ra}\right)^{\frac{1}{3}}-1\right]^{*}}\right\} \tag{7-69}$$

$$k_1 = 1.40$$

$$k_2 = \frac{Ra^{\frac{1}{3}}}{450.5}$$

$$Ra_{\text{crit}} = e^{\left(0.721\frac{L_h}{L_v}\right)+7.46}$$

$$Ra = \frac{\gamma_{\text{air}}^2 L_v^3 G\beta c_{\text{p,air}}(T_{\text{hot}} - T_{\text{cold}})}{\mu_{\text{air}}\lambda_{\text{air}}}$$

式中 γ_{air}——空气密度（kg/m³）；

$\quad\quad G$——重力加速度（m/s²），可取 9.80；

$\quad\quad \beta$——气体热膨胀系数；

$\quad\quad c_{\text{p,air}}$——常压下空气比热容 [J/(kg·K)]；

$\quad\quad \mu_{\text{air}}$——常压下空气运动黏度 [kg/(m·s)]；

$\quad\quad \lambda_{\text{air}}$——常压下空气导热系数 [W/(m·K)]；

$\quad\quad T_{\text{hot}}$——空腔热侧温度（K）；

$\quad\quad T_{\text{cold}}$——空腔冷侧温度（K）；

$\quad\quad Ra_{\text{crit}}$——临界瑞利数；

$\quad\quad Ra$——空腔的瑞利数。

函数 $[x]^*$ 的表达式为 $[x]^* = \dfrac{x+\mid x\mid}{2}$。

当 $L_v/L_h > 5$ 时：

$$Nu = 1 + 1.44\left(1 - \frac{1708}{Ra}\right)^* + \left[\left(\frac{Ra}{5830}\right)^{\frac{1}{3}} - 1\right]^* \tag{7-70}$$

（3）水平热流的矩形封闭空腔（图 7-11）的努塞尔特数按下面情况计算：

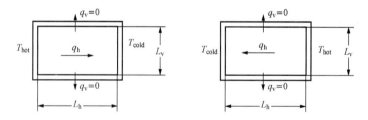

图 7-11 水平热流的空腔热流示意

当 $L_v/L_h \leqslant 0.5$ 时：

$$Nu = 1 + \left\{\left[2.756\times10^{-6}Ra^2\left(\frac{L_v}{L_h}\right)^8\right]^{-0.386} + \left[0.623Ra^{\frac{1}{5}}\left(\frac{L_h}{L_v}\right)^{0.4}\right]^{-0.386}\right\}^{-2.59} \tag{7-71}$$

$$Ra = \frac{\gamma_{\text{air}}^2 L_h^3 G\beta c_{\text{p,air}}(T_{\text{hot}} - T_{\text{cold}})}{\mu_{\text{air}}\lambda_{\text{air}}}$$

式中：γ_{air}、G、β、$c_{\text{p,air}}$、μ_{air}、λ_{air}、T_{hot}、T_{cold} 按"热流朝上的矩形封闭空腔"的努塞尔特数的定义及计算。

当 $L_v/L_h \geqslant 5$ 时，努塞尔特数则取下列三式计算结果的最大值：

$$Nu_{\text{ct}} = \left\{1 + \left[\frac{0.104Ra^{0.293}}{1 + \left(\frac{6310}{Ra}\right)^{1.36}}\right]^3\right\}^{\frac{1}{3}} \tag{7-72a}$$

$$Nu_i = 0.242 \left(Ra \frac{L_h}{L_v} \right)^{0.273} \qquad (7\text{-}72\text{b})$$

$$Nu_i = 0.0605 \, Ra^{\frac{1}{3}} \qquad (7\text{-}72\text{c})$$

当 $0.5 < L_v/L_h < 5$ 时，先分别计算 $L_v/L_h = 0.5$ 和 $L_v/L_h = 5$ 时的努塞尔特数，然后按 L_v/L_h 作线性插值计算。

当框的空腔是垂直方向时，可假定其热流为水平方向且 $L_v/L_h \geqslant 5$，然后按"水平热流的矩形封闭空腔"的有关方法计算努塞尔特数。

在初期计算努塞尔特数时，可先对 T_{hot} 和 T_{cold} 预先估算，如可先采用 $T_{hot} = 10℃$、$T_{cold} = 0℃$ 并进行迭代计算。每次计算后，再根据已得温度分布对其进行修正，并按此重复，直到两次连续计算得到的温度差值在 1℃ 以内。

每次计算都应检查计算初始时假定的热流方向，如果与计算初始时假定的热流方向不同，则应在下次计算中予以修正。

对于形状不规则的封闭空腔，可将其转换为相当的矩形空腔来计算其当量导热系数。转换应使用下列方法来将实际空腔的表面转换成相应矩形空腔的垂直表面或水平表面，如图 7-12 和图 7-13。

(1) 内法线在 315° 和 45° 之间的任何表面应转换为向左的垂直表面。

(2) 内法线在 45° 和 135° 之间的任何表面应转换为向上的水平表面。

图 7-12　形状不规则的封闭空腔转换成相应的
矩形空腔示意

图 7-13　内法线与
表面位置示意

(3) 内法线在 135° 和 225° 之间的任何表面应转换为向右的垂直表面。

(4) 内法线在 225° 和 315° 之间的任何表面应转换为向下的水平表面。

(5) 如果两个相对立表面的最短距离小于 5mm，则应在此处分割框内空腔。

转换后空腔的垂直和水平平面的温度应取该表面的平均温度。

转换后空腔的热流方向应由空腔的垂直和水平表面之间温差来决定，并应符合下列规定：

(1) 如果空腔垂直表面之间温度差的绝对值大于水平表面之间的温度差的绝对值，则热流是水平的。

(2) 如果空腔水平表面之间温度差的绝对值大于垂直表面之间的温度差的绝对值，则热流是上下方向的，其方向由上下表面的温度确定。

6. 敞口的空腔、槽的传热

小面积的沟槽或由一条宽度大于 2mm 但小于 10mm 的缝隙连通到室外或室内环境的空腔可作为轻微通风的空腔来处理（图 7-14）。轻微通风的空腔应作为固体处理，其当量导热系数取相同截面封闭空腔的等效导热系数的两倍，表面发射率可取空腔内表面的发射率。

如果轻微通风空腔的开口宽度小于或等于 2mm，则可作为封闭空腔来处理。

大面积的沟槽或连通到室外或室内环境的缝隙宽度大于 10mm 的空腔可作为通风良好的空腔来处理（图 7-15）。

图 7-14　轻微通风的沟槽和空腔	图 7-15　通风良好的沟槽和空腔
（a）小开口沟槽；（b）小开口空腔	（a）大开口沟槽；（b）大开口空腔

通风良好的空腔应将其整个表面视为暴露于外界环境中，表面换热系数 h_{in} 和 h_{out} 应按第 7.2.1 节的有关规定计算。

7. 框的太阳能总透射比计算

窗框的太阳能总透射比可按式（7-73）计算：

$$g_f = \alpha_f \cdot \frac{U_f}{\dfrac{A_{surf}}{A_f} h_{out}} \qquad (7-73)$$

式中　h_{out}——室内表面换热系数，可按第 7.2.1 节的规定计算；

α_f——框表面太阳辐射吸收系数；

U_f——框的传热系数 $[W/(m^2 \cdot K)]$；

A_{surf}——框的外表面积（m^2）；

A_f——框投影面积（m^2）。

8. 典型窗框的传热系数

根据本节前面的讲述，可以输入图形及相关参数，用二维有限单元法进行数字计算得到窗框的传热系数。但是在没有详细的计算结果可以应用时，可以采用本方法近似得到窗框的传热系数。

在本方法中给出的数值都是对应窗垂直安装的情况。传热系数的数值包括了外框面积的影响。计算传热系数时取 $h_{in} = 8.0W/(m^2 \cdot K)$ 和 $h_{out} = 23W/(m^2 \cdot K)$。因此，铝合金窗框的传热系数 U_f 的数值可通过下列步骤计算获得：

（1）铝合金窗框的传热系数 U_f 按式（7-74）计算：

$$U_f = \cfrac{1}{\cfrac{A_{f,i}}{h_i A_{d,i}} + R_f + \cfrac{A_{f,e}}{h_e A_{d,e}}} \qquad (7-74)$$

式中　$A_{d,i}$，$A_{d,e}$，$A_{f,i}$，$A_{f,e}$——前面"窗的几何描述"定义的面积；

h_i——窗框的内表面换热系数 $[\mathrm{W/(m^2 \cdot K)}]$；

h_e——窗框的外表面换热系数 $[\mathrm{W/(m^2 \cdot K)}]$；

R_f——窗框截面的热阻 [当隔热条的导热系数为 $0.2\sim0.3\mathrm{W/(m \cdot K)}$ 时] $(\mathrm{m^2 \cdot K/W})$。

（2）铝合金窗框截面的热阻 R_f 按式（7 - 75）计算：

$$R_f = \frac{1}{U_f} - 0.17 \qquad (7 - 75)$$

对于没有隔热的铝合金窗框，取 $U_{f0}=5.9\mathrm{W/}$ $(\mathrm{m^2 \cdot K})$。具有隔热的铝合金窗框，U_{f0} 的数值按照图 7 - 16 中阴影区域上限的粗线选取。图 7 - 17（a）和图 7 - 17（b）分别为两种不同的隔热铝合金窗框截面类型示意图。

带隔热条的铝合金窗框适用的条件是：

$$\sum_j b_j \leqslant 0.2 b_f \qquad (7 - 76)$$

式中　b_j——热断桥 j 的宽度（mm）；

b_f——窗框的宽度（mm）。

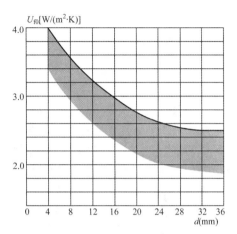

图 7 - 16　带隔热的铝合金窗框的传热系数

d——热断桥对应的铝合金截面之间的最小距离（mm）

(a)　　　　　　　　　　　(b)

图 7 - 17　隔热铝合金窗框截面类型示意

（a）采用导热系数低于 $0.3\mathrm{W/(m \cdot K)}$ 的隔热条；（b）采用导热系数低于 $0.2\mathrm{W/(m \cdot K)}$ 的泡沫材料

采用泡沫材料隔热铝合金窗框适用条件是：

$$\sum_j b_j \leqslant 0.3 b_f \qquad (7 - 77)$$

窗框与玻璃结合处的线传热系数 ψ，在没有精确计算的情况下，可采用表 7 - 11 中的估算值。

表 7 - 11　　　　　　　　　　　铝合金与中空玻璃结合的线传热系数

窗框材料	双层或三层未镀膜中空玻璃 $\psi\ [\mathrm{W/(m \cdot K)}]$	双层 Low-E 镀膜或三层（其中两片 Low-E 镀膜）中空玻璃 $\psi\ [\mathrm{W/(m \cdot K)}]$
带隔热断桥的铝合金窗框	0.06	0.08
没有断桥的铝合金窗框	0	0.02

7.2.4 整樘窗的热工性能计算

铝合金（门）窗由多个部分组成，窗框、玻璃（或其他镶嵌板）等部分的化学性能和传热特性各不一样。铝合金窗（门）整窗（门）的传热系数、遮阳系数、可见光透射比的计算采用各部分的性能按面积进行加权平均计算。

1. 整樘窗的几何描述

整樘窗应根据窗框截面的不同对窗框进行分类，每个不同类型窗框截面均应计算框传热系数、线传热系数，即整窗应根据框截面的不同对窗框分段，有多少个不同的框截面就应计算多少个不同的框传热系数和对应的框和玻璃接缝线传热系数。不同类型窗框相交部分的传热系数可采用邻近框中较高的传热系数代替。

每条窗框的传热系数按 7.2.3 节的规定计算。为了简化计算，在两条框相交处的传热不作三维传热现象考虑，简化为其中的一条框来处理，忽略建筑与窗框之间的热桥效应，即窗框与墙边相接的边界作为绝缘处理。

如图 7‐18 所示的窗，应计算 1‐1、2‐2、3‐3、4‐4、5‐5、6‐6 六个框段的框传热系数及对应的框和玻璃接缝线传热系数。两条框相交部分简化为其中的一条框来处理。

在计算 1‐1、2‐2、4‐4 截面的二维传热时，与墙面相接的边界作为绝热边界处理。计算 3‐3、5‐5、6‐6 截面的二维传热时，与相邻框相接的边界作为绝热边界处理。

对于如图 7‐19 所示的推拉窗，应计算 1‐1、2‐2、3‐3、4‐4、5‐5 五个框的框传热系数和对应的框和玻璃接缝线传热系数。两扇窗框叠加部分 5‐5 作为一个截面进行计算。

一个框两边均有玻璃的情况，可

图 7‐18 窗的几何分段

以分别附加框两边的附加线传热系数。如图 7‐20 所示窗框两边均有玻璃，框的传热系数为

图 7‐19 推拉窗几何分段

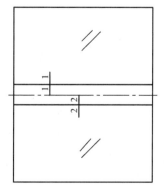

图 7‐20 窗横隔几何分段

框两侧均镶嵌保温材料时的传热系数，框 1-1 和 2-2 的宽度可以分别是框宽度的 1/2。框 1-1 和 2-2 的附加线传热系数可分别将其换成玻璃进行计算。如果对称，则两边的附加线传热系数应该是相同的。

2. 整樘窗的传热系数

整窗的传热系数的计算公式为

$$U_{t} = \frac{\sum A_{g}U_{g} + \sum A_{f}U_{f} + \sum l_{\psi}\psi}{A_{t}} \qquad (7-78)$$

式中　U_{t}——整樘窗的传热系数 [W/(m²·K)]；

A_{g}——窗玻璃（或其他镶嵌板）面积（m²）；

A_{f}——窗框面积（m²）；

A_{t}——窗面积（m²）；

l_{ψ}——玻璃区域（或其他镶嵌板）的边缘长度（m）；

U_{g}——窗玻璃（或其他镶嵌板）的传热系数 [W/(m²·K)]；

U_{f}——窗框的传热系数 [W/(m²·K)]；

ψ——窗框和玻璃（或其他镶嵌板）之间的线传热系数 [W/(m·K)]。

该计算公式为单层窗整窗传热系数计算公式。当所用的玻璃为单层玻璃时，由于没有空气间隔层的影响，不考虑线传热，因此，线传热系数 $\psi = 0$。

3. 整樘窗遮阳系数

整樘窗的遮阳系数应为整樘窗的太阳光总透射比与标准 3mm 透明玻璃的太阳光总透射比的比值。

在计算遮阳系数时，规定标准的 3mm 透明玻璃的太阳光总透射比为 0.87，主要是为了与国际通用方法接轨，使得我国的玻璃遮阳系数与国际上惯用的遮阳系数一致，不至于在工程中引起混淆。但这样规定与我国的玻璃测试计算标准《建筑玻璃　可见光透射比、太阳光直接透射比、太阳能总透射比、紫外线透射比及有关窗玻璃参数的测定》（GB 2680—1994）中有关遮蔽系数的规定有所不同。

（1）整樘窗的太阳光总透射比按式（7-79）计算：

$$g_{t} = \frac{\sum g_{g}A_{g} + \sum g_{f}A_{f}}{A_{t}} \qquad (7-79)$$

式中　g_{t}——整樘窗的太阳光总透射比；

A_{g}——窗玻璃（或其他镶嵌板）面积（m²）；

A_{f}——窗框面积（m²）；

g_{g}——窗玻璃（或其他镶嵌板）区域太阳光总透射比；

g_{f}——窗框太阳光总透射比；

A_{t}——窗面积（m²）。

（2）整樘窗的遮阳系数按式（7-80）计算：

$$SC = \frac{g_{t}}{0.87} \qquad (7-80)$$

式中　SC——整樘窗的遮阳系数；

g_t——整樘窗的太阳光总透射比。

4. 整樘窗可见光透射比

在计算整樘窗的可见光透射比时，由于窗框部分可见光透射比为 0，所以，在进行加权计算时，只考虑玻璃部分。

整樘窗的可见光透射比按式（7-81）计算：

$$\tau_t = \frac{\sum \tau_v A_g}{A_t} \tag{7-81}$$

式中　τ_t——整樘窗的可见光透射比；

　　　τ_v——窗玻璃（或其他镶嵌板）的可见光透射比；

　　　A_g——窗玻璃（或其他镶嵌板）面积（m^2）；

　　　A_t——窗面积（m^2）。

5. 典型窗的传热系数

在没有精确计算的情况下，典型窗的传热系数可采用表 7-12 和表 7-13 近似计算。表中给出了玻璃的传热系数和框的传热系数和窗框面积占整樘窗面积的百分比，通过查表可近似求出窗的传热系数。

表 7-12　　　　　　　　　　　窗框面积占整樘窗面积 20% 的窗户传热系数

玻璃传热系数 U_g [W/(m^2·K)]	U_f窗框的传热系数 [W/(m^2·K)]（窗框面积占整窗面积20%）								
	1.0	1.4	1.8	2.2	2.6	3.0	3.4	3.8	7.0
5.7	4.8	4.8	4.9	5.0	5.1	5.2	5.2	5.3	5.9
3.3	2.9	3.0	3.1	3.2	3.3	3.4	3.4	3.5	4.0
3.1	2.8	2.8	2.9	3.0	3.1	3.2	3.3	3.4	3.9
2.9	2.6	2.7	2.8	2.8	3.0	3.0	3.1	3.2	3.7
双层玻璃　2.7	2.4	2.5	2.6	2.7	2.8	2.9	3.0	3.0	3.6
2.5	2.3	2.4	2.5	2.6	2.7	2.7	2.8	2.9	3.4
2.3	2.1	2.2	2.3	2.4	2.5	2.6	2.7	2.7	3.3
2.1	2.0	2.1	2.2	2.2	2.3	2.4	2.5	2.6	3.1
1.9	1.8	1.9	2.0	2.1	2.2	2.3	2.3	2.4	3.0
1.7	1.7	1.8	1.8	1.9	2.0	2.1	2.2	2.3	2.8
1.5	1.5	1.6	1.7	1.8	1.9	1.9	2.0	2.1	2.6
1.3	1.4	1.4	1.5	1.6	1.7	1.8	1.9	2.0	2.5
1.1	1.2	1.3	1.4	1.4	1.5	1.6	1.7	1.8	2.3
2.3	2.1	2.2	2.3	2.4	2.5	2.6	2.6	2.7	3.2
2.1	2.0	2.0	2.1	2.2	2.3	2.4	2.5	2.6	3.1
1.9	1.8	1.9	2.0	2.0	2.2	2.2	2.3	2.4	2.9
三层玻璃　1.7	1.6	1.7	1.8	1.9	2.0	2.1	2.2	2.2	2.8
1.5	1.5	1.6	1.7	1.8	1.9	1.9	2.0	2.1	2.6
1.3	1.4	1.4	1.5	1.6	1.7	1.8	1.9	2.0	2.5
1.1	1.2	1.3	1.4	1.4	1.5	1.6	1.7	1.8	2.3
0.9	1.0	1.1	1.2	1.3	1.4	1.5	1.6	1.6	2.2
0.7	0.9	1.0	1.0	1.1	1.2	1.3	1.4	1.5	2.0
0.5	0.7	0.8	0.9	1.0	1.1	1.2	1.2	1.3	1.8

表 7-13　　　　　　　　　　　窗框面积占整樘窗面积 30% 的窗户传热系数

玻璃传热系数 U_g [W/(m²·K)]	U_f 窗框的传热系数 [W/(m²·K)]（窗框面积占整窗面积 30%）								
	1.0	1.4	1.8	2.2	2.6	3.0	3.4	3.8	7.0
双层玻璃									
5.7	4.3	4.4	4.5	4.6	4.8	4.9	5.0	5.1	6.1
3.3	2.7	2.8	2.9	3.1	3.2	3.4	3.5	3.6	4.4
3.1	2.6	2.7	2.8	2.9	3.1	3.2	3.3	3.5	4.3
2.9	2.4	2.5	2.7	2.8	3.0	3.1	3.2	3.3	4.1
2.7	2.3	2.4	2.5	2.6	2.8	2.9	3.1	3.2	4.0
2.5	2.2	2.3	2.4	2.6	2.7	2.8	3.0	3.1	3.9
2.3	2.1	2.2	2.3	2.4	2.5	2.7	2.8	2.9	3.8
2.1	1.9	2.0	2.2	2.3	2.4	2.6	2.7	2.8	3.6
1.9	1.8	1.9	2.0	2.1	2.3	2.4	2.5	2.7	3.5
1.7	1.6	1.8	1.9	2.0	2.2	2.3	2.4	2.5	3.3
1.5	1.5	1.6	1.7	1.9	2.0	2.1	2.3	2.4	3.2
1.3	1.4	1.5	1.6	1.7	1.9	2.0	2.1	2.2	3.1
1.1	1.2	1.2	1.5	1.6	1.7	1.9	2.0	2.1	2.9
三层玻璃									
2.3	2.0	2.1	2.2	2.4	2.5	2.7	2.8	2.9	3.7
2.1	1.9	2.0	2.1	2.2	2.4	2.5	2.6	2.8	3.6
1.9	1.7	1.8	2.0	2.1	2.3	2.4	2.5	2.6	3.4
1.7	1.6	1.7	1.8	1.9	2.1	2.2	2.4	2.5	3.3
1.5	1.5	1.6	1.7	1.9	2.0	2.1	2.3	2.4	3.2
1.3	1.4	1.5	1.6	1.7	1.9	2.0	2.1	2.2	3.1
1.1	1.2	1.3	1.5	1.6	1.7	1.9	2.0	2.1	2.9
0.9	1.1	1.2	1.3	1.4	1.6	1.7	1.8	2.0	2.8
0.7	0.9	1.1	1.2	1.3	1.5	1.6	1.7	1.8	2.6
0.5	0.8	0.9	1.0	1.2	1.3	1.4	1.6	1.7	2.5

7.2.5　抗结露性能评价

1. 基本概念

湿度的概念是空气中含有水蒸气的多少，有三种表示方法。

第一是绝对湿度，它表示每立方米空气中所含的水蒸气的量，单位是千克/立方米。

第二是含湿量，它表示每千克干空气所含有的水蒸气量，单位是千克/（千克·干空气）。

第三是相对湿度，表示空气中的绝对湿度与同温度下的饱和绝对湿度的比值，得数是一个百分比（也就是指在一定时间内，某处空气中所含水汽量与该气温下饱和水汽量的百分比）。

相对湿度用 f 表示。相对湿度的定义是单位体积空气内实际所含的水气密度（用 d_1 表示）和同温度下饱和水气密度（用 d_2 表示）的百分比，即 $f(\%)=(d_1/d_2)\times100\%$；另一种计算方法是：实际的空气水蒸气压（用 e 表示）和同温度下饱和水蒸气压（用 e_{sw} 表示）的百分比，即 $f(\%)=(e/e_{sw})\times100\%$。

饱和空气指在一定温度和压力下，一定数量的空气只能容纳一定限度的水蒸气。当一定数量的空气在该温度和压力下最大限度容纳水蒸气，这样的空气称饱和空气；未能最大限度容纳水蒸气，这样的空气称未饱和空气。假如空气已达到饱和状态，人为把温度下降，这时的空气进入一个过饱和状态，水蒸气开始以结露的形式从空气中分离出来变成液态水。

露点温度即对于一定质量、温度 T、相对湿度为 f 的湿空气，维持水蒸气压 P 不变，冷却降温达到水面饱和时的温度。

2. 一般规定

在评价实际工程中的铝合金门窗的结露性能时，采用的计算条件应符合相应的建筑设计标准，并按照工程设计要求取值。

在评价产品的结露性能时，为了统一条件，便于应用，应采用 7.2.1 节规定的计算标准条件。由于结露性能计算的标准条件包括了多个室外温度，所以在给出产品性能时，应注明计算的条件。

室内和室外的对流换热系数应根据所选定的计算条件，并按 7.2.1 节规定的计算确定。

对于铝合金门窗的结露性能评价指标，应采用各个部件内表面温度最低的 10% 面积所对应的最高温度值（T_{10}）。由于空气渗透和其他热源等均会影响结露，因此，在设计应用时应予以考虑。空气渗透会降低门窗内表面的温度，可能使结露更加严重。多层构造，其外层构造的空气渗透有可能降低内部结露风险；另外，热源可能会造成较高的温度和较大的绝对温度，使得结露加剧，因此，当铝合金门窗附近有热源时，要求有更高的抗结露性能；再有，湿热的风也会使结露加剧，如果室内有湿热的风吹到铝合金门窗上，也应考虑换热系数的变化、湿度的变化等问题对结露的影响。

铝合金门窗的所有典型节点均需要进行内表面温度的计算，计算典型节点的温度可采用二维传热计算程序进行计算。结露性能与每个节点均有关系，所以每个节点均需要计算。这是由于结露是个比较长时间的效果，所以典型节点的温度场仍可以按照 7.2.3 节的稳态方法进行计算。由于铝合金门窗的面板相对比较大，所以典型节点的计算可以采用二维传热计算程序进行计算。

对于每一个二维截面，室内表面的展开边界应细分为若干分段，其尺寸不应大于计算软件中使用的网络尺寸，并且应给出所有分段的温度计算值。为了评价每一个二维截面的结露性能，统计结露的面积，在二维计算的情况下，将室内表面的展开边界细分为许多小段，这些分段用来计算截面各个分段长度的温度，这些分段的长度不大于计算软件程序中使用的网格尺寸。

3. 露点温度的计算

水表面的饱和水蒸气压采用国际上通用的计算，即在高于 0℃ 的水表面的饱和水蒸气压可采用下式计算：

$$E_s = E_0 \times 10^{\left(\frac{aT}{b+T}\right)} \tag{7-82}$$

式中　E_s——空气的饱和水蒸气压（hPa）；

E_0——空气温度为 0℃ 时的饱和水蒸汽压，取 $E_0=6.11$hPa；

T——空气温度（℃）；

a、b——参数，$a=7.5$，$b=237.3$。

饱和水蒸气压的计算采用的是 Magnus 公式，即相对湿度：

$$f = \left(\frac{e}{e_{sw}}\right)_{P,T} \times 100\%\tag{7-83}$$

式中　e——水蒸气压（hPa）；

e_{sw}——水面饱和水蒸气压（hPa）。

因此，在一定空气相对湿度 f 下，空气的水蒸汽压 e 可按下式计算：

$$e = fE_s\tag{7-84}$$

式中　e——空气的水蒸气压（hPa）；

f——空气的相对湿度（%）；

E_s——空气的饱和水蒸气压（hPa）。

空气的露点温度即是达到 100% 相对湿度时的温度，如果铝合金门窗的内表面温度低于这一温度，则内表面就会结露。

空气的露点温度采用下面公式计算：

$$T_d = \frac{b}{\dfrac{a}{\lg\left(\dfrac{e}{6.11}\right)} - 1}\tag{7-85}$$

式中　T_d——空气的露点温度（℃）；

e——空气的水蒸气压（hPa）；

a、b——参数，$a=7.5$，$b=237.3$。

4. 结露的计算与评价

为了评价产品性能和便于进行结露计算，定义结露性能评价指标 T_{10}。T_{10} 的物理意义是指在规定的条件下铝合金门窗的各个部件（如框、面板中部及面板边缘区域）有且只有 10% 的面积出现低于某个温度的温度值。

铝合金门窗的各个部件划分示意如图 7-21 所示。

在对铝合金门窗进行结露计算时，计算节点应包括所有的框、面板边缘及面板中部。面板中部的结露性能评价指标 T_{10} 可采用二维稳态传热计算得到的面板中部区域室内表面的温度值。玻璃面板中部的结露性能评价指标 T_{10} 可按 7.2.2 节计算得到的室内表面温度值。即在规定的条件下计算窗门窗内表面的温度场，再按照由低到高对每个分段排序，刚好达到 10% 面积时，所对应分段的温度就是该部件所对应的 T_{10}。

铝合金门窗各个框、面板的抗结露性能评价指标 T_{10} 按照以下方法确定：

（1）采用二维稳态传热计算程序来计算框和面板边缘区域的二维截面室内温度表面每个分段的温度。

（2）对于每个部件，按照截面室内表面各分段温度的高低进行排队。

（3）由最低温段开始，将分段长度进行累加，直至统计长度达到该截面室内表面对应长度的 10%。

面板边缘区域
(宽200mm)

框

面板中部

图 7-21　铝合金门窗各部件划分示意

（4）所统计分段的最高温度即为该部件截面的结露性能评价指标值 T_{10}。

为了评价产品的结露性能，所有的部件均应进行计算。计算的部件包括所有的框、面板边缘及面板中部。

在进行工程设计或工程应用性能评价时，应以铝合金门窗各个截面中每个部件的结露性能的评价指标 T_{10} 均不低于露点温度为满足要求。即门窗某个部件出现 10% 低于露点温度的情况，说明该门窗的结露性能不满足要求，反之为满足要求。

采用产品的结露性能评价指标 $T_{10,\mathrm{min}}$ 确定铝合金门窗在实际工程中是否结露，应以内表面最低温度不低于室内露点温度为满足要求，可按式（7-86）计算判定：

$$(T_{10,\mathrm{min}} - T_{\mathrm{out,std}}) \cdot \frac{T_{\mathrm{in}} - T_{\mathrm{out}}}{T_{\mathrm{in,std}} - T_{\mathrm{out,std}}} + T_{\mathrm{out}} \geqslant T_{\mathrm{d}} \qquad (7-86)$$

式中　$T_{10,\mathrm{min}}$——产品的结露性能评价指标（℃）；

$T_{\mathrm{in,std}}$——结露性能计算时对应的室内标准温度（℃）；

$T_{\mathrm{out,std}}$——结露性能计算时对应的室外标准温度（℃）；

T_{in}——实际工程对应的室内计算温度（℃）；

T_{out}——实际工程对应的室外计算温度（℃）；

T_{d}——室内设计环境条件对应的露点温度（℃）。

在实际工程中，应按上式进行计算，来保证内表面所有的温度均不低于 $T_{10,\mathrm{min}}$。在已知产品的结露性能评价指标 $T_{10,\mathrm{min}}$ 的情况下，按照标准计算条件对应的室内外温差进行计算，计算出实际条件下的室内表面和室外的温差，则可以得到实际条件下的内表面最低的温度（只有某个部件的 10% 的可能低于这一温度）。只要计算出来的温度高于实际条件下室内的露点温度，则可以判断产品的结露性能满足实际的要求。

7.3 保温性能计算示例

通过上一节可以看出，铝合金门窗的热工计算可以采用二维稳态计算，由于计算数据量大，采用这种计算方法须有专用的计算软件，这种二维稳态计算方法计算结果也比较准确。还可以采用查表估算，这种方法计算简单、方便，但是计算结果比采用计算程序计算稍微差一些。具体选用哪一种计算方法可根据实际情况选择。

下面为铝合金隔热平开窗单层窗系统的热工性能计算。

1. 基本计算参数

（1）地区参数。工程所在地为北京地区，查表我国气候分区，工程所在地属于寒冷地区。

（2）建筑参数。

建筑物铝合金门窗朝向：南

建筑物体型系数：0.3

建筑物窗墙比：0.4

铝合金窗型材生产厂家：南华铝材

窗型材系列：NH52C

（3）环境参数。依据上述地区参数和建筑参数，由《公共建筑节能设计标准》（GB 50189—2005）有关规定查得该建筑物外窗：

保温系数限值：$\leqslant 2.7$

遮阳系数限值：$\leqslant 0.70$

（4）玻璃参数。采用高透光 $6L_{OW}-E+12$ 空气 $+6$ 透明玻璃。

2. 窗的有关参数

窗型立面如图 7-22 所示，其中：

宽 $W=1500$mm

高 $H=1500$mm

窗的总面积 $A_t=W\times H=2.25\text{m}^2$

窗框的外表面面积 $A_{d,e}=0.70\text{m}^2$

窗框的内表面面积 $A_{d,i}=0.76\text{m}^2$

玻璃总面积 $A_g=1.60\text{m}^2$

窗框总面积 $A_f=0.65\text{m}^2$

玻璃区域周长：$l_\psi=9.8$m

3. 计算中采用的部分条件参数及规定

（1）冬季计算标准条件应为

室内环境计算温度：$T_{in}=20\text{℃}$

室外环境计算温度：$T_{out}=-20\text{℃}$

内表面对流换热系数：$h_{c,in}=3.6\text{W/(m}^2\cdot\text{K)}$

外表面对流换热系数：$h_{e,out}=16\text{W/(m}^2\cdot\text{K)}$

室内平均辐射温度：$T_{rm,in}=T_{in}$

室外平均辐射温度：$T_{rm,out}=T_{out}$

太阳辐射照度：$I_s=300\text{W/m}^2$

（2）夏季计算标准条件应为

室内环境温度：$T_{in}=25\text{℃}$

室外环境温度：$T_{out}=30\text{℃}$

内表面对流换热系数：$h_{c,in}=2.5\text{W/(m}^2\cdot\text{K)}$

外表面对流换热系数：$h_{c,out}=16\text{W/(m}^2\cdot\text{K)}$

室内平均辐射温度：$T_{rm,in}=T_{in}$

图 7-22 计算窗型图

室外平均辐射温度：$T_{rm,out} = T_{out}$

太阳辐射照度：$I_s = 500 \text{W/m}^2$

（3）计算传热系数应采用冬季计算标准条件，并取 $I_s = 0$。

（4）计算门窗的传热系数采用门窗周边的室外对流换热系数 $h_{c,out} = 8 \text{W/(m}^2 \cdot \text{K)}$，周边附近玻璃边缘（65mm 内）的室外对流换热系数 $h_{c,out} = 12 \text{W/(m}^2 \cdot \text{K)}$。

（5）计算遮阳系数、太阳光总透射比应采用夏季计算标准条件，并取 $T_{out} = 25℃$。

（6）抗结露性能计算的标准边界条件应为

室内环境温度：$T_{in} = 20℃$

室内相对湿度：$RH = 30\%，60\%$

室外环境温度：$T_{out} = 0℃，-10℃，-20℃$

室外对流换热系数：$h_{c,out} = 20 \text{W/(m}^2 \cdot \text{K)}$

室外风速：$V = 4 \text{m/s}$。

（7）计算框的太阳光总透射比 g_f 应使用下列边界条件：

$$q_{in} = \alpha I_s$$

式中　q_{in}——通过框传向室内的净热流（W/m^2）；

　　　α——框表面太阳辐射吸收系数；

　　　I_s——太阳辐射照度 $= 500 \text{W/m}^2$。

4. 窗的传热系数计算

（1）窗框的传热系数 U_f。该窗为有断桥的金属窗框，窗框断桥的 $d = 18$，对具有断桥的金属框，U_{f0} 的数值由图 7-16 查得 $U_{f0} = 2.85 \text{W/(m}^2 \cdot \text{K)}$。

窗框 R_f 的热阻通过下式获得：

$$R_f = \frac{1}{U_{f0}} - 0.17 = \frac{1}{2.85} - 0.17$$

窗框 U_f 的传热系数公式为

$$U_f = \frac{1}{\dfrac{A_{f,i}}{h_i A_{d,i}} + R_f + \dfrac{A_{f,e}}{h_e A_{d,e}}} = \frac{1}{\dfrac{0.65}{8 \times 0.76} + \dfrac{1}{2.85} - 0.17 + \dfrac{0.65}{23 \times 0.7}} = 3.04 \text{W/(m}^2 \cdot \text{K)}$$

（2）窗框与玻璃结合处的线传热系数 ψ。窗框与玻璃结合处的线传热系数 ψ，由于本工程样品窗采用高透光 6Low-E＋12 空气＋6 透明玻璃组成的中空玻璃，经查表 7-11 得窗框与玻璃结合处的线传热系数

$$\psi = 0.08 \text{W/(m} \cdot \text{K)}$$

（3）玻璃的传热系数 U_g。由于玻璃采用高透光 6Low-E＋12 空气＋6 透明玻璃，因此，依表 7-7 查得：高透光 6Low-E＋12 空气＋6 透明玻璃的传热系数 $U_g = 1.9 \text{W/(m}^2 \cdot \text{K)}$。

（4）整窗的传热系数 U_t 的计算：

$$U_t = (\sum A_g U_g + \sum A_f U_f + \sum l_\psi \psi)/A_t$$
$$= (1.60 \times 1.9 + 0.65 \times 3.04 + 9.8 \times 0.08)/2.25$$
$$= 2.58 \text{W/(m}^2 \cdot \text{K)} < 2.7 \text{W/(m}^2 \cdot \text{K)}$$

因此，该窗的保温性能满足要求。

5. 太阳光透射比及遮阳系数

(1) 太阳光总透射比 g_t。窗框表面太阳辐射吸收系数 α_f 取 0.6，由式（7-73）知窗框的太阳光总透射比为

$$g_f = \alpha_f U_f / (A_{sur} h_{outf} / A_f)$$
$$= (0.6 \times 3.04) / (0.7 \times 16 / 0.65)$$
$$= 0.1$$

查表 7-7 知窗玻璃区域太阳光总透射比：

$$g_g = 0.47$$

由式（7-79）知，整窗太阳光总透射比：

$$g_t = (\sum A_g g_g + \sum A_f g_f) / A_t$$
$$= (1.6 \times 0.47 + 0.65 \times 0.1) / 2.25$$
$$= 0.36$$

(2) 整窗的遮阳系数。由 7.2.4 节知整窗的遮阳系数

$$S_C = g_t / 0.87 = 0.36 / 0.87 = 0.41 < 0.70$$

因此，该窗的遮阳系数满足要求。

6. 可见光投射比计算 τ_t

查表 7-7 得知，窗玻璃可见光透射比 τ_v 为 0.72，由式（7-81）知整窗的可见光透射比：

$$\tau_t = (\sum A_g \tau_v) / A_t = 1.6 \times 0.72 / 2.25 = 0.51$$

7. 结露计算

(1) 露点温度的计算。

本计算所采用的计算条件：

室内环境温度 $T_{in} = 20.0℃$

室外环境温度 $T_{out} = -15℃$

室内相对湿度 $f = 50\%$

a、b 为参数，对于水面（$t > 0℃$），$a = 7.5$，$b = 237.3$

$E_0 = 6.11 hPa$

水表面的饱和水蒸气压：

$$E_s = E_0 \times 10(a \times t) / (b + t)$$
$$= 6.11 \times 10(7.5 - 20.0) / (237.3 + 20.0)$$
$$= 23.4 hPa$$

在空气相对湿度 f 下，空气的水蒸气压：

$$e = f E_s = 50 \times 23.4 = 11.7 hPa$$

空气的露点温度：

$$T_d = b / [a / \lg(e / 6.11) - 1]$$
$$= 237.3 / \{[7.5 / \lg(11.7 / 6.11)] - 1\}$$
$$= 9.28(℃)$$

（2）结露的评价。本计算只对窗玻璃的结露性能进行计算分析。

室内环境温度 $T_{in}=20.0℃$

室外环境温度 $T_{out}=-15℃$

玻璃内表面换热系数 $h_{bi}=8.0W/(m^2 \cdot K)$

玻璃外表面换热系数 $h_{be}=21.0W/(m^2 \cdot K)$

窗玻璃的传热系数 $U_g=1.9W/(m^2 \cdot K)$

窗玻璃结露性能评价指标（室内玻璃表面温度）T_{pj}：

$$U_g(T_{in}-T_{out})=h_{bi}(T_{in}-T_{pj})$$

$$T_{pj}=T_{in}-(T_{in}-T_{out})U_g/h_{bi}=11.6℃$$

因为 $T_d=9.28℃$ 小于室内玻璃表面温度 $T_{pj}=11.6℃$，该窗不会出现结露现象。

第8章 铝合金门窗其他设计

8.1 工艺设计

工艺是指企业用什么样的管理程序和加工手段把产品制作出来。对于同一种规格型号的产品，不同的企业因技术水平、设备装备、工人的素质的不同，可以有不同的工艺流程和工艺方法，以体现出产品的特点和水平。好的产品质量必须有好的工艺作保证。

铝合金门窗的工艺设计是对生产企业在生产铝合金门窗过程中所采用的加工方法和手段进行设计，具体来说就是对所生产规格、类型的铝合金门窗的工艺流程、工艺方式、工艺规程、工艺卡片、工艺检验等方面进行系统、综合地设计，使得生产铝合金门窗采用的生产工艺先进，工艺流程紧凑、合理。不同的生产企业，虽然生产同一种产品，但由于采取的生产工艺不同，所以才生产出不同质量、不同价格的产品。

8.1.1　工艺流程设计

工艺流程设计包括工序设计和设备布局。

1. 工序设计

工艺流程是指生产某种门窗产品过程中，全部工序的转接程序，是指导全部工序先后顺序优化排列组合的工序文件，一般用工艺流程图来表示。铝合金门窗的整个生产工艺流程中每个工序用一个小方框表示，众多的工序小方框之间用箭头表示前后顺序和位置。这种工序与工序之间的有序排列组合并在关键工序上注明标记就是工艺流程。

一种门窗产品加工首先要确定由多少工序组成，哪道工序在前，哪道工序在后。各工序之间是怎样的对应关系，工艺流程的方向如何走法，这些都是一个企业重大的技术问题。必须认真对待，否则加工的产品就不能保证质量，生产效率就不能得到保证。正确的工艺流程是保证产品质量、节约材料、节约人力、提高工效的前提条件。因此，工艺流程是生产工艺中的纲领性文件，是技术宏观控制性文件。

2. 设备布局

生产设备的布局主要根据生产工艺流程和生产车间的面积进行。不同加工设备布置的先后顺序应根据工序加工要求进行，一般按照工艺加工顺序进行布置，这样可以保证上一道工序加工完成的构件就近转移到下一道工序，可以保证工序衔接的最优化。每一道工序之间，各加工构件应通过工艺流转车转接，既提高了工作效率，又可以保护构件。工艺流转车的流转应有专用的通道。所以，对于门窗生产企业来说，生产厂房的面积，应根据生产产品的种类、生产工艺布局和生产规模的大小（生产线的数量）等情况来综合考虑。

8.1.2 工序卡片设计

工序卡片是用来对每道加工工序进行工艺控制的技术文件，一般是用卡片的形式进行控制，所以叫工序卡片。特点：每一道加工工序一张卡片，卡片必须交到工序岗位的生产工人手中，工人以卡片规定的项目和要求对零、部件进行生产加工。

工序卡片的内容：产品名称、型号、零部件名称、图号、设备名称、设备编号、设备型号、工装编号、工序名称、工序编号、工序简图、工序标准、操作要求、工艺装备、检测方法、工装定位基准等。工序卡片的绘制以每一种门窗的零部件图样为依据，每个工序一卡。

在铝合金门窗生产工序中，有几个工序是影响产品质量的关键工序。所谓"关键工序"是指在铝合金门窗的生产加工过程中，对产品的最终质量起着至关重要的影响的工序，如果该工序出现质量事故，则最终的产品质量必然不合格。因此，在工序卡上，对关键工序应有特殊符号标明。在关键工序中，对操作要求、工序标准、检测方法等要写的特别详细，以保证关键工序中加工的产品质量。另外将关键工序以文字形式单独出卡也可以。不管以哪种形式，一定要对关键工序写明、写细，以利于操作人员看懂、看明白。对关键工序上的岗位人员应进行培训上岗，实行挂牌制，以增加岗位人员的工作责任和纪律。

8.1.3 工序卡片设计要求

1. 工序简图

工序简图就是要在工序卡片上对零部件的形状画明，注明定位基准、夹紧位置，并对尺寸、公差标出要求。对于简单的零部件，可以在工序卡片上画出，工序简图不要求严格的比例，只要与原零件相似即可，工序简图加工部位用粗实线画出，但一定要标明各种加工的尺寸、开榫和钻孔的位置、形状、数量与尺寸。有些复杂的零部件，在工序卡片上用简图表示有困难时，可以将零部件的原图样附在工序卡片的后面。

2. 工序名称

工序名称是指这一道加工工序是做什么（如下料、组装等）。工序名称是工序卡的要领，其操作要求、工艺装备、检测方法都是在这一要领要求下派生的，一定要明确，不可不填，否则这道工序加工的主要意图就难以明确，甚至出现误解。

3. 工序标准

工序标准是对加工某一零部件在技术上提出的控制要求和达到的质量目标，一般是指加工型材的长度公差，孔和榫的位置公差，或加工表面的粗糙度等要求。技术要求应当以企业所规定的内控质量标准为依据。企业内控质量标准是在满足国家标准要求且高于国家标准的一种企业内部控制标准，是为了确保达到或超过国家标准的标准，因而要按企业内控标准提出的技术要求填写。技术要求的标注一定要有工艺性，要保证企业现有技术水平和规定的工具、度量条件下，可以实现检验的要求。

4. 工艺装备

工艺装备简称工装，包括工具、量具、刀具、模具、夹具、组装工作台、型材存放架、运料小车等。

（1）工具：手持电、气动钻和手持电、气螺丝刀，手电钻，风钻，手锤，木锤，橡皮锤，尖嘴钳，划笔，铅笔等。

（2）量具：卷尺、游标卡尺、钢板尺、万能角度尺。

（3）刀具和夹具：各种规格的钻头、木工凿子、扁铲、锉刀、铣刀、玻璃切割刀、台钳、虎钳。

（4）模具：定位模板、仿形模板、清角机和端头铣床上专用组合铣刀。这些专用模板和铣刀一部分可以在组装设备订货时由设备生产厂家按门窗生产厂所用的型材系列设计、配套提供。钻模部分由门窗组装厂自行设计制作。

（5）辅助设备和设施：组装工作台、型材存放架、周转运料车、固定货架等，由组装厂自行准备。

（6）专用工装模板和刀具：各门窗组装厂根据所选用的型材断面形状、尺寸及所选用的组装工艺技术种线，必须配备若干种专用工装件。

1）定位模板。有的型材需在双角锯、玻璃压条锯切机床及焊接设备上配置专用的装夹定位模板，平开窗框扇合拢定位模板等。

2）仿形模板。在仿形铣床上要根据型材断面形状、尺寸和五金件的尺寸配置仿形模板。

3）钻模模板。用于安装五金配件，以保证安装位置正确。在焊接——螺接组装工艺路线中用于装配分格型材或组装框扇。

4）组合铣刀。在清角机床和端头铣床上需要配备适合于各系列型材断面形状、尺寸的专用组合铣刀。

5. 检测方法

检测方法是指对加工某个零部件并按照技术要求指导工人，用什么样的检测工具和什么样的检验方法去实现和检验所加工的零部件是否达到技术要求的规定，是指导工人用正确的操作方法去检查验证质量，防止由于检验方法不正确，导致检测数据出现误差。

6. 操作要求

操作要求是指工人在加工某一零部件时应采用合理的步骤和方法，明确在加工操作中的注意事项和操作要领。操作要求要指明工装定位基准，以指导工人在加工这一零部件时首先找出零部件加工的基准面，并以这个基准面展开其他工序的加工。一个零部件找不到合理的定位基准，零部件的加工很可能造成废品。除了确定基准面外还应确定夹紧面和定位面。但不是所有工序都有定位基准。需要确定定位基准的工序是指加工复杂的零部件，如下料、打孔开榫等，因为在这些工序中要求的尺寸精度较高，因此必须确定定位基准。对于装密封条、毛条等不复杂、比较简单的工序，可以不列定位基准。

8.1.4　工序卡片制订原则

工序卡片的制订以零部件的图样为基础，要以生产设备和工具条件为实施手段。工序卡片制订原则：

（1）每一种规格窗型要建立一套完整的工序卡。

（2）每一道工序一张工序卡片。

（3）每一张工序卡片包括的内容应填写完整、正确，与工艺流程图统一、一致，与设备台账编号统一、一致，整个工序卡片要有设计、校对、审核人员签字和日期以示责任。

工序卡片是指导操作人员进行具体操作加工的强制性技术文件，不同规格的窗型当然有不同的加工要求，因而不同规格的窗型就应有不同的工序卡片。这样才能体现出零部件加工的不同要求，对生产操作才有实际的指导意义。

工序卡片的制订是很严肃的技术工作，必须由企业的工艺管理部门和技术管理部门统一进行。制订的程序和批准手续一定要符合企业工艺管理制度的要求，不然工艺管理制度的法规性就不存在了。

一套工序卡片经由工艺管理部门或技术管理部门制订后，交给生产一线的实际操作人员具体执行，操作人员的实际操作是分岗位的，一个操作人员一次只能完成一个岗位的操作，因而工序卡片必须按照不同的工序，一张一张的分别制订。工序卡片必须按照工艺流程，一个工序一张卡片。对于规格不同而窗型相同，具有相同的工序，则可以制订通用工序卡片，对具体的尺寸规格则在工序卡片上加以说明即可。

随着铝合金门窗生产技术的不断发展，生产工艺必然有所改进、提高，因此工序卡片应随着生产工艺的改进、提高而适时更新。

工序卡片的制订中一定要满足上述要求，填写要完整，内容要正确，可操作性要强，同时还要有一定的先进性。

8.2　产品图集设计

建筑门窗产品图集是建筑门窗产品专用的一种技术文件。图集是建筑门窗生产企业向用户展示本企业可提供订货选择的产品的汇总技术文件，图集中所提供的立面图、型材断面图、节点图等具有体现工厂化生产、标准化、定型、通用的作用，凡是图集已列入的门窗型，应当是生产企业的定型产品，用户订货时，不需再提供特殊要求，直接选择即可。因此，建筑门窗的产品图集，实际上是生产企业向用户展示自己产品种类和生产规模、能力的产品样本，也是双方合同确立的有效凭证之一。

图集应按以下要求建立：

（1）以国家或省标准图集为依据，也就是说要有国家或省标准图集，同时企业必须建立自己的图集，而不得以国家或省的标准图集代替企业自己的图集。

（2）图集应依照国家标准《建筑门窗术语》（GB/T 5823—2008）及《建筑门窗洞口尺寸系列》（GB/T 5824—2008）明确窗型高、宽尺寸系列规格，并以其尺寸系列，标明窗型代号。

（3）应有图集编制说明。内容应包括：型材厚度、构造、尺寸系列；选用的型材厂家。门窗的物理性能（抗风压性能、气密性能，水密性能、保温性能、隔声性能、采光性能、遮阳性能）的最低保证值。

（4）注明图集的设计、制图、校核负责人。

（5）每种不同的型材原则上都要建立一套完整的图集，包括立面图、剖面图、节点图、构件图、安装图。

企业可以以国家或省标准设计为依据，而后根据企业的实际需要和生产能力有选择地对国家或省的标准图集进行选择，形成自己的图集。也可以委托有设计能力的单位进行图集的设计。

8.2.1　图集的组成

产品图集主要由设计说明、型材断面图、立面图、剖面图、节点图、施工安装图等内容组成。

8.2.2　图集的规格尺寸

图集文本的规格尺寸为：260mm×185mm，图集名称根据产品确定，如铝合金门窗图集或塑料窗图集。图集中每一页右下角均应有图名及页次，左上角均应有签字栏，具体可参照国家或省发行的相关产品图集。

8.2.3　图集的绘制要求

图集绘制应按国家标准《房屋建筑制图统一标准》（GB/T 5001—2010）、《建筑制图标准》（GB/T 50104—2010）要求绘制。图集中门窗的洞口尺寸、术语代号等均应符合《建筑门窗术语》（GB/T 5823—2008）、《建筑门窗洞口尺寸系列》（GB/T 5824—2008）的要求。

8.2.4　图集内容的编制

1. 图集目录

企业所编制的图集内容应编排页次，起到使用户查看方便的作用。

2. 编制说明

图集的编制说明是十分重要的一项内容，凡是在图集中不易用图表示的内容和要求，或者是在图中已有表示，但需要特别强调的内容均应在设计说明中叙述清楚。设计说明一般包括以下内容：

（1）适用范围。对于铝合金门窗来说，由于采用的铝合金型材表面处理方式的不同、采用玻璃的不同、采用门窗的开启方式不同，从而使得企业生产的铝合金门窗产品的性能不同，适应的用途及范围也因此不同。因此，在编写产品图集时应根据铝合金门窗的不同而分别提出适用范围。

（2）设计依据。企业应将所生产产品的铝合金门窗在制作加工时所依据的标准、规范及所使用的配套件相关标准分别在此项中列出。

（3）图集的内容。铝合金门窗产品图集一般包括设计说明、型材断面图、立面图、剖面图、节点图、安装图等内容。

（4）材料要求。材料要求主要是对所用型材、玻璃、密封胶条、毛条、锁、执手、滑轮等配件提出要求。

（5）技术要求。应根据《建筑结构荷载规范》（GB 50009—2012），按照 50 年一遇基本风压等规定，对铝合金门窗形式进行抗风压计算，规定出各种铝合金门窗允许的极限制作尺寸。

企业应根据铝合金门窗产品标准中的技术要求，编写所生产的产品的技术要求（可参照省标准图集）。

（6）成品质量要求。应根据铝合金门窗产品性能不同，依据产品的国家标准、行业标准、企业标准编写产品质量要求。如框、扇配合、搭接要求，框、扇构造尺寸偏差要求，框、扇杆件装配间隙及接缝高低差等要求，窗附件安装位置要求等（可参照国标、省标图集）。

（7）成品包装与标志。应根据国家标准《运输包装收发货标志》（GB 6388—1986）及《包装储运图示标志》（GB 191—2008）或企业标准要求编写。

（8）运输与储存要求。应根据国家标准《运输包装收发货标志》（GB 6388—1986）及《包装储运图示标志》（GB 191—2008）或企业标准要求编写或与上一条合并编写。

（9）安装要求。应根据所生产的铝合金门窗产品，按照国家标准、规范及行业或企业标准编写安装要求。

（10）维护保养。应当按照所生产的铝合金门窗产品、性能特点、企业标准及有关规定提出对产品的维护及保养要求。

（11）选用方法。主要是为用户（施工单位、建设单位等）选择图集中某一种型材、某一种窗型较方便、简明的一种表示方法。

3. 型材断面图

企业根据市场的需求及本企业自己的技术力量、工艺、设备情况，对长期、稳定加工的几种型材列为企业自己产品图集中的型材分别绘制断面图。断面图应分别用粗实线画出剖切面切到的部分图形，如框、扇、框梃、压条、密封条等断面图。型材断面图应注意是什么系列的平开窗或推拉窗。具体可参照有关国家或省铝合金门窗产品图集进行绘制。

4. 立面图

铝合金门窗立面图应按《建筑制图标准》（GB/T 50104—2010）绘制，按《建筑门窗洞口尺寸系列》（GB/T 5824—2008）确定不同宽、高洞口的尺寸。立面图为外视图。框构造尺寸与饰面材料有关，根据常用的饰面材料一般考虑厚度为 20～30mm，则铝合金门窗的框构造尺寸一般比洞口尺寸减少 50mm 左右。如果具体工程用外饰面材料厚度有特殊要求，则框构造尺寸可根据具体工程进行调整。为方便用户选用及施工安装操作方便，立面图应根据《建筑门窗术语》（GB 5823—2008）及《铝合金门窗》（GB/T 8478—2008）的规定，标明铝合金门窗立面的代号、窗的开启形式。一般情况下，一个企业的铝合金门窗图集中的立面图应根据常用的型材系列设立：推拉窗立面、平开窗立面、平开下悬窗立面等。企业应根据具体情况确定。

5. 剖面图

剖面图除应画出剖切面切到部分的图形外，还应画出沿投射方向看到的部分。被剖切面切到部分的轮廓线用粗实线绘制，剖切面没有切到，但沿投射方向可以看到的部分，用中实线表示。窗的剖面图应包括剖切面和投射方向可见的窗框扇、玻璃、胶条等配件的轮廓线。

每一种窗型，如推拉窗、平开窗，带亮窗或不带亮窗的均应有剖面图。一般剖面图要剖两个方向，在窗的水平方向剖开的，称为横剖面，竖向剖开的称纵剖面。不论是横剖面还是纵剖面其剖切位置一般为：左、右、上、下边框与扇的连接部位，开启扇与固定扇连接部位，开启扇与开启扇连接部位等，剖切的部位均应表示出密封条、玻璃。剖面图的剖视方向、线型、图例标注等应符合《建筑制图标准》（GB/T 50104—2010）的规定。

6. 节点图

节点图是建筑详图的一部分，表示建筑构件间或与结构构件间连接处相互固定的详细做法和连接用料的规格。

节点图又称"节点大样图"，通称大样图或"详图"。当图样中某部分由于比例过小，不能清楚表达时，可将该部分另以较大比例（一般用 1 : 1～1 : 10）绘制。详图是图集中不可缺少的部分，为施工时准确完成设计意图的依据之一。

窗的节点图是反映两个或多个部件（或材料）相互联结、装配关系的构造图。在建筑外窗加工行业中，节点图的构造与型材断面和工艺加工方式密切相关。节点图与剖面图是完全不同的两种图形，节点图表示了窗的某一联结部位如何联结、搭配、固定及相互间关系，包括配合的间隙尺寸，螺钉的规格尺寸、玻璃厚度等均应表示清楚，其节点图的比例也应相应加大，不同材料的图例均应表示清楚。

7. 安装图

安装图与节点图的表示方法及要求是一样的。安装图是表示窗框与窗洞口四周的砖墙或混凝土墙、梁板、窗台等部位的联结固定做法、方式及详细的联结材料尺寸、联结固定的间距、窗框与洞口间缝隙填充材料等，均应在图中表示清楚，以方便施工安装人员规范化操作。

8.3　产品图样设计

图样是铝合金门窗加工制作的技术依据。是门窗制造企业必须建立的最基础、最重要的技术文件之一。

8.3.1　图样与图集的区别

很多门窗生产企业把门窗的图样和图集混为一谈，搞不清图样与图集的区别，错误地认为有了图集就可以不要图样或者把图样与图集搞成同一个模式。图样与图集的区别见表 8 - 1。

表 8 - 1   **图集与图样的区别**

区别	图 集	图 样
作和	1. 确定本企业稳定生产门窗的系列窗型与结构样本 2. 向用户展示本企业所生产系列产品的样本，以供用户选择订货	生产企业用于各个生产工艺流程中，指导和规范工人进行实际加工制作的图形
图形性质	1. 宏观样本性，不具有严格的绘制比例关系 2. 结构尺寸的标注不一定详细 3. 图形的数量较少	1. 严格的绘制比例关系 2. 详细的尺寸标注，有的还必须说明尺寸和形位公差 3. 详细的工艺、技术要求 4. 图形数量要比图集更多更详细

8.3.2 图样建立的基本要求

按照国家对门窗生产的要求，建立图样必须满足以下要求：

（1）图样的图形种类必须包括立面图（总图）、剖面图（截面图）、节点图、安装图、部件图和零件图，有的还要建立局部视向图和局部剖面图。

（2）图样的绘制必须依照国家规定的机械制图的要求严格进行。

（3）每张图样必须设标题栏，标题栏中必须包括图样拥有单位、设计者、绘图者、审核者、批准者、绘制比例，使用材料名称、规格、单位重量，图样种类名称，图样编号，以及用于图样修改时的修改标记、处数、批准文号、批准修改负责人等内容。

（4）每张图样中必须有严格规范的尺寸标注，有的还要注明尺寸和形位公差以及用文字说明的技术要求（或技术条件）。

（5）在剖面图、部件图和局部剖面图上要用1、2、3…标出零件序号并在标题栏上方设立零件明细表，标明零件序号、图号、零件名称、数量、重量等。

（6）鉴于目前我国各个铝合金建筑型材生产厂家的型才断面构造不一样，同一厂家生产的型材厚度系列有多种，各种门窗的外型不一样，因而门窗生产企业建立图样数量的原则：每一个型材厂家的每一种厚度系列下的每一种门窗型式都应建立包括上述图形种类的一套完整的图样。例如，一个铝合金门窗生产企业使用的是两个型材厂家的不同结构"型材"，生产55、80两种厚度的窗子，有2个窗型，那么，该企业应建立的图样总数为2×2×2＝8套图样。

在实际生产中，为了尽可能减少制图的数量，可以采取归类套用的方法。例如，几个不同的窗型，凡是基本结构和节点相同的地方不必每一个窗型都建立一套图样，可以用通用图样替代，对结构不同的地方另建立补充图样，从而实现一图多用，大大减少了实际制图的数量。但不能以一种型材断面，一种厚度的型材，一种窗型的图样代替全部产品的图样。

（7）正规的图样可以是经过熏晒的蓝图，也可以是经过微机打印出图的白图，最好不要使用别人的图样经复印后形成的图样。

（8）为了便于铝合金门窗生产企业的管理和制造，每套图样应做到一式两份，一份用于技术文件存档管理，一份用于车间加工制作用。

8.3.3　各种图样图形建立的要点

1. 立面图

立面图又称外形总图。立面图是反映要加工制造的门窗由室外观看时整个门窗外观的全貌图形，其作用是给人以直观的外形全貌的观感。立面图的绘制按照机械制图的要求绘制。主要参照标准为《产品图样及设计文件》（JB/T 5054.1～50504.6—2000），该标准中对产品图样的基本要求、格式、编号原则、完整性、更改办法等做出了具体要求。

另外立面图应按照门窗的真实尺寸依照一定的比例缩小绘出。立面图的尺寸标注原则是：只标轮廓尺寸，如果门窗型带亮窗，则还要标出亮窗的高度尺寸。

按照图样建立的基本要求，只要门窗的外型即门窗型不变，立面图可以作为这一门窗型的代表图形，其宽、高尺寸可以用字母 a、b 表示。

用这样的一个立面图形就可以代替本企业生产的所有门窗型相同但规格不同的门窗图形，达到了减少图样绘制量，但所有该门窗型的规格系列尺寸 a、b 应在图面的坐下角用表列出，以表明这种门窗型本企业具体生产的系列、规格、数量。

关于图样中的技术条件，可以在立面图中列出，也可以在相应的剖面图中列出。

在图样的右下角列出的是标题栏，它包括了图样的拥有单位名称，图样编号、图样种类、绘制比例、设计者、绘制者、审核者、工艺审核者、批准者及图样修改时的标记、处数、分区、更改文件等栏目。标题栏中的这些栏目都应该填明，并完善签字和签字日期。

在立面图上有 A-A、B-B 等断面标记符号，它们表示所列出的剖面图剖切的断面位置，说明列出的剖面图是从这一位置开始剖开的。因此，不同的剖面位置所形成的剖面图是不一样的。如果没有 A-A、B-B 等剖面标记，则剖面图的图形就成了无水之源，失去了依据。因此，剖面位置的选取不是随便乱选的，应在最能代表门窗内部结构的地方。

2. 剖面图

剖面图又称截面图。剖面图是表示门窗各个零部件相互位置关系的结构图，它表示一樘门窗全部装配完整之后各个零部件之间相互位置、相互关系的图形，它是认识门窗内部结构的重要图形，通过剖面图可以看出一樘门窗内在结构的相互关系。剖面图的绘制要点如下：

（1）剖面图的形状必须和立面图上的 A-A、B-B 等切面标记相符合。

（2）剖面图中各个零部件的相互位置关系应正确反映门窗的实际情况，相关的零部件要一一标出，不得缺少。

（3）必须用 1、2、3…序号标出相关零部件的序号，或所用型材代号并在标题栏上方的零部件表中列出其序号、名称、图号、数量、材料、重量。为了便于书写，零部件表中的序号是由下至上排列的，便于随时补充。

（4）必须注明各零部件之间的相互配合尺寸。如窗框与窗扇之间的搭接量、胶条嵌接深度等尺寸。

（5）在剖面图中，横剖面和竖剖面两个剖面不得缺少。如果是带亮窗的门窗，还应有一个亮窗的横剖面图。至于应列入几个剖面图，则应视所加工的门窗型的难易需要而定。

（6）剖面图是显示内部结构的重要图形，为了便于生产工人识图和装配的需求，剖面图的绘制比例应比立面图要大。

（7）技术要求的内容应保证达到产品标准的主要技术要求，字迹应清晰，数据应规范。

（8）剖面图是指导操作工人进行加工制造的重要技术图纸，为满足生产的需要，其图面应采用较大图号，一般至少采用 4 号图面。

（9）标题栏和材料表应符合立面图中提到的要求。

3. 部件图

部件图是指由部分零件组成的门窗分部整体部件的图形，如门窗框、门窗扇等组成的梁框杆件等。部件图既是整个门窗的一个分部，又是由两个以上零件组成的一个分部整体。是显示和掌握门窗部件构造和制作的重要技术图样。

部件图既然是门窗的一个分部整体，因而在绘制时也必须用这一部件的立面图和剖面图进行表示，因此部件图绘制的要求和前面讲过的整体门窗的立面图和剖面图的要求是同样原则。

4. 节点图

节点图又称节点大样图。它是门窗框、扇中两种不同的型材垂直相交处的结构联结图形。

节点图的构造与型材断面和工艺加工方式密切相关。同样的型材，同样窗型，各个生产厂家可以有不同的节点加工方法。体现了不同生产厂家的工艺特点和技术水平。如在节点处，有的生产厂家加垫片，有的不加，有的用螺钉，有的用拉铆钉等。

以窗框简图 8-1、图 8-2 为例进行说明。在图 8-1 中上框与右框的结合点 1，下框与右框及左框的结合点 2 就是节点。在图 8-2 中，上框与右框的结合点 3，左框与中框的结合点 4 及下框与右框的结合点 5 都是节点。这些节点都是由两根截面形状不同的型材，通过螺栓进行联结的，其联结图形用剖面图是不能直观表现出来，唯一的办法就是用节点图进行表示。

图 8-1　窗框简图一

图 8-2　窗框简图二

表现节点的图是绘制图样的一个难点，不容易绘制。最好的办法是采用局部的具有立体感的"轴侧图形"，绘制起来太烦琐。在实际绘图中一般采用视向图，也有以轴侧图形表示的，比较两种节点图的表示方法可以看出二者的区别。视向图虽然在识图上有一定的难度，但若经常使用，还是可以达到要求的。

用视向图的方法绘制节点图时，一定要在立面图上表示出视向的位置代号和箭头方向，表示是从哪个方向去视看的，才能表示出节点的结构，否则就会产生混淆。节点图的目的是为标明节点处的构造，一般只画图形不标注结构尺寸，只要标出绘制比例，绘制线条清晰就可以了。有的节点图采用虚、实线并用的绘制方法，从一端看去，肉眼看见的部分用实线表示，被遮住的部分用虚线表示。至于用哪一种方法，可以根据企业的技术习惯，以将节点处的联结结构表示清楚为目的。

为了标明节点图的位置，节点图一般都和门窗框、扇的部件立面图放在同一张图形中。为了标明节点处各零件的数量和位置，节点图中也应用1、2、3…标出相关零件的序号和名称，也要提出技术要求，也同样应列出标题栏，并在标题栏中填写清楚。需要设立组成节点图材料明细表的，也应按要求设立。

5. 安装图

安装图是表示门窗与建筑物洞口进行安装就位的结构图形。除了按要求在图面上应设标题栏和技术要求外，还应注意以下几点：

（1）安装图中应包括门窗型的立面图和与洞口连接的上、下、左（右）三个剖面图，以表示门窗和洞口上、下、左（右）边的不同连接方法。

（2）在安装图的立面图上应注明四个边框与洞口相连接的点数及连接点之间的间距，以利于指导安装人员按图定位连接。

（3）在三个剖面图上应注明相关零件的配合尺寸，并引用序号1、2、3…或文字注明相关零件和填充物、密封胶等的序号或规格，必要时应列出材料明细表并在明细表中将组成零件的名称、数量、材质等写明。

6. 零件图

零件图是指在一樘具体门窗中，由企业自行加工制造的各件型材、各个零件的加工制造图形。

门窗是由各个型材件和各个零件经过相互配合组成的，各个型材、零件等又都是经过一定工艺加工而成的。为了对各个零件进行正确有效地加工制作，必须提供各个型材和零件相应的图样。这种以单个零件为对象的图形，就是零件图。

零件图除了必须设立标题栏并认真填写，标明技术要求外，还应达到下面要求：

（1）零件图必须是一个零件一张图，不能在一张图上画两个零件，也不能将一个零件画在两张图上。

（2）每张零件图都要有不同的图号，并且应与剖面图上该零件图号相一致。即一套产品图样中前后图号应保持一致性。

（3）零件图的视图数量：简单的零件可以用一个，复杂的零件可以用两个或三个，有的零件还需画出断面图，以完全能表达出这个零件全貌为准。

（4）为了保证加工工艺，零件图必须注明详细的长度尺寸、位置尺寸及相应的尺寸公差。至于加工要求的粗糙度，视情况可以标示，也可以不标示。

（5）铝合金门窗节点处的连接板、自制的防盗块等零件也应作为零件进行绘制。

（6）凡是外购不需要自己加工的零件，不用绘制零件图，但应在剖面图或节点图中的材料明细栏目中列出其数量及规格型号要求等。

（7）安装图中的有关连接件，凡是自行加工的要作为零件，就要进行绘制零件图。

8.4 铝合金门窗系统设计

门窗系统是将与门窗有关的各个部分（如五金件、型材、胶条、设备、加工工艺、技术支持等）整合在一起，作为一个整体来考虑，经过精心设计形成的具有全局观念的有机组合。

组成一樘完整门窗的各个子系统的所有材料（包括型材、玻璃、五金件、密封胶条、辅助配件及配套纱窗）均是经过严格的技术标准整合和多次实践的标准化产品，并利用专用的加工设备和安装工具将各种原材料按照标准的工艺加工和安装组成完整门窗。

对于"系统门窗"和"普通门窗"的区别，可以用电脑的"品牌机"和"组（拼）装机"来比喻。若门窗整体缺乏统一的技术设计整合，构成门窗的各个子系统的材料之间配置不合理，兼容性不好，即使各项材料均使用一些品牌产品也很难保证门窗系统整体的性能要求。

我国目前成熟度较高的源自欧洲的门窗系统有旭格，罗克迪、阿鲁克。国内自己研发的门窗系统有兴发的赢系统、辽沈的丽格系统等。

中东阿以战争导致两次石油危机，以德国、意大利为主的工业国家深受能源短缺之苦，更加加强了他们在新能源开发及节约能源的投入。在节能门窗的发展上，按材料的使用分成三大领域，即木门窗，塑钢门窗及铝合金断桥门窗。

经过30年的发展，欧洲铝合金节能门窗，从无到有，再发展到现在功能齐全，配备完善，外形美观多样，已经形成一个成熟的产业链。整个行业包含系统（如德国旭格－SCHUCO）、铝材（如海德鲁－HYDRO）、玻璃、隔热条、胶条、门窗五金件、设备及其他配套公司。在整个大行业中，"系统公司"是居于领导的地位，一些有规模、有实力的铝型材公司，其本身也有系统部门。在市场上，工程用户或者一般消费者，一定指定××品牌的系统门窗。没有系统的门窗，在欧洲可以说是寸步难行。如此可知系统的重要性。

发展门窗系统，存在于以下几方面的理由：

（1）技术的需求。良好的物理性能及安全性能指标；能通过权威的实验室的检测；良好的公差配合——型材、隔热条、胶条、五金件、相互间都须有良好公差。

（2）设计的需求。房屋设计的过程中，设计师或开发商对门窗类型的采用有不同的喜好，在考虑不同类型门窗拼接的时候，便提出了系统的需求与概念。

（3）视觉美观的需求。门窗是建筑物的眼睛，型材越少，视觉效果越好。

（4）市场的需求。可满足不同消费群体的需要；系统与没有系统的区别：整体考虑门窗设计，无需考虑五金件、胶条等的配合。

门窗系统的组成部分：配套机械设备、专业技术支持、系统五金件、系统胶条及系统型材几部分。

系统对门窗的要求是，一个好的门窗，必须要有好的气密、水密、隔声、保温隔热及抗风压性能，并在设计上考虑以下几点：

（1）尽量减少型材截面。大部分的型材批发商或者门窗公司都面临一个相同的问题：即型材品种繁多，且容易积压，影响资金流动及管理的困难。比如，不隔热门窗，在设计型材时，若考虑内开、外开、活动百叶的共用性，即可以减少型材截面的品种。

（2）五金配件、角码、胶条的统一化。好的门窗系统，为配合隔热门窗、不隔热门窗等不同市场需求，并减少配套件的库存，以降低成本，有利于管理。因此，配套件的共用性、统一性势在必行。

（3）加工工艺的统一化、简单化。一般的门窗设计，主要考虑型材断面及五金件的配合，很少考虑现场工人生产、制造的方便。如果工人的生产效率越高，品质的合格率越高，相对的生产成本就越低。

（4）完善的节点，迎合不同的开启方式。建筑设计师在设计工程时，经常为了建筑物的造型效果，会有不同的门窗需求。为了配合工程需求，良好的门窗系统只要做少部分修改，即可满足需要，不须另起炉灶。门与窗、推拉门窗与平开门窗的节点，也要有良好设计，不致产生好几根铝型材连在一起，影响视觉美观，并同时能满足不同的开启需求，如外平开、内平开、内平开下悬、外开上悬、内开下悬、推拉等功能。

（5）良好的整体公差配合，完善的生产工艺。门窗结构是由铝型材、玻璃、隔热条、胶条、五金件及加工工艺配合完成，如果没有良好的公差配合，很难生产合格的门窗，因此系统公司在这方面就起到主导的作用。欧洲对于门窗的制造销售，均要求必须通过门窗实验室的检测（如德国的 ROSEHEIM），检测的标准也有明确规定。为了通过检测，良好的公差配合，持续且完善的制作工艺是必须的，例如为了"水密"及防止室内外温差造成"结露"，"排水孔"及"通风孔"的设计就至关重要。

（6）材料要求。

1）五金件。铝型材与铁质五金件之间存在电位差，易造成铝型材腐蚀，因此，冷（热）轧铁质五金件是不宜采用的。一般使用的材料，在符合强度的前提下，以不锈钢、铝合金、锌合金及工程塑料为主。

2）胶条。以三元乙丙（EPDM）为主，寒冷地区需要采用硅橡胶。

3）隔热条。以尼龙 66 加 25％的玻纤为主。目前尚无有其他可靠有效的取代材料。

（7）系统的可扩充性。良好的门窗系统，除了满足目前推拉、平开（内开，内开内倒，外开）需求外，还需要在现有的基础上提升到能与幕墙系统，室内隔断系统，室内门系统相结合，如此，才能称得上完整的系统。

第9章

铝合金门窗生产组织

门窗作为建筑物的配套产品，突出特点是配套性，主要体现在以下三个方面：

（1）功能配套。门窗只有安装在墙体上与建筑物结合，才能发挥其性能和作用。

（2）数量配套。一个单体建筑工程的大小决定了配套门窗数量的多少，如一栋20多层的高层建筑，单体建筑面积约2万～3万 m²，其门窗面积大约为5000m²。一栋5～6层的多层宿舍楼或办公楼，单体建筑面积约3000～4000m²，其门窗面积约1000m²。

（3）工期配套。门窗须在土建墙体工程全面完工后，在相对较短的时间内且不影响外墙和门窗洞口装修处理的情况下，自上而下完成上墙安装工作，安装工期仅有几个月的时间，甚至更短。

目前大多铝合金门窗生产企业既负责门窗的生产制作，又负责工程现场的门窗安装。因此，门窗生产企业应须结合自身的资金势力和技术水平，明确市场定位，承接与自身企业能力相应的门窗工程。防止出现大工程接不上或接了不能按期完成，小工程不愿接而没工程可做的情况。

一般来讲，按生产能力和承接能力铝合金门窗生产企业可划分为三类：一类为大型企业，可一次承接单体门窗数量在5000m²以上的工程，年产量在10万 m²以上；二类为中型企业，可一次承接单体门窗数量在3000m²以上或同时承接多个单体门窗数量在1000m²以下的工程，年产量在5万 m²以上；三类为小型企业，可承接几个单体门窗数量在1000m²以下的工程，年产量在2万～3万 m²。

不同类型的铝合金门窗生产企业在设备、设施及人员的配备上有很大的不同。

9.1 生产规模的配置

生产规模是指一个企业在一定时期如一年内生产某种产品的能力。铝合金门窗的生产规模由所生产产品的特点决定，一方面取决于设备和厂房硬件设施的配备情况，另一方面取决于技术、管理、生产人员的能力和素质及资金配套情况。

9.1.1 铝合金门窗生产企业设备与设施配置

表9-1、表9-2和表9-3分别给出了小、中和大型铝合金门窗企业生产设备典型配置

方案。

表 9 - 1　　小型铝合金门窗企业生产设备典型配置方案（年产量 2 万～3 万 m²）

序　号	设备名称	数　量	备　注
一、主要加工设备			
1	铝门窗双头切割锯	1	—
2	铝门窗单头切割锯	1	—
3	铝门窗双头仿形铣床	1	—
4	铝门窗端面铣床	1	—
5	铝门窗组角机	1	—
6	铝门窗角码切割锯	1	—
7	冲床	1	—
8	台式钻床	2	—
9	空气压缩机	2	—
二、辅助设备			
1	铝型材支架	—	视实际需求
2	门窗周转车	—	视实际需求
3	铝型材周转车	—	视实际需求
4	组装工作台	—	视实际需求
5	玻璃周转车	—	视实际需求
6	铝型材料架	—	视实际需求

表 9 - 2　　中型铝合金门窗企业生产设备典型配置方案（年产量 5 万 m²）

序　号	设备名称	数　量	备　注
一、主要加工设备			
1	铝门窗数控双头切割锯	1	—
2	铝门窗单头切割锯	1	—
3	铝门窗双头仿形铣床	1	—
4	铝门窗仿形钻孔机	1	—
5	铝门窗冲压机	1	—
6	铝门窗自动角码切割锯	1	—
7	铝门窗端面铣床	1	—
8	铝门窗组角机	2	—
9	铝门窗数控四头组角机	1	—
10	冲床	—	视型材品种
11	钻铣床	3	—
12	空气压缩机	3	—

序　　号	设备名称	数　　量	备　　注
二、辅助设备			
1	铝型材支架	—	视实际需求
2	门窗周转车	—	视实际需求
3	铝型材周转车	—	视实际需求
4	组装工作台	—	视实际需求
5	玻璃周转车	—	视实际需求
6	铝型材料架	—	视实际需求
7	胶条车	—	视实际需求

表 9 - 3　　　　　　大型铝合金门窗企业生产设备典型配置方案（年产量 10 万 m²）

序　　号	设备名称	数　　量	备　　注
一、主要加工设备			
1	铝门窗数控双头切割锯	1	—
2	铝门窗数显双头精密切割锯	1	—
3	铝门窗单头切割锯	2	—
4	铝门窗双头仿形铣床	2	—
5	铝门窗仿形钻孔机	1	—
6	铝门窗冲压机	2	—
7	铝门窗自动角码切割锯	2	—
8	铝门窗端面铣床	2	—
9	铝门窗组角机	2	—
10	铝门窗双头组角机	1	—
11	铝门窗数控四头组角机	1	—
12	冲床	—	视型材品种
13	钻铣床	4	—
14	铝门窗弯圆机	1	—
15	空气压缩机	4	—
二、辅助设备			
1	铝型材支架	—	视实际需求
2	门窗周转车	—	视实际需求
3	铝型材周转车	—	视实际需求
4	组装工作台	—	视实际需求
5	玻璃周转车	—	视实际需求
6	铝型材料架	—	视实际需求
7	胶条车	—	视实际需求

图 9 - 1、图 9 - 2 和图 9 - 3 分别给出了小、中和大型铝合金门窗企业生产车间典型布置方案。

图 9-1　小型铝合金门窗企业生产车间典型布置方案

图 9 - 2 中型铝合金门窗企业生产车间典型布置方案

图 9 - 3　大型铝合金门窗企业生产车间典型布置方案

小型铝合金门窗生产企业需要 $500 \sim 800 m^2$ 的生产车间，典型生产车间布置方案如图 9-1 所示。

中型铝合金门窗生产企业需要 $1000 \sim 1200 m^2$ 的生产车间，典型生产车间布置方案如图 9-2 所示。

年产量达到 10 万 m^2 规模的大型铝合金门窗生产企业，需要有 $2000 m^2$ 以上的生产车间，典型生产车间布置方案如图 9-3 所示。

另外，对于中型及大型铝合金门窗生产企业还需要配备独立的型材库房和产品库房，面积大小以适应型材及产品的周转存放为宜。

9.1.2 铝合金门窗生产企业的人员配置

大中型铝合金门窗企业与小型铝合金门窗企业相比，设备配备的自动化程度高，管理人员和生产人员的专业分工更细致，专业水平相对较高。小型企业管理人员和生产人员专业分工相对较粗，要求人员从事的岗位更全面。

根据目前典型铝合金门窗生产企业设备配置情况，大型铝合金门窗生产企业的生产和安装人员，每人每天的定额约为 $10m^2$，中型企业为 $9m^2$，小型企业为 $8m^2$，每月按 22 天计算定额工作量。小中大型规模铝合金门窗生产企业的人员配置情况见表 9-4 所示。

表 9-4　　　　　　　　　铝合金门窗生产企业人员配置方案

企业类型	生产工人	安装工人	技术人员	销售人员	管理人员
小型	15～20		3	3	5
中型	16～25	20	4	4	6
大型	30～35	35	5	5	8

注：表中小型企业的生产工人与安装工人为共同生产和安装。

9.1.3 铝合金门窗生产企业的部门配置

铝合金门窗生产企业要适应市场的需求，企业内部必须建立快速反应机制，从合同签订到设计、材料采购、生产加工、产品发运及安装、售后服务等各环节，生产企业应设置相应的部门或人员分别负责相应环节的工作，形成事事有人做、有人管，不重叠、不漏缺，各环节相互监督、相互制约、相互促进、协调统一的闭环管理模式，各部门、人员都能按照各自的职责开展工作，在企业内形成一个有机整体，有计划按步骤地完成各个门窗供货合同，确保及时顺利地给用户提供满意的产品。

1. 部门设置

本着"精简、高效"的原则，一般企业可设置供应部、安装部（销售部）、生产部、技术部、质检部、财务部、行政办公室等部门，小型企业可设置相应的专职负责人员。

2. 部门职责

（1）安装部（销售部）。负责产品安装和售后服务及与用户沟通，对每个门窗供货合同负责落实项目责任经理（人）。

负责安装质量的验收。

（2）技术部。

负责新材料、新产品的研发和推广，适时推出新产品。

负责工艺路线的设计、改进。

负责向生产部提供所需的材料计划、工程设计图样、工艺卡片、下料单等工艺技术文件。

负责生产计划的制订。

负责工艺装备、设备管理。

（3）供应部。

负责开拓市场，拓展用户，签订门窗加工合同。

负责原材料供货商的评价及合同的签订。

负责回收货款，促进门窗合同按期完成，及时回收货款。

负责原材料的采购。

负责原材料的入库保管。

（4）生产部。

负责产品的生产加工。

负责生产加工过程中各环节的协调配合。

负责产品加工过程中的工序检验。

与技术部配合完成技术、工艺的改进。

（5）质检部。

负责原材料进货检验。

负责产品的出厂检验。

负责产品生产过程的质量检验。

（6）财务部。

负责收付货款及成本核算。

负责固定资产核算管理。

负责其他财务活动。

（7）行政办公室。

负责后勤保障及行政管理工作。

以上各部门的设置应根据铝合金门窗生产企业的具体情况而定，各部门职责的划分及确定应涵盖企业的整个管理活动（包括质量活动）。

3. 部门间的相互关系

供应部将已签订的合同，包括品种、数量、材料说明、用户要求及合同附件资料，转给技术部门。由技术部门绘制门窗生产加工图纸、下料单，计算型材、辅材、配件和安装材料等综合耗用清单，根据合同要求制订生产计划，并转给生产部门和供应部门，由供应部门负责原、辅材料、配件采购。

生产部门按照生产计划安排生产车间生产加工，进行加工过程中的质量检验。质检部负责成品质量的检验，检验合格的产品签发合格证，办理入库手续，签发检验报告，不合格的产品进行返工返修处理。

安装部根据合同时间要求，安排产品的发运及现场工程安装，协同工程安装验收。

目前，国内门窗生产企业和工程建设方一般情况执行按进度付款，即签订合同预付一定的预付款，加工安装过程中按进度分期付款，在门窗安装完毕时付至工程款的70%～80%，验收完毕后付至90%～95%，余款作为质量保证金。在质量保证期内由双方协商付清余款。产品发货后，货款回收工作依然没有完成的，财务部门就需与供应部门核对每个合同货款回收情况，督促供应部落实货款回收计划，降低货款回收风险，最大限度地回收货款。

9.2 生产计划的制订

铝合金门窗作为建筑物的配套产品，只有与建筑物正确配合，才能发挥出其自身的作用，铝合金门窗的这种配套性，决定了其生产、安装进度必须与建筑工程总体进度协调一致，按建筑工程总工期要求如期完工和验收。这就要求铝合金门窗生产企业对生产铝合金门窗所需的原辅材料及配套件的供应、产品生产加工、安装进度等进行综合计划、协调安排，使企业的生产加工高效有序，以保证与工地施工现场的安装进度协调一致，配合土建工程同步完成。

9.2.1 原材料采购计划

目前，市场上供应的铝合金型材品种类别众多，各铝合金型材企业生产的型材也不尽相同，且每年都有新产品开发出来。铝合金门窗因所配套的建筑物功能、作用要求不同，对铝合金型材的要求也不相同。因此，当门窗生产企业签订铝合金门窗合同时，就需要根据建筑设计部门对铝合金门窗的性能和功能要求，明确铝合金型材的品种，有时还需具体到铝合金型材生产厂家，主要配套件和玻璃的种类也要明确。

当一个门窗合同签订后，门窗的立面大样图、窗型、结构、开启形式及各类门窗型的数量也就确定了，所用的铝合金型材、五金件及其他配套材料也就确定了。这时，企业的相关部门就可以根据合同规定的品种、数量及材料要求，制订相应的铝合金型材、玻璃、五金件和辅助材料的采购计划。尽管有可能在生产过程中会有小的变更，但一般来说，大部分的品种、数量都已经确定。

【示例】 某铝合金窗工程合同为LC001，其窗型、数量如图9-4所示。

铝合金型材选用55系列隔热断桥氟碳喷涂型材，表面颜色为外绿内白，玻璃采用(5+9A+5)mm白色浮法中空玻璃，五金件选用国产名优产品，胶条采用三元乙丙橡胶条。

根据窗型和材料要求，列出窗汇总表（表9-5）。

C1(60榿)　　　　　　　C2(60榿)

图9-4　LC001号铝合金窗合同窗型图

表9-5　　　　　　　　　　　　**LC001号铝合金窗汇总表**

合同号	LC001	合同单位	×××		门窗数量（榿）		120
门窗号	数量（榿）	单榿窗面积（m²）	总面积（m²）	开启形式	型材	玻璃	配件
C1	60	2.88	172.8	内平开	氟碳喷涂绿白	中空	名优
C2	60	1.44	86.4	内平开	氟碳喷涂绿白	中空	名优
合计	120	—	259.2	—	—	—	—

1. 铝型材采购计划

由技术人员根据合同，结合具体窗型和规格尺寸，设计下料单，计算铝合金型材的需要量。不同规格的铝合金型材如框、扇、中梃、玻璃压条、扣板、角码等要齐全配套。必须按需要的数量，在最大限度提高材料的利用率的前提下，用优化下料的方法，计算各种铝合金型材的采购数量。铝合金型材的标准长度为6m，如数量较大，可与铝合金型材生产厂家确定定尺长度，保证足额采购又不浪费。本合同窗C1、C2各规格铝合金型材的需要量分别见表9-6和表9-7。

表9-6　　　　　　　　　　　　　**C1窗型型材需要量**

序号	名称	型材代号	下料长度（mm）	数量（支）	备注
1	上下框	GR6301	1470	120	—
2	左右框	GR6301	1770	120	—
3	上下梃	GR6302	704.6	240	—
4	左右梃	GR6302	1155.2	240	—
5	中横框	GR6303	1414	60	—
6	中竖框	GR6303	1143.5	60	—
7	上亮横玻压条	6305	1414	120	实测尺寸
8	上亮竖玻压条	6305	496	120	实测尺寸
9	扇横玻压条	6304	612.6	240	实测尺寸

序号	名称	型材代号	下料长度（mm）	数量（支）	备注
10	扇竖玻压条	6304	1017.2	240	实测尺寸
11	框角码	18.5	—	240	—
12	扇角码	28.5	—	480	—
13	中梃连接件	19	—	120	—

表 9-7　　　　　　　　　　　　　　　C2 窗型型材需要量

序号	名称	型材代号	下料长度（mm）	数量（支）	备注
1	上下框	GR6301	1200	120	—
2	左右框	GR6301	1200	120	—
3	上下梃	GR6302	596.6	240	—
4	左右梃	GR6302	1156	240	—
5	中竖框	GR6303	1144	60	—
6	扇横玻压条	6304	477.6	240	实测尺寸
7	扇竖玻压条	6304	1050	240	实测尺寸
8	框角码	18.5	—	240	—
9	扇角码	28.5	—	480	—
10	中梃连接件	19	—	120	—

　　根据 C1、C2 窗型需要的各规格型材的数量，进行优化排料，C1、C2 窗型所用型材相同，应对其共同进行优化，优化排料后的结果见表 9-8，该表既可作为采购的依据，又可作为指导下料的下料单。

表 9-8　　　　　　　　　　　　　C1、C2 窗型主要型材优化排料表

序号	名称	型材代号	6m 定尺		用途	下料数量（支）
			支数（支）	下料尺寸（mm）		
1	框料	GR6301	120	1470×1	C1 上下边框	120
				1770×1	C1 左右边框	120
				1200×2	C2 横竖边框	240
2	扇料	GR6302	48	1155.2×5	C1 左右边框	240
			24	569.6×10	C2 上下边框	240
			40	704.6×6	C1 上下边框	240
			48	1156×5	C2 左右边框	240
3	中梃	GR6303	12	1143.2×5	C1 中竖框	60
			12	1144×5	C2 中竖框	60
			15	1414×5	C1 中横框	60

| 序号 | 名称 | 型材代号 | 6m 定尺 | | 用途 | 下料数量 |
			支数（支）	下料尺寸（mm）		（支）
4	扇玻璃压条	6304	27	612.6×9	C1 扇横玻压条	240
			48	1017.2×5	C1 扇竖玻压条	240
				477.6×1	C2 扇横玻压条	48
			60	1050×4	C2 扇竖玻压条	240
				477.6×3	C2 扇横玻压条	180
			1	477.6×12	C2 扇横玻压条	12
5	上亮玻璃压条	6305	30	1414×4	C1 上亮横玻压条	120
			10	416×13	C1 上亮竖玻压条	120

注：1. 表9-8是以型材定尺长度为6m进行优化的，优化排料时需要考虑锯片厚度2～3mm、锯切时的余量2mm、型材两端不能用的部分约120mm。

2. 表中6m长度型材的支数是最少采购量，实际采购时一般应增加5%作为采购余量。

根据上述优化的铝合金型材数量，制定铝合金型材采购计划表（表9-9）。

表9-9　　　　　　　　　　　　　　LC001号合同铝合金型材采购计划

| 序号 | 名称 | 型材代号 | 米重（kg/m） | 采购数量 | | |
				支数（支）	长度（m）	重量（kg）
1	框料	GR6301	1.194	120	720	859.68
2	扇料	GR6302	1.294	160	960	1242.24
3	中梃	GR6303	1.306	39	234	305.60
4	扇玻璃压条	6304	0.39	136	816	318.24
5	上亮玻璃压条	6305	0.34	40	240	81.60

对于不同规模的工程，型材采购以配合土建工程进度，不影响安装为前提，同时结合铝合金型材的供应情况，最大限度降低资金占用，可采取先急后缓的采购方式，确保采购的各种材料及时进入生产车间和安装施工现场。规模较大的工程可与铝合金型材生产厂家商定，采取一次签订全部铝合金型材数量，分批购进，先购窗框和中梃材料，随着工程的进行再分批购进窗扇需要的型材。当铝合金型材用量比较少时，可到铝合金型材市场直接购进合格的铝合金型材。

2. 玻璃采购计划

C1、C2窗型玻璃采购计划见表9-10。

表9-10　　　　　　　　　　　　　　LC001号合同玻璃采购计划

窗号	尺寸（mm）	类别	数量（块）	面积（m²）
C1	1400×531	中空（5+9+5）	60	44.60
	598.6×1049.2	中空（5+9+5）	120	75.37
C2	423.6×1010	中空（5+9+5）	120	51.34

3. 五金件及辅助材料采购计划

五金件及辅助材料采购计划见表 9-11。

表 9-11　　　　　　　　　LC001 号合同辅助材料采购计划

序号	材料名称	规格	单位	采购数量	备注
1	O 型胶条	—	M	912	平开框
2	O 型胶条	—	M	912	平开扇
3	K 型胶条	—	M	2928	安装玻璃
4	铰链	—	副	480	—
5	滑撑	—	副	240	—
6	执手传动器	—	套	240	—
7	螺钉	—	—	—	—
8	连接地脚	—	个	2640	固定窗框
9	发泡胶	—	桶	25	安装密封框
10	密封胶	—	桶	210	安装密封框
11	玻璃垫块	—	块	2760	

9.2.2　生产进度计划

1. 生产工期计划

由于铝合金门窗的特点是非定型化、配套使用的产品，从数量、结构形式到供货期是完全由买方决定的订单式产品。铝合金门窗企业的生产计划一般按照合同规定的工期，制订一个弹性生产计划。每天的生产计划又受到各种原辅材料的供货情况影响。因此，对于不同类型的铝合金门窗企业，需要注意自身生产过程中各个供货合同的衔接，保持时间上不冲突。

小型企业一般不同时承接多个工程，也就是在一个时间段内只进行一个供货合同的生产，以最终交货或完成安装日期为终点，倒推出整个合同的生产时间，在整个生产时间段内，车间生产与工地安装可以有重合时间，即可以一边生产一边安装，也可以先生产完毕后再安装，这取决于生产和安装工人的分工。当生产和安装由同一批工人完成时，就先生产完毕后再进行安装。生产进度以供货合同数量除以生产和安装两个阶段的工期，作为当日必须完成的生产任务，此外，各工序之间应进行协调和平衡。

对于一个合同的生产和安装总工期，其生产进度可用时间进度表表示，参见表 9-12。制订总体时间生产进度计划，在计划执行过程中，随时调整意外情况影响的时间，生产计划完成情况每月进行统计汇总，做到及时调整、及时优化，确保按确定的总工期完成生产和安装任务。

时间进度表说明：

（1）该时间进度表为小型企业生产计划，总工期以安装完成日期为准。生产和安装需要的时间以工人生产定额核定，以每人每天 $8m^2$ 计算。

（2）实行窗框和窗扇分别运到工地上进行安装，窗框加工完毕后即可开始安装，窗框安装完毕并清理现场后，再安装窗扇。

表 9 - 12　　　　　　　　　　　单个合同生产时间进度表

| 合同单位 | ×××| | | 门窗数量| | | 2400m² | | | 完工日期 | 6 月 30 日 |

日期	4 月						5 月						6 月					
	5	10	15	20	25	30	5	10	15	20	25	30	5	10	15	20	25	30
框下料	▬	▬	▬	▬														
框加工		▬	▬	▬	▬													
框组装			▬	▬	▬													
扇下料				▬	▬													
扇加工					▬	▬	▬	▬										
扇组装						▬	▬	▬										
成品组装							▬	▬	▬									
工地安装								▬	▬	▬	▬	▬	▬	▬	▬	▬	▬	▬

（3）该生产进度计划为全部生产人员先从事车间内的生产加工，当窗框组装完毕后抽出一部分工人进行安装，另一部分工人继续进行生产加工。

中型或大型企业同时承接多个工程，在同一个时间段内同时进行多个供货合同的生产和安装，须分别以每个供货合同的交货或完成安装的日期为终点，计算每个供货合同的生产和安装时间。同时完成多个供货合同的中型或大型企业，从事生产和安装的工人大都实行专业化分工，生产工人只负责车间内生产加工，安装工人只负责工地安装。由于不同工程可能分布在不同的省、市，安装工人大都实行专一工地安装方式，即在一个工地安装完成后转移到另一个工地。同时生产多个合同的，车间内的生产相对于单个合同来讲，要保证多个供货合同的协调与均衡，生产进度的安排上相对复杂，需要对多个合同和不同工序进行综合协调。在安排生产进度时，要兼顾生产合同的数量、时间和生产工人数量、材料供应等多种情况。

在材料供应保证的前提下，确保合理的生产效率，以保证生产进度。当短期内工程量较大，生产时间紧迫时，要合理确定生产各工序之间、生产与安装之间的时间衔接，避免出现窝工和撞车现象。多个合同同时生产时的时间进度表参见表 9 - 13。

表 9 - 13　　多个合同同时生产时间进度表（2009 年 3 月铝合金门窗时间进度表）

合同号	进度	1	2	3	4	5	6	7	8	9	10	11	12	13	14	15	16	17	18	19	20	21	22	23	24	25	26	27	28	29	30	31
001	框																															
	扇																															
	安装	▬	▬	▬	▬	▬	▬																									
002	框																															
	扇	▬	▬	▬	▬	▬	▬	▬	▬	▬	▬	▬	▬	▬	▬	▬	▬															
	安装																															

合同号	进度	1	2	3	4	5	6	7	8	9	10	11	12	13	14	15	16	17	18	19	20	21	22	23	24	25	26	27	28	29	30	31
003	框	─	─	─	─	─	─	─	─	─	─																					
	扇	─	─	─	─	─	─	─	─	─	─	─	─	─	─	─	─	─	─	─	─											
	安装					─	─	─	─	─	─	─	─	─	─	─	─	─	─	─	─	─	─	─	─	─	─	─	─			
004	框				─	─	─	─	─	─	─	─	─	─	─	─	─	─	─	─	─	─	─									
	扇																						─	─	─	─	─	─	─	─	─	─
	安装																									─	─	─	─	─	─	─
005	框																								─	─	─	─	─	─	─	─
	扇																															
	安装																															

从表 9-13 时间进度表可以看出，001 号合同已完成生产加工，延续上月的安装并计划 3 月 5 号完成安装任务。002 号合同延续上月的生产和安装，窗框已完成加工，计划 3 月 8 号完成窗扇的生产加工，3 月 16 号完成安装任务。003 号合同延续生产，计划 3 月 10 号完成窗框生产加工，3 月 20 号完成窗扇生产，3 月 6 号开始安装，3 月 27 号完成安装任务。004 号合同生产计划，从 3 月 4 号开始生产窗框，3 月 23 号开始生产窗扇，3 月 27 号开始安装，生产和安装任务延续到 4 月份。005 号合同生产计划，从 3 月 25 号开始生产窗框，本月没有计划生产窗扇和安装计划。对于上月生产和安装计划延续到本月的，以及本月生产和安装计划需要延续到下月的，要标注出延续生产和安装任务的数量，可以用具体数量或百分比表示，能定量反应本月的完成情况。为更直观具体地利用好时间进度表，可在时间进度表上标注出百分比进度要求，同时利用该表在时间进度横线（计划线）下方用红颜色笔标注出实际进度完成情况。

2. 工序生产计划

生产管理人员对各工序的生产计划和实际完成数量必须随时掌握，以便及时协调和调整各工序的生产，保证工序时间平衡，避免发生工序间流程不通的现象。对各工序用生产计划单的形式安排当日的生产任务，并汇总生产计划完成情况。

锯切下料工序生产计划、组装工序生产计划分别参见表 9-14 和表 9-15。

表 9-14　　　　　　　　　锯切下料工序生产计划（汇总）单　　　　　　　日期：3 月 8 号

合同号	加工内容	规格	加工计划	当日完成	操作者	检验员	计划总数	累计完成
002	框料	料单	400					
	扇料		400					
	中梃		100					
	框角码		400					
	扇角码		400					
003								
004								
计划员：				统计员：				

表 9 - 15　　　　　　　　　组装工序生产计划（汇总）单　　　　　　日期：3 月 8 号

合同号	加工内容	规格	加工计划	当日完成	操作者	检验员	计划总数	累计完成
002	组框 组扇	料单	100 100					
003								
004								
计划员：					统计员：			

9.3　生产现场的组织管理

生产现场一般指生产车间，是生产过程中诸要素综合汇集的场所，是计划、组织、控制、指挥、反馈消息的来源。生产现场要求人流、物流、信息流的高效畅通，使生产现场的人、机、物、法、环、信各要素合理配置，定置管理。生产要素的合理配置，是指生产加工某产品或部件时，生产工人利用何种机械、物料、加工方法、在什么环境状态下加工，各环节的消息传递方式都应有明确要求。例如：锯切下料工序，就是由该工序的熟练工人操作切割锯，分别对框料或扇料，按合同要求的铝合金型材品种下料，加工方法包括按规程和工艺操作，误差不超标准。环境是指工作的环境，锯切下料时双头锯周围必须保证有足够放置材料的空间，有照明设施，能看清工作台和尺寸标尺，冬季有相应的保温措施，防止气路冻坏，影响汽缸工作。生产计划和实际完成的质量、数量能及时反馈到管理者，保证整个生产正常运行。

1. 生产现场的定置管理

定置管理是指对生产现场的设备、物料、工作台、半成品、成品及通道等，根据方便、高效的原则，规定确定的位置，实现原材辅料、半成品，在各工序之间以最短的时间、最少的人工、最短的距离、最少的渠道流转。

生产车间的定置管理由企业的生产车间布局和生产设备配置以及生产状况确定，原则上按生产流程布置生产设备和原材料、半成品、产品。不同规模企业生产车间的定置管理可参照典型车间布置方案图 9 - 1、图 9 - 2 和图 9 - 3 进行定置。

2. 物料管理

（1）铝合金型材的管理。采购进厂的铝合金型材，首先进行质量验证（参见铝合金型材检验）。经检验合格的，开具铝合金型材检验单，确认购买数量，办理入库手续。

铝合金型材要有专门的储存场所，不应在室外露天存放。当生产车间面积足够时，为方便生产，可存放在车间一端。存放铝型材的场所，要求远离高温、高湿和酸碱腐蚀源，铝合金型材不能直接接触地面存放，要放在型材架上，按规格、批次分别存放，节约空间，方便存取。为防止铝合金型材变形，6m 长的型材应用 3～4 个型材架，型材架之间的间距不应超过 1.5m。当型材批量较大，需要在室外临时存放时，型材底部应垫高 20～30cm，形成 3～4 个支撑点，型材上面必须覆盖篷布，防雨防晒。

（2）五金件及其他辅助材料管理。五金件与密封材料按技术要求和相关标准进行检验（参见铝合金门窗配件检验）。经检验合格的，办理入库手续。

五金件和胶条、毛条等辅料，要有专门的库房存放，库房必须防火、防潮、防蚀、防高温。各类物资要分类存放，分别存放于不同的货架上。仓库存储的物资要设置材料台账和材料卡，台账要记录存储物资的名称、规格、数量、价格、收发日期；材料卡记录存储物资的名称、规格、数量和收发日期，挂贴在存储物资上。收发各种物资后须及时在材料台账上和材料卡上进行登记，以保证各种物资账、物、卡相符。

（3）玻璃的管理。玻璃是易碎品，且不宜搬运，管理较难。玻璃的管理要注意：

一是要分类存放在玻璃架上，按不同合同、不同规格种类分类详细记录，在台账上和玻璃实物上记录合同号、规格、品种、数量等信息，保证账、物、卡一致。

二是要放置在合理的位置。方便存取。

三是要防雨、防高温、防尘、防撞。

3．试制样品验证生产工艺

铝合金门窗的开启形式不同，其生产工艺不同；不同的型材厂生产的铝合金型材断面结构不同，其生产工艺也有所不同。因此，当生产一种新窗型时，首先必须根据铝合金型材厂提供的产品图集和型材实物，设计出该种型材系列的门窗图样，计算各种型材的下料尺寸，确定配合连接位置和尺寸以及槽孔的位置和尺寸；然后试做样品，对样品尺寸、配合及各部件的连接进行检验，及时发现问题及早解决。

4．生产现场的质量管理

产品的质量，一方面取决于原辅材料的质量，另一方面取决于生产过程中的质量控制。在保证原辅材料质量的前提下，产品的质量就完全取决于生产过程中的质量控制。因此，要加强工序质量控制和质量检验，各生产工序要严格把好质量控制关。

铝合金门窗过程检验的内容及要求参见12.4工序检验。

铝合金门窗生产现场组织管理，还要做好构件及半成品的编号和统计工作，明确产品状态标识和检验状态标识，避免重复工作。

9.4 铝合金门窗的产品成本控制

产品成本是企业为了生产产品而发生的各种耗费，是指企业为生产一定种类和数量的产品所支出的生产费用的总和，也可以指一定时期生产产品的单位成本。

工业企业产品生产成本（或制造成本）的构成，包括生产过程中实际消耗的直接材料、直接工资、其他直接支出和制造费用。

（1）直接材料。直接材料包括企业生产经营过程中实际消耗的原材料、辅助材料、备品配件、外购半成品、燃料、动力、包装物以及其他直接材料。

（2）直接工资。直接工资包括企业直接用于从事产品生产人员的工资及福利费。

（3）其他直接支出。其他直接支出包括直接用于产品生产的其他支出。

（4）制造费用。制造费用包括企业各个生产单位（分厂、车间）为组织和管理生产所发生的各种费用。一般包括生产单位管理人员工资、职工福利费、生产单位的固定资产折旧费、租入固定资产租赁费、修理费、机物料消耗、低值易耗品、取暖费、水电费、办公费、差旅费、运输费、保险费、设计制图费、试验检验费、劳动保护费、季节费、修理期间的停工损失费以及其他制造费用。

产品成本有狭义和广义之分。狭义的产品成本是指产品的生产成本，而将其他的费用放入管理费用和销售费用中，作为期间费用，视为与产品生产完全无关。广义的产品成本既包括产品的生产成本（中游），还包括产品的开发设计成本（上游），同时也包括使用成本、维护保养成本和废弃成本（下游）等一系列与产品有关的所有企业资源耗费。相应地，对于产品成本控制，就是要控制这三个环节所发生的所有成本。

产品成本是反映企业经营管理水平的一项综合性指标，企业生产过程中各项耗费是否得到有效控制，设备是否得到充分利用，劳动生产率的高低、产品质量的优劣都可以通过产品成本这一指标表现出来。铝合金门窗产品成本高低直接关系到企业的经济效益，在销售合同确定后，销售价格就基本确定，成本高则利润低，因此，要保证合理的利润，就必须对成本项目进行控制。

9.4.1　铝合金门窗产品成本项目构成

铝合金门窗产品成本项目构成与其他工业产品相似，包括以下几方面：

（1）直接材料。包括铝合金型材、五金件、密封材料、安装材料及其他辅助材料等。

（2）直接工资。包括生产工人工资和安装工人工资。

（3）其他直接支出。包括宣传费、招待费、利息、税金等。

（4）制造费用。包括水电费、工具费、办公费、维修费、运输费、保险费、检验费、交通费、折旧费、通信费、福利费等。

从成本项目构成上分析，要生产制造合格的铝合金门窗，又要使成本受控不超过计划数，必须采取相应措施，严格控制各成本项目。按铝合金门窗的生产过程，铝合金门窗产品成本可分别在生产环节和安装环节进行控制。

9.4.2　铝合金门窗产品成本控制

1. 生产过程成本控制

通过制定生产环节的经济责任制，对直接材料的消耗和生产费用明确责任，实行节奖超罚。

直接材料成本占到销售价格的 70%～75%，铝型材又占到直接材料的 60%～70%，所以生产过程成本控制，首先要严格控制直接材料成本。直接材料不能偷工减料，成本控制要从把好材料消耗关、质量关出发，严格控制采购原材料质量，减少生产和使用过程中的损失和浪费。具体方法：

（1）严把原材料质量关。对采购来的原材料严格按要求进行检验，做到不合格材料不入库。杜绝把不合格材料用到铝合金门窗产品上，防止因返工造成的材料和人工浪费。

（2）根据材料单明确限额领料。通过控制铝合金型材、五金件、胶条、毛条、螺钉、插接件等生产材料的消耗。辅助材料、玻璃采购计划即作为物资采购的依据，又作为仓库收发和车间领用料的依据。

（3）严格控制下料、组角和组装等关键工序的质量。必须严格按操作控制程序和工艺操作规程要求进行下料、组角和组装，严格遵守三检和首检制度。

（4）各工序严格按照工艺规程操作，保证产品质量。人力资源的合理利用和控制。使用运输工具，降低劳动强度，减少搬运时间，提高工作效率，降低人工成本。提高工人的生产积极性和工作效率，减少窝工。可采取基本工资与计件工资相结合的工资管理模式，配合材料及配件计划单进行考核，有具体的、易操作的奖罚制度，切实落实、奖勤罚懒。管理费用可采取定额控制的办法。

2. 安装环节成本控制

安装环节产品控制主要注意以下问题：

（1）工地原材料的存放要整齐有序，减少损坏和丢失。根据现场条件和施工进度，材料分批进厂，并做好材料进厂检验等手续。

（2）样板先行，避免大面积返工，造成浪费。

（3）制定安装质量检验制度并严格实施。实行自检、互检，逐樘检查，避免侥幸心理。

（4）合理安排物料运输。如高层施工时玻璃的运输须在施工洞封闭前将玻璃运送到每层。

（5）合理安排施工顺序，避免重复工作和材料损坏。比如外墙镶贴或抹灰未完成前，坚决不能安装玻璃。

（6）人力资源合理安排，根据施工计划提前组织人员，或提前加班，避免因集中突击造成质量及进度无法保证。

（7）根据企业自身情况，确定采取何种方式：承包制或是公司内部设立安装队。

（8）安装材料根据配套材料计划限额领用，对安装过程中玻璃的破损率、门窗产品及配件的损坏率实行定额考核，节奖超罚。

（9）及时做好变更签证，工程决算时做到有据可查。

第10章

铝合金门窗构件加工

铝合金门窗的构件加工是指生产工人利用切割锯、端面铣床、仿型铣床、冲床、钻床等加工设备和相应工装，将铝合金型材进行切割、钻冲孔、铣削等加工，使铝合金型材构件符合组装铝合金门窗要求的加工过程。

10.1 铝合金门窗的加工工艺

10.1.1 铝合金门窗的生产工艺流程

铝合金门窗的制作工艺流程按窗的开启形式分为推拉和平开两种，其生产制作的工艺流程分别如图 10-1 和图 10-2。

图 10-1 铝合金推拉窗加工工艺流程

图 10-2 铝合金平开窗加工工艺流程

10.1.2 铝合金门窗的生产工艺

铝合金门窗的生产工艺对于不同的系列和构造设计，其生产工艺会有部分的差异，主要包括下列工序：

（1）下料（杆件加工）工序。使用切割锯将型材按尺寸和角度要求切割成需要的长度和组装角度。

（2）机加工（铣、冲、钻）工序。机加工工序是对经下料工序锯切后的型材杆件，按照加工工艺和产品设计图样的要求，利用机械加工设备或专用设备如仿形铣床、端面铣床、冲床、钻床等对型材杆件进行铣、冲、钻加工。

（3）组装（装五金配件、毛条、胶条、挤角、成框等）工序。组装工序是将经加工完成的各种零部件及配件、附件按照产品设计图样的要求组装成成品门窗。

（4）平开铝合金门窗框、扇的组角。对于平开铝合金门窗框、扇的组装，一般采用45°组角的方式进行组装。若构件为封闭式空腹型材时，采用机械式组角工艺成型，在相邻构件的45°斜角内，插入专用角插件连接；对隔热型材的组角使用两个组角插件，一个组角插件起主要负载作用，插入型材内侧空腔，另一个组角插件起辅助作用，插入型材外侧空腔。专用组角插件的材料为浇注式锌合金或挤压的铝合金型材。

按组角插件的固定方式可分为两种：

1）机械式铆压法。将带有沟槽的组角插件，插入构件的空腔内，使用组角铆压设备将型材壁压入组角插件的沟槽内固定。

2）手工式固定法。将两块对合的组角插件插入构件型材空腔内，使用锥销固定，即用锥销涨紧组角插件达到组角固定的目的。

机械式和手工式固定法组角，均需在组角之前，将组角插件和型材空腔内表面的油污清洗干燥后涂上密封胶，才能保证角部的密封作用。

对于隔热铝合金平开窗，其下料、组角和组装工序的典型工艺见表10-1、表10-2及表10-3。对于普通铝合金推拉窗，其下料、组装工序的典型工艺见表10-4和表10-5。

10.2 铝合金门窗的下料

10.2.1 材料准备

1. 型材规格

铝合金型材是制作铝合金门窗的主要材料。推拉铝合金门窗常用的型材规格有70系列、75系列、80系列、85系列、90系列等。平开铝合金门窗常用的型材规格有45系列、50系列、55系列、60系列等，应根据铝合金门窗的产品设计要求选用合适的型材。如图10-3和图10-4、图10-5和图10-6分别为GR50系列隔热和75系列铝合金型材截面图及其所组装的铝合金窗的构造图。

2. 铝型材厚度

目前，门窗用铝合金型材的断面几何尺寸已经系列化，产品标准《铝合金门窗》（GB/T 8478—2008）中规定生产铝合金门窗用型材的最小实测壁厚不应小于1.4mm。但目前在铝合金型材市场上，一些厂家为了片面追求利润，减薄铝合金型材的厚度，由于板壁较薄，强度不够，在较大荷载作用下，很容易使表面受损或门窗变形，降低了门窗的抗风压能力，

表 10-1

中梃下料工序工艺卡片

关键工序工艺卡片	产品型号	WBW55PLC	设备名称	数控双头切割锯	设备编号	HASB-01	工序名称	中梃下料
产品名称	平开铝合金窗							
产品规格	150150		设备型号	LJB2B-CNC-500×5000	工装编号	HAGZ-01	工序编号	55PLC-02

工序标准

1. 加工精度：下料长度 $L \leq 2000$mm 时，允许偏差 ± 0.3mm；$L > 2000$mm 时，允许偏差 ± 0.5mm；角度允许偏差 $-10'$
2. 用记号笔标明框料或扇料的位置和工程名称
3. 切割后型材断面应规整光洁，外表面清洁，无毛刺，无划伤

操作要求

1. 切割前检查设备运转是否正常
2. 按组角方式确定型材在双头锯上的摆放方法，保证切割同种型材时摆放方法一致。要使用与型材形状相符的垫块
3. 切割时型材要放平、压紧、①②为定位面、③为夹紧面块
4. 装夹时注意夹紧力适当、防止型材变形、适当增加饰面保护
5. 切割、搬运及存放过程中应防止型材变形及饰面划伤
6. 首件必须严格检验、合格后方可批量生产
7. 异常现象应立即停车、关闭电源放
8. 对不合格品要做好标识、单独存放

工艺装备　钢卷尺、角度尺、定位模具、夹具、型材周转车

检验方法

1. 钢卷尺检测下料长度
2. 角度尺检测下料角度
3. 目测外观

设计				
审核				
批准				
标记	处数	更改文件号	签字	日期

工序简图

表10-2

组角工序工艺卡片

关键工序工艺卡片	产品型号	WBW55PLC	设备名称	铝门窗组角机	设备编号		工序名称	HASB-06	组角
产品名称	平开铝合金窗		设备型号	LMB-120	工装编号	HAGZ-06	工序编号	HAGZ-06	55PLC-06
产品规格	150150								

工序标准	1. 组角应紧密，每个组角处应打专用组角胶，组角型材端面应摸胶 2. 槽口宽度、高度构造应允许偏差尺寸之差：<2000mm时，允许偏差为±1.5mm，≥2000mm <3500mm时，允许偏差为±2.0mm，≥2000mm时，允许偏差为±2.5mm 3. 框扇杆件接缝高低差≤0.3mm 4. 装配间隙≤0.3mm 5. 装饰面应光洁无划伤，无残留胶迹
操作要求	1. 根据型材断面调整靠模、刀具位置 2. 气压达到要求时再开始工作 3. 定位准确，及时清理台面和靠模上的碎屑、污物 4. 型材应平贴工作台、紧靠靠模、顶紧定位板 5. 出现异常情况时应紧急制动、排除故障后方可工作 6. 组角后产品应静放至少6h，保证组角胶完全干透后再进行下一步工序
工艺装备	钢卷尺、角尺、深度尺、塞尺、靠模、挤角刀
检验方法	1. 用钢卷尺测量外形尺寸 2. 用角度尺检测垂直度 3. 用深度尺、塞尺检测高低差、装配间隙 4. 目测外观质量及塞胶是否合适

设计					
审核					
批准					
标记	处数		更改文件号	签字	日期

工序简图

表10-3

组装工序工艺卡片

关键工序工艺卡片	产品型号	WBW55PLC	组装工序工艺卡片	设备名称	手电钻、组装平台	设备编号	HASB-08	工序名称	组装
产品名称	平开铝合金窗		产品规格	150150	设备型号		工装编号	HAGZ-08	工序编号	55PLC-08

工序标准

1. 五金件安装位置应正确，数量齐全、牢固
2. 合页（铰链）、锁闭执手的固定螺钉必须采用不锈钢材质
3. 窗扇高度大于900mm应有两个或两个以上锁闭点
4. 五金件应开启闭灵活，具有足够的强度，满足窗的机械力学性能要求及窗扇的承受重要求，承受住复往运动的配件在结构上应便于更换
5. 可调件固定适宜
6. 外形尺寸应符合质量标准要求

操作要求

1. 安装五金件应在工作台上进行，并配备专用工具
2. 执手、锁点、铰链等易失件可在窗安装完后装配
3. 安装角部铰链时可做模具，以保证安装位置准确
4. 安装操作时，工作台应有防划垫，避免饰面损伤
5. 对不合格产品作出标识，单独存放

工艺装备　钢卷尺、刚直尺、皮锤、塞尺、深度尺、卡尺、剪刀、平台

检验方法

1. 用钢卷尺测量外形尺寸及传动器锁点位置
2. 用深度尺、塞尺测量高低差，装配间隙
3. 用刚直尺或深度尺测量窗框搭接量
4. 用深度尺或卡尺测量玻璃镶嵌尺寸

设计			标记	处数	更改文件号	签字	日期
审核							
批准							

工程简图

表10-4

下料工序工艺卡片

关键工序工艺卡片	产品型号 WPT80TLC		设备编号 HASB-01	工序名称	中横框下料
产品名称 推拉铝合金窗	产品规格 150150		工装编号 HAGZ-01	工序编号	80TLC-02

项目	内容
设备名称	数控双头切割锯
设备型号	LJB2B-CNC-500×5000
工序标准	1. 加工精度：下料长度 $L\leq2000\text{mm}$ 时，允许偏差 $\pm0.3\text{mm}$；$L>2000\text{mm}$ 时，允许偏差 角度允许偏差 $-10'$ 2. 用记号笔标明框料或帽料的位置和工程名称 3. 切割后型材断面应整齐光洁、外表面清洁、无毛刺、无划伤
操作要求	1. 切割前检查设备运转是否正常 2. 切割时型材要放平、压紧，注意型材是否变形，定位面、夹紧面与操作台、夹具之间是否有间隙 3. 装夹时注意夹紧力适当，压紧，防止型材变形，适当增加保护 4. 切割、搬运及存放过程中应防止型材变形及饰面划伤 5. 首件必须严格检验，合格后方可批量生产 6. 异常现象应立即停车，关闭电源检修 7. 对不合格品要作出标识，单独存放
工艺装备	钢卷尺、角度尺、定位模具、夹具、型材周转车
检验方法	1. 钢卷尺检测下料长度 2. 角度尺检测下料角度 3. 目测外观
设计	
审核	
批准	

标记	处数	更改文件号	签字	日期

工序简图

31

54

78.5

L

表 10 - 5

组装工序工艺卡片

关键工序工艺卡片	推拉铝合金窗			
产品名称				
产品型号	WPT80TLC	设备名称	电钻、安装平台	
产品规格	150150	设备型号		
		设备编号	HASB-08	工序名称 组装
		工装编号	HAGZ-08	工序编号 80TLC-06

工序标准	1. 五金件安装位置应正确、数量齐全、牢固 2. 合页（铰链）、锁闭执手的固定螺钉必须采用不锈钢材质 3. 窗扇高度大于 900mm 应有两个或两个以上上锁闭点 4. 五金件应启闭灵活、具有足够的强度、满足窗的机械力学性能要求及窗扇的承受往复运动的配件在结构上应便于更换 5. 可调件固定适宜 6. 外形尺寸应符合合质量标准要求
操作要求	1. 安装五金件应在工作台上进行，并配备专用工具 2. 执手、锁点、铰链罩等易失件可在窗安装完后装配 3. 安装角部铰链时可做模具，以保证安装位置准确 4. 安装操作时、工作台应有防划垫，避免饰面损伤 5. 对不合格产品应作出标识、单独存放
工艺装备	钢卷尺、刚直尺、皮锤、塞尺、深度尺、卡尺、剪刀、平台
检验方法	1. 用钢卷尺测量外形尺寸及传动器锁点位置 2. 用深度尺、塞尺测量高低差、装配间隙 3. 用刚直尺或深度尺测量框扇搭接量 4. 用深度尺或卡尺测量玻璃嵌入尺寸

设计				
审核				签字
批准			更改文件号	日期
	标记	处数		

工序简图

而且耐久性也较差。

图 10-3　山伟 GR55 系列隔热平开铝合金型材断面图

图 10-4　山伟 GR55 系列隔热平开铝合金窗构造图

图 10-5　山伟 868A 系列铝合金型材断面图

3. 表面涂层

表面涂层起到保护铝合金型材表面的作用，主要有氧化膜、电泳涂漆、粉末喷涂、氟碳喷涂四种表面处理方式，还有基于粉末喷涂基础上的木纹转印处理，颜色种类较多。由于不同的表面处理方式，涂层厚度及造价成本有所不同，因此，选择什么样的表面涂层，应根据建筑物所在地的气候条件，使用部位、建筑物等级及经济条件等因素进行综合考虑。如沿海地区由于受海风侵蚀严重，就要选用较厚的涂层。氧化膜不要在酸碱较严重的地区使用。

4. 配件的选择

铝合金门窗所用的配件应根据设计要求、门窗的类别合理选用，如：推拉窗的锁具颜色可按设计选定常用锌合金压铸制品，表面镀铬或覆膜；平开窗的合页、滑撑应为不锈钢制品，钢片厚度不宜小于 1.5mm，并有松紧调节装置，滑块一般为铜制品。执手为锌合金压铸制品，表面镀铬或覆膜，也可用铝合金制品，表面氧化。

5. 铝合金门窗的备料

（1）根据设计要求，选出符合国标要求，且具有效质保书的各种铝合金型材。

（2）将所选各种型材表面用棉纱擦洗干净，如有油污，可使用水溶性洗剂。

（3）注意事项。

1）型材表面不应有明显的损伤。

2）型材着色表面不应有明显色差。

3）擦洗后的型材表面不得有油斑、毛刺或其他污迹。

图 10-6 山伟 868A 系列铝合金窗构造图

4）型材备料过程中要轻取轻放，以免损伤型材表面。

5）备料中发现不合格型材，应及时报告质管部门。

6）禁止硬物碰划型材表面，亦禁止用丙酮或其他可能腐蚀型材的化学物质擦洗。

10.2.2 下料

1. 下料计算

门窗杆件的制作尺寸除与门窗的加工工艺和装配方式有关，还与外墙墙面的装饰材料有关，一般门窗的构造尺寸与洞口间的间隙见表 10 - 6。

表 10 - 6　　　　　　　　　门窗的构造尺寸与洞口间的间隙　　　　　（单位：mm）

饰面材料	贴面金属材料	清水墙	抹水泥砂浆或马赛克	贴面转	大理石或花岗岩
缝隙	≤5	10～15	15～20	20～25	40～50

首先根据现场墙面的装饰材料确定好门窗与洞口的间隙尺寸（须由业主或监理确认），进而确定门窗的外包尺寸，再根据门窗加工工艺，计算各构件的下料尺寸。

构件下料尺寸确定的基本过程：

（1）根据外墙装饰材料和现场测量放线情况确定门窗的外框外包尺寸。

（2）根据外框组装方式和外框构件的料型尺寸确定各外框杆件的下料尺寸。

（3）根据扇与外框的搭接量关系确定扇的外包尺寸。

（4）根据扇的组装方式和扇构件的料型尺寸确定各扇杆件的下料尺寸。

（5）根据扇和外框的尺寸确定玻璃压线的下料尺寸。

玻璃压线的下料长度通过计算后，可以在第一次下料时进行试装，确定试装时的效果，满意后才可以批量下料。

铝合金门窗常见窗型为平开窗和推拉窗，其下料计算基本原理如下：

（1）对于平开窗（图 10 - 7），其下料计算为

$$门窗外框宽度（高度）尺寸 L(H) = 洞口尺寸 - 2 \times 间隙尺寸$$

当外框为 45°下料组装时，外框横料和竖料的下料尺寸为门窗的外包宽度和高度的尺寸。

扇外包宽度尺寸：$a = (L - 2 \times 外框料宽 - 中竖框料宽 + 总搭接量)/2$

扇宽度总搭接量 = $2 \times$（与边框的搭接量 + 与中竖框的每边搭接量）

扇外包高度尺寸：$b = H - 2 \times 外框料宽 + 总搭接量$

扇高度总搭接量 = $2 \times$ 与边框的搭接量

玻璃尺寸 = 内扇的见光尺寸 + $2 \times$ 玻璃搭接深度

（2）对于推拉窗（图 10 - 8），其下料计算为

图 10 - 7　平开窗计算　　　　　　　图 10 - 8　推拉窗计算

$$门窗外框宽度（高度）尺寸 L(H) = 洞口尺寸 - 2 \times 间隙尺寸$$

门窗竖向边框的下料尺寸＝门窗的外框高度尺寸

因门窗外框竖通横断，外框横料的下料尺寸为

门窗横向上下外框的下料尺寸＝门窗的外框宽度尺寸－2×横料装配位置至外竖边框边部的尺寸－2×柔性防水垫片的厚度尺寸

扇宽度外包尺寸：$a＝(L－2×外框料宽＋两边部的总搭接量＋带勾边梃料宽)/2$

扇上下横料下料长度＝扇的宽度外包尺寸－构造尺寸

外扇高度：$b_1＝外侧导轨间净空尺寸＋上下搭接量＝H－外框料导轨总高＋上下搭接量；$

内扇高度：$b_2＝内侧导轨间净空尺寸＋上下搭接量＝H－外框料导轨总高＋上下搭接量$

内扇竖料下料尺寸＝b_1 或 b_2。

一般平开窗的扇框搭接量为 6.5～8mm，此尺寸由平开窗的料型尺寸和铰链厚度尺寸确定。推拉窗的上下导轨搭接量为 7～10mm，此尺寸也由推拉窗料的构造尺寸和配件尺寸确定，各种料型的具体搭接量，需测量各料型材料的具体尺寸和配件尺寸后确定。

其他分格形式的门窗构件下料尺寸按各门窗相应结构装配图确定。

根据上述下料计算原理，以图 10-3 和图 10-5 所述铝合金型材分别按图 10-9、图 10-10 所示窗型计算各构件下料尺寸。

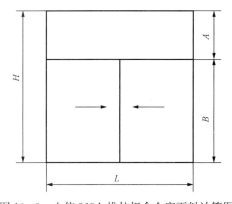

边框＝H

上、下框、中横框＝$L－27.2$

上、下梃＝$L/2－48.3$

内扇中梃、边梃＝$B－58$

外扇中梃、边梃＝$B－46$

图 10-9　山伟 868A 推拉铝合金窗下料计算图

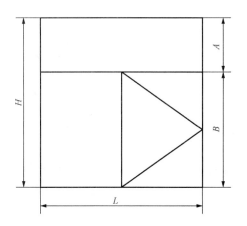

上、下框＝$L(45°)$；竖边框＝$H(45°)$

中竖框＝$B－37（90°）$

中横框＝$L－56（90°）$

上、下梃＝$L/2－35（45°）$

中、边梃＝$B－35（45°）$

亮窗横压条＝$L－110（45°）$

亮窗竖压条＝$A－47（45°）$

扇横压条＝$L/2－171（45°）$

扇竖压条＝$B－127（45°）$

固窗横压条＝$L/2－91（45°）$

固窗竖压条＝$B－47（45°）$

图 10-10　山伟 GR55 平开铝合金窗下料计算图

2. 下料

通常，铝合金门窗最常用的是长方形，因此，按照铝合金门窗的组装方式铝合金型材的下料主要为对型材进行 45°或 90°切割。采用 45°角码组角方式的门窗还包括角码下料。

（1）下料准备。下料前，应根据铝合金门窗设计图纸及下料作业单给出的长度划线，按线用切割设备切断铝合金型材。下料时应根据设计图纸提供的规格、尺寸，结合所用铝合金型材的长度，长短搭配，合理用料，优化用料，尽量减少料头废料。

（2）下料设备。铝合金型材下料设备按使用功能分型材切割锯和角码切割锯，其中：型材切割锯按切割的材料又分为框扇型材切割锯和玻璃压条切割锯；按锯头数量分有单头切割锯和双头切割锯；按切割精度分普通切割锯、精密切割锯及数控切割锯等，如图 10 - 11、图 10 - 12 和图 10 - 13 分别为数控双头切割锯、角码切割锯和压条锯。

图 10 - 11　铝合金门窗数控双头切割锯

图 10 - 12　铝合金门窗角码切割锯

数控切割锯具有以下主要特点：

1）切割角度自动调整。

2）高精度进口切割锯片，切口端面光滑。

3）可一次输入要切割的数根型材尺寸，实现不同长度连续切割。

4）锯切长度尺寸直接输入，变换锯切长度不用回参考点。

5）可对切割的型材顺序打印标记贴片。

图 10-13　铝合金型材玻璃压条锯

6）活动锯头由滚珠丝杠驱动，定尺精度高。

随着门窗自动化生产水平的不断提高，数控加工机床在门窗加工过程中得到的大量应用。不论使用何种设备，切割时其锯口位置应在划线外，并留出划线痕迹。进行切割时，应保证切割的精度。为了保证组角质量，平开铝合金门窗应使用精密切割锯下料。

铝木复合门窗的铝合金型材下料与铝合金门窗型材下料相同，内侧木材的下料采用专用的木材切割锯进行下料切割。

切割锯是铝合金门窗下料工序的关键设备，下料工序又是铝合金门窗生产的关键工序，切割锯的切割质量对铝合金产品质量起着重要的影响，而切割锯切割质量的关键又在切割锯锯片上。因此，切割锯片的选择对于门窗的生产非常重要。

硬质合金锯片包含齿形、角度、齿数、锯片厚度、锯片直径、硬质合金种类等多数参数，这些参数决定着锯片的加工能力和切削性能。选择锯片时要根据需要正确选用锯片参数。

1）齿形。常用的齿形有平齿、斜齿、梯形齿、梯平形齿等。平齿运用最广泛，主要用于普通木材的锯切，这种齿形比较简单、锯口比较粗糙，在开槽工艺操作时平齿能使槽底平整。斜齿锯切锯口质量比较好，适合锯切各种人造板、贴面板，梯形齿适合锯切贴面板、防火板，可获得较高的锯切质量，梯平形齿主要应用于切割有色金属如铝与铜的材料。

2）锯齿的角度。锯齿的角度就是锯齿在切削时的位置。锯齿的角度影响着切削的性能效果。对切削影响最大的是前角 γ、后角 α、楔角 β。

前角 γ 是锯齿的切入角，前角越大切削越轻快，前角一般在 $10°\sim15°$ 之间。后角是锯齿与已加工表面之间的夹角，其作用是防止锯齿与已加工表面发生摩擦，后角越大则摩擦越小，加工的产品越光洁。硬质合金锯片的后角一般取值 $15°$。楔角是由前角和后角派生出来的，但楔角不能过小，它起着保持据齿的强度、散热性、耐用度的作用。前角 γ、后角 α、楔角 β 三者之和等于 $90°$。

3）锯齿的齿数。一般来说齿数越多，在单位时间内切削的刃口越多，切削性能越好，但切削齿数多需用硬质合金数量多，锯片的价格就高，但锯齿过密，齿间的容屑量变小，容易引起锯片发热；另外锯齿过多，当进给量配合不当的话，每齿的削量很少，会加剧刃口与工件的摩擦，影响刀刃的使用寿命。通常齿间距在 $15\sim25mm$，应根据锯切的材料选择合理的齿数。

4）锯片的厚度从理论上我们希望锯片越薄越好，锯缝实际上是一种消耗。用硬质合金锯片锯板的材料和制造锯片的工艺决定了锯片的厚度。选择锯片厚度时应从锯片工作的稳定性以及锯切的材料去考虑。

5）锯片直径与所用的锯切设备以及锯切工件的厚度有关。锯片直径小，切削速度相对比较低；锯片直径大对锯片和锯切设备要求就要高，同时锯切效率也高。

总之，齿形、角度、齿数、厚度、直径、硬质合金种类等一系列参数组合成硬合金锯片的整体，要合理选择和搭配才能更好地发挥它的优势。

（3）下料工艺规程。

1）按照生产作业单和工艺技术要求选用合适的双头切割锯。

2）按照工艺要求和图纸中标示的型材长度尺寸，调节好定尺夹具。

3）锯料前必须检查锯床的运转情况，待锯运转平稳后方可下料。

4）锯料时进刀要平稳、匀速。

5）在锯切首件型材时，须经检验合格后，方可成批生产。

6）在夹料、卸料时必须精心操作，防止型材损伤。

7）检验员认真填写工序记录。

8）加工合格的工件，按规格、型号、整齐码放在料架上并加标识。

10.3　构件机加工

铝合金门窗要完成组装，还需对锯切后的型材杆件，按照加工工艺和设计图纸及五金配件的安装要求，利用机械加工设备或专用设备对型材杆件进行铣、冲、钻等加工，以保证成品门窗的组装要求。

1. 铣排水槽

加工设备：仿形铣床（图 10-14）。

仿形铣床的仿形板上预先加工好所需的各种开孔，铣床刀具按照预先选定的孔槽轨迹对型材进行机加工。

仿形铣床有单轴仿形铣床、双轴仿形铣床及多轴仿形铣床之分，主要用于加工铝合金门窗各类形状的孔榫槽及排水孔、气压平衡孔等。

为使雨水、冷凝水排出室外，应在型材合适的部位铣排水槽及排气孔，排水槽一般用仿型铣床铣削加工。

铝合金门窗的两个部位上存在着排水问题，即玻璃镶嵌槽的排水和框扇密封部位的排水。所以无论是平开门窗还是推拉门窗的框、扇型材都应该设置排水腔，以使流入门窗扇内的雨水和冷凝水可以排出室外。排水腔应该设置在安装玻璃压条槽的相反一侧。

图 10-14　铝合金门窗
双轴仿形铣床

排水槽的尺寸、位置和数量应符合图纸要求。对于标准门窗，排水孔一般为 ϕ（4~6）mm，长 20~35mm 的腰圆孔，一个门窗扇要开设 2 个排水孔，排水孔至拐角的距离最小应为15~

20mm，最大不得超过100mm（图10-15）。门窗扇的排水最好是由外腔直接向外排出，也可以通过型材空腔向下经过窗框排水道排出（图10-16）。门窗框的排水方式最好采用向下排出的方式。同时开设的排水孔应兼顾整体门窗的密封性，扣装在室外的排水孔封盖可预防风雨较大时排水不畅及无雨时对气密性能的影响。

图10-15 排水孔加工图

图10-16 排水通孔加工

2. 铣削门窗框组装榫口

加工设备：端面铣床（图10-17）。

端面铣床适用于加工铝型材端部台阶面、长方形凹槽、榫头及其他不同形状的端面。

铝合金门窗中横框或中竖框与框料之间的拼接，需要将中横框或中竖框料头两端按照外框型材的配合端面进行加工，利用端面铣床进行型材装配端面的铣加工（图10-18）。

外框竖料上、下端（中梃）铣加工的尺寸和位置应符合图纸要求，铣加工部位要与组装基准面平齐。

3. 铣（冲）扇料

加工设备：仿形铣床或冲床。

铝合金推拉门窗的组装切口、滑道切口、锁口、带勾边梃凸面、装滑轮切口及平开窗的装执手槽口（装合页槽口）等均可利用仿形铣床或冲床进行加工。

4. 钻（冲）孔

加工设备：钻床或冲床。

铝合金推拉门窗组装孔（上下端、边梃）、地角安装孔（或组合孔）、止退块安装孔、缓冲垫安装孔、扇的组装孔、滑轮安装孔及平开窗框、扇滑撑安装孔（或合页安装孔）、执手安装孔等均需利用钻（冲）床进行加工（图10-19）。

5. 构件加工工艺要求

（1）铣削工艺要求。

图10-17 铝合金门窗端面铣床

图 10 - 18　中竖（横）框端铣

1）按照生产通知单和工艺技术要求选用铣床设备。

2）按照工艺要求选用工装夹具和铣刀，在铣床上固定方法可靠、简便，不得松动。

3）操作前必须检查铣床运转情况，待铣床运转平稳后方可铣削。

4）进刀要平稳，进给量要适量，随时加用润滑剂润滑。

5）铣削首件型材，要经过检验人员的检验，合格后方可成批生产。

6）装料卸料时必须精心操作，防止型材损伤。

7）质检员认真填写工序记录。

8）经检验合格的加工件，应整齐码放在料架上，并用标签注明工程、规格、型号。

9）铣削后的工件型材，表面不允许粘有污物、尘土和损伤。

（2）冲孔工艺要求。

1）操作前必须检查设备运转是否正常，模具精度在允许范围之内。

2）按生产通知单和图样要求选用工艺组合冲床和模具。

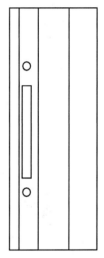

图 10 - 19　执手安装孔

3）调节好上下模配合尺寸，并进行空车运行试验。

4）每冲一孔后，应用棕刷沾用润滑剂加在模具上。

5）每班首件进行检验，经验合格后，方可成批生产。

6）认真填写工序记录。

7）装卸料时要精心操作，防止造成人为型材损伤。

8）冲孔后的工件应整齐码放在料架上，并用标签标明型号、规格、工程。

9）冲孔后的型材表面不允许粘有污物、尘土及擦伤。

（3）钻孔工艺要求。

1）按划线工序工作交班。

2）按图纸和工艺技术要求，选用合理的钻床钻头及工装夹具。

3）将工件夹紧，并选择好钻床的转速，变速必须停车。

4）每打一个孔，必须滴入机油，以防钻头与工件卡死或钻头折断。

5）每班首件实行检验，合格后方可成批生产。

6）进退刀应轻缓，循序渐进。

7）认真填写工序记录。

8）在装料、卸料时要精心操作，防止人为造成型材损伤。

9）钻孔后的型材，经检查合格后应整齐码放在料架上，并用标签标明规格、型号和工程名称。

10）钻孔的型材表面，不允许粘染污物、尘土和擦伤。

6. 构件加工尺寸偏差要求

为了保证铝合金门窗的组装精度要求，铝合金门窗构件加工精度除了符合图纸设计要求，还要符合下列规定：

（1）杆件直角截料时，长度尺寸允许偏差应为±0.5mm，杆件斜角截料时，端头角度允许偏差应小于−15′。

（2）截料端头不应有加工变形，毛刺应小于0.2mm。

（3）构件上孔位加工应采用钻模、多轴钻床或画线样板等进行，孔中心允许偏差应为±0.5mm，孔距允许偏差应为±0.5mm，累积偏差应为±1.0mm。

（4）铆钉用通孔应符合现行国家标准《紧固件铆钉用通孔》（GB/T 152.1—1988）规定。

（5）螺钉沉孔应符合现行国家标准《紧固件沉头用沉孔》（GB/T 152.2—1988）规定。

（6）铝合金门窗构件的槽口（图10-20）、豁口（图10-21）、榫头（图10-22）加工尺寸允许偏差应符合表10-7的规定。

图 10-20　构件的槽口加工

图 10-21　构件的豁口加工

图 10-22　构件的榫头加工

表 10-7　　　　　　　　　构件的槽口、豁口、榫头尺寸允许偏差　　　　　　　　（单位：mm）

项　　目	a	b	c
槽口、豁口允许偏差	+0.5 0.0	+0.5 0.0	±0.5
榫头允许偏差	0.0 −0.5	0.0 −0.5	±0.5

10.4 数控加工技术在铝合金门窗加工中的应用

1. 数控加工简介

数字控制（Numerical Control）是近代发展起来的一种自动控制技术，是用数字化的信息实现机床控制的一种方法。数控系统是一种新型控制系统，能方便地完成加工信息的输入、自动译码、运算、控制，从而控制机床的运动和加工过程。

数控机床对零件的加工过程，是严格按照加工程序中所规定的参数及动作执行的。它是一种高效的能自动或半自动运行的机床。CNC 是计算机辅助设计的 NC 系统。其系统的核心是计算机，即由计算机通过执行其存储器内的程序，来执行机床的部分或全部动作。近几年计算机技术的发展，计算机已经大规模应用到数控系统中，由于数控装置采用计算机来完成管理和运算功能，使数控系统的可靠性大大提高，价格也大幅度下降。

整个数控装置要完成的工作有开机初始化、数控程序的编译、启动机床、进行刀具轨迹的计算、插补计算等项工作，然后将计算结果送给每个坐标轴。

数控机床是具有广阔前景的新型自动化机床，是高度机电一体化、自动化的产品，最早主要应用在数控钻床、车床、铣术等要求精度较高的机床上。数控技术在铝合金门窗加工行业内的应用在最近几年才逐渐开始，应用范围也还较窄。但随着铝合金门窗技术的发展，铝合金门窗加工行业对数控加工技术的需求逐渐增加。

2. 铝合金门窗加工行业对数控加工技术的需求

（1）工期要求紧，要求提高生产效率。

在我国门窗企业承揽工程时，往往面临工期短，生产量大，供货需求急，而且加工周期加长，势必造成资金积压，增大产品库存，不利于企业的发展。因此原有的生产横式，老式的加工设备已经严重的制约企业的发展。

数控加工中心只要更换一下刀具就可以实现各种动作，可铣、钻、镗等，节省了工序之间运输及重新装夹等辅助空间和时间，并且更换加工品种极其方便，只要更换程序，就可以实现，大大缩短了换型的周期。由于数控机床在结构设计上采用了有针对性的设计，因此，效率是普通机床的十几倍，加上自动换刀等辅助动作的自动化，使得数控机床的生产效率非常高。

（2）加工精度要求提高，保障产品质量。

目前，国家对建筑门窗节能提出了严格的要求，原来普通铝合金门窗基本退出建筑门窗市场，代之的是满足节能要求的新型节能门窗，如隔热铝合金门窗、铝木复合门窗等。为了达到良好的节能效果，对其产品质量及加工、组装提出了更高的要求，包括产品质量要求、加工精度要求、操作人员素质的要求及质量管理水平的要求等。

数控机床在进给机构中采用了滚珠杠螺母机构，使机械传动误差尽可能小；还利用软件进行精度校正和补偿，使传动误差进一步减少；由于加工过程是程序控制，减少了人为因素对加工精度的影响，这些措施不仅保证了较高的加工精度，同时还保证了较高的质量稳定性。

（3）合理使用生产资源，加大设备的有效使用面积。虽然数控加工设备整体较大，但在一台设备上能够完成多个加工工序。相对于传统的加工设备，生产资源和使用面积的综合使用效率有所提高，可能省去常规设备如冲床、铣床、钻床等。减少了繁琐的不同设备的不同工序。

（4）市场竞争激烈，提高综合能力。现今铝合金门窗工业竞争激烈，特别是一些中小企业星罗棋布，靠拼设备，拼人力在市场上占有一席之地，但从长久考虑，一个企业在设计、加工能力上需要具有一定的实力。虽然采用先进设备的前期投入较大，但通过规模化生产也可增强企业的市场竞争能力，增加利润。因此对于大中规模的铝合金门窗加工企业来说，选用先进的设备，提高生产效率、加工质量、市场竞争能力是刻不容缓的。

3. 数控门窗加工设备发展现状

铝合金门窗加工工艺中主要的加工工序是型材下料、各种孔型钻铣、组装等，针对这些工序国内外门窗加工设备制造公司主要生产的设备有数控切割锯、多轴数控钻铣床、多轴加工中心等，加工具体内容主要是锯切、铣、镗、攻螺丝、组角等工序。一般来说 3 轴钻铣床只能加工正上面的孔形，4 轴可绕型材进行 180° 角度加工，5 轴钻铣床可在 360° 内进行斜孔加工，国外专业从事门窗加工设备制造的公司有德国和意利合资安美百事达（AME PRE-SSTA）、德国叶鲁（ELUMATEC）意大利飞幕（FOM）等，这些公司这些年来相续生产、研制出数控门窗加工设备，包括可达 6 个控制轴的加工中心，技术已达相当水平。

目前，国内率先推出了数控双头切割锯、数控摆角双头切割锯、数控钻铣床、单头加工中心、双头加工中心，数控摆角双头切割锯，实现三轴运动控制。双头加工中心及数控钻铣床采用 3×2 轴运动控制，可双头同时操作，大大提高工作效率。数控钻铣床、加工中心可完成六轴运动控制。目前用于铝合金门窗加工行业的设备主要有以下几种：

（1）数控双头切割锯。

1）用于自动完成铝型材 22.5°、45°、90° 的定尺定角切割加工。

2）自动动切割定尺，自动实现锯切角度转换，自动程度高。

3）具有尺寸补偿功能，重复定位精度高，锯切尺寸精度高。

4）可与上位管理计算机进行通信，实现门窗加工计算机辅助设计，辅助制造。

5）打印产品标签，便于企业生产管理。

（2）数控加工中心。

1）按预先设置程序自动完成各种孔槽的钻铣加工，可以攻丝，减少人工操作，自动化程度高。

2）自动刀具库，实现换刀自动化。

3）可与上位管理计算机进行通信，自动编程，自动选择最佳加工顺序，提高生产效率。

4）打印产品标签，便于企业生产管理，使产品标签与产品相对应，便于下一流程检验，有效避免物料混乱和加工错误。

5）由传统的 3 轴到 4 轴、5 轴，功能逐渐加强。

（3）存储单元的仓库。应用范围非常多样，而且完整，特点是可靠、简单，速度快以及适应性强。存储单元的软件可以和公司自己的管理软件相连接，软件可以给出每个存储单元里盛放东西的重量，长度和数量。而且以随时查出每种部件是否有货，有利库房自动化。

（4）数控门窗加工设备发展方向。

1）数字化、网络化。将来的企业，需要通过提高管理水平、技术水平、运营方法等来增强企业参与市场竞争的能力，以后生产管理逐步实现计算机网络化生产和管理，并逐步提出电子商务的概念，从订单开始，到设计、加工、组装、储存、交货的所有流程通过网络化实现。现在只具备这种生产形式的雏形，只实现了单个工序或部分工序组合的自动化。

产品制造的全过程也具有网络化和数字化的特性，在这种环境下，网络数控成为各种先进制造系统的基本单元，是各种先进制造系统的技术基础。

2）柔性加工系统。多台数控机床在统一的管理下，实现统一输送、统一下料、统一钻铣、统一组装、入库等工序，这样就构成柔性加工系统（FMS），这样发展必然要求数控设备进行通信联网。这与网络化、数字化发展相互促进、相互制约。

虽然数控技术在门窗加工行业的应用是最近几年才发展起来的，但随着我国经济建设的发展，科技水平的进步，铝合金门窗加工技术也将有一个崭新的发展空间，数控技术的应用也将越来越广，各个工序实现自动化或半自动化控制，通过传输皮带就可以组成自动化生产线，并且通过网络系统将整个控制系统连入公司局域网中，在办公室即可完成程序设计、参数输入、程序执行等功能，还能监控现场生产情况等，这样可以大提高生产效率、节约成本、减少人力，这样全自动化或半自动化生产车间的出现将会有力地促进门窗加工业的发展。

第11章

铝合金门窗组装

铝合金门窗的组装工序就是将加工完成的各种铝合金门窗的零部件、五金件、密封条、玻璃及配件等经过组装成为一樘完整产品的过程。因此，组装工序由许多子工序组成，上述完成铝合金门窗组装的所有工序统称为组装工序。

铝合金门窗的组装方式有 45°角对接、直角对接和垂直插接三种（图 11-1）。

　　　45°角对接　　　　　　　直角对接　　　　　　　垂直插接

图 11-1　铝合金门窗组装方式

11.1 推拉门窗的组装

11.1.1 框的组装

先量出在上框上面的两条紧固槽孔距离侧边的距离和高低尺寸，再按此尺寸在门窗框边框上部衔接处画线钻孔，孔径应与紧固螺钉相配套。然后将柔性胶垫置于边框槽口内，再用自攻螺钉穿过边框上钻出的孔和柔性胶垫上的孔，旋进上框上的固紧槽内。图 11-2 和图 11-3 分别为窗框边框与上、下框连接组装图。

连接固定时，应注意不得将上、下框滑道的位置装反，柔性胶垫不可缺，下框滑道的轨面一定要与上框滑道相对应，才能使窗扇在上、下滑道内滑动。

图 11-4 为 GR838 隔热型材推拉窗框组装示意。

11.1.2 扇的组装

门窗扇边梃与下梃组装时，应先将窗扇边梃与下梃衔接端各钻 3 个孔，中间的孔是滑轮调整螺钉的工艺孔，并在门窗扇边梃或带勾边梃做出上、下切口，要求固定后边梃下端与下槛底边齐平。图 11-5 和图 11-6 分别为铝合金推拉门窗扇连接组装和铝合金推拉门窗扇下槛与滑轮连接示意。

图 11-2　推拉门窗框上框连接组装　　　　图 11-3　推拉窗框下框连接组装

图 11-4　GR838 隔热推拉窗框典型组装示意

图 11-5　推拉门窗扇连接组装

1—左或右边梃；2—下切口；3—上切口；

4—上梃；5—下梃

图 11-6　推拉门窗扇下梃与滑轮连接

1—滑轮上方固定螺钉；2—下梃；3—边梃；4—滑轮侧边

固定螺钉；5—调节孔；6—固定孔；7—半圆滑轮槽；

8—调节螺钉

图 11-7 和图 11-8 分别为 GR838 隔热型材铝合金推拉窗扇组装示意一和示意二。

图 11-7　GR838 隔热推拉窗扇组装示意一

图 11-8　GR838 隔热推拉窗扇组装示意二

11.1.3　五金件的组装

1. 门窗扇底部滑轮的组装

在每个下梃的两端各装一只滑轮，其安装方法如下：

把铝合金门窗滑轮放进下梃一端的底槽中，使滑轮上有调节螺钉的一面向外，该面与下梃端头平齐，在下梃底槽板上划线定位，再按划线位置在下梃底槽板上打固定孔，然后用滑轮配套螺钉，将滑轮固定在下梃内。参见图 11-6 和图 11-8 所示。

2. 门窗锁的组装

（1）半圆锁的安装。半圆锁安装如图 11-9 所示。

（2）钩锁的安装。钩锁安装如图11-10所示。安装窗钩锁前，先要在窗扇边梃上开锁口，开口的一面必须是窗扇安装后，面向室内的面。窗扇有左右之分，开口位置要特别注意不要开错。窗钩锁通常是装于窗扇边梃的中间高度，如窗扇高于1.5m，装窗钩锁的位置可适当降低些。开窗钩锁长条形锁口的尺寸，要根据钩锁可装入边梃的尺寸来定。加工设备参见

图11-9 半圆锁安装

10.3构件机加工章节。孔的位置正对锁内钩之处，最后把锁身放入长形口内。通过侧边的锁钩插入孔，检查锁内钩是否正对锁插入孔的中线，内钩向上提起后，钩尖是否在圆插入孔的中心位置上。如果完全对正后，扭紧固定螺钉。

图11-10 钩锁的安装

11.2 平开门窗的组装

11.2.1 平开门窗的组装方式

1. 组装方式

铝合金门窗的立面形式以矩形为最常见，因此，平开铝合金门窗的框或扇的组装方式一般采用45°角对接。45°角对接至少有五种组装工艺：螺接、铆接、挤角、拉角和涨角。目前，国内大多数门窗生产企业主要采用挤角（也有叫撞角或冲铆角）组装工艺，也有少部分企业采用活动角码螺接工艺。

铝合金门窗的挤角工艺采用组角机挤压铝型材底面使之与角码紧密结合。这种组角方式其工作原理是当组角机的挤角刀顶进铝型材表面时，由于铝型材变形使得角码固定于型材腔内，从而将两部分铝合金型材连接在一起。采用挤角的组装方式需要根据型材的壁厚、两空腔间距及角码的尺寸确定挤角刀的角度、进刀深度和宽度及刀具间距，见图 11-11（图中提供的挤角参数仅供参考）和图 11-12 所示。当根据型材及角码调整好组角机参数后，挤角工艺则具有工效高、工厂内大批量生产，机械化水平高，特别是数控四头组角机的出现，提高了铝合金门窗生产的自动化水平。

$B=1.4\delta$
$H=1.7\delta$

图 11-11　组角示意图

δ—型材壁厚

图 11-12　挤角刀具位置调整图

铝合金门窗的组角采用活动角码的组装工艺，通过在铝合金型材上预先按照组角角码上开孔位置打孔，然后利用螺钉将角码固定在型材内，进而将两部分铝合金型材连接在一起。其优势有如下几点：

（1）活动角码采用高强度连接螺栓连接，与采用挤角机组角方式相比，不破坏铝型材的腔室（外形尺寸不会出现扭曲），避免了第 4 角偏移的问题。

（2）活动角码在组角有错位时可以松以下从新调整再紧，这一点是普通挤角式角码无法比拟的。

（3）活动角码可以实现门窗的现场组装，铝合金门窗厂可以到工厂接到订单后将铝合金型材切割并冲出活动角码的安装孔，直接装箱，配上活动角码、门窗五金等直接运输到现场装配。

（4）活动角码的价格比挤角式角码高，但可以组装特殊角度（如非 90°角）的门窗。

（5）活动角码需要使用模具加工，且活动角码只能在大的空腔使用，造成断桥料小的空腔一侧拼角容易有缝隙。

2. 组角设备

组装设备是指挤角组装方式来说。铝合金门窗采用组角机挤角，只能组装 45°角对接。目前，铝合金门窗组角设备主要有单头组角机、双头组角机及四头组角机。单头组角机一次只能组装一个角，双头组角机一次可同时组装两个角，四头组角机一次可同时组装四个角，即可同时完成一个门窗框或扇的组角组装。由于四头组角机组装要求高，只有四角同时完成，才能保证组角的精度要求，因此，四头组角机一般为数控操作，自动化水平高。图 11-13 为铝合金门窗单头组角机示意，图 11-14 为数控四头组角机示意。

图 11-13　铝合金门窗单头组角机

图 11-14　铝合金门窗数控四头组角机

（1）单头组角机设备特点。

1）动力由液压系统控制，工作平稳可靠。

2）左右冲头钢性同步进给，避免组角过程的无益变形，使窗角连接更牢固。

3）同步进给机构使机器调整变得简单。

4）螺纹调节上下组角刀的距离，使对刀工作更方便。

5）可配置单刀多点组角刀，使隔热断桥铝门窗组角更加可靠。

（2）四头数控组角机设备特点。

1）可一次完成四个角的角码式冲压连接，生产效率高。

2）压紧装置自动前后移动，操作方便，窗体尺寸自动调节。

3）通过伺服系统的力矩监控，实现四角自动预紧。

4）组角刀前后左右调整方便，适应不同型材的需要。

5）一次性组框可对型材间的接缝及平面度进行控制，使组框质量具有可预见性。

3. 角码

铝合金门窗组角用角码有铝质角码、塑料角码和活动角码。

铝质角码主要用于挤角工艺。铝质角码材料是铝合金挤压型材，角码由设计人员根据铝合金型材腔室空间尺寸提出角码下料尺寸，由操作人员利用角码切割锯将角码铝型材切割成需要的尺寸（图 11-15）。

图 11-15　铝角码

塑料角码也是铝合金门窗常用挤角角码，这种角码采用工程塑料铸造，多用于纱扇组角。在较大内外开窗扇上面要慎用，因为剪力太大，塑料角码变形比铝合金角码大。

活动角码为铸造件，一般采用锌合金材料。因此，需要根据选用的铝合金型材的腔室空间尺寸专门制作角码，通用性差。角码与铝合金型材的连接采用螺栓连接固定（图 11-16）。

图 11-16　活动角码

4. 铝木复合门窗组装方式

由于铝木复合门窗的主要结构由普通铝合金或者断桥铝合金型材（主要为隔热断桥铝合金型材）构成，在门窗的室内侧，敷贴一层一定厚度的木质材料作为装饰。

铝木复合门窗最常用型材主要有穿压式和卡扣式。

由于穿压式铝木复合型材的铝合金型材和木材复合在一起，复合门窗的制作同铝合金门窗类似，木材部分角接之前涂抹木组角胶。

对于卡扣式铝木复合型材，铝合金型材和木材采用活动卡扣连接，因此，铝合金和木材部分采用分别组装，最后合体的组装方式。铝合金部分同隔热断桥铝合金门窗组装方式相同，一般采用挤角的连接方式；木材部分也采用 45°角对接，角接之前涂抹木组角胶，然后用码钉连接。铝材和木材要分别制成独立的框架，然后通过特制的偏心卡扣将铝木复合在一起。

卡扣式铝木复合门窗生产设备除铝合金门窗生产设备外，还须增加木材组装设备，即木材切割锯和木框码钉机。木材切割锯用于木材的 45°角切割，码钉机用于木框的码钉组装。木框的组装示意见图 11-17，图 11-17（a）为木框组装示意图，图 11-17（b）为木框与铝合金连接示意。图 11-18 为卡扣式铝木复合门窗组装断面。

11.2.2　框、扇组角

1. 组角工艺

（1）挤角工艺。平开铝合金门窗框、扇组装时要在组装的框、扇内插入组角角码，角码插入之前要先涂抹组角胶，角码与框或扇型材的连接固定采用组角机挤角的生产工艺。组角胶的作用是用于铝合金门窗组角时使角码与铝型材牢固粘结，辅助冲铆后加固角部区域结合力，消除应力集中于冲铆点，使角码与铝型材粘结牢固可靠。角码的尺寸应与所用型材相配套。如图 11-19 为普通平开门框、扇组角示意，图 11-20 为隔热平开窗框、扇组角示意。

图 11-17　铝木复合木框组装示意图

图 11-18　铝木复合门窗断面图

　　采用挤角方式的组装工艺，组角胶可以很大程度提高角部强度，由于挤压铝角码空位大，而且直切的断面也不适合组角胶流动，因此组角时易采用导流板。挤压角码使用导流板可以节省组角胶，使用导流板盖在角码两侧面，阻挡多余的密封胶流进角码的空腔，同时提高角部的渗水能力，因为增加接触面的缘故，使得组角胶与铝合金内腔体及角码四周都有了充分的接触。导流板与角码配合见图 11-21。导流板一般由 ABC 塑料制作。

　　采用导流板时，组角胶应采用双组分密封胶，双组分组角胶由注胶孔注入，注胶孔一般开在组角上、下横料上。采用导流板组角示意见图 11-22。角码带有导胶槽，双组分组角胶通过孔进入角码内部胶槽，形成连续密封。组角接触面涂断面密封胶。

　　导流板只是在同一尺寸腔体角码用起来比较方便，若在一个型号窗，型材要用到两、三种角码，那样用起来就不方便了，同时开倒流板的模具成本也会高的。

　　(2) 螺栓连接工艺。螺接工艺组角采用活动角码。活动角码需要根据型材组角空腔尺寸专门制作，专门性强。为了保证螺栓连接组装的精度，采用活动角码螺栓连接组角时，螺栓

挤角刀点各处涂密封胶且要饱满

角码穿入腔内前挂满组角胶

角码穿入腔内前挂满组角胶

角片突起面朝向型材

图 11-19　平开门框、扇组角

连接孔应采用与活动角码配套的模具进行开孔。门窗的组角除了可以组装 90°角的连接外，还可以组装任意角度的特殊框、扇连接。非 90°角的组角连接见图 11-23。

2. 组角工艺规程（挤角工艺）

（1）操作前必须检查设备运转是否正常，调整工作压力，在气压达到要求时方可开始工作。

（2）按生产作业单和图样要求选用与型材断面配套或匹配模具，模具精度在允许范围内。

（3）按照工艺设计要求及型材断面确定定位面、夹紧面，调节好配合尺寸，并进行空车运行试验，确保各组角刀的同步性及一致性。

（4）定位准确，及时清理台面和靠模上的碎屑、污物。

（5）装卸料时要精心操作，防止造成人为型材损伤。

（6）组角后的半成品应整齐码放，静置 6h 保证组角胶完全干透，用标签标明型号、规格、工程。

（7）组角后的型材表面不允许粘有污物、尘土及擦伤。

3. 影响组角（挤角）可靠性的几个因素

（1）主型材的选用与加工。

1）主型材的型腔结构力求合理合。铝合金门窗用型材是薄壁件，稍有不适，便可能使得组角工序变得比较麻烦，甚至无法组角。

2）型材的壁厚。型材的壁厚对组角可靠性的影响同样重要，单就组角工序来说，因为组角连接是通过型材的变形来实现的，所以型材的壁厚直接影响连接强度。

3）主型材的挤出精度。型材挤出的几何精度要求型材的弯曲、扭曲的变形量不得超出有关标准规定，并且不得影响组装质量。在铝合金门窗组装过程中，时常遇到切割角度、切割长度不稳定的情况，操作人员经常在加工设备的精度方面找不到原因。其实在很多情况下，型材的不规范（如扭曲、翘曲）会导致切割角度和长度的不准确。型材长度的误差，会最终影响到组角的精度。

加强角片

角码

扇组角

角码

加强角片

框组角

图 11-20　平开隔热型材框、扇组角示意图

4）主型材的下料（切割）精度。型材的挤出精度，影响其加工精度以致影响组角可靠性，而加工设备的工作精度同样是影响其加工精度主要因素。要使铝合金门窗的组装精度达到国家标准要求，其型材加工精度则必须高于国家标准要求。

（2）合理使用双角切割锯。

1）保持两机头角度误差方向相反，使得组角时该误差得以补偿。在双头锯床的制作和使用过程中，无论做得如何准确，也做不到零误差。那么，既然有误差，当调整角度时，我们有意让一个机头相对标准角度出现上偏差，另一个机头出现下偏差，在组角时这两个误差

(a)　　　　　　　　　　　　　　　(b)

图 11 - 21　导流板及角码

图 11 - 22　导流板组角示意

相互抵消，组角缝隙最小。

2）中横（竖）框长度取下偏差，可提高连接强度。中横（竖）框的设计长度，是理论尺寸。切割定尺时，要求实际切割尺寸不大于设计尺寸。这样在安装中横（竖）框后，对四

323

图 11-23　活动角码组装示意图

个角产生的压应力，有利于成窗更牢固。

3）保持工作台清洁，也可以减少切割角度偶然误差。工作台上如果存有杂物，并垫在了型材下面，从而影响切割角度和切割长度的精度。

4）用好托料架，减少角度误差。切割锯上的托料架一方面用于稳定型材，使得操作方便，更重要的是，当两个机头中间的型材较长时，防止型材下垂（或上翘）而影响切割角度误差。

（3）角码的选用与加工。

1）角码型材嵌槽口合理。在合格的角码型材上，嵌槽口的角度是个标准的入刀角度。如果角度不合适，将影响组角机稳定性，甚至无法组角。

2）角码型材厚度合适。角码型材挤出厚度同主型材行腔的配合间隙应不大于 0.2mm。否则将影响组角稳定性，甚至无法组角。

3）角码下料长度合格。角码切割长度，同主型腔的配合间隙最好不大于 0.2mm，这样一方面避免门窗相邻构件错位，另一方面充分发挥组角胶的潜能。

4）角码切割面的垂直精度足够。角码切割面的垂直度不大于 0.1mm。主型材型腔同角码的配合间隙不大于 0.2mm，如果角码切割垂直度大于 0.1mm，该角码连接的两根型材就可能发生扭曲。

5）切下的角码不能留有小尖角。这需要角码切割锯拥有可靠的导向压紧装置，使得切割的角码不留有尖角，即使切割不大于 3mm 长的角码也不留有尖角。

6）角码使用前的处理。为了提高角码质量和刀具耐用度，切割角码时一般用"锯切油"或低标号机油进行润滑，所以切割完毕的角码上都留有油渍，对这些油渍需要用纯碱或其他清洗剂处理干净，以保证后面工序中组角胶连接可靠。

7）如果使用专用的锯切油，属于"水性油"，切割后的角码用清水清洗就可以了。

目前，门窗生产企业角码的切割加工一般采用角码切割锯，由于锯片的厚度较大，那么材料的浪费就大，而且加工切割面有毛刺，对角码与型材配合产生影响，进而影响组角质量。如果采用加工精度高的线切割技术加工角码，具有角码切口材料损耗小、切口无毛刺、精度高等特点，可以提高铝合金门窗的组角质量。

（4）合理使用组角胶。

1）使用合格的组角胶，不仅解决密封问题，更有利于提高连接可靠性。

2）严格按组角胶使用说明进行施工。

3）对接面涂胶均匀，保证牢固粘结且不浪费胶。

4）及时清理残露胶，以免固化后清理时损伤型材表面，影响门窗外观。

5）双组分组角胶要配比适当，混合均匀，使用前应做流动性和混均性试验。

（5）正确使用组角机。

1）刀具安装位置正确，首先应尽量使刀具相对于型材截面对称布置。

2）刀具平面应同组角机工作台平面相平行。

3）托料架位置精确。托料架应同工作台处于同一平面，不能偏低，更不能偏高。如果托料架偏低，起不到托料作用；如果托料架偏高，则迫使组角的两件型材不能处于同一平面，使组角出现错位。

4）组角前应把型材 45°断面附近的保护膜撕开；同时对端面进行清理，严格禁止端面粘有铝屑。

5）组角时应注意观察型材对接情况，防止 45°错位组角，事后难以纠正。

6）组角机对窗角的连接是通过冲压变形原理完成的，所以需要保证合理的冲压深度，才能够既实现了连接牢固，且不引起型材变形。

7）对于液压动力的组角机，其压力不必调得太高，太高容易引起型材变形，同时也浪费动力，压力一般不超过 12MPa。

8）及时对接缝平整度调整。角逢相邻件出现局部上下错位时，应在组角后半小时内进行调整。

11.2.3　框、扇中横、竖工料的连接

门窗框、扇中横（竖）工料连接是采用榫接拼合，所以在组装前要进行榫头、榫孔的加工制作。榫接有两种方法，一种是平榫肩法，另一种是斜榫肩法（图 11-24）。

图 11-24　平开铝合金门窗横竖工料榫接法
(a) 平榫肩法；(b) 斜榫肩法

图 11-25 和图 11-26 分别为隔热平开铝合金窗边框与中横框 T 形连接和中横框与中竖框的十字连接示意图。图 11-27 为十字连接件安装图。

11.2.4　五金配件的安装

（1）采用不锈钢滑撑连接的滑轴平开窗和滑轴上悬窗的安装示意见图 11-28。

（2）合页（铰链）连接的平开门窗的合页（铰链）的安装，应先把合页（铰链）按要求位置固定在铝合金门窗框上，然后将门窗扇嵌入框内临时固定，调整合适后，再将门窗扇固定在合页（铰链）上。必须保证上、下两个转动部分在同一轴线上。合页（铰链）的安装见图 11-29。

（3）普通铝合金窗可选用单点执手，由于它只能在一点上进行锁闭，一般应符合以下规定：

图 11-25　隔热平开铝合金窗 T 形连接示意

图 11-26　隔热平开铝合金窗十字连接示意

图 11-27 十字连接件安装图

图 11-28 滑撑的安装方法

窗框洞口净高度 $d_2 \leqslant 700\text{mm}$，可只安装一单头执手，安装高度 $h = d_2/2$。

图 11-29 合页（铰链）安装方法

窗框洞口净高度 $d_2 > 700 \sim 850\text{mm}$，双联执手安装高度 $h = 230\text{mm}$。

窗框洞口净高度 $d_2 > 850\text{mm}$，双联执手安装高度 $h = 260\text{mm}$。

上悬亮窗扇宽度 $e_2 \leqslant 900\text{mm}$，安装一只执手，位置为扇下梃中间 $e_2/2$。

上悬亮窗扇宽度 $e_2 > 900\text{mm}$，安装左、右两只执手，位置为扇下梃各距两端 200mm。

（4）对于隔热断桥平开铝合金窗，应多采用多点联动执手，通过执手的开关来带动多个锁闭点的开启，各锁点的位置安装应准确，具体可参看选用的锁具的安装说明。

如图 11-30、图 11-31 分别为两边多点锁内平开下悬窗五金配件和四边多点锁内平开下悬窗五金配件。

图 11-30　两边多点锁内平开下悬窗五金配件

1—执手；2—主传动杆；3—防误器；4—锁块；5—转角器；6—小拉杆；7—翻转；
8—防脱器；9—支承块；10—垫块；11—防水盖；12—上合页；13—下合页

图 11-31　四边多点内平开下悬窗五金配件

1—执手；2—连接杆；3—防误操作器；4—转角器；5—翻转支撑；6—上斜拉杆；7—上转轴；

8、11b—沉头螺钉；9—调节块；10—下转轴；11—下销轴；11a—断盖；12—上轴座；

13—下轴座；14—夹紧块；15—上销轴；16—防脱盖；17—防脱器；18—翻转支撑座；

19—锁扣；20—助升块；E1—延长杆；E2—中间锁；E3—锁紧块

铝合金门窗框、扇是由加工好的铝型材各零部件拼接在一起装配而成，为了保证整体门窗的气密及水密性能，在装配过程中应及时对各拼缝如45°接缝、横竖框及五金配件安装螺丝孔等进行打胶密封。

11.3 框扇密封

铝合金门窗的框扇密封是指两个相对运动的门窗框与扇之间的密封，其密封质量应满足门窗的气密性能、水密性能、保温性能、隔声性能等的设计要求。

框扇间常用的密封形式有以下两种：

（1）挤压式密封，这种密封方式通过框扇间的压力使框与扇之间的密封材料产生弹性变形来实施，常用于平开门窗（图11-32）。

（2）摩擦式密封，是两个平行对应部件缝隙的密封，常用于推拉门窗或转门（图11-33）。

图11-32　中间密封和框边缘密封

1—中间密封；2—框边缘密封

图11-33　摩擦式密封

11.3.1 挤压式密封

挤压式密封常用于平开铝合金门窗中的框扇的边缘密封和中间密封，见图11-32中的1和2。

图11-32中2为框扇边缘密封，常用于平开门窗的框扇间边缘密封，其密封胶条的式样见图11-34（a）。

图11-32中1为框扇中间密封，常用于平开门窗的框扇中间密封，其密封胶条的式样见图11-34（b）。

中间密封常用于隔热断桥铝合金门窗，通过增加中间密封胶条（又称鸭嘴胶条），将框扇间空腔分为两个腔室，外侧为水密腔室，内侧为气密腔室。这样在外侧腔室形成等压腔，提高了门窗的水密性能；由于独立的气密腔室，提高了门窗的气密性能和隔声性能；中间密封胶条将框扇间的一个腔室分隔成两个腔室，延续了框扇间的隔热桥，提高了门窗的保温性能。

对于隔热型材的平开铝合金窗的中间鸭嘴密封胶条的角部接头处，应采用 45°角对接，且安装完后对接处应用密封胶将接头部位粘结牢固，如图 11 - 35 所示。

(a)　　　　　　(b)

图 11 - 34　中间密封胶条

图 11 - 35　中间密封条的组装

11.3.2　摩擦式密封

摩擦式密封一般用在两平面窄缝之间用毛条密封居多，也有少部分用胶条密封，采用这种密封方式密封的推拉门窗，可以左右推动，对毛条或胶条的压力不能太大，否则门窗扇的开启力可能较大。这种密封的密封效果不与前述的好。

解决推拉门窗密封效果的有效办法是采用提升推拉式结构设计。其特点是门窗扇开启时先提升再推拉，不对密封带产生摩擦作用，在关闭时又降回原位置，与密封带紧密吻合。其密封材料一般采用胶条密封，可以提高门窗的密封性能。

对于框扇间密封材料的选择详见第 4 章相关章节内容。

11.4　门窗组装技术要求

11.4.1　门窗组装尺寸要求

铝合金门窗组装后成品尺寸允许偏差应符合表 11 - 1 的规定。

表 11 - 1	门窗组装尺寸允许偏差		（单位：mm）
项 目	尺寸范围	允 许 偏 差	
		门	窗
门窗宽度、高度构造内侧尺寸	$L<2000$	±1.5	
	$2000\leqslant L<3500$	±2.0	
	$L\geqslant3500$	±2.5	
门窗宽度、高度构造内侧对边尺寸差	$L<2000$	+2.0 0.0	
	$2000\leqslant L<3500$	+3.0 0.0	
	$L\geqslant3500$	+4.0 0.0	
门窗框、扇搭接宽度	—	±2.0	±1.0
型材框、扇杆件接缝表面高低差	相同截面型材	±0.3	
	不同截面型材	±0.5	
型材框、扇杆件装配间隙	—	+0.3 0.0	

11.4.2 门窗组装构造要求

铝合金门窗构件间连接应牢固，紧固件不应直接固定在隔热材料上。当承重（承载）五金件与门窗连接采用机制螺钉时，啮合宽度应大于所用螺钉的两个螺距。不宜用自攻螺钉或抽芯铆钉固定。

为防止门窗构件接缝间渗水、漏气，构件间的接缝应采用密封胶进行密封处理。

门窗开启扇与框间的五金件位置安装应准确，牢固可靠，装配后应动作灵活。多锁点五金件的各锁闭点动作应协调一致。在锁闭状态下五金件锁点和锁座中心位置偏差不应大于 3mm。

铝合金门窗框、扇搭接宽度应均匀，密封条、毛条压合均匀。门窗扇装配后启闭应灵活，无卡滞、噪声，启闭力应小于 50N。

平开窗开启限位装置安装应正确，开启量应符合设计要求。

扇纱位置安装应正确，不应阻碍门窗的正常开启。

11.5 玻璃镶嵌

玻璃安装是铝合金门窗组装的最后一道工序，内容包括玻璃裁割、玻璃就位、玻璃密封与固定等。

11.5.1 玻璃裁割

裁割玻璃时，应根据窗、扇的尺寸来计算下料尺寸，一般要求玻璃侧面及上下都应与金属面留出一定的间隙，以适应玻璃膨胀变形的需要。

目前，我国铝合金门窗产品中，中空玻璃是基本配置，对于高端门窗甚至配置有了 Low-E 镀膜玻璃或钢化夹层玻璃等玻璃深加工产品，因此，对于大部分门窗生产企业来说，玻璃一般作为外协件采购，不需要自己加工，只需要向玻璃加工企业提出具体要求即可。

11.5.2　玻璃就位

当玻璃单块尺寸较小时，可用双手夹住就位，如果单块玻璃尺寸较大，为便于操作，就要使用玻璃吸盘将玻璃吸紧后将其就位。

玻璃就位时应将玻璃放在凹槽的中间，内、外两侧的间隙应根据采用的密封材料（密封胶或密封胶条）及玻璃的厚度的不同而调整。

玻璃的下部应用支承垫块将玻璃垫起，玻璃不得直接坐落在金属面上，垫块的厚度也应根据采用的密封材料（密封胶或密封胶条）及玻璃的厚度的不同而调整。玻璃的其他三边应采用定位块将玻璃固定。

1. 玻璃垫块的作用

（1）将玻璃重量合理分配到扇框上，门窗的扇框必须承受来自玻璃的重量，同时还要承受因温度变化、风压、启闭操作所产生的力。门窗制作时，必须通过合理布置玻璃垫块，将重力分配在承重扇框上，然后传递到周围的相关结构如框架、铰链等组件上。

（2）玻璃垫块的合理安装能起到校正扇与框的作用。

（3）能够确保门窗使用功能的持久性。

（4）保证框架槽内水、气流动通畅。

2. 玻璃垫块的材质

玻璃垫块必须采用不易变形的防腐材料。一般用聚绿乙烯或聚乙烯塑料注塑成型。这种塑料具有足够的抗压强度，不会引起玻璃的破碎。不允许使用木材等其他吸水或易腐蚀材料替代。

3. 玻璃垫块的种类

（1）玻璃垫桥。玻璃垫桥又称垫块分解桥或基础垫块，如图 11 - 36 所示。其宽度正好放入玻璃槽底部，厚度与玻璃底槽到压条槽边的高度差相等，长度至少为 100mm。

玻璃垫桥安装于底部，可以防止在其上面放置的玻璃垫块滑脱移位，为玻璃提供了最佳安装空间，保证了扇框槽底部的水、气流动畅通。

（2）支承垫块。支承垫块亦称受力垫块。垫块必须承受玻璃的重量或承受玻璃的压力。支承垫块最小长度不得小于 50mm，宽度应等于玻璃的厚度加上前部余隙和后部余隙，厚度应等于边部余隙。不同窗型支承垫块的安装位置不同。正确的安装可以

图 11 - 36　玻璃垫桥

将玻璃重量合理分配到扇框上，并能起到对扇框的校正作用，保证门窗的使用功能。

（3）定位垫块。定位垫块亦称隔离垫块或防震垫块。主要作用是防止玻璃与扇框直接接触，防止玻璃在扇框槽内滑动，门窗关闭时减缓震动。定位垫块长度不应小于25mm，宽度应等于玻璃的厚度加上前部余隙和后部余隙，厚度应等于边部余隙。

玻璃垫块的规格常见有：长100/宽20mm及长100/宽26、28mm，厚度分别为2、3、4、5、6mm（图11-37）。玻璃垫块根据不同厚度采用特定的颜色塑料制作。

图11-37 支承垫块和定位垫块（单位：mm）

（4）玻璃垫块的安装。支承块和定位块的安装位置应符合下列规定（图11-38）：

图11-38 支承块和定位块的安装位置

1—定位块；2—玻璃；3—框架；4—支承块；5—玻璃垫桥

1）采用固定安装方式时，支承块和定位块的安装位置应距离槽角1/4边长位置处；

2）采用可开启安装方式时，支承块和定位块的安装位置距槽角不应小于30mm。当安装在门窗框架上的铰链位于槽角部30mm和距离1/4边长之间时，支承块和定位块的位置应与铰链安装的位置一致；

3）支承块、定位块不得堵塞排水孔和气压平衡孔。

4．注意事项

（1）正确安装和调整支承块是保证门窗使用功能的重要环节。

（2）对于平开门窗，必须仔细的调整支承垫块的受力状况，确保门窗开关灵活，扇不下垂。支承垫块与铰链的协同调整还能保证双扇平开门窗的水平度一致。

（3）推拉门窗扇的支承垫块放置要与滑轮安装位置一致。推拉门窗固定上亮玻璃支承垫块的正确安装可防止推拉上框下垂，确保推拉扇滑动灵活。

（4）为保证扇框底边水、气流动通畅，安装玻璃垫块时，不要将型材槽口堵死，保证雨水能横向流动。

11.5.3　玻璃的镶嵌密封

玻璃就位后应及时固定。玻璃镶嵌密封的方法有两种即胶条密封和密封胶密封，亦称干法密封和湿法密封。

1. 密封胶密封

采用密封胶密封，在注胶前应用弹性止动片将玻璃固定，然后在镶嵌槽的间隙中注入硅酮密封胶。

（1）弹性止动片的选用尺寸应符合要求：①长度不应小于 25mm；②高度应比槽口或凹槽深度小 3mm；③厚度应等于玻璃安装前后部余隙 a。

（2）弹性止动片的安装位置应符合要求：①弹性止动片应安装在玻璃相对的两侧，止动片之间的间距不应大于 300mm；②弹性止动片安装的位置不能与支承块和定位块位置相同。

采用密封胶镶嵌密封的好处是密封好，但如果以后更换玻璃则比较麻烦。

2. 胶条密封

用橡胶条镶嵌、密封，表面不再注胶，但接口处应打胶密封（见图 11-39）。这种方法的好处是更换玻璃方便，但密封不是非常严密，可以通过在型材的室外面开排水孔的方法排水。

图 11-39　玻璃镶嵌胶条的安装

玻璃镶嵌胶条密封和密封胶密封如图 11-40 所示。

(a)　　　　　　　　　　　　　　　(b)

图 11 - 40　玻璃密封形式

（a）胶条密封；（b）密封胶密封

1—密封胶；2—弹性止动片

11.6 组装工艺规程

（1）认真审核图纸、看懂图纸。

（2）备齐所用工具。

（3）检验所有组合零件尺寸和质量是否符合技术要求，对不符合要求的零部件不予组装。

（4）门窗的组装应在专门操作台架上，上面必须垫有胶皮麻布，以免划伤型材装饰面。

（5）装配时精心操作，防止机械或人为磕碰损伤。

（6）自攻螺钉要拧紧，严禁用锤敲打。

（7）组装后要擦洗干净，无油污。

（8）经检验合格后的制成品应竖立堆放并标明品种规格。严禁接触酸碱等腐蚀性物质。

第12章

铝合金门窗过程检验

12.1 检验依据

为保证铝合金门窗在正常批量生产过程中的产品质量，根据铝合金门窗产品特点和加工工艺条件，制定相应的检验规程。

铝合金门窗的检验规程应包括生产铝合金门窗所用的铝合金建筑型材、配套材料的检验和铝合金门窗生产工序（半成品）检验、成品检验。

12.1.1 检验依据

（1）《铝合金门窗》（GB/T 8478—2008）。

（2）《铝合金建筑型材》（GB 5237.1～6）。

（3）《建筑用隔热铝合金型材》（JG 175—2011）。

（4）《建筑玻璃应用技术规程》（JGJ 113—2009）。

（5）《铝合金门窗工程技术规范》（JGJ 214—2010）。

（6）与铝合金门窗有关的各种五金件、紧固件、玻璃、密封材料等相关产品标准。

12.1.2 组批与抽样

1. 组批

铝合金门窗组装前，同一类型的同一加工安装要求的零部件定义为一批；同一批购入的同一品种、同一规格的外购零件为一批。门窗（框、扇）组装后，同一工程、同一品种的半成品或成品为一批。

2. 抽样

铝合金型材、辅助材料以及五金配套件的抽样检验，若产品标准中有抽样规则，则按产品标准抽样、检验；在产品标准中没有抽样规则时，建议按《计数抽样检验程序　第一部分：按接收质量限（AQL）检索的逐批检验抽样计划》（GB/T 2828.1—2012）的规定要求，采用正常检验一次抽样方案，取一般检查水平 I，AQL6.5，合格质量判断按表 12-1 要求进行。表中 Ac、Re 以不合格品件数计。

表 12 - 1   合格质量判断标准   （单位：件）

批量范围 N	样本大小 n	接收数 Ac	拒收数 Re
2～8	2	0	1
9～15	2	0	1
16～25	3	0	1
26～50	5	0	1
51～90	5	0	1
91～150	8	1	2
151～280	13	1	2
281～500	20	2	3
501～1200	32	3	4

铝合金门窗产品检验按每组批的 10％随机抽样，但最少抽样数不小于 3 樘。

按照 GB/T 2828.1—2012 的规定，对于上面所提术语解释如下：

过程平均：在规定的时间段或生产量内，过程处于统计控制状态期间的质量水平（不合格品百分数）。

接受质量限（AQL）：当一个连续系列批被提交验收抽样时，可允许的最差过程平均质量水平（以不合格品百分数表示）。

正常检验：当过程平均优于接受质量限时抽样方案的一种使用法。此时抽样方案具有为保证生产方以高概率接受而设计的接受准则。

一次抽样方案是样本量、接受数和拒绝数的组合。

12.1.3　首件检验

首件检验即先加工首件经检验合格后，方可进行本组批、本工序的加工。每组批、每工序加工时，必须执行首件检验制度。

为了保证检验结果的准确性，检验所使用的计量器具均应是经过计量部门计量检定合格，并在检定有效期内的计量器具。

12.2　型材检验

铝合金型材进厂后，必须对购进的型材进行检验。首先检查型材生产厂家的资质资料，包括型材生产许可证、质量保证书、检验报告和合格证等；其次是依据《铝合金建筑型材》（GB 5237.1～6）检查型材的性能指标，包括壁厚、尺寸偏差、外观质量、膜厚等。

12.2.1　型材生产许可证、质量保证书、检验报告和合格证

铝合金型材生产许可证是国家对具备生产条件和生产能力的型材生产厂家发放的准许生产铝合金型材产品单元的凭证，质量保证书和合格证是型材生产厂家对产品质量的承诺文件，也是日后解决质量问题纠纷的依据。

质量保证书（合格证）应标明：①生产厂家；②产品名称；③合金牌号、状态和合金成分；④型号；⑤重量或件数；⑥批号；⑦力学性能、表面涂层厚度及技术监督部门印记；⑧包装日期。

应有生产单位提供由国家法定检验单位出具的有效检验报告。检验报告的内容和结果应符合国家相关标准的要求。

每批型材应具有质量保证书，每包型材须具有产品合格证。

12.2.2　断面尺寸及壁厚

1. 质量要求

（1）型材的型号和断面尺寸应符合供货合同的要求，尺寸偏差应符合标准《铝合金建筑型材》（GB 5237.1～6）中规定的要求。

（2）型材壁厚。主型材截面主要受力部位未经表面处理的基材最小实测壁厚，外门不应低于 2.0mm；外窗不应低于 1.4mm。

（3）对型材有特殊要求的，应由供需双方在供货合同中确定。

2. 检验方法

型材外形尺寸、壁厚用游标卡尺、深度尺、千分尺测量。

12.2.3　表面涂层厚度

1. 质量要求

门窗用铝合金型材表面处理应符合标准规定，见表 12-2。

表 12-2　　　　　　　　　　　铝合金型材表面处理涂层厚度要求

品种	阳极氧化阳极氧化加电解着色阳极氧化加有机着色	电泳涂漆		粉末喷涂	氟碳漆喷涂
表面处理层厚度	膜厚级别	膜厚级别		装饰面上涂层最小局部厚度（μm）	装饰面平均膜厚（μm）
	AA15	B(有光或哑光透明漆)	S(有光或哑光有色漆)	≥40	≥30（二涂）　≥40（三涂） ≥65（四涂）

2. 检验方法

型材膜厚用涡流测厚仪测量。测量时，将涡流测厚仪检测探头垂直靠在型材表面上，直接读出数值即可。测量膜厚每根型材要 5 个点以上，每个点测 3 次，取平均值，每个点的膜厚都必须达到规定的厚度。测量前，涡流测厚仪应校零。

每次测量前，应清除型材表面上的所有附着物质如尘土、油脂及腐蚀物等。

12.2.4　外观质量

1. 质量要求

（1）阳极氧化型材：产品表面不允许有电灼伤、氧化膜脱落等影响使用的缺陷。

（2）电泳涂漆型材：漆膜应均匀、整洁，不允许有皱纹、裂纹、气泡、流痕、夹杂物、发粘和漆膜脱浇等影响使用的缺陷。

（3）粉末喷涂型材：涂层应平滑、均匀，不允许有皱纹、流痕、鼓泡、裂纹、发黏等影响使用的缺陷。

（4）氟碳漆喷涂型材：涂层应平滑、均匀，不允许有皱纹、流痕、气泡、脱落等影响使用的缺陷。

（5）隔热型材：

1）穿条式隔热型材复合部位允许涂层有轻微裂痕，但不允许铝基材有裂纹。

2）浇注式隔热型材去除金属临时连接桥时，切口应规则、平整。

2．检验方法

用正常视力在散射光源下目测检查表面质量。

铝合金型材入库检验记录表格参见表 12-3。

表 12-3　　　　　　　　　铝合金型材入库检验记录表

供货单位：　　　　　　　　　　　　日期：

型材种类		型材批量（根/吨）									
生产许可证		合格证									
检验项目	技术要求	检验结果									
		1	2	3	4	5	6	7	8	9	10
型材壁厚											
表面膜厚											
色泽											
表面质量											
外形尺寸											
检验结论：					检验员：						

12.3 配件检验

铝合金门窗配件分为五金件、玻璃（包括窗纱）、密封材料、外协件四大类。

12.3.1 五金件

1．五金件品种

执手、撑挡、合页、滑撑、窗锁、滑轮、自攻螺钉、紧固件及平开下悬五金系统等。

2．质量要求

对于五金配套件的产品质量，应满足以下几点：

（1）有供货单位提供的符合国标或行标有效产品检验报告及产品合格证，产品的性能应符合标准要求。

（2）规格尺寸应符合采购要求。

（3）产品表面应光洁，无露底、锈蚀、脱皮现象。

（4）铆接部位应牢固，转动、滑动部位应灵活，无卡阻。

（5）产品应满足使用功能要求。

3．检验方法

五金配套件品种多、标准不同，主要采取下列方式检验：

（1）有国家标准或行业标准规定的通用五金配套件，查验供货单位提供的符合国家标准或行业标准的有效检验报告。

（2）查验产品合格证，没有产品合格证的产品应慎用。

（3）采用目测检查外观是否合格。

（4）手试开启、转动和滑动是否灵活，铆接是否牢固。

（5）依据国家或行业标准，采用相应的检测工具进行检测，如外形尺寸、零件之间的配合、滑轮的轴向窜动、径向跳动是否符合标准要求。

（6）进行试装配，检查是否满足使用功能要求，特别是与型材之间的匹配。

配件入库检验记录表格参见表 12 - 4。

表 12 - 4　　　　　　　　　　配件入库检验记录表

编号：　　　　　　　　　　　日期：

名称		生产单位	
型号		出厂编号	
数　量		出厂日期	
采购员		购入日期	
质量保证文件			
检验依据		检验数量	
检验内容			
检验结论			
检验员		批准		仓库保管员	
日　期		日　期		日　期	

12.3.2　外协件

1．外协件品种

连接件、接插件、加强件、缓冲垫、玻璃垫块、固定地角、密封盖等。

2．质量要求

外协件应符合门窗生产企业向供货单位提供的图纸和技术要求。材质应满足性能的要求，规格尺寸应符合图纸要求，满足使用功能的要求。

3．检验方法

（1）材质方面应取得供货单位的质量保证书或合格证。

（2）用钢板尺、游标卡尺等测量工具检测规格尺寸。

（3）试用是否满足使用功能的需要。

12.3.3　玻璃

1. 玻璃种类

平板玻璃、中空玻璃、夹层玻璃、钢化玻璃和镀膜玻璃等。

2. 质量要求

（1）有供货单位出具的产品性能符合国家标准要求的有效产品检测报告及质量保证书，平板玻璃应符合《平板玻璃》（GB 11614—2009）、中空玻璃应符合《中空玻璃》（GB/T 11944—2012）、夹层玻璃应符合《建筑用安全玻璃　第3部分：夹层玻璃》（GB 15763.3—2009）、钢化玻璃应符合《建筑用安全玻璃　第3部分：钢化玻璃》（GB 15763.2—2005）、阳光控制镀膜玻璃应符合《镀膜玻璃　第1部分：阳光控制镀膜玻璃》（GB/T 18915.1—2002）、低辐射镀膜玻璃应符合《镀膜玻璃　第2部分：低辐射镀膜玻璃》（GB/T 18915.2—2002）的要求。

（2）玻璃的规格尺寸应符合采购要求。

（3）外观质量按相关标准的相应等级检查，不提出具体等级要求时，按合格品的等级要求检查。

（4）中空玻璃除应符合现行国家标准《中空玻璃》（GB/T 11944—2012）的有关规定外，还应符合下列要求：

1）中空玻璃的单片玻璃厚度相差不宜大于3mm。

2）中空玻璃产地与使用地海拔高度相差超过800m时，因两地的大气压差约为10%，因此应加装毛细管平衡内外气压差。

（5）采用低辐射镀膜玻璃（简称Low-E玻璃）的铝合金门窗，所用的Low-E玻璃除应符合《镀膜玻璃　第2部分：低辐射镀膜玻璃》（GB/T 18915.2—2002）及《中空玻璃》（GB/T 11944—2012）的有关规定外，尚应符合下列要求：

1）由真空磁溅射法（俗称离线法）生产的Low-E玻璃，在合成中空玻璃使用时，应将Low-E玻璃边部与密封胶接触部位的Low-E膜去除，且Low-E膜层应位于中空气体层内。

2）由热喷涂法（俗称在线法）生产的Low-E玻璃可单片使用，且Low-E膜层宜朝向室内。

3. 检验方法

（1）检查质量保证书和合格证。

（2）目测表面质量，其气泡、夹杂物、划伤、线道等缺陷不超过标准要求。

（3）外形尺寸、厚度用钢卷尺、游标卡尺测量，弯曲度用刚直尺、塞尺测量。

12.3.4　窗纱

1. 质量要求

（1）应有供货单位出具的有效产品质量保证书。

（2）规格尺寸符合要求。

（3）不得有抽丝、断丝、集中的大片结点等缺陷。

2. 检验方法

用钢卷尺检查窗纱的规格尺寸，目测外观质量。

12.3.5　密封材料

1. 密封材料品种

橡胶条、毛条、密封胶。

2. 质量要求

（1）供货单位出具的有效的产品质量保证书。胶条应符合《建筑门窗、幕墙用密封胶条》（GB/T 24498—2009）；毛条应符合《建筑门窗密封毛条》（JC/T 635—2011）；密封胶根据不同产品应分别符合下列现行标准的规定：《硅酮建筑密封胶》（GB/T 14683—2003）、《聚硫建筑密封胶》（JC 483—2006）、结构胶应符合《建筑用硅酮结构密封胶》（GB 16776—2005）；发泡胶应符合《建筑窗用弹性密封胶》（JC/T 485—2007）。

（2）胶条、毛条的规格尺寸符合采购要求，并与型材槽腔匹配。

（3）胶条、毛条的外观应外观平整、光滑，符合使用要求。

（4）胶条的强度、弹性应符合标准要求。

（5）密封胶、结构胶、发泡胶的产品种类、出厂批号、有效期应符合要求，并与所接触材料的相容性和粘结性符合要求。

3. 检验方法

（1）首先检查质量保证书、合格证。

（2）用样板、游标卡尺检验橡胶条、毛条的外形尺寸是否符合要求。

（3）目测胶条、毛条的外观质量。

（4）用拉力计测试胶条的强度和弹性。

（5）对于密封胶在入库前登记检查批号、有效期，施工前检查有效期及按照标准进行与所接触材料的相容性和粘结性试验。

12.4　工序检验

工序检验是指按铝合金门窗生产加工工艺流程，依次对锯切下料工序、机加工（铣、冲、钻）工序、组装（装五金配件、毛条、胶条、组角、成框）工序进行检验。

12.4.1　型材锯切下料工序检验

铝合金型材锯切下料工序是铝合金门窗生产的重要工序即关键工序，是质量控制点，因此，应保证锯切下料后的杆件质量处于受控状态。所以，铝合金型材经切割机锯切下料后，必须对锯切加工后的杆件进行严格的检验，并使尺寸误差控制在标准允许的范围内。

1. 检验项目及质量要求

（1）下料后型材长度，尺寸偏差为±0.5mm。

（2）型材角度允许偏差为—15′。

（3）切割断面粗糙度为12.5μm。

（4）切割断面毛刺高度<0.2mm。

（5）型材切割面切屑无粘连，无漏屑。

（6）型材外观不得有碰、拉、划伤痕（不包括由模具造成的型材挤压痕）。

注：上述检验项目的质量要求是根据成品窗的外形尺寸标准设定的。在实际生产中，要确保成品窗的质量，应在下料工序中应提出尺寸偏差的企业内控标准要求。

2. 检验器具

钢卷尺、钢板尺、直角尺、万能角度尺、样板、卡尺、深度尺、粗糙度样块、测膜仪。

3. 检验方法

（1）下料长度。下料长度用钢卷尺或钢板尺测量。测量时用钢卷尺或钢板尺紧贴型材表面，与长度方向平行，一端定位从另一端读出测量数即是型材的长度。

（2）垂直度和角度。垂直度和角度用万能角度尺测量。测量时用把角度尺的一边紧靠型材的一面，调整角度尺的另一边，直至最后使用微调棘轮，使角度尺的另一边紧靠被测角度的另一面即可，此时读出角度数值。

（3）使用粗糙度样板对比、目测检验切断面粗糙度。

（4）用卡尺或深度尺测量毛刺长度。

（5）目测切屑无粘连在加工面上现象。

（6）目测外观有无损伤，若有损伤则用钢板尺测量损伤面积，用测膜仪检测出涂层损坏程度。

锯切下料工序检验记录表格式参见表12-5。

表 12-5　　　　　　　　锯切下料工序检验记录表

编号：　　　　　　　　　　　　　日期：

合同编号		工程名称					材料种类	
下料批量		检验数量					操作者	
序号	检验项目	技术要求	检验结果						备注
			1	2	3	4	5	6	
1	长度（mm）	偏差±0.5							
2	斜角	偏差—15′							
3	直头断面与侧面垂直度	偏差—15′							
4	切口平面粗糙度	12.5							
5	切口平面切屑	无粘连、无污染							
6	切口平面毛刺高度	<0.2mm							
7	型材表面质量	不得有碰、划伤							

检验员：　　　　　　　　　　　　检验结论：

12.4.2　机加工（铣、冲、钻）工序检验

机加工工序是指对锯切后的型材杆件，按照加工工艺和产品图样的要求，利用机械加工设备或专用设备对型材杆件进行的铣、冲、钻加工。

1. 铣排水槽

（1）质量要求。

1）排水槽的尺寸和位置应符合图纸的要求。

2）排水槽槽口表面毛刺应小于 0.1mm。

3）型材表面不得有明显的碰、拉、划伤痕。

（2）检验器具。钢板尺、钢卷尺、深度卡尺、游标卡尺。

（3）检验方法。

1）按加工工艺和生产图纸的要求测量排水槽的位置、尺寸是否正确。

2）用深度尺测量毛刺。

3）目测型材表面质量。

2. 铣门窗框组装榫口

（1）质量要求。

1）中横、竖框两端端铣加工的尺寸和位置应符合图纸的要求。

2）铣加工部位要与组装基准面平齐，不平度小于 0.1mm。

3）型材表面不得有明显的碰、拉、划伤痕。

（2）检验器具。钢板尺、钢卷尺、游标卡尺、深度卡尺。

（3）检验方法。

1）按加工工艺和产品图样的要求测量组装榫口的位置是否正确，尺寸是否符合要求。

2）用深度尺测量加工面的不平度。

3）目测型材表面质量，不得有卡伤和碰、拉、划伤痕。

3. 铣（冲）扇料

推拉窗的组装切口、滑道切口、锁口、勾企凸面、装滑轮切口等。

（1）质量要求。

1）切口的尺寸和位置应符合图纸要求。

2）切口和加工面应平整，加工面与原连接面的不平度小于 0.1mm，切口凹凸变形小于 0.05mm，毛刺小于 0.1mm。

3）型材表面不得有明显的卡伤和碰、拉、划伤痕。

（2）检验器具。钢板尺、钢卷尺、游标卡尺、深度尺、塞尺。

（3）检验方法。

1）按加工工艺和生产图纸的要求测量切口的位置是否正确，尺寸是否符合要求。

2）用深度尺、塞尺测量不平度、凹凸变形和毛刺。

3）目测型材表面质量，不得有明显卡伤和碰、拉、划伤痕。

4. 钻（冲）工序

推拉窗框组装孔（上下端、中梃）、地角安装孔（或组合孔）、装止退块孔、缓冲垫孔（也可在扇上）、扇组装孔、装滑轮孔。

平开窗框、扇滑撑安装孔（或合页安装孔）、执手安装孔。

（1）质量要求。

1）钻（冲）孔位置、孔径、孔中心距、孔径边距及尺寸偏差符合图纸要求。

2）钻（冲）孔表面应平整、无明显凹凸变形，毛刺应小于0.1mm。

3）型材表面不得有明显的碰、拉划伤痕。

（2）检验器具。钢板尺、钢卷尺、游标卡尺、深度尺、塞尺。

（3）检验方法。

1）按加工工艺和生产图纸的要求测量孔的数量是否正确，孔径、孔中心距、孔径边距及尺寸偏差是否符合要求。

2）钻（冲）孔表面应平整，用深度尺、钢板尺、塞尺测量凹凸变形和毛刺。

3）目测型材表面质量，不得有碰、拉、划伤痕。

12.4.3 组装工序

组装工序是铝合金门窗生产过程中的关键工序，是质量控制点，必须对组装后的各项指标进行严格检验，是误差控制在允许范围内。

1. 穿毛条、胶条

（1）质量要求。

1）使毛条或胶条在自然状态下穿在型材槽中，不得过紧或过松。毛条长度应与型材上安装毛条槽的长度相同。胶条长度比型材上安装胶条的槽长度长10mm，框、扇挤角后切成45°角，橡胶密封条安装后保持接头严密，表面平整，密封条无咬边。

2）毛条或胶条在型材上不得脱槽。

3）型材表面不得有明显的磕碰、划伤。

（2）检验器具：钢卷尺。

（3）检验方法。

1）毛条或胶条长度用钢卷尺测量，目测、手试毛条或胶条不过紧过松。

2）目测毛条或胶条是否脱槽。

3）目测型材表面质量。

2. 安装滑轮（推拉窗）

（1）质量要求。

1）滑轮规格、安装位置应符合图纸要求。

2）滑轮安装后应牢固、可靠，安装螺钉不准有滑扣现象。

3）滑轮安装后使用功能应符合图纸要求和使用要求。

（2）检验方法。

1）测量安装位置、滑轮规格是否符合图纸要求。

2）手试滑轮安装的牢固、可靠程度。

3）手试滑轮是否转动灵活、符合使用要求。

3．组角和组装框扇、装配中梃

平开窗框、扇组角前先在连接件和型材组角处涂粘结剂。推拉窗框、扇用螺钉连接组装，中间加橡胶密封垫。有中横（竖）料构件的门窗，在组装窗框时，先装配中横（竖）料。

（1）质量要求。

1）铝合金门窗装配尺寸允许偏差见表 12 - 6。

表 12 - 6　　　　　　　　　铝合金门窗装配尺寸允许偏差　　　　　　　（单位：mm）

项　目	尺寸范围	允 许 偏 差	
		门	窗
门窗宽度、高度构造内侧尺寸	$L<2000$	± 1.5	
	$2000 \leqslant L<3500$	± 2.0	
	$L \geqslant 3500$	± 2.5	
门窗宽度、高度构造内侧对边尺寸差	$L<2000$	+2.0 0.0	
	$2000 \leqslant L<3500$	+3.0 0.0	
	$L \geqslant 3500$	+4.0 0.0	
门窗框、扇搭接宽度	—	± 2.0	± 1.0
型材框、扇杆件接缝表面高低差	相同截面型材	± 0.3	
	不同截面型材	± 0.5	
型材框、扇杆件装配间隙	—	+0.3 0.0	

2）框、扇组装后，角度允许偏差为 $\pm 30'$。

3）框、扇组装后，各配件应到位，位置应符合图纸要求，配件应牢固，无松动。

4）型材外观不得有锤痕、污迹、粘结剂外溢和碰、拉、划伤痕。

（2）检验方法。

1）框、扇的宽度和高度尺寸测量。将组装好的框、扇平放在工作平台上，用钢卷尺测量相对两边的实际尺寸。测量时，测量点应距框扇组件端部 100mm 处（图 12 - 1）。每个尺寸应对两端部各测一遍，取与公称尺寸差距大的数据为测量数值。

2）用钢板尺或钢卷尺，按图纸要求测量分格的尺寸，计量分格尺寸之差。

3）用深度尺或平板尺加塞尺测量框扇杆件的接缝高低差。用深度尺的测量基准面靠实

图 12-1　门窗框扇宽度和高度尺寸测量

在相邻杆件中平面较高的一侧的型材表面，用测量头测量零件较低一侧的型材表面，或将平板尺靠在相邻杆件平面较高一侧的型材表面，用塞尺测量较低一侧型材表面与直尺之间的间隙。

4）用塞尺从薄到厚依次试测框扇杆件间的装配间隙，直到塞尺在装配间隙中松紧适宜，读出此时塞尺对应的测值。

5）用万能角度尺测量框、扇的角度。

6）目测各零件安装位置是否正确、到位，手试安装零件是否牢固、无松动。

7）目测型材外观质量，无污迹、粘结剂外溢和明显的碰、拉、划伤痕。

4. 平开窗装配滑撑（或合页、撑挡）

（1）质量要求。

1）滑撑（或合页、撑挡）的规格尺寸、安装位置应符合图纸要求。

2）滑撑安装应牢固、可靠，安装螺丝不准有滑扣现象。

3）滑撑安装后应开启灵活，使用功能满足使用要求。

4）框扇四周搭接配合应均匀，配合尺寸符合图纸要求，配合尺寸偏差不大于±1mm 或±2mm（门）。

（2）检验器具。游标卡尺、钢板尺、深度尺。

（3）检验方法。

1）用游标卡尺和钢板尺测量滑撑的规格尺寸和安装位置。

2）手试滑撑安装的牢固、可靠程度。

3）手试滑撑开启是否灵活，能否满足使用要求。

4）把门窗立放在检验平台上，沿开启扇四周在框上画线，用深度尺或钢直尺测量搭接配合尺寸并计算偏差。

5. 平开门窗装执手

（1）质量要求。

1）执手规格尺寸、安装位置应符合图纸要求。

2）执手安装应牢固、可靠。

3）执手安装完后，窗扇开启、关闭应灵活，使用功能满足使用要求。

（2）检验器具。钢板尺、游标卡尺。

（3）检验方法。

1）目测和用钢板尺、游标卡尺测量执手的规格尺寸、安装位置。

2）手试检查执手安装的牢固、可靠程度。

3）手试开启、关闭是否灵活，能否满足使用要求。

6. 装窗锁、闭门器、插销

（1）质量要求。

1）窗锁、闭门器、插销的规格尺寸、安装位置应符合图纸要求。

2）安装应牢固、可靠，安装螺钉应符合要求，不准有滑扣现象。

3）安装完后应开启、关闭灵活自如，不存在卡阻现象，使用功能满足使用要求。

（2）检验器具。钢板尺、游标卡尺。

（3）检验方法。

1）目测和用钢板尺、游标卡尺测量规格尺寸、位置。

2）手试检查安装的牢固程度。

3）手试开启、关闭是否灵活，能否满足使用要求。

7. 装地角

（1）质量要求。

1）地角的安装位置、数量应符合图纸要求。

2）安装应牢固、可靠。

（2）检验方法。

1）目测地角安装数量，用钢板尺测量安装位置。

2）手试安装是否牢固、可靠。

8. 装玻璃

（1）质量要求。

1）装玻璃时，要在玻璃四周先安装玻璃垫块，垫块的规格尺寸、数量应符合要求。

2）玻璃尺寸应符合要求，保证每边的搭接量。

3）玻璃两侧若采用密封胶密封，注胶应平整密实、宽度一致、表面光滑、整洁美观。

4）玻璃两两侧若采用胶条密封时，胶条安装后应整齐、均匀，宽度一致，无起鼓现象。

5）玻璃的安装尺寸应符合《建筑玻璃应用技术规程》（JGJ 113—2009）规定的最小安装尺寸要求。

6）平开窗、固定窗的玻璃压条装配后应牢固，对接处间隙不大于 0.5mm，不平度不大于 0.5mm。

（2）检验器具：钢卷尺、深度尺、塞尺、游标卡尺。

（3）检验方法。

1）用钢卷尺测量玻璃尺寸，用游标卡尺测量玻璃厚度。

2）用游标卡尺、深度尺测量玻璃安装尺寸是否符合要求。

3）用塞尺测量压条装配间隙，用深度尺测量不平度。

4）其他项目用目测或手试是否符合要求。

9. 推拉窗装缓冲垫、防盗块

（1）质量要求。缓冲垫、防盗块的安装位置应正确、牢固，不能自由松动脱落，满足使用功能要求。

（2）检验方法。目测安装位置是否正确，手使是否牢固。

12.5 成品检验

铝合金门窗成品检验分为出厂检验和型式检验。

12.5.1 出厂检验

出厂检验是生产企业在某一批次的产品出厂前，按照标准要求对该批次产品进行的产品质量检验。只有经检验合格后，才能对该批次产品进行出厂放行，并作好该批次产品的检验记录留存及出具检验合格证，作为供需双方对产品质量及工程质量验收的凭据。

按照产品标准要求，铝合金门窗产品的物理性能检验应由国家认定的检测机构按照建筑门窗物理性能检测方法进行检验并出具产品的物理性能检测报告。物理性能检测报告应符合产品标准要求及工程设计要求。因此，铝合金门窗产品的出厂检验项目应是除物理性能以外的检验项目。

1. 检验项目

出厂检验是对成品门窗的主要项目和一般项目的检验，包括构件连接、扇的启闭、门窗的装配质量、外形尺寸、表面质量方面的检验。出厂检验项目及技术要求见表 12-7。

表 12-7　　　　　　　　铝合金门窗出厂检验项目　　　　　　　　（单位：mm）

序号	检验项目	技 术 要 求	
1	宽度、高度构造内侧尺寸	＜2000	±1.5
		≥2000＜3500	±2.0
		≥3500	±2.5
2	宽度、高度构造内侧尺寸对边尺寸之差	＜2000	≤2.0
		≥2000＜3500	≤3.0
		≥3500	≤4.0
3	框与扇搭接宽度	门±2.0	窗±1.0
4	框、扇杆件接缝高低差	相同截面型材	≤0.3
		不同截面型材	≤0.5
5	框、扇杆件装配间隙	—	≤0.3
6	装配质量	框、扇杆件连接牢固，装配间隙应进行有效密封	
		附件安装牢固，开启扇五金配件运转灵活，无卡滞	
		紧固件就位平正，并进行密封处理	
7	外观质量	产品表面不应有铝屑、毛刺、油污或其他污迹	
		密封胶缝应连续、平滑，连接处不应有外溢的胶粘剂	
		密封胶条应安装到位，四角应镶嵌可靠，不应有脱开的现象	
		框扇型材表面没有明显的色差、凹凸不平、划伤、擦伤、碰伤等缺陷	

2. 抽样方法

外观和装配质量为全数检验。

门窗及框扇装配尺寸偏差检验，从每个出厂检验（交货）批中的不同品种、系列、规格分别随机抽取 10%，且不得少于 3 樘。

3. 检验器具

钢板尺、钢卷尺、游标卡尺、深度游标卡尺、塞尺、检验工作台。

4. 检验方法

（1）构件连接。目测构件是否齐全，用钢板尺测量连接件是否使用合理、正确；手试检查门窗框料之间、框与内装料之间、扇料之间、框或扇与五金件之间的连接是否牢固。

（2）附件安装。目测附件是否齐全，用钢板尺、钢卷尺测量安装位置是否正确，手试是否牢固和满足使用要求。

（3）门窗宽度、高度构造内侧尺寸。测量时，将检测门窗平放在工作台架上，用钢卷尺测量。测量位置如图 12-1。测量高度时，从宽度方向向距离边框外缘 100mm 处测量，测量宽度时，从高度方向向距离边框外缘 100mm 处测量。测量时，要将钢卷尺拉紧，并与边框保持平行。分别测量出高度方向或宽度方向两端的数据，取与公称尺寸偏差较大的偏差值为宽度或高度尺寸的偏差。

（4）门窗宽度、高度构造内侧尺寸对边尺寸之差。即两次测量测量的宽度方向或高度方向尺寸之差值。

（5）框、扇杆件接缝高低差和装配间隙。将门窗平放于工作台或平台上，用深度尺或直尺和塞尺测量框、扇同一平面两相邻杆件之间的高低不平度即为接缝高低差。同一樘检测门、窗中以所有测得的高低差之最大值为该门、窗的高低差值。

测量构件之间的装配间隙，用塞尺从小到大（或厚薄组合）依次试测，直至松紧适度为止，此时塞尺测片厚度值即为该间隙的实际装配间隙。同一樘检测门、窗的几个装配间隙测值中，以最大间隙作为该门窗的装配间隙。或目测最大间隙后测量该间隙值即为该检测门、窗的装配间隙。

（6）搭接宽度偏差。将检测门、窗关闭平放于检验平台上，在门、窗框与扇搭接四边的中间配合部位分别用铅笔画出直线作为记号，然后用深度游标卡尺或直尺分别测量搭接配合面至记号线之间的值，并与搭接量设计值比较，其中最大偏差即为该门、窗的搭接宽度偏差。或计算出搭接偏差的正负偏差值，并以此偏差范围作为搭接偏差。

（7）装配质量。采用目测、手试等方式检查杆件、附件、紧固件的装配质量是否满足使用要求。

（8）外观质量。目测检查门窗型材表面，不允许有铝屑、毛刺、油污或其他污迹。连接处不应有外溢的胶粘剂。表面应平整，没有明显的色差、凹凸不平、划伤、擦伤、碰伤等缺陷。

5. 判定规则

（1）抽检产品检验结果全部符合标准要求时，判该批产品合格。

（2）抽检产品检验结果如有多于 1 樘不符合标准要求时，判该批产品不合格。

（3）抽检项目中如有 1 樘（不多于 1 樘）不合格，可再从该批产品中抽取双倍数量产品进行复检。复检结果全部达到标准要求时判定该项目合格，复检项目全部合格，判定该批产品合格，否则判定该批产品不合格。

12.5.2 型式检验

型式检验是依据产品标准对铝合金门窗全部检验项目进行检验。因此，型式检验是对门窗生产企业的生产设备加工精度、人员素质、检测设备及检验人员检验能力及技术水平和管理水平等进行的一次综合检验。因此，生产企业有下列情况时应进行产品的型式检验：

（1）新产品或老产品转厂生产的试制定型鉴定。

（2）正式生产后，产品的原材料、构造或生产工艺有较大改变可能影响产品性能时。

（3）正常生产时应每两年至少进行一次型式检验。

（4）产品停产半年以上重新恢复生产时。

（5）出厂检验结果与上次型式检验结果有较大差异时。

（6）国家质量监督机构提出要求进行型式检验时。

1. 检验项目

型式检验是对铝合金门窗全部项目进行的检验，即除对成品门窗出厂检验项目进行检测外，还要对门窗的关键项目即抗风压性能、气密性能、水密性能等物理性能进行检测。

2. 检验方法

物理性能检验由国家认定的检测机构依据《建筑外门窗气密、水密、抗风压性能分级及检测方法》（GB/T 7106—2008）、《建筑外门窗保温性能分级及检测方法》（GB/T 8484—2008）、《建筑门窗空气隔声性能分级及检测方法》（GB/T 8485—2008）等进行检验和判定产品等级，并给生产企业出具产品性能检测报告。

12.6 物理性能检测

12.6.1 检测目的

门窗是建筑外围护构件，是安装在外墙上的四边支承的超静定薄壁结构，它承受本身的自重、启闭时的开关力和侧面吹来的风的压力，因此，门窗的质量直接关系到建筑工程的质量。

门窗的物理性能是其最重要、最根本的性能，它关系到门窗作为建筑围护结构的一部分是否能与墙体一同起到应有的作用、能否满足建筑物使用功能要求。因此，建筑设计上提出了对门窗的物理性能要求，即抗风压性能、气密性能、水密性能、保温隔热性能、空气声隔声性能及采光性能。

铝合金门窗的物理性能能否达到规定的要求，将通过检测来验证。一般来讲，铝合金门窗物理性能的检测分为定级检测和工程检测。

12.6.2　定级检测

定级检测是确定产品的性能分级的检测，即检验产品的最高物理性能分级指标。对于铝合金门窗生产企业来说，定级检测一般在产品的型式检验时进行。定级检测是为了检验企业生产某种产品（如平开或推拉）性能的能力，通过产品性能的定级检测，验证企业的生产能力，包括设备加工能力、技术设计能力、人员素质等方面的综合能力。通过定级检测，可以确定企业生产某一种产品性能的最高分级。

在下列情况下，企业应进行定级检测：

（1）新产品或老产品转厂生产的试制定型鉴定。

（2）正式生产后，当结构、材料、工艺有较大改变而可能影响产品性能时。

（3）正常生产时，每两年检测一次。

（4）产品长期停产后，恢复生产时。

（5）发生重大质量事故时。

定级检测一般由生产企委托有检验资质的省级及以上的检验机构进行。通过定级检测的结果，企业可以发现继续改进或完善的方向或方法，进一步提高生产水平和技术水平。

12.6.3　工程检测

工程检测是考核实际工程用门窗的性能能否满工程设计要求的检测。铝合金门窗的性能应由建筑设计部门根据建筑物所在地区的地理、气候和周围环境以及建筑物的高度、体型、重要性等确定。铝合金门窗的工程检测样品应与实际工程相一致，并且是从实际工程用门窗中随机抽取出来的检测样品。因此，工程检测的结果是判断实际工程用门窗能否满足工程设计要求的依据，是建筑工程质量竣工验收的必要资料。

12.6.4　检测结果的评定方法

铝合金门窗物理性能的检测中，气密性能、空气隔声性能、保温性能、采光性能的检测为一次性检测，即根据实际检测结果及相应物理性能分级表确定门窗的物理性能分级等级。如果是定级检测则根据检测结果进行性能的定级；如果是工程检测则根据检测结果与工程设计值相比较判定是否满足工程设计要求。

对于抗风压性能和水密性能的检测则依检测性质的不同即工程检测或定级检测则检测结果的评定不同。

对于抗风压性能，如果为定级检测则逐级加压至外窗主要受力构件面法线挠度达到 $1/250$（单层或夹层玻璃）或 $1/375$（中空玻璃）时的变形检测压力差值 P_1，并以 $P_2 = 1.5P_1$，$P_3 = 2.5P_1$ 分别进行反复加压检和定级检测，以检测外窗是否发生功能障碍或损坏为依据判定外窗所处抗风压性能等级；如果为工程检测简单来说就是以工程设计值 W_k 为最高值检测压力差值进行检测，当外窗经检测未出现功能障碍或损坏且 2.5 倍的变形检测中主要受力构件挠度达到 $1/250$（单层或夹层玻璃）或 $1/375$（中空玻璃）时所对应压力差值超过工程设计值 W_k，则该樘窗判为满足工程设计要求，否则判为不能满足工程设计要求。

在定级检测中，以三樘样窗定级值的最小值作为该组样窗的定级值。工程检测时，三樘检测样窗必须全部满足工程设计要求。

对于水密性能的检测，定级检测和当工程所在地为非热带风暴和台风地区时的工程检测，采用稳定加压法检测；当工程所在地为热带风暴和台风地区时的工程检测，则采用波动加压法检测。稳定加压法和波动加压法淋水量不同，波动加压法可以检测外窗抵抗台风和热带风暴时雨水侵入的能力。

第13章
铝合金门窗安装施工

铝合金门窗的安装是指将组装好的门窗产品固定到墙体洞口上。铝合金门窗只有安装在建筑物墙体洞口之后，使其处于工作状态，才能正常使用，才能发挥其防水、防风、保温、隔声等功能。

13.1 安装施工工艺

铝合金门窗的安装方法有精洞口法、预留洞口法和衬套法等。安装习惯和安装方法随国情而异，国外多采用精洞口法安装。目前我国铝合金门窗的安装大多数采用预留洞口法安装和衬套法安装。

所谓精洞口法安装，就是在铝合金门窗安装前先将洞口全部制作粉刷完毕，留有一个装饰好的洞口，将比此洞口略小的门窗装入其中，通过在门窗框内打安装固定孔，用专用的固定螺丝将门窗与墙体固定。门窗装入洞口后用聚氨酯发泡剂及密封胶进行密封后就可以直接使用了，无需后期的水泥嵌缝及墙面粉刷。精洞口安装因为不需要进行后道抹灰、粉刷工序，因而不会对成品门窗造成污染，也就避免了框扇的损坏，因此对铝合金门窗的保护较好。精洞口法安装特别适用于铝木复合等高档门窗的安装，可以避免安装施工中对木材的损坏。

预留洞口法安装又称湿法安装，就是在洞口装饰面层施工前先安装门窗，采用连接件在洞口上固定好铝门窗框，再进行铝合金门窗框和洞口间隙的密封处理的安装方式。这种安装作业方法必须对已安装好的门窗框进行很好的保护，以免水泥砂浆滴落在已安装好的门窗框上而污染门窗。

衬套法又称干法安装，是在墙体安装洞口上预先安置金属附加框并进行防水密封处理，待墙体洞口表面装饰湿作业全部完成后，在附加框上固定铝合金门窗的安装方式。

干法安装与精洞口法安装非常相似，可以说干法安装中的衬套附框是对安装洞口尺寸的校正。不管采用何种方法进行铝合金门窗的安装，都要进行事前准备、安装施工、收尾清洁等大部分工作。

铝合金门窗的安装施工工艺流程如图13-1所示。

图 13-1　铝合金门窗安装施工工艺流程

由于铝合金门窗表面极易损伤，且铝合金型材表面涂层破坏后难以修补。因此，铝合金门窗安装施工不得采用边砌洞口边安装或先安装后砌洞口的施工方法。为了对铝合金门窗进行更好的保护，最好采用干法安装方式。

13.2　安装准备

13.2.1　材料准备

（1）复核准备安装的铝合金门窗的规格、型号、数量、开启形式等是否符合设计要求，且应有出厂合格证。

（2）检查铝合金门窗的装配质量及外观是否满足设计要求。

（3）检查各种安装附件、五金件等是否配套齐全。

（4）检查辅助材料的规格、品种、数量是否满足施工要求。

（5）复核所有材料是否有出厂合格证及必须的质量检测报告。

（6）填写材料进场验收记录和复检报告。

13.2.2　安装设备准备

铝合金门窗安装需配备铝合金切割机、电钻、冲击钻、射钉枪、螺丝刀、钢直尺、钢卷尺、錾子、手锤、电焊机、打胶枪、线锯、木楔、扳手、托线架、线坠、水平尺、灰线袋等。

13.2.3　确定安装位置

1. 检查安装洞口

安装洞口施工质量应符合现行国家施工质量验收规范的要求。

（1）洞口尺寸检查。铝合金门窗框安装都是后塞口，所以要根据不同的材料品种和门窗框的宽、高尺寸，逐个检查门窗洞口的尺寸，核对所有门窗洞口尺寸与门窗框的规格尺寸是否相适应，能否满足安装要求。

一般情况下，洞口尺寸与门窗框尺寸之间的配合尺寸见表 13-1。

表 13-1 洞口尺寸与门窗框尺寸配合尺寸

饰面材料种类	洞口尺寸（mm）		
	门窗洞口宽度	窗洞口高度	门洞口高度
水泥沙浆抹面	门窗框宽度+50	窗框高度+50	门框高度+25
贴瓷砖、马赛克	门窗框宽度+60	窗框高度+60	门框高度+30
镶贴大理石、花岗岩	门窗框宽度+80	窗框高度+80	门框高度+40

安装铝合金门窗时，要求洞口尺寸偏差不超过表 13-2 的规定。

表 13-2 洞口尺寸偏差要求

项　　目	允许偏差（mm）	项　　目	允许偏差（mm）
洞口宽度、高度	±5.0	洞口中心线与基准轴线偏差	≤5.0
洞口对角线长度差	≤5.0	洞口下平面标高	±5.0
洞口侧边垂直度	≤1.5/1000 且不大于 2.0		

（2）洞口位置检查。由安装人员会同土建人员按照设计图纸检查洞口的位置和标高，若发现洞口位置与设计图纸不符或偏差太大，则应进行必要的修正处理。

2. 确定安装基准

（1）按室内地面弹出的 500mm 水平线和垂直线，标出门窗框安装基准线，作为门窗框安装时的标准，要求同一立面上门、窗的水平及垂直方向应做到整齐一致。

（2）测量放线。在最高层找出门窗口边线，用大线坠沿门窗口边线下引，并在每层门窗口处划线标记，对个别不直的口边应剔凿处理。高层建筑可用经纬仪找垂直线。门窗口的水平位置应以楼层+500mm 水平线为准，往上返，量出窗下皮标高，弹线找直，每层窗下皮（若标高相同）则应在同一水平线上。如在弹线时发现预留洞口的位置、尺寸有较大偏差，应及时调整、处理。

（3）确定墙厚方向的安装位置。根据外墙大样图及窗台板的宽度，确定铝合金门窗在墙厚方向的安装位置。如外墙厚度有偏差时，原则上应以同一房间窗台板外露尺寸一致为准，窗台板应伸入铝合金门窗的窗下 5mm 为宜。

3. 检查预留孔洞或预埋铁件

逐个检查门窗洞口四周的预留孔洞或预埋铁件的位置和数量是否与铝合金门窗框上的连接铁脚匹配吻合。

逐个检查门窗洞口防雷连接件的预留位置并标记。

对于铝合金门窗，除以上提到的确定位置外，还要特别注意室内地面标高，地弹簧门的地弹簧上表面应与室内地面饰面标高一致。

13.2.4 作业条件要求

在铝合金门窗框上墙安装前，应确保以下各方面条件均已达到要求。

（1）结构工程质量已经验收合格。

（2）门窗洞口的位置、尺寸已核对无误，或已经过修补、整修合格。

（3）预留铁脚孔洞或预埋铁件的数量、尺寸已核对无误。

（4）管理人员已进行了技术、质量、安全交底。

（5）铝合金门窗及其配件、辅助材料已全部运至施工现场，且数量、规格、质量完全符合设计要求。

（6）已具备了垂直运输条件，并接通了电源。

（7）各种安装保护措施等齐全可靠。

13.3 门窗框的安装

铝合金门窗框的上墙安装一般要经过立框、连接锚固、嵌缝密封、检验等工序。

13.3.1 立框

按照在洞口上测量出的门、窗框位置线，根据设计要求，将门、窗框中心线立于位置线上或内侧。

13.3.2 连接锚固

安装方式的不同，门、窗框在洞口墙体上的锚固方式也有所区别。

1. 干法安装

采用干法安装时，金属附框的安装应在洞口及墙体抹灰湿作业前完成，铝合金门窗的安装则在洞口及墙体抹灰湿作业之后进行。

干法安装对金属附框的要求如下：

（1）金属附框用于与铝合金门窗框连接的侧边的有效宽度不应小于 30mm。

（2）金属附框宜采用固定片与洞口墙体连接固定。在金属附框的室内外两侧安装固定片与墙体可靠连接。固定片宜采用 Q235 钢材，表面经防腐处理，厚度不小于 1.5mm，宽度不小于 20mm。

（3）金属附框固定片距角部距离不大于 150mm，相邻两固定片中心距不应大于 500mm，如图 13-2 所示，固定片在墙体固定点的中心位置至墙体边缘距离不小于 50mm，如图 13-3 所示。

（4）为了保证门窗安装的位置及美观，相邻洞口金属附框平面内偏差不超过 10mm，金属附框内廓表面应与洞口抹灰饰面齐平，金属附框宽度和高度

图 13-2 金属附框、铝合金门窗框安装固定位置

图 13-3　固定片安装位置

尺寸偏差及对角线差值应符合表 13-3 规定。

表 13-3　　　　　　　　　　　**金属附框尺寸允许偏差**

项　目	允许偏差（mm）	检测方法	项　目	允许偏差（mm）	检测方法
金属附框高、宽	±3.0	钢卷尺检测	对角线	±4.0	钢卷尺检测

干法安装时，铝合金门窗框与金属附框采用螺钉连接见图 13-3，连接螺钉距角部距离不大于 150mm，相邻两连接螺钉间距不应大于 500mm。

安装时应保证铝合金门窗框与金属附框连接牢固可靠，铝合金门窗框与金属附框连接固定点的设置要求见图 13-2 所示。

2. 湿法安装

采用湿法安装时，铝合金门窗框的安装在洞口及墙体抹灰湿作业前完成。铝合金门窗框与洞口墙体宜采用固定片连接固定时，对固定片的要求与干法安装相同。

铝合金门窗框与墙体连接的固定片距角部距离不大于 150mm，相邻两固定片中心距不应大于 500mm，固定点的设置要求如图 13-2 所示。

固定片与铝合金门窗框的连接宜采用卡槽连接方式（图 13-4）。与无槽口铝合金门窗框连接时，可采用自攻螺钉或抽芯铆钉，钉头处应密封（图 13-5）。

图 13-4　卡槽连接方式

图 13-5　自攻螺钉或抽芯铆钉连接方式

铝合金门窗框可采用木楔、垫块或其他器具在洞口内临时固定，但不得导致铝合金门窗框型材变形或损坏，待检查立面垂直，左右间隙大小、上下位置均符合要求后，再将门窗框固定在洞口内。门窗安装完后，应将临时固定物及时移除。

铝合金门窗框与洞口缝隙，应采用保温、防潮且无腐蚀性的软质材料填塞密实，也可使用防水沙浆填塞，但不宜使用海砂成分的砂浆。使用聚氨酯泡沫填缝胶时，施工前应清除粘结面的灰尘，墙体粘结面应进行淋水处理，固化后的聚氨酯泡沫填缝胶表面应作密封处理。

铝合金门窗框周边与洞口抹灰层接触部位应进行防腐处理。可采用涂刷防腐涂料或粘贴塑料薄膜进行保护，以免水泥砂浆直接与铝合金门窗表面接触，产生电化学反应，腐蚀铝合金门窗。

3. 门窗安装中湿法安装和干法安装的区别

（1）湿法安装。湿法安装在铝框和墙体之间灌注水泥砂浆填充缝隙，水泥砂浆要接触铝合金框，水泥固化把铝合金框限制住。水泥砂浆对铝合金门窗装饰面以及门窗框型材内表面有腐蚀及污染，施工单位施工时严密注意，保护好门窗型材的装饰面，在处理门窗外框与墙体缝隙以致墙体表面装饰完毕后，才能取掉铝型材装饰面的保护胶带。至于水泥砂浆对门窗框型材内表面（非装饰面）容易产生腐蚀，避免的办法是在铝材表面涂以防腐漆。据资料介绍，在水泥砂浆未凝固时，对铝材有腐蚀现象，待水泥砂浆凝固干燥后，对铝材的腐蚀也就停止了。因此，这种处理方法在我国目前是最常用的方案之一。它能使门窗框牢固的与墙体连接，而且对壁厚较薄的框料起着加固作用。尤其对铝合金推拉门窗下轨道变形起着很重要的加固作用。

湿法安装的优点有：

1）施工时对土建预留的洞口要求简单。

2）塞缝后门窗整体性较好。

3）塞缝造价低。

4）施工简便。

5）与土建配合较不容易产生摩擦。

湿法安装有以下几大弊病：

1）水泥砂浆对铝材有腐蚀现象。

2）铝框截面较小，料较薄时，水泥砂浆填缝易导致铝框变形。这个问题在实际工程中出了多起，所以建议一律干法安装。

3）水泥砂浆填缝不能用于隔热型材，因为其导热系数较大，保温性能较差。

4）水泥和铝框的热膨胀系数不同，产生的热应力无法消除，只能靠铝框变形来吸收。一定时间以后，水泥会出现龟裂。

5）防水性能差，水泥是可以渗水的。如想解决需要使用防水水泥砂浆或其他办法，但水泥出现龟裂后，这个问题依然不好收场。

6）主体结构会有沉降，水泥砂浆填缝沉降要被迫由铝框变形来吸收。

7）地震时，水泥砂浆填缝使整窗丧失了平面变形能力。

（2）干法安装。干法安装需要在铝合金框和墙体之间灌注发泡剂或塞入岩棉毡等软质保温材料，铝合金框不与水泥接触，是柔性连接。湿法安装和固定片干法安装是日本传入中国的。钢附框干法安装是欧洲传入中国的。从理论上讲，带固定片的干法安装最为合理，可以比较好的吸收热应力、主体沉降和地震变形，安全性好。但是安装工期要求非常紧，与内、外装配合要求很高。

使用泡沫剂施工对保温性、抗震性、防水性都有一定的优势，但同时对门窗洞口的要求也更加严格，且对固定连接片的壁厚要求也更高，特别是现在流行的大面积采光的落地窗越来越多，门窗与主体的连接的强度对柔性填缝来说也是更高的考验。目前，行业内鼓励采用带副框安装的方法（干法安装）。这样对门窗产品的成品保护及工程的施工有较大好处。

干法安装的主要优点是：

1）减少与土建的交叉作业，有利于产品的现场保护，提高交付质量。

2）有利于门窗产品的工厂化批量加工，从而提高工作效率及质量。

3）与门窗主框之间预留间隙，有利于温度应力及其他应力的释放。

13.3.3　铝合金门窗框与墙体的连接

1. 连接方法

采用干法安装时，铝合金门窗框与金属附框一般用螺钉连接，见图 13 - 3。

采用湿法安装时，铝合金窗框上的固定片与墙体的固定方法有预埋件连接、燕尾铁脚连接、金属胀锚栓连接、射钉连接等固定方法，铝合金窗示意见图 13 - 6 所示，安装节点Ⓐ、Ⓑ、Ⓒ其节点大样图分别见图 13 - 7 铝合金窗与墙体连接（一）和（二）中（a）、（b）、（c）和（d）所示。

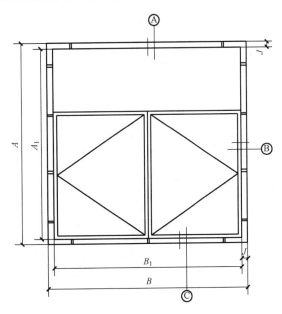

图 13 - 6　铝合金窗与墙体连接示意图

铝合金门框上的固定片与墙体的固定方法，上面和侧面的固定方法与铝合金窗的固定方法相同，下面的固定方法根据铝合金门的形式、种类的不同而有所不同。

（1）平开门框下部的固定方法见图 13 - 8。

（2）推拉门框下部的固定方法见图 13 - 9。

2. 连接注意事项

（1）当主体结构为混凝土结构时，可采用 $\phi 4mm$ 或 $\phi 5mm$ 的射钉将固定片固定在墙体上；当洞口为砖混结构时，应采用膨胀螺钉固定，而不得采用射钉固定。

（2）带型窗、大型窗的拼接处，如需设角钢或槽钢加固时，则其上、下部要与预埋钢板焊接，预埋件按每 1000mm 间距在洞口内均匀设置。

（3）禁止在铝合金门窗连接地进行焊接操作，当固定片与洞口预埋件焊接时，门窗框上要遮盖石棉毯等防火材料，防止焊接时烧伤门窗。

13.3.4 门窗框的防雷连接

（1）门窗外框应有专用的防雷连接件与门窗框可靠连接。

（2）门窗外框与防雷连接件连接，应先除去非导电的表面处理层。

（3）防雷连接导体与建筑物主防雷装置和门窗框防雷连接件应采用焊接或机械连接，形成导电通路。

（4）连接材质、截面尺寸和连接方式必须符合设计要求。

图 13-7　铝合金窗与墙体连接（一）

（a）预埋件焊接连接；（b）燕尾铁脚螺钉连接

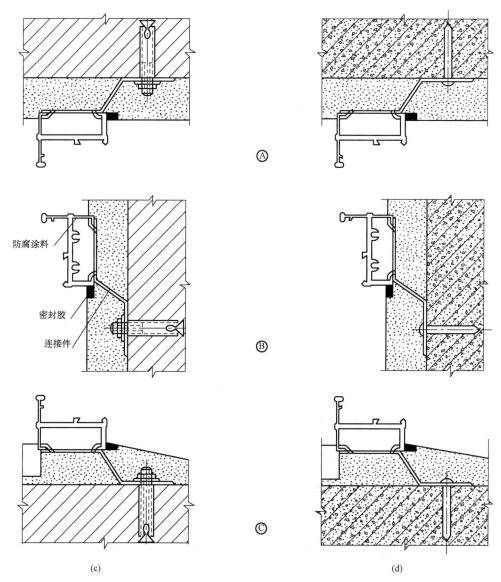

防腐涂料

密封胶

连接件

(c)　　　　　　　　　　　　(d)

图 13-7　铝合金窗与墙体连接（二）

（c）金属胀锚螺栓连接；（d）射钉连接

13.3.5　门窗框与墙体的缝隙处理

铝合金门窗框固定好后，应及时处理门窗框与洞口墙体之间的缝隙，要采用保温、防潮、无腐蚀性的软质材料将缝隙填塞密实。

在设计未规定填塞材料品种时，可采用矿棉或玻璃棉毡条填塞缝隙，外表面留 5~8mm 深槽口填嵌嵌缝膏。若采用聚氨酯泡沫填缝胶，施工前应对粘结面进行除尘处理，墙体粘结面进行淋水处理，固化后的聚氨酯泡沫填缝胶表面应作密封处理。不宜采用海砂制成的防水砂浆填塞。

如设计规定了填塞材料品种时，在门窗框两侧进行防腐处理后，可填嵌设计指定的保温

图 13-8　平开门框下部的固定方法

（a）预埋件连接；（b）燕尾铁脚连接；（c）金属胀锚螺栓连接；（d）射钉连接

螺钉
GB/T 818—2000
M6×10

图 13-9　推拉门框下部的固定方法

材料和密封材料（图 13-10）。

　　最后，采用与相接触材料粘结性能和相容性能良好的耐候密封胶，对铝合金门窗框与墙体间的内外边缝进行防水处理。在密封处理前应清洁粘结表面，去除油污、灰尘。粘结表面应干燥，墙体部位应平整洁净。注胶应平整密实，胶缝宽度均匀一致，表面光滑，整洁美观。胶缝截面可采用矩形或三角形。截面宽度和有效厚度应符合图 13-11 的要求。

图 13 - 10　铝合金门窗安装密封示意

1—最后一遍饰面层；2—第一遍粉刷；3—密封膏；4—铝
框；5—自攻螺钉；6—软质填充料；7—膨胀螺栓

图 13 - 11　胶缝截面宽度和有效厚度要求

13.3.6　安装质量要求

铝合金门窗安装就位后，其安装允许偏差应符合表 13 - 4 的规定。

表 13 - 4　　　　　　　　　　铝合金门窗安装允许偏差　　　　　　　　　（单位：mm）

项　　　目		允许偏差	检测设备
门窗进出方向位置		≤5.0	经纬仪
门窗框标高		≤3.0	水平仪
门窗框左右方向位置（无对线要求时）	相邻两层处于同一垂直位置	≤10.0	经纬仪
	全楼高度内处于同一垂直位置（30m 以下）	≤15.0	
	全楼高度内处于同一垂直位置（30m 以上）	≤20.0	
门窗框左右方向位置（有对线要求时）	相邻两层处于同一垂直位置	≤2.0	经纬仪
	全楼高度内处于同一垂直位置（30m 以下）	≤10.0	
	全楼高度内处于同一垂直位置（30m 以上）	≤15.0	
门窗竖边框及中竖框自身进出方向和左右方向的垂直度		≤1.5	经纬仪
门窗横向边框及中横框的自身水平度偏差		≤1.0	水平仪
相邻两横边框及中横框的高度偏差		≤1.5	水平仪
门窗框整体宽度或高度		≤±2.0	钢卷尺

13.4 产品保护

13.4.1 运输与保管

铝合金门窗的运输工具应保持清洁，并有防雨水设施。运输时铝合金门窗应竖立排放，不得倾斜、挤压。各樘门窗之间应采用非金属软质材料隔垫，五金件要相互错开，门窗要用绳索绑紧，做到稳固可靠，防止因车辆颠簸而损坏铝合金门窗。

装卸铝合金门窗时应轻拿、轻放，不得撬、摔、甩。采用机械设备吊运门窗时，应在底部采用牢固、可靠的吊运托架且在其表面采用非金属软质材料衬垫防护。

门窗运输到工地时，应选择平整、干燥的场地存放，且应避免日晒雨淋。门窗下部应放垫木，不得直接接触地面。门窗应立放，立放角度不应小于 70°，并应采取防倾倒措施。严禁存放在腐蚀性较大或潮湿的地方。

13.4.2 施工安全

铝合金门窗的安装应由技术人员进行技术交底，负责现场指导。在进行室外安装时，一般由两人配合操作，对于组合门窗一般由三人配合安装。施工安装人员在现场进行安装时，必须佩戴安全帽、安全带和工具袋等，防止人员和物件坠落。安全带要挂在室内牢固可靠的位置上，禁止将安全带挂在窗扇或窗撑等窗体上，更不准手攀窗框、窗扇，以防止损坏造成人员坠落。

施工现场门窗成品及辅助材料应堆放整齐、平稳，并对易燃材料采取防火等措施。

安装时，使用的电动工具不得有漏电现象，当使用射钉枪时应采取安全保护措施。

安装时，有关劳动保护、防火防毒等施工安全技术应按国家现行标准《建筑施工高处作业安全技术规范》（JGJ 80—1991）执行。

13.4.3 产品保护

安装前应仔细检查铝合金门窗的保护膜是否有缺损，对于缺损部分应补贴保护膜。

在进行安装施工过程中，不得损坏铝合金门窗上的保护膜。如不慎在安装时粘上了水泥砂浆，应及时擦拭干净，以免腐蚀铝合金门窗。

铝合金门窗安装完毕后，在工程验收前，不得剥去门窗上的保护膜，并且要防止撞击，避免损坏门窗。

已安装上门窗的洞口，禁止再作运料通道。

严禁在门窗框、扇上安装脚手架、悬挂重物。外脚手架不得顶压在门窗框扇或窗撑上，并严禁踩踏窗框、扇或窗撑。

应防止利器划伤门窗表面，并应防止电、气焊火花烧伤或烫伤门窗面层。

13.4.4 门窗的清理

铝合金门窗验收交工之前，应将型材表面的塑料保护膜去掉，如果塑料保护膜在铝型材表面留下胶痕，应使用香蕉水清洗干净。

　　铝合金门窗框扇，可用清水或浓度为 1‰～5‰ 的中性洗涤剂清洗，然后用布擦干。不得用酸性或碱性制剂清洗，也不能用钢刷刷洗。

　　玻璃应用清水擦洗干净，对浮灰或其他杂物应全部清理干净。

13.5　工程验收

　　铝合金门窗的工程验收应符合国家标准《建筑工程施工质量验收统一标准》（GB 50300—2001）和《建筑装饰装修工程质量验收规范》（GB 50210—2001）及《建筑节能工程施工质量验收规范》（GB 50411—2007）的规定要求。

　　(1) 铝合金门窗的隐蔽工程验收，应在作业面封闭前进行并形成验收记录。

　　(2) 铝合金门窗工程验收时应提供下列文件和记录：

　　1) 铝合金门窗工程的施工图、设计说明及其他设计文件。

　　2) 根据工程需要出具铝合金门窗的抗风压性能、气密性能、水密性能、保温性能、隔声性能检测报告。

　　3) 铝合金门窗型材、玻璃、密封材料及五金件等材料的产品质量合格证书及性能检测报告，进场验收记录。

　　4) 隐框窗应提供硅酮密封胶与相接触材料的相容性检验报告。

　　5) 铝合金门窗框与洞口墙体连接固定、防腐、缝隙填塞及密封处理及防雷连接等隐蔽工程验收记录。

　　6) 铝合金门窗出厂合格证书。

　　7) 铝合金门窗安装施工自检合格记录。

　　8) 进口商品应提供相关报关及商检证明。

13.5.1　铝合金门窗安装验收的主控项目

　　(1) 铝合金门窗的品种、类型、规格、尺寸、性能、开启方向、安装位置、连接方式及铝合金门窗用型材的合金牌号、状态、化学成分、力学性能、尺寸允许偏差、外观质量及表面处理应符合现行国家标准的规定。型材主要受力构件的壁厚应符合设计要求。铝合金门窗的防腐处理及嵌填、密封处理应符合设计要求。

　　(2) 铝合金门窗框和金属附框的安装必须牢固。预埋件的数量、位置、埋设方式与框的连接方式等必须符合设计要求。

　　(3) 铝合金门窗扇必须安装牢固，并应开关灵活、关闭严密、无倒翘。推拉门窗必须有防脱落措施。

　　(4) 铝合金门窗配件的型号、规格、数量应符合设计要求，安装应牢固，位置应正确，功能应满足使用要求。

13.5.2　铝合金门窗安装验收的一般项目

　　(1) 铝合金门窗表面应洁净、平整、光滑、色泽一致，无锈蚀。大面应无划痕、碰伤。

保护层应连续。

（2）铝合金门窗扇的启闭力不大于 50N。

（3）铝合金门窗框与墙体之间的缝隙应嵌填饱满，并采用密封胶密封。密封胶表面应光滑、连续、无裂纹。

（4）铝合金门窗扇的橡胶密封胶条或毛毡密封条应安装完好，不应脱槽。

（5）铝合金门窗的排水孔、气压平衡孔应通畅，位置和数量应符合设计要求。

（6）铝合金门窗的安装允许偏差和检验方法应符合表 13-4 的规定。

13.6 维护与保养

为保证铝合金门窗的使用寿命，应对其进行必要的维护和保养。

铝合金门窗日常使用过程中应注意以下几方面的事项：

（1）铝合金门窗应在通风、干燥的环境中使用，保持门窗表面整洁，不得与酸、碱、盐等有腐蚀性的物质接触，门窗在使用过程中应防止锐器对窗体表面碰、划、拉伤及其他损坏。

（2）推拉窗开启时，联动器式先将执手旋转 90°，半圆锁式将手柄旋转 180°，将窗锁转到开启状态，用手轻推窗扇即可，外力不能直接作用在窗锁上；关闭时，用手轻推拉窗扇，使窗扇关闭到位，在将执手、窗锁反向旋转关闭窗扇，保证窗扇缝隙密封严密。

平开窗开启时，先将执手旋转 90°开启到位后再轻推（拉）窗扇，以免上下锁点阻碍窗扇启闭或因用力过猛损坏执手；关闭窗扇时，轻拉（推）窗扇到位，再将执手反转到关闭状态即可。

内平开下悬窗开启时，先明确开启方式，内开时先将执手旋转 90°，开启到位后再轻拉执手打开窗扇；内倒时将执手旋转 180°开启到位后再轻拉执手打开窗扇；关闭窗扇时，轻推窗扇到位，将执手反转到关闭状态即可。

（3）应定期检查门窗排水系统，清除堵塞物，保持排水口的畅通。

（4）保持门窗滑槽、传动机构、合页（铰链）、滑撑、执手等部位的清洁，去除灰尘。门窗螺钉松动时应及时拧紧。铰链、滑轮、执手等门窗五金件应定期进行检查和润滑，保持开启灵活，无卡滞现象。出现启闭不灵活或附件损坏时应及时维修更换。门窗窗扇和门窗执手、铰链等五金件上严禁吊挂重物，以免损坏五金件或造成窗扇变形。

（5）因热胀冷缩原因，门窗胶条有可能出现伸缩现象，此时不能用力拉扯密封胶条，应使其呈自然状态，以保证门窗密封性能。铝合金门窗的密封胶条、毛条出现破损、老化、缩短时应及时修补或更换。

（6）铝合金门窗宜用中性的水溶性洗涤剂清洗，不得使用有腐蚀性的化学剂如丙酮、二甲苯等清洗门窗。

铝合金门窗工程竣工验收 1 年后，应对门窗工程进行一次全面的检查，并作好回访检查维护记录。

参 考 文 献

［1］孙文迁，王波．铝合金门窗生产与质量控制［M］．北京：中国电力出版社，2010.

［2］王波．气密性对建筑外门窗保温性能的影响［J］．新型建筑材料，2012（3）．

［3］孙文迁．建筑外窗之设计计算、试验、生产加工及施工验收［J］．中国建筑金属结构，2007（8）：8～12.

［4］孙文迁．玻璃幕墙用中空玻璃质量控制与问题分析［J］．中国建筑金属结构，2009（2）：20～22.

［5］孙文迁．铝合金门窗用型材的选择［J］．中国建筑金属结构，2012（9）：49-51.

［6］刘旭琼，朴永日，殷岭．建筑节能门窗配套技术问答［M］．北京：化学工业出版社，2009.

［7］王祝堂，田荣璋．铝合金及其加工手册［M］．长沙：中南大学出版社，2000.

［8］朱祖芳．铝合金阳极氧化工艺技术应用手册［M］．北京：冶金工业出版社，2007.

［9］王寿华．建筑门窗手册［M］．北京：中国建筑工业出版社，2002.

［10］朱洪祥．中空玻璃的生产与选用［M］．济南：山东大学出版社，2006.

［11］阎玉芹．铝合金门窗的设计与制造［M］．上海：同济大学出版社，2008.

［12］周文涛，等．最新门窗设计·制造·组装与验收标准规范实用手册（中册）［M］．合肥：安徽文化音像出版社，2003.

［13］王春贵．电偶腐蚀——铝合金门窗五金件的锈蚀特点［J］．中国建筑金属结构，2007（3）：36～37.